"十二五"普通高等教育本科国家级规划教材

普通高等院校计算机类专业规划教材·精品系列

离散数学

（第三版）

刘任任　王　婷　曹春红◎主编

中国铁道出版社有限公司
CHINA RAILWAY PUBLISHING HOUSE CO., LTD.

内 容 简 介

本书是编者根据多年讲授"离散数学"课程的教学实践,为适应计算机科学与技术发展的需要,并参考国内外同类教材而编写,目的在于通过讲授离散数学中的基本概念、基本定理和运算及其在计算机科学与技术学科中的应用,培养学生的数学抽象能力、用数学语言描述问题的能力、逻辑思维能力以及数学论证能力。本书力求概念阐述严谨,证明推演详尽,较难理解的概念用实例说明。全书分四篇共 24 章,主要包括集合论与数理逻辑、图论与组合数学、代数结构与初等数论、线性规划与博弈论等内容。

本书适合作为普通高等院校计算机类专业的教材,也可供从事离散结构领域研究工作的人员参考。

图书在版编目(CIP)数据

离散数学/刘任任,王婷,曹春红主编. —3 版. —北京:
中国铁道出版社有限公司, 2023.12
"十二五"普通高等教育本科国家级规划教材　普通
高等院校计算机类专业规划教材. 精品系列
ISBN 978-7-113-30632-8

Ⅰ.①离… Ⅱ.①刘… ②王… ③曹… Ⅲ.①离散数学-
高等学校-教材　Ⅳ.①O158

中国国家版本馆 CIP 数据核字(2023)第 199545 号

书　　名:**离散数学**
作　　者:刘任任　王　婷　曹春红

策　　划:刘丽丽　　　　　　　　编辑部电话:(010) 51873202
责任编辑:刘丽丽　徐盼欣
封面设计:穆　丽
封面制作:刘　颖
责任校对:安海燕
责任印制:樊启鹏

出版发行:中国铁道出版社有限公司(100054,北京市西城区右安门西街 8 号)
网　　址:http://www.tdpress.com/51eds/
印　　刷:番茄云印刷(沧州)有限公司
版　　次:2009 年 12 月第 1 版　2023 年 12 月第 3 版　2023 年 12 月第 1 次印刷
开　　本:787 mm×1 092 mm 1/16　印张:19.25　字数:476 千
书　　号:ISBN 978-7-113-30632-8
定　　价:58.00 元

前　言

　　教材是学校教育教学中落实立德树人根本任务的关键要素和重要载体,它直接关系到党的教育方针的落实和教育目标的实现。教材编写工作是高等教育体系的战略性、基础性工作,高质量的教育教学离不开高质量的教材建设。党的二十大对新时代教材编写工作提出了新的要求。

　　本书涉及的离散数学是计算机科学与技术学科的基础,它以离散量为研究对象,充分描述了计算机科学与技术学科的离散性特点。

　　离散数学是随着计算机科学与技术学科的发展而逐步建立的,尽管它的主要内容在计算机出现之前就已散见于数学的各个分支中。它形成于20世纪70年代初,因此,也有人称之为"计算机数学",近期也称其为"离散结构"。

　　离散数学包括的内容主要有集合论、图论、数理逻辑、代数结构,并且其内容一直随着计算机科学与技术学科的发展而不断扩充和完善。作为计算机专业的核心课程,它为后续课程提供了必要的数学基础。这些后续课程主要有数据结构、编译原理、算法分析、计算机密码学、人工智能和可计算性理论,等等。

　　本书是在编者多年讲授离散数学课程的基础上编写而成的,其目的在于通过讲授离散数学中的基本概念、基本定理和运算及其在计算机科学与技术学科中的应用,培养学生的数学抽象能力、用数学语言描述问题的能力、逻辑思维能力以及数学论证能力。因此,本书力求概念阐释严谨,证明推演详尽,较难理解的概念用实例说明。

　　在本书第一、二版使用过程中,读者提出了许多宝贵的意见和建议,在此表示感谢。为迎接新一轮人工智能浪潮和人工智能大模型普及和应用,本书第三版在结构和内容上对第二版进行了修改和补充,如增加了线性规划与博弈论部分。全书共分四篇24章。

　　第1篇是集合论与数理逻辑,包含第1~6章,主要论述集合、关系、映射、可数集与不可数集、命题逻辑与一阶逻辑。集合论是全书的基础知识和基本工具,命题逻辑与一阶逻辑则是数理逻辑中与计算机科学与技术学科关系较密切的基本内容。

　　第2篇是图论与组合数学,包含第7~18章,主要论述图与子图、树、图的连通性、E图与H图、匹配与点独立集、图的着色、平面图、有向图、网络最大流、排列和组合的一般计数方法、容斥原理、递推关系与生成函数等内容。由于图为任何一个包含二元关系的系统提供了一种离散数学模型,因此,应用图论来解决计算机科学与技术学科相关领域中的问题具有极大的优越性。此外,图论对于锻炼学生的抽象思维能力及提高运用数学工具描述并解决实际问题的能力也大有益处。本篇论述了组合数学中关于存在性、计数、构造、分类及最优化等基本知识,目的在于论述组合分析这一强有力的数学工具。

　　第3篇是代数结构与初等数论,包含第19~22章,主要论述整数、群、环与域、格与布尔代数。

第4篇是线性规划与博弈论，它们是运筹学的重要分支，包含第23、24章。前者主要论述在生产实践和日常生活中如何合理地利用有限的人力、物力、财力等资源得到最优的经济效益等一类规划问题的数学建模及常见的求解方法。在人们的社会和经济生活中，博弈无处不在，职场中有博弈，商场上有博弈，人际交往中也有博弈。博弈就是一种有策略、有规则的对抗游戏。本篇所论述的博弈论知识，对读者会有较大的帮助，可以让读者的工作、生活更加有效率，从而更好地实现自己的目标。

本书适合作为普通高等院校计算机类专业的教材，书中加 * 的部分为选学内容，教师可以按授课对象的实际情况和专业教育的要求对本书内容进行取舍，决定讲授内容。

本书的编写得到了 2009 年度教育部、财政部"高等学校特色专业建设点"项目"计算机科学与技术"专业（项目编号：TS11622）、2019 年度"国家级一流本科专业建设点"项目"计算机科学与技术"专业、"十二五"普通高等教育国家级规划教材建设项目的资助，在此表示衷心的感谢。

本书由刘任任、王婷、曹春红主编，其中第 1 篇和第 3 篇由刘任任编写，第 2 篇由王婷编写，第 4 篇由曹春红编写，全书由刘任任和王婷统稿。由于编者的水平有限，难免存在错误和疏漏之处，恳请读者批评指正。

最后，我们引用计算机科学与技术巨匠、图灵奖获得者 D. E. Kunth 的一段话来说明数学，特别是离散数学在计算机科学与技术中的重要地位："除了无穷维 Hibert 空间不可能用得上以外，其他数学理论都可能在计算机科学与技术中得到应用。概括地说，在计算机科学与技术的研究领域中，凡一问题要求形式化、精确化表示，最可能用到的数学理论是数理逻辑，某些部分可能用到代数，甚至拓扑学；凡一问题要求表示出算法执行过程中各部分的逻辑结构或关系，最可能用到的数学理论是图论和数理逻辑，某些部分可能用到代数；凡一问题要求给出量的测定，最可能用到的数学理论是组合数学、数论和概率论等；凡一问题要求得出最优方案，最可能用到的数学理论是运筹学、数论，甚至将来有可能用到数学分析。"

编　者
2023 年 11 月

目　录

第2篇 图论与组合数学

第3篇 代数结构与初等数论

第4篇　线性规划与博弈论

第1篇
集合论与数理逻辑

集合论(set theory)是现代数学的基础,它作为一个独立的数学分支诞生于19世纪.当时,由于科学和技术的发展,极大地推动了微积分、抽象代数、几何学等领域的理论与应用研究.就整个经典数学而言,迫切需要建立一个能够统括各个数学分支,并能建树其上的理论基础.正是在数学发展的这样一个历史背景下,康托尔系统地总结了长期以来对数学的认识与实践,创立了集合论.

集合论的创立,使数学研究对象从有限推进到无限,并为整个经典数学的各个分支提供了一个共同的理论基础.目前,集合论的概念几乎已渗透到现代数学的各个领域,并且在计算机科学、经济学、语言学和心理学等学科中有着重要的应用.

数理逻辑(mathematical logic)是一门用数学方法来研究推理过程的数学分支,它与计算机科学、人工智能、语言学等有着密切的关系.

数理逻辑的内容很丰富,除了最基础的逻辑演算外,还包括证明论、递归论、模型论和公理集合论.证明论主要研究数学理论系统的相容性(即不矛盾性、协调性),递归论是关于能行可计算性的理论.自从发明电子计算机后,人们需要在理论上弄清楚计算机能计算哪些函数,因此,递归论已成为理论计算机科学的重要内容.模型论主要为各种数学理论系统建立模型,并研究各模型之间、模型与数学系统之间的关系等.公理集合论则是在消除已知集合论悖论的情况下用公理方法把有关集合的理论发展下去.

本篇包含第1~6章,主要论述集合论中有关集合、关系、映射、集合的基数,以及数理逻辑中最基础的逻辑演算部分,主要包括命题逻辑和一阶逻辑等基本知识.

第1章

集　合

众所周知,任何一个理论系统,都要包含一些不加以定义而直接引入的基本概念.例如,欧几里得几何学系统中的"点"和"直线",而"三角形""圆"等几何概念都可以通过"点"和"直线"来定义.在集合论中,集合是唯一不精确定义而直接引用的基本概念.集合论是现代数学中最重要的基础之一.

本章主要论述集合(set)的概念及其表示、集合的运算和笛卡尔积.

§1.1　集合的概念及其表示

由于集合是一个不精确定义的概念,因此只能给它以直观的描述.所谓集合,可描述为"由一些任意确定的、彼此有区别的对象所组成的一个整体".集合中的对象称为该集合中的元素.通常用大写英文字母表示集合,而用小写英文字母表示元素.

如果 a 是集合 S 中的元素,则记为 $a \in S$,读作" a 属于 S ";如果 a 不是 S 中的元素,则记为 $a \notin S$,读作" a 不属于 S ".

【例 1.1】　以下是一些集合的例子.

(1)教室里所有课桌的集合;

(2)全体自然数的集合;

(3)100 以内的素数集合;

(4)方程 $x^2 + x + 1 = 0$ 的实根集合.

定义 1.1.1　设 A 为集合,用 $|A|$ 表示 A 中所含元素的计数.

(1)若 $|A| = 0$,则称 A 为空集(empty set),空集常用 $\varnothing$ 表示;

(2)若 $|A| = n$(n 为自然数),则称 A 为有限集(finite set);

(3)若 $|A| = \infty$,则称 A 为无限集(infinite set);

(4)若 $|A| \neq 0$,则称 A 为非空集(nonempty set).

在例 1.1 中列举的四个集合中,(1)和(3)为非空有限集,(2)为无限集,(4)为空集.

为方便起见,本书用以下符号表示固定集合:

N——自然数集合;

Z——整数集合;

Q——有理数集合;

R——实数集合.

由集合的概念可知,要确定一个集合,只需指出哪些元素属于该集合,哪些元素不属于该集合.常用以下两种方法描述一个集合.

1. 列举法

按任意一种次序,不重复地将集合中的元素全部或部分地列出来,未列出的元素用"…"代替,并用大括号括起来,例如:

10 以内的素数的集合 $M = \{2,3,5,7\}$;

26 个英文小写字母的集合 $M = \{a,b,c,\cdots,x,y,z\}$;

所有整数的集合 $\mathbf{Z} = \{\cdots,-2,-1,0,1,2,\cdots\}$;

全体正偶数的集合 $E = \{2,4,6,\cdots\}$.

部分地列举元素时,所列出的元素要能反映出该集合元素的构造规律.

2. 描述法

用集合中元素所共同具有的某个性质来刻画集合.任何一个元素属于该集合当且仅当该元素具有规定的性质.例如,在直角坐标系平面内,满足方程 $x^2 + y^2 = 1$ 的全部点坐标所组成的集合 D 可以表示为

$$D = \{(x,y) \mid x,y \in \mathbf{R} \text{ 且 } x^2 + y^2 = 1\}$$

其中,(x,y) 表示集合 D 的元素.

元素与集合之间是属于或不属于的关系,对集合之间的关系,有以下定义:

定义 1.1.2　设 A,B 为任意两个集合:

(1)若对每个 $x \in A$ 均有 $x \in B$,则称 A 为 B 的子集,也称 A 含于 B 或 B 包含 A,记为 $A \subseteq B$ 或 $B \supseteq A$.

(2)若 $A \subseteq B$ 且 $B \subseteq A$,则称 A 与 B 相等,记为 $A = B$,否则称 A 与 B 不相等,记为 $A \neq B$.

(3)若 $A \subseteq B$ 且 $A \neq B$,则称 A 为 B 的真子集,也称 A 真含于 B 或 B 真包含 A,记为 $A \subset B$ 或 $B \supset A$.

由集合的概念可知,一个集合也可以作为另一个集合的元素.

定义 1.1.3　设 A 为任意集合,令 $\rho(A) = \{X \mid X \subseteq A\}$.称 $\rho(A)$ 为 A 的幂集(power set),即 A 的所有子集构成的集合.A 的幂集也可以记为 2^A.

例如,设 $A = \{a,\{b\}\}$,则 A 的幂集为

$$\rho(A) = \{\varnothing,\{a\},\{\{b\}\},\{a,\{b\}\}\}$$

显然,若 A 为有限集,且 $|A| = n$,则 $\rho(A)$ 的元素个数为

$$|\rho(A)| = C_n^0 + C_n^1 + \cdots + C_n^n = 2^n$$

【**例 1.2**】　设 $A = \{\varnothing\}$,$B = \rho(\rho(A))$,判断下列各题是否正确.

(1)$\varnothing \in B$,$\varnothing \subseteq B$;

(2)$\{\varnothing\} \in B$,$\{\varnothing\} \subseteq B$;

(3)$\{\{\varnothing\}\} \in B$,$\{\{\varnothing\}\} \subseteq B$.

解　因 A 是仅以空集 $\varnothing$ 为元素的集合,故 $\rho(A) = \{\varnothing,\{\varnothing\}\}$,$B = \rho(\rho(A)) = \{\varnothing,\{\varnothing\},\{\{\varnothing\}\},\rho(A)\}$,于是:

(1)$\varnothing \in B$,又因为空集 $\varnothing$ 含于任何集合,所以 $\varnothing \subseteq B$.

(2)$\{\varnothing\} \in B$,又因为 $\varnothing \in B$,所以 $\{\varnothing\} \subseteq B$.

(3) $\{\{\varnothing\}\}\in B$，又因为 $\{\varnothing\}\in B$，所以 $\{\{\varnothing\}\}\subseteq B$.

总之，以上各题都是正确的.

§1.2　集合的基本运算

以下设 E 包含我们所讨论的所有集合，并称 E 为全集(universal set).

定义 1.2.1　设 A,B 为任意两个集合，令

$$A\cup B=\{x\mid x\in A \text{ 或 } x\in B\}$$
$$A\cap B=\{x\mid x\in A \text{ 且 } x\in B\}$$
$$A-B=\{x\mid x\in A \text{ 且 } x\notin B\}$$
$$A\oplus B=(A\cup B)-(A\cap B)$$

分别称 $A\cup B,A\cap B,A-B$ 和 $A\oplus B$ 为集合 A 与 B 的并、交、差和对称差.

特别地，差集 $E-A$ 称为 A 的补集，记为 $\overline{A}$.

如果 $A\cap B=\varnothing$，则称 A 与 B 不相交.

例如，若取全集 $E=\{1,2,3,4,5\}$，$A=\{1,3,4\}$，$B=\{3,5\}$，则有

$$A\cup B=\{1,3,4,5\},\quad A\cap B=\{3\},$$
$$A-B=\{1,4\},\quad B-A=\{5\},$$
$$A\oplus B=\{1,4,5\},\quad \overline{A}=\{2,5\},\quad \overline{B}=\{1,2,4\}$$

不难证明，对任意集合 A,B 和 C，下面的运算规律成立：

(1) $A\cup A=A,A\cap A=A$(幂等律)；

(2) $A\cup B=B\cup A,A\cap B=B\cap A$(交换律)；

(3) $(A\cup B)\cup C=A\cup(B\cup C),(A\cap B)\cap C=A\cap(B\cap C)$(结合律)；

(4) $A\cap(B\cup C)=(A\cap B)\cup(A\cap C),A\cup(B\cap C)=(A\cup B)\cap(A\cup C)$(分配律)；

(5) $A\cap(A\cup B)=A,A\cup(A\cap B)=A$(吸收律)；

(6) $A\cup\varnothing=A,A\cap E=A$(同一律)；

(7) $A\cup E=E,A\cap\varnothing=\varnothing$(零律)；

(8) $A\cup\overline{A}=E,A\cap\overline{A}=\varnothing$(互补律 I)；

(9) $\overline{E}=\varnothing,\overline{\varnothing}=E$(互补律 II)；

(10) $\overline{(A\cap B)}=\overline{A}\cup\overline{B},\overline{(A\cup B)}=\overline{A}\cap\overline{B}$(De Morgan 律)；

(11) $\overline{(\overline{A})}=A$(对合律).

例如，我们来证明分配律之一：$A\cap(B\cup C)=(A\cap B)\cup(A\cap C)$.

任取 $x\in A\cap(B\cup C)$，则 $x\in A$ 且 $x\in B\cup C$，即 $x\in A$，且 $x\in B$ 或 $x\in C$. 于是，$x\in A\cap B$ 或者 $x\in A\cap C$，故 $x\in(A\cap B)\cup(A\cap C)$，即证得

$$A\cap(B\cup C)\subseteq(A\cap B)\cup(A\cap C) \tag{1.1}$$

另外，任取 $x\in(A\cap B)\cup(A\cap C)$，则 $x\in A\cap B$ 或者 $x\in A\cap C$，即 $x\in A$ 且 $x\in B$，或者 $x\in A$ 且 $x\in C$，于是有 $x\in A$，且 $x\in B$ 或者 $x\in C$，即 $x\in A$ 且 $x\in B\cup C$，因此，$x\in A\cap(B\cup C)$，故

$$(A \cap B) \cup (A \cap C) \subseteq A \cap (B \cup C) \tag{1.2}$$

总之,由式(1.1)和式(1.2)可得

$$A \cap (B \cup C) = (A \cap B) \cup (A \cap C)$$

我们再来证明 De Morgan 律之一:$\overline{(A \cup B)} = \overline{A} \cap \overline{B}$.

因为 $x \in \overline{(A \cup B)}$ 当且仅当 $x \notin (A \cup B)$ 当且仅当 $x \notin A$ 且 $x \notin B$ 当且仅当 $x \in \overline{A}$ 且 $x \in \overline{B}$ 当且仅当 $x \in \overline{A} \cap \overline{B}$,因此,$\overline{(A \cup B)} = \overline{A} \cap \overline{B}$.

其余的运算规律都可以类似证明.

【例 1.3】　证明对任何集合 X 和 Y,$(X - Y) \cap (Y - X) = \varnothing$.

证明　$(X - Y) \cap (Y - X)$

$$
\begin{aligned}
&= (X \cap \overline{Y}) \cap (Y \cap \overline{X}) &&(\text{差运算的定义})\\
&= X \cap \overline{Y} \cap Y \cap \overline{X} &&(\text{结合律})\\
&= (X \cap \overline{X}) \cap (Y \cap \overline{Y}) &&(\text{交换律和结合律})\\
&= \varnothing \cap \varnothing &&(\text{互补律 I})\\
&= \varnothing &&(\text{幂等律})
\end{aligned}
$$

§1.3　笛 卡 尔 积

我们知道,集合中的元素是无次序的,例如 $\{x, y\} = \{y, x\}$.然而,现实世界中,许多对象必须用两个具有固定次序的元素来描述.比如,直角平面坐标系中的点通常由横坐标 x 和纵坐标 y 表示 $\langle x, y \rangle$,而且当 $x \neq y$ 时,$\langle x, y \rangle$ 与 $\langle y, x \rangle$ 代表平面中不同的两点.称两个具有固定次序的对象为序偶(ordered pair),记为 $\langle x, y \rangle$.

定义 1.3.1　设 $\langle x, y \rangle$ 和 $\langle u, v \rangle$ 为两个序偶,若 $x = u$ 且 $y = v$,则称这两个序偶相等,记为 $\langle x, y \rangle = \langle u, v \rangle$.

序偶 $\langle x, y \rangle$ 中的两个元素可以来自两个不同的集合.例如,若 x 代表姓名,y 代表国名,则序偶 $\langle x, y \rangle$ 就可表示某公民及其国籍的信息.更一般地,有以下定义:

定义 1.3.2　设 A, B 是任意两个集合.令

$$A \times B = \{\langle x, y \rangle \mid x \in A \text{ 且 } y \in B\}$$

称集合 $A \times B$ 为 A 与 B 的笛卡尔积(Cartesian product)或直积.

特别地,记 $A \times A$ 为 A^2.

【例 1.4】　设 $A = \{\alpha, \beta\}$,$B = \{1, 2, 3\}$,则

$$A \times B = \{\langle \alpha, 1 \rangle, \langle \alpha, 2 \rangle, \langle \alpha, 3 \rangle, \langle \beta, 1 \rangle, \langle \beta, 2 \rangle, \langle \beta, 3 \rangle\}$$

$$B \times A = \{\langle 1, \alpha \rangle, \langle 2, \alpha \rangle, \langle 3, \alpha \rangle, \langle 1, \beta \rangle, \langle 2, \beta \rangle, \langle 3, \beta \rangle\}$$

$$A \times A = A^2 = \{\langle \alpha, \alpha \rangle, \langle \alpha, \beta \rangle, \langle \beta, \alpha \rangle, \langle \beta, \beta \rangle\}$$

由例 1.4 可知,一般地,$A \times B \neq B \times A$.

可以将序偶的概念推广为 n 元有序组(ordered n-tuples).

定义 1.3.3　设 $x_1, x_2, \cdots, x_n$ 为任意 n 个元素,$n \geq 2$,令

$$\langle x_1, x_2, \cdots, x_n \rangle = \langle \langle x_1, x_2, \cdots, x_{n-1} \rangle, x_n \rangle;$$

$$\langle x_1 \rangle = x_1$$

称$\langle x_1, x_2, \cdots, x_n \rangle$为由$x_1, x_2, \cdots, x_n$组成的$n$元有序组，并称$x_i$为第$i$个分量，$i = 1, 2, \cdots, n$.

用归纳法可以证明，$\langle x_1, x_2, \cdots, x_n \rangle = \langle y_1, y_2, \cdots, y_n \rangle$当且仅当$x_i = y_i, i = 1, 2, \cdots, n$.

定义 1.3.4　设$A_1, A_2, \cdots, A_n$为任意n个集合，令

$$A_1 \times A_2 \times \cdots \times A_n = \{\langle x_1, x_2, \cdots, x_n \rangle \mid x_i \in A_i, i = 1, 2, \cdots, n\}$$

称$A_1 \times A_2 \times \cdots \times A_n$为$A_1, A_2, \cdots, A_n$的笛卡尔积. 当$A_1 = A_2 = \cdots = A_n = A$时，将$A_1 \times A_2 \times \cdots \times A_n$简记为$A^n$.

例如，$n = 3$时，$\mathbf{R} \times \mathbf{R} \times \mathbf{R} = \mathbf{R}^3 = \{\langle x, y, z \rangle \mid x, y, z \in \mathbf{R}\}$表示空间直角坐标系中所有点的集合. 不难证明，$|A_1 \times A_2 \times \cdots \times A_n| = |A_1| \times |A_2| \times \cdots \times |A_n|$.

习　　题

1. 用列举法表示下列集合.

(1) $1 \sim 100$ 之间的自然数的集合；

(2) 小于 5 的正整数集合；

(3) 偶自然数的集合；

(4) 奇整数的集合.

2. 用描述法表示下列集合.

(1) 偶整数的集合；

(2) 素数的集合；

(3) 自然数 a 的整数幂的集合.

3. 设 $S = \{2, a, \{3\}, 4\}, R = \{\{a\}, 3, 4, 1\}$，判断下面的写法是否正确.

(1) $\{a\} \in S$；

(2) $\{a\} \in R$；

(3) $\{a, 4, \{3\}\} \subseteq S$；

(4) $\{\{a\}, 1, 3, 4\} \subset R$；

(5) $R = S$；

(6) $\{a\} \subseteq S$；

(7) $\{a\} \subseteq R$；

(8) $\varnothing \subseteq R$；

(9) $\varnothing \subseteq \{\{a\}\} \subseteq R \subseteq E$；

(10) $\{\varnothing\} \subseteq S$；

(11) $\varnothing \in R$；

(12) $\varnothing \subseteq \{\{3\}, 4\}$.

4. 设 A, B 和 C 为任意三个集合，判断以下说法是否正确. 若正确则证明之，否则举反例说明.

(1) 若 $A \in B$ 且 $B \subseteq C$，则 $A \in C$；

(2) 若 $A \in B$ 且 $B \subseteq C$，则 $A \subseteq C$；

(3) 若 $A \subseteq B$ 且 $B \in C$，则 $A \in C$；

(4) 若 $A \subseteq B$ 且 $B \in C$，则 $A \subseteq C$.

5. 设 $P = \{S \mid S$ 是集合且 $S \notin S\}$. P 是集合吗？请证明你的结论.

6. 设 $E = \{1, 2, 3, 4, 5\}, A = \{1, 3\}, B = \{1, 4, 5\}, C = \{4, 3\}$. 试求下列集合.

(1) $A \cap \bar{B}$；

(2) $(A \cap B) \cup \bar{C}$；

(3) $\overline{(A \cap B)}$；

(4) $\bar{A} \cup \bar{B}$；

(5) $(A - B) - C$；

(6) $A - (B - C)$；

(7) $(A \oplus B) \oplus C$；

(8) $(A \oplus B) \oplus (B \oplus C)$.

7. 设 A, B 和 C 为任意三个集合，判断以下说法是否正确. 若正确则证明之，否则举反例说明.

(1) 若 $A \cup B = A \cup C$，则 $B = C$；

(2) 若 $A \cap B = A \cap C$，则 $B = C$；

(3) 若 $A \oplus B = A \oplus C$, 则 $B = C$;

(4) 若 $A \subseteq B \cup C$, 则 $A \subseteq B$ 或 $A \subseteq C$;

(5) 若 $B \cap C \subseteq A$, 则 $B \subseteq A$ 或 $C \subseteq A$.

8. 设 A, B 和 C 是任意三个集合, 试证明:

(1) $A = B$ 当且仅当 $A \oplus B = \varnothing$;

(2) $A \oplus B = B \oplus A$;

(3) $(A \oplus B) \oplus C = A \oplus (B \oplus C)$;

(4) $A \cap (B \oplus C) = (A \cap B) \oplus (A \cap C)$;

(5) $A \cup (B \oplus C) \neq (A \cup B) \oplus (A \cup C)$.

9. 设 $A = \{1, 2\}$, $B = \{2, 3\}$, 试确定下列集合.

(1) $A \times \{1\} \times B$; 　　　(2) $A^2 \times B$; 　　　(3) $(B \times A)^2$.

10. 证明: 若 $A \times A = B \times B$, 则 $A = B$.

11. 证明: 若 $A \times B = A \times C$, 且 $A \neq \varnothing$, 则 $B = C$.

12. 设 x, y 为任意元素, 令 $\langle x, y \rangle = \{\{x\}, \{x, y\}\}$. 试证明: $\langle x, y \rangle = \langle u, v \rangle$ 当且仅当 $x = u$, $y = v$.

13. 将三元有序组 $\langle x, y, z \rangle$ 定义为 $\{\{x\}, \{x, y\}, \{x, y, z\}\}$ 合适吗? 为什么?

第2章

关　系

关系概念的建立和应用在日常生活中到处可见,如人与人之间的师生关系、朋友关系以及同学关系等. 在数学中,关系反映了元素之间的联系与性质,如数值之间的相等关系、大于关系以及整除关系等.

本章主要论述关系(relations)及其表示、关系的运算和一些常见的关系.

§2.1　关系及其表示

定义 2.1.1　设 A,B 为任意两个集合,称笛卡尔积 $A \times B$ 的子集 R 为集合 A 到 B 的一个二元关系. 若 $\langle x,y \rangle \in R$,则称 x 与 y 有关系 R,记为 xRy;否则称 x 与 y 没有关系 R,记为 $x\overline{R}y$. 特别地,若 $A = B$,则称 R 为集合 A 上的二元关系.

例如,设 $A = \{2,3,4,5,6\}$,则定义在 A 上的整除关系如下:

$$R = \{\langle x,y \rangle \mid x,y \in A \text{ 且 } x \text{ 整除 } y\} = \{\langle 2,2 \rangle, \langle 3,3 \rangle, \langle 4,4 \rangle, \langle 5,5 \rangle, \langle 6,6 \rangle, \langle 2,4 \rangle, \langle 2,6 \rangle, \langle 3,6 \rangle\}$$

定义 2.1.2　设 R 是定义在集合 A 上的二元关系.

(1)若对每个 $x \in A$,均有 xRx,则称 R 为自反的(reflexive);

(2)若对每个 $x \in A$,均有 $x\overline{R}x$,则称 R 为反自反的(irreflexive);

(3)若对任意 $x,y \in A$,由 xRy,可得出 yRx,则称 R 是对称的(symmetric);

(4)若对任意 $x,y \in A$,由 xRy 且 yRx,可得出 $x = y$,则称 R 是反对称的(antisymmetric);

(5)若对任意 $x,y,z \in A$,由 xRy 且 yRz,可得出 xRz,则称 R 是传递的(transitive).

例如,数值之间的相等关系" $=$ "是自反的、对称的、反对称的和传递的,而小于关系" $<$ "则是反自反的、反对称的和传递的;集合之间的含于关系" $\subseteq$ "是自反的、反对称的和传递的.

【例 2.1】 设 $\mathbf{Z}_+$ 是正整数集,定义 $\mathbf{Z}_+$ 上的整除关系为 $R = \{\langle x,y \rangle \mid x,y \in \mathbf{Z}_+, x \mid y\}$. 证明 R 是自反的,反对称的,传递的.

证明　对任意的 $x \in \mathbf{Z}_+$,均存在 $1 \in \mathbf{Z}_+$,使得 $x = 1 \times x$,于是 $x \mid x$,所以 R 是自反的;又对于任意的 $x,y \in \mathbf{Z}_+$,如果 $x \mid y$ 并且 $y \mid x$,则存在 $t,u \in \mathbf{Z}_+$,使得 $y = tx, x = uy$,将 $y = tx$ 代入 $x = uy$ 得 $x = utx$,因 t,u 是正整数,故必有 $t = u = 1$,于是 $x = y$,所以 R 是反对称的;最后,对于任意的 $x,y,z \in \mathbf{Z}_+$,如果 $x \mid y$ 并且 $y \mid z$,则存在 $t,u \in \mathbf{Z}_+$,使得 $y = tx, z = uy$,于是 $z = utx$,即 $x \mid z$,所以 R 是传递的.

两个有限集合之间的二元关系除了用序偶的集合,即笛卡尔积的子集表示之外,还可以用关系矩阵和关系图来表示. 关系矩阵为关系的运算提供了数学运算对象,而关系图则使关系表示更为直观.

定义 2.1.3 设 $A = \{x_1, x_2, \cdots, x_m\}, B = \{y_1, y_2, \cdots, y_n\}, R$ 是 A 到 B 的二元关系. 定义 R 的关系矩阵(matrix of R) $\boldsymbol{M}_R = (r_{ij})_{m \times n}$ 为

$$r_{ij} = \begin{cases} 1 & \langle x_i, y_j \rangle \in R; i = 1, 2, \cdots, m; j = 1, 2, \cdots, n \\ 0 & \text{其他} \end{cases}$$

例如,设 $A = \{1, 2, 3, 4\}$,则定义在 A 上的小于关系 R 为 $R = \{\langle 1, 2 \rangle, \langle 1, 3 \rangle, \langle 1, 4 \rangle, \langle 2, 3 \rangle, \langle 2, 4 \rangle, \langle 3, 4 \rangle\}$. 从而,其关系矩阵为

$$\boldsymbol{M}_R = \begin{pmatrix} 0 & 1 & 1 & 1 \\ 0 & 0 & 1 & 1 \\ 0 & 0 & 0 & 1 \\ 0 & 0 & 0 & 0 \end{pmatrix}$$

定义 2.1.4 设 $A = \{x_1, x_2, \cdots, x_m\}, B = \{y_1, y_2, \cdots, y_n\}, R$ 是 A 到 B 的二元关系. 以 $A \cup B$ 中的每个元素 x 为平面上的一个结点(仍用 x 表示),对每个 $\langle x, y \rangle \in R$,均画一条从 x 到 y 的有向弧,其箭头指向 y. 称此图为 R 的关系图,记为 G_R.

例如,设 $A = \{1, 2, 3, 4, 5\}$,定义在 A 上的二元关系 $R = \{\langle 1, 1 \rangle, \langle 1, 2 \rangle, \langle 3, 2 \rangle, \langle 1, 4 \rangle, \langle 5, 4 \rangle, \langle 5, 1 \rangle\}$,于是 R 的关系图(digraph of R) G_R 如图 2.1 所示.

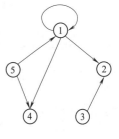

图 2.1

§2.2 关系的运算

由于关系是序偶的集合,因此,集合 A 到 B 的两个不同的关系 R 和 S 可以进行集合的并、交、差、对称差和补运算,其结果仍为 A 到 B 的关系,并分别记为 $R \cup S$、$R \cap S$、$R - S$、$R \oplus S$、和 $\bar{R}$(或 $\bar{S}$). 然而,关系又是一种特殊的集合,故它还应有自己特有的运算.

定义 2.2.1 设 R 是 A 到 B 的关系,S 是 B 到 C 的关系,令

$$R \cdot S = \{\langle x, z \rangle \mid \text{存在 } y \in B, \text{使得} \langle x, y \rangle \in R \text{ 且} \langle y, z \rangle \in S\}$$

并称 $R \cdot S$ 为 R 与 S 的复合关系(complemented relation). 特别地,若 $A = B = C$,则 $R \cdot S$ 为 R 与 S 的乘积.

例如,设集合 $A = \{1, 2, 3\}, R = \{\langle 1, 2 \rangle, \langle 3, 3 \rangle\}, S = \{\langle 2, 3 \rangle\}$,则

$$R \cdot S = \{\langle 1, 3 \rangle\}, \quad S \cdot R = \{\langle 2, 3 \rangle\}$$

这表明关系的复合运算不满足交换律.

定理 2.2.1 设 R 是 A 到 B 的关系,S 是 B 到 C 的关系,T 是 C 到 D 的关系,则

$$(R \cdot S) \cdot T = R \cdot (S \cdot T)$$

证明 任取 $\langle x, w \rangle \in (R \cdot S) \cdot T$,则存在 $z \in C$,使得 $\langle x, z \rangle \in R \cdot S$ 且 $\langle z, w \rangle \in T$. 又由 $\langle x, z \rangle \in R \cdot S$ 知,存在 $y \in B$,使得 $\langle x, y \rangle \in R$,$\langle y, z \rangle \in S$. 再由 $\langle y, z \rangle \in S$ 且 $\langle z, w \rangle \in T$ 知,$\langle y, w \rangle \in S \cdot T$. 最后由 $\langle x, y \rangle \in R$ 且 $\langle y, w \rangle \in S \cdot T$ 推出 $\langle x, w \rangle \in R \cdot (S \cdot T)$. 于是

$$(R \cdot S) \cdot T \subseteq R \cdot (S \cdot T)$$

同理可证,$R \cdot (S \cdot T) \subseteq (R \cdot S) \cdot T$.

综上,有 $(R \cdot S) \cdot T = R \cdot (S \cdot T)$.

此定理表明,关系的复合运算满足结合律.

定义在同一集合上的关系 R 可与自身复合任意多次.

定义 2.2.2 设 R 是集合 A 上的二元关系,则 $R^n = R \cdot R \cdot \cdots \cdot R, n \geqslant 0$,定义如下:

$$R^{n+1} = R^n \cdot R$$

$$R^0 = \{\langle x, x\rangle \mid x \in A\}$$

例如,设 $A = \{1, 2, 3\}, R = \{\langle 1, 2\rangle, \langle 2, 1\rangle, \langle 1, 3\rangle\}$,则:

$$R^0 = \{\langle 1, 1\rangle, \langle 2, 2\rangle, \langle 3, 3\rangle\}$$

$$R^1 = R^0 \cdot R = \{\langle 1, 2\rangle, \langle 2, 1\rangle, \langle 1, 3\rangle\}$$

$$R^2 = R^1 \cdot R = \{\langle 1, 1\rangle, \langle 2, 2\rangle, \langle 2, 3\rangle\}$$

$$R^3 = R^2 \cdot R = \{\langle 1, 2\rangle, \langle 1, 3\rangle, \langle 2, 1\rangle\}$$

$$R^4 = R^3 \cdot R = R \cdot R = R^2$$

不难看出,在本例中,

$$R^{2n} = R^2 \quad (n \geqslant 1)$$

$$R^{2n+1} = R \quad (n \geqslant 0)$$

利用关系的幂运算,可判断关系是否具有传递性.

定理 2.2.2 集合 A 上的关系 R 是传递的,当且仅当 $R^2 \subseteq R$.

证明 必要性.设 R 是传递的,任取 $\langle x, y\rangle \in R^2$,则存在 $z \in A$ 使得 xRz 且 zRy,因 R 是传递的,所以 xRy,即 $\langle x, y\rangle \in R$,故 $R^2 \subseteq R$.

充分性.设 $R^2 \subseteq R$.若 xRy, yRz,则 xR^2z,即 $\langle x, z\rangle \in R^2 \subseteq R$,于是 xRz,故 R 是传递的.

定义 2.2.3 设 R 是 A 到 B 的二元关系,令

$$R^{-1} = \{\langle y, x\rangle \mid \langle x, y\rangle \in R\}$$

称 R^{-1} 为 R 的逆关系(inverse relation).

易知,R 的逆关系 R^{-1} 就是 R 中所有序偶颠倒次序后所得序偶之集合,因此,$(R^{-1})^{-1} = R$.

定理 2.2.3 设 R 是 A 到 B 的二元关系,S 是 B 到 C 的关系,则

$$(R \cdot S)^{-1} = S^{-1} \cdot R^{-1}$$

证明 因为 $\langle x, z\rangle \in (R \cdot S)^{-1}$,当且仅当 $\langle z, x\rangle \in R \cdot S$,当且仅当存在 $y \in B$ 使得 $\langle z, y\rangle \in R$ 且 $\langle y, x\rangle \in S$,当且仅当 $\langle y, z\rangle \in R^{-1}$ 且 $\langle x, y\rangle \in S^{-1}$,当且仅当 $\langle x, z\rangle \in S^{-1} \cdot R^{-1}$,因此

$$(R \cdot S)^{-1} = S^{-1} \cdot R^{-1}$$

可利用逆关系来判断关系的某些性质.

定理 2.2.4 设 R 为 A 上的二元关系,则:

(1) R 是对称的,当且仅当 $R = R^{-1}$;

(2) R 是反对称的,当且仅当 $R \cap R^{-1} \subseteq R^0$.

证明 (1)设 R 是对称的.因为 $\langle x, y\rangle \in R$ 当且仅当 $\langle y, x\rangle \in R$,当且仅当 $\langle x, y\rangle \in R^{-1}$,故 $R = R^{-1}$.

再设 $R = R^{-1}$.于是若 $\langle x, y\rangle \in R$,则有 $\langle x, y\rangle \in R^{-1}$,从而 $\langle y, x\rangle \in R$.故 R 是对称的.

(2)设 R 是反对称的.若 $\langle x, y\rangle \in R \cap R^{-1}$,则 $\langle x, y\rangle \in R$ 且 $\langle x, y\rangle \in R^{-1}$,即 $\langle x, y\rangle \in R$ 且 $\langle y, x\rangle \in R$,于是 $x = y$,从而 $\langle x, y\rangle = \langle x, x\rangle \in R^0$,即 $R \cap R^{-1} \subseteq R^0$.

再设 $R \cap R^{-1} \subseteq R^0$. 若 $\langle x,y \rangle \in R$ 且 $\langle y,x \rangle \in R$, 则有 $\langle x,y \rangle \in R$, 且 $\langle x,y \rangle \in R^{-1}$, 即 $\langle x,y \rangle \in R \cap R^{-1}$, 于是有 $\langle x,y \rangle \in R^0$, 从而 $x = y$. 故 R 是反对称的. 证毕.

设 R 是集合 A 上的一个二元关系, 则 R 不一定是自反的、对称的或传递的, 我们希望在 R 的基础上添加一些元素(序偶), 得到一个包含 R 的且具有自反性或对称性或传递性的二元关系.

定义 2.2.4 设 R 为集合 A 上的二元关系. 如果 A 上的二元关系 R' 满足:

(1) R' 是自反(对称, 传递)的;

(2) $R \subseteq R'$;

(3) 若 A 上的二元关系 R'' 也满足(1)和(2), 则 $R' \subseteq R''$.

则称 R' 为 R 的自反(对称, 传递)闭包(closure), 记为 $r(R)$ $(s(R)t(R))$.

【例 2.2】 设集合 $A = \{a,b,c,d\}$ 上的二元关系 $R = \{\langle a,b \rangle, \langle b,c \rangle\}$, 如何形成关系 R', 使之包含 R 并且具有自反性?

解 A 上的自反关系必定包含 R^0, 于是 $R_1 = R \cup R^0$. 此外, 向 R_1 添加新的序偶:

$$R_2 = R_1 \cup \{\langle a,c \rangle\}$$
$$R_3 = R_1 \cup \{\langle a,c \rangle, \langle b,d \rangle\}$$
$$\cdots\cdots$$

这些关系 $R_1, R_2, R_3, \cdots, R_i, \cdots$ 都是自反的, 且 $R_1 \subseteq R_2 \subseteq R_3 \subseteq \cdots \subseteq R_i \subseteq \cdots$, 其中 R_1 是包含 R 的最小的具有自反性的关系, 即 R_1 是 R 的自反闭包.

从定义不难看出, R 的自反(对称, 传递)闭包即是包含 R 的最小的具有自反(对称、传递)性的关系. 此外, 从定义即可得出:

定理 2.2.5 设 R 为集合 A 上的二元关系, 于是:

(1) R 是自反的, 当且仅当 $r(R) = R$;

(2) R 是对称的, 当且仅当 $s(R) = R$;

(3) R 是传递的, 当且仅当 $t(R) = R$.

下面讨论如何求一个关系 R 的三种闭包.

定理 2.2.6 设 R 为集合 A 上的二元关系, 于是:

(1) $r(R) = R \cup R^0$; $R^0 = \{\langle x,x \rangle \mid x \in A\}$;

(2) $s(R) = R \cup R^{-1}$;

(3) $t(R) = \bigcup_{i=1}^{\infty} R^i = R \cup R^2 \cup R^3 \cup \cdots$.

证明 (1)、(2)容易证明, 下证(3).

令 $R^+ = R \cup R^2 \cup R^3 \cup \cdots$.

① 显然 $R \subseteq R^+$.

② 设 $\langle x,y \rangle, \langle y,z \rangle \in R^+$, 则存在正整数 m, n, 使得 $\langle x,y \rangle \in R^m$, $\langle y,z \rangle \in R^n$. 于是 $\langle x,z \rangle \in R^m \cdot R^n = R^{m+n} \subset R^+$. 故 R^+ 具有传递性.

③ 设 S 是 A 上的一个传递关系, 且 $R \subseteq S$. 下证 $R^+ \subseteq S$. 任取 $\langle x,y \rangle \in R^+$, 不妨设 $\langle x,y \rangle \in R^n$. 若 $n = 1$, 则 $\langle x,y \rangle \in R \subseteq S$, 于是 $\langle x,y \rangle \in S$; 若 $n > 1$, 则有 $z_1, z_2, \cdots, z_{n-1}$, 使 $xRz_1, z_1Rz_2, \cdots, z_{n-2}Rz_{n-1}$, $z_{n-1}Ry$. 由于 $R \subseteq S$, 且 S 具有传递性, 所以 $\langle x,z_2 \rangle \in S$, $\langle x,z_3 \rangle \in S, \cdots, \langle x,y \rangle \in S$. 故 $R^+ \subseteq S$.

综上所述, $t(R) = R \cup R^2 \cup R^3 \cup \cdots$.

当集合 A 为有限集时,有:

定理 2.2.7　设 A 为 n 个元素的集合,R 是定义在 A 上的二元关系,则

$$t(R) = \bigcup_{i=1}^{n} R^i = R \cup R^2 \cup R^3 \cup \cdots \cup R^n.$$

证明　只需证明对任何整数 $k \geqslant 1$ 有 $R^{n+k} \subseteq \bigcup_{i=1}^{n} R^i$.

任取 $\langle x, y \rangle \in R^{n+k}$,令 $z_0 = x, z_{n+k} = y$,则存在 $z_1, z_2, \cdots, z_{n+k-1} \in A$,使得

$$z_0 R z_1, z_1 R z_2, \cdots, z_{n+k-1} R z_{n+k} \tag{2.1}$$

注意到式(2.1)中共有 $(n+k+1)$ 个元素,而 A 只有 n 个元素,故必存在 $0 \leqslant i < j \leqslant n+k$,使得

$$z_i = z_j$$

于是

$$z_0 R z_1, z_1 R z_2, \cdots, z_{i-1} R z_i, z_i R z_{j+1}, \cdots, z_{n+k-1} R z_{n+k} \tag{2.2}$$

易知,式(2.2)中共有 $m = n+k+1-(j-i)$ 个元素,若 $m > n$,则重复以上过程,直到 $m \leqslant n$,从而 $z_0 R^m z_{n+k}$,即 $\langle x, y \rangle \in R^m$,因此

$$R^{n+k} \subseteq \bigcup_{i=1}^{n} R^i, k \geqslant 1$$

§2.3　等价关系

在日常生活和数学中,常常要对一些对象进行分类研究. 例如,对若干几何图形,可以按"面积相等"关系对这些几何图形分类. 这种分类使得每个几何图形恰好属于某一类,即不同类之间没有公共元素,从而当讨论几何图形的面积时,可以把"面积相等"的那些几何图形看作同样的. 具有这种功能的分类法所涉及的关系在数学上称为"等价关系",其严格定义如下:

定义 2.3.1　设 R 是集合 A 上的二元关系,若 R 具有自反性、对称性和传递性,则称 R 是一个等价关系(equivalence relation).

【例 2.3】　设定义在整数集 $\mathbf{Z}$ 上的二元关系 $R_k (k \in \mathbf{Z})$ 为

$$R_k = \{ \langle x, y \rangle \mid 存在 m \in \mathbf{Z}, 使得 x - y = m \cdot k \}$$

于是,R_k 是一个等价关系. 事实上,对任意 $x, y, z \in \mathbf{Z}$,

(1)因为 $x - x = 0 \cdot k$,所以 $\langle x, x \rangle \in R_k$;

(2)若 $\langle x, y \rangle \in R_k$,则存在 $m \in \mathbf{Z}$,使得 $x - y = m \cdot k$,于是 $y - x = (-m) \cdot k$,显然 $-m \in \mathbf{Z}$,故 $\langle y, x \rangle \in R_k$;

(3)若 $\langle x, y \rangle, \langle y, z \rangle \in R_k$,则存在 $m, n \in \mathbf{Z}$,使得 $x - y = m \cdot k, y - z = n \cdot k$,于是,$x - z = (x - y) + (y - z) = m \cdot k + n \cdot k = (m+n) \cdot k$,显然,$m + n \in \mathbf{Z}$,故 $\langle x, z \rangle \in R_k$.

由定义即知 R_k 是等价关系.

设 x 和 y 分别被 k 除所得的余数为 x' 和 y',即存在 $r, s \in \mathbf{Z}$,使得 $x = r \cdot k + x', y = s \cdot k + y', 0 \leqslant x', y' < k$. 于是,$x R_k y$ 当且仅当存在 $m \in \mathbf{Z}$,使得 $m \cdot k = x - y = (r \cdot k + x') - (s \cdot k + y') = (r - s) \cdot k + (x' - y')$,当且仅当 $x' - y' = 0$,当且仅当 $x' = y'$. 今后,可记 $x R_k y$ 为 $x \equiv y \pmod{k}$,读作"x 与 y 模 k 同余".

在对一个集合 A 进行分类时,常常希望所分的各类没有公共元素,这在数学上称为对 A 进行划分,其严格定义如下:

定义 2.3.2 设 A 为非空集合，$S=\{S_1,S_2,\cdots,S_m\}$，$S_i\subseteq A,i=1,2,\cdots,m.$
如果：

$(1)S_i\neq\varnothing,i=1,2,\cdots,m$；

$(2)S_i\cap S_j=\varnothing,i\neq j,i=1,2,\cdots,m,j=1,2,\cdots,m$；

$(3)\bigcup\limits_{i=1}^{m}S_i=A.$

则称 S 为 A 的一个划分(partition).

例如，设 $A=\{1,2,3\}$，于是

$$S_1=\{\{1\},\{2\},\{3\}\},\quad S_2=\{\{1,2,3\}\},$$
$$S_3=\{\{1,2\},\{3\}\},\quad S_4=\{\{1\},\{2,3\}\},$$
$$S_5=\{\{2\},\{1,3\}\}$$

都是 A 的划分，特别地，称形如 S_1 和 S_2 的划分为 A 的平凡划分. 显然，任何非空集合至少存在一个划分.

下面讨论集合 A 的划分与定义在 A 上的等价关系之间的联系.

定义 2.3.3 设 R 为集合 A 上的等价关系，对每个 $x\in A$，作集合

$$[x]_R=\{y\in A\mid xRy\}$$

称 $[x]_R$ 为 x(关于 R)的等价类(equivalence class).

例如，设 $R=\{\langle x,y\rangle\mid x,y\in\mathbf{Z}\text{ 且 }x\equiv y(\bmod\ 3)\}$，则

$$[0]_R=\{\cdots,-6,-3,0,3,6,\cdots\}$$
$$[1]_R=\{\cdots,-5,-2,1,4,7,\cdots\}$$
$$[2]_R=\{\cdots,-4,-1,2,5,8,\cdots\}$$

等价类 $[x]_R$ 有如下性质：

性质 1 对任意 $x\in A$，$[x]_R\neq\varnothing$；

性质 2 若 $y\in[x]_R$，则 $[x]_R=[y]_R$；

性质 3 若 $y\notin[x]_R$，则 $[x]_R\cap[y]_R=\varnothing$.

由性质 2，对等价关系 $x\equiv y(\bmod\ 3)$，有

$$[0]_R=[3]_R=[-3]_R=\cdots$$
$$[1]_R=[4]_R=[-2]_R=\cdots$$
$$[2]_R=[5]_R=[-1]_R=\cdots$$

定义 2.3.4 设 R 是集合 A 上的等价关系，称集合

$$\{[x]_R\mid x\in A\}$$

为 A 关于 R 的商集(quotient set)，记为 A/R.

定理 2.3.1 设 R 是集合 A 上的等价关系，于是

$$A/R=\{[x]_R\mid x\in A\}$$

是 A 上的一个划分.

证明 显然，对任意 $[x]_R\in A/R$，$[x]_R\subseteq A$，且由性质 1 知，$[x]_R\neq\varnothing$；其次，设 $[x]_R\neq[y]_R$，则 $[x]_R\cap[y]_R=\varnothing$. 若不然，设 $z\in[x]_R\cap[y]_R$，则有 xRz 且 zRy，因 R 是等价关系，所以有 xRy，于是 $y\in[x]_R$. 由性质 2，$[x]_R=[y]_R$，与 $[x]_R\neq[y]_R$ 矛盾. 故

$$[x]_R \cap [y]_R = \varnothing$$

最后证明

$$\bigcup_{[x]_R \in A/R} [x]_R = A \tag{2.3}$$

任取 $x \in A$，因为 $x \in [x]_R$，所以，$x \in \bigcup\limits_{[x]_R \in A/R} [x]_R$，于是

$$A \subseteq \bigcup_{[x]_R \in A/R} [x]_R$$

另外，由于 $[x]_R \subseteq A$，$x \in A$，因此

$$\bigcup_{[x]_R \in A/R} [x]_R \subseteq A$$

综上，式(2.3)是成立的，故 A/R 是 A 的一个划分.

例如，已知 $x \equiv y \pmod{3}$ 是整数集 $\mathbf{Z}$ 上的等价关系 R，于是集合 $\{[0]_R, [1]_R, [2]_R\}$ 是 $\mathbf{Z}$ 关于 R 的商集，由划分的定义知这个商集是 $\mathbf{Z}$ 上的一个划分.

定理 2.3.2 设 S 是集合 A 的一个划分，$S = \{S_1, S_2, \cdots, S_m\}$. 令：
$$R = \{\langle x, y \rangle \mid \text{存在 } S_i \in S, \text{使得 } x, y \in S_i\}$$
于是 R 是 A 上的一个等价关系，并且 $A/R = S$.

证明 先证 R 是 A 上的等价关系：

(1)对任意 $x \in A$，因 S 是 A 的划分，所以存在 $S_i \in S$，使得 $x \in S_i$，于是 xRx；

(2)若 xRy，则存在 $S_i \in S$，使得 $x, y \in S_i$，即 $y, x \in S_i$，故 yRx；

(3)若 xRy，yRz，则存在 $S_i, S_j \in S$，使得 $x, y \in S_i$，$y, z \in S_j$，于是 $y \in S_i \cap S_j$，因为 S 是划分，所以必有 $S_i = S_j$，因此，$x, y, z \in S_i$，从而 xRz.

以上说明 R 是一个等价关系，下证 $A/R = S$.

任取 $S_i \in S$，因为 $S_i \neq \varnothing$，所以存在 $x \in S_i$，可以证明 $S_i = [x]_R$. 事实上，任取 $y \in S_i$，则 $x, y \in S_i$，于是 xRy，从而 $y \in [x]_R$，故 $S_i \subseteq [x]_R$. 反之，任取 $y \in [x]_R$，则 $S_j \in S$，使得 $x, y \in S_j$，但 $x \in S_i$，所以 $S_j = S_i$，于是 $y \in S_i$，从而 $[x]_R \subseteq S_i$. 总之 $S_i = [x]_R$，其中 $x \in S_i$，由 S_i 的任意性知，$S \subseteq A/R$.

另外，任取 $[x]_R \in A/R$，$x \in A$. 因 S 是 A 的划分，所以必有 $S_i \in S$，使得 $x \in S_i$，与上类似也可证明 $[x]_R = S_i$，于是 $A/R \subseteq S$.

综上所述，$A/R = S$.

定理 2.3.1 和定理 2.3.2 表明，集合 A 上的等价关系和 A 上的划分是一一对应的.

§2.4 序 关 系

由于等价关系具有对称性，因此，两个具有等价关系的元素无所谓次序之分. 但现实世界中，有很多关系对所涉及的对象而言是有次序之分的. 例如人与人之间的父子关系；数值之间的"≤"关系等，即它们不具有对称性. 下面讨论一种很重要的次序关系.

定义 2.4.1 设 R 是集合 A 上的二元关系. 如果 R 具有自反性、反对称性和传递性，则称 R 为一个偏序(或半序、部分序)关系，并将 R 记为 ≤，读作"小于等于"，且称 $\langle A, \leqslant \rangle$ 为偏序集.

【例 2.4】 设 A 为集合，则 $\langle \rho(A), \subseteq \rangle$ 是一个偏序集，其中 $\rho(A)$ 是 A 的幂集.

【例 2.5】 设 $\mathbf{N}$ 为自然数集，则 $\langle \mathbf{N}, \leqslant \rangle$ 是一个偏序集，其中 ≤ 是数值间的小于或等于关系.

定义 2.4.2 设 $\langle A, \leqslant \rangle$ 是一个偏序集. 如果对任意 $x, y \in A$，都有 $x \leqslant y$ 或 $y \leqslant x$，则称 $\langle A, \leqslant \rangle$ 是

一个全序集(total ordering)或链(chain).

易知,例 2.5 中的 $\langle \mathbf{N}, \leqslant \rangle$ 就是一个全序集,而例 2.4 中的 $\langle \rho(A), \subseteq \rangle$ 则不是全序集.

也可以用 §2.1 节中介绍的关系图来表示一个在集合 A 上的偏序关系 $\leqslant$.但由于所有偏序关系都具有自反性及传递性,因此,其关系图可以用更简单的形式来表示:以平面上的点代表 $\langle A, \leqslant \rangle$ 中的元素,对任何 $x, y \in A$,

(1)若 $x \leqslant y$,且 $x \neq y$,则将 x 画在 y 的下面;

(2)若 $x \leqslant y$,且 $x \neq y$,且没有异于 x 和 y 的 $z \in A$,使得 $x \leqslant z \leqslant y$,则在 x 与 y 之间用直线连接它们.

用以上方法表示的图称为 Hasse 图.

【例 2.6】 设 $A = \{2, 3, 6, 12, 24, 36\}$,令关系 $\leqslant$ 为 $\{\langle x, y \rangle \mid x, y \in A$ 且 x 整除 $y\}$.

易知,$\leqslant$ 是 A 上的一个偏序关系,$\langle A, \leqslant \rangle$ 的 Hasse 图如图 2.2 所示.

设 $\langle A, \leqslant \rangle$ 是一个偏序集,显然,对任何 $B \subseteq A$,$\langle B, \leqslant \rangle$ 也为一个偏序集.

定义 2.4.3 设 $\langle A, \leqslant \rangle$ 是一个偏序集,$\varnothing \subset B \subseteq A$.若存在 $b \in B$,使得对任何 $x \in B$ 都有 $x \leqslant b (b \leqslant x)$,则称 b 为 B 的最大(小)元[the greatest(least) element].

图 2.2

比如,在例 2.6 中,

(1)若 $B = \{2, 6, 12, 36\}$,则 B 的最大元为 36,最小元为 2;

(2)若 $B = \{2, 3, 6\}$,则 B 的最大元为 6,没有最小元;

(3)若 $B = \{12, 24, 36\}$,则 B 没有最大元,最小元为 12;

(4)若 $B = \{2, 3, 6, 12, 24, 36\} = A$,则 B 既无最大元,也无最小元.

由定义知,最大(小)元如果存在,则是唯一的.

定义 2.4.4 设 $\langle A, \leqslant \rangle$ 是一个偏序集,$\varnothing \subset B \subseteq A$,若存在 $b \in B$,使得 B 中没有元素 $x \neq b$ 满足 $b \leqslant x (x \leqslant b)$,则 b 为 B 的极大(小)元[max(min)imal].

比如,在例 2.6 中,A 的极大元为 24 和 36,极小元为 2 和 3.

由定义容易知道,B 的最大(小)元必是 B 的极大(小)元,反之则不然.

定义 2.4.5 设 $\langle A, \leqslant \rangle$ 是一个偏序集,$B \subseteq A$.如果存在 $a \in A$,使得对任何 $x \in B$,均有 $x \leqslant a (a \leqslant x)$,则称 a 为 B 的上(下)界[upper(lower)bound].

比如,在例 2.6 中,

(1)若 $B = \{6, 12\}$,则 B 的上界为 12,24,36,下界为 2,3,6;

(2)若 $B = \{24, 36\}$,则 B 无上界,而下界为 2,3,6,12;

(3)若 $B = \{2, 3\}$,则 B 的上界为 6,12,24,36,而无下界;

(4)若 $B = \{2, 3, 24, 36\}$,则 B 既无上界,也无下界.

由定义及举例不难看出,$B(\subseteq A)$ 的上界和下界可以在 B 中,也可以在 A 中.

定义 2.4.6 设 $\langle A, \leqslant \rangle$ 是一个偏序集,$B \subseteq A$.如果 a 是 B 的一个上(下)界,且对 B 的任何一个上(下)界 x,均有 $a \leqslant x (x \leqslant a)$,则称 a 为 B 的上(下)确界,或称 a 为 B 的最小上界(最大下界)[least upper bound(greatest lower bound)],通常记为 $a = \sup(B) (a = \inf(B))$.

比如,在例 2.6 中,

(1)若 $B = \{2, 3, 6\}$,则 B 的上确界为 6,无下确界;

(2)若 $B = \{12, 24, 36\}$,则 B 无上确界,而下确界为 12.

由定义知，若 B 无上(下)界，则 B 必无上(下)确界，即便 B 有上(下)界，若不唯一，则 B 也不一定有上(下)确界.

定义 2.4.7　设 $\langle A, \preccurlyeq \rangle$ 是一个偏序集，若 A 的任何非空子集均有最小元，则称 $\langle A, \preccurlyeq \rangle$ 为良序集(well-ordered set).

由定义不难知道，良序集一定是全序集，但反之不然. 例如，$\langle \mathbf{Z}, \preccurlyeq \rangle$ 是全序集，但它不是良序集，这是因为由负整数构成的 $\mathbf{Z}$ 的子集无最小元.

定理 2.4.1　$\langle A, \preccurlyeq \rangle$ 为良序集的充分必要条件是：

(1) $\langle A, \preccurlyeq \rangle$ 是全序集；

(2) A 的每个非空子集均有极小元.

证明　必要性. 设 $\langle A, \preccurlyeq \rangle$ 为良序集.

(1) 任取 $x, y \in A$，则 $\{x, y\}$ 有最小元 x 或者 y，于是 $x \preccurlyeq y$ 或者 $y \preccurlyeq x$，故 $\langle A, \preccurlyeq \rangle$ 是全序集.

(2) 任取 A 的非空子集 B，由假设 B 有最小元 a，显然 a 也是 B 的极小元.

充分性. 设偏序集 $\langle A, \preccurlyeq \rangle$ 满足(1)、(2)，对 A 的任意非空子集 B，由(2)知，B 有极小元 a. 下证 a 也是 B 的最小元. 对任意 $x \in B$，由(1)以及 a 是极小元知，$a \preccurlyeq x$，故 a 是 B 的最小元. 从而由定义知，$\langle A, \preccurlyeq \rangle$ 是良序集.

习　题

1. 确定下列二元关系.

(1) $A = \{1, 2, 3\}$，$B = \{1, 3, 5\}$，$R = \{\langle x, y \rangle \mid x, y \in A \cap B\} \subseteq A \times B$；

(2) $A = \{0, 1, 2, 3, 4, 5, 6, 8\}$，$R = \{\langle x, y \rangle \mid x = 2^y\} \subseteq A \times A$.

2. 分别给出满足下列要求的二元关系的例子.

(1) 既是自反的，又是反自反的；

(2) 既不是自反的，又不是反自反的；

(3) 既是对称的，又是反对称的；

(4) 既不是对称的，又不是反对称的.

3. 设集合 A 有 n 个元素，试问：

(1) 共有多少种定义在 A 上的不同的二元关系？

(2) 共有多少种定义在 A 上的不同的自反关系？

(3) 共有多少种定义在 A 上的不同的反自反关系？

(4) 共有多少种定义在 A 上的不同的对称关系？

(5) 共有多少种定义在 A 上的不同的反对称关系？

4. 分别描述自反关系、反自反关系、对称关系和反对称关系的关系矩阵以及关系图的特征.

5. 设 $A = \{1, 2, 3, 4\}$，$R = \{\langle 1, 1 \rangle, \langle 1, 2 \rangle, \langle 2, 4 \rangle\}$，$S = \{\langle 1, 4 \rangle, \langle 2, 3 \rangle, \langle 2, 4 \rangle, \langle 3, 2 \rangle\}$，试求 $R \cdot S, S \cdot R, R^2$ 及 S^2.

6. 试举出使

$$R \cdot (S \cap T) \subset (R \cdot S) \cap (R \cdot T)$$

$$(S \cap T) \cdot P \subset (S \cdot P) \cap (T \cdot P)$$

成立的二元关系 R,S,T,P 的实例.

7. 设 R 和 S 是集合 A 上的二元关系,判断下面的说法是否正确,并说出理由.

(1)若 R 和 S 是自反的,则 $R \cdot S$ 也是自反的;

(2)若 R 和 S 是反自反的,则 $R \cdot S$ 也是反自反的;

(3)若 R 和 S 是对称的,则 $R \cdot S$ 也是对称的;

(4)若 R 和 S 是反对称的,则 $R \cdot S$ 也是反对称的;

(5)若 R 和 S 是传递的,则 $R \cdot S$ 也是传递的.

8. 设 R_1 和 R_2 是集合 A 上的二元关系,试证明:

(1) $r(R_1 \cup R_2) = r(R_1) \cup r(R_2)$;

(2) $s(R_1 \cup R_2) = s(R_1) \cup s(R_2)$;

(3) $t(R_1 \cup R_2) \supseteq t(R_1) \cup t(R_2)$.

并举出 $|A| > 1$ 时使 $t(R_1 \cup R_2) \supset t(R_1) \cup t(R_2)$ 的实例.

9. 设 R_1 和 R_2 是集合 A 上的二元关系,试证明:

(1) $r(R_1 \cap R_2) = r(R_1) \cap r(R_2)$;

(2) $s(R_1 \cap R_2) \subseteq s(R_1) \cap s(R_2)$;

(3) $t(R_1 \cap R_2) \subseteq t(R_1) \cap t(R_2)$.

并请给出 $|A| > 1$ 时使 $s(R_1 \cap R_2) \subset s(R_1) \cap s(R_2)$ 和 $t(R_1 \cap R_2) \subset t(R_1) \cap t(R_2)$ 的实例.

10. 有人说:"如果集合 A 上的二元关系 R 是对称和传递的,则 R 必是自反的.因此,等价关系定义中的自反性可以去掉."并给出如下证明,如果 $\langle x,y \rangle \in R$,由 R 的对称性有 $\langle y,x \rangle \in R$,再由 R 的传递性知,$\langle x,x \rangle \in R$ 且 $\langle y,y \rangle \in R$,即 R 是自反的.你的看法如何?

11. 设 R 是集合 A 上的自反关系.试证明 R 是等价关系当且仅当若 $\langle x,y \rangle,\langle x,z \rangle \in R$,则 $\langle y,z \rangle \in R$.

12. 设 R_1 和 R_2 都是集合 A 上的等价关系,试证明 $R_1 = R_2$ 当且仅当 $A/R_1 = A/R_2$.

13. 设 $R = \{\langle x,y \rangle \mid x \equiv y (\bmod 5)\}$ 是定义在整数集 $\mathbf{Z}$ 上的模 5 同余关系,求 $\mathbf{Z}/R$.

14. 设 $A = \{A_1,A_2,\cdots,A_r\}$ 和 $B = \{B_1,B_2,\cdots,B_s\}$ 是集合 X 的两个划分,令

$$S = \{A_i \cap B_j \mid A_i \cap B_j \neq \varnothing, 1 \leqslant i \leqslant r, 1 \leqslant j \leqslant s\}$$

试证明 S 也是 X 的一个划分.

15. 定义在四个元素的集合 A 之上的等价关系共有多少个? 若 $|A| = n$ 呢?

16. 设 $A_1 = \{3,5,15\}$,$A_2 = \{1,2,3,6,12\}$,$A_3 = \{3,9,27,54\}$,偏序关系 $\leqslant$ 为整除.试分别画出 $\langle A_1, \leqslant \rangle$,$\langle A_2, \leqslant \rangle$,以及 $\langle A_3, \leqslant \rangle$ 的 Hasse 图.

17. 设 $A = \{x_1,x_2,x_3,x_4,x_5\}$,$\langle A, \leqslant \rangle$ 的 Hasse 图如图 2.3 所示.

(1)求 A 的最大(小)元,极大(小)元;

(2)分别求 $\{x_2,x_3,x_4\}$,$\{x_3,x_4,x_5\}$ 和 $\{x_1,x_2,x_3\}$ 的上(下)界和上(下)确界.

图 2.3

18. 分别举出满足下列条件的偏序集 $\langle A, \leqslant \rangle$ 的实例.

(1) $\langle A, \leqslant \rangle$ 为全序集,但 A 的某些非空子集无最小元;

(2) $\langle A, \leqslant \rangle$ 不是全序集,A 的某些非空子集无最大元;

(3) A 的某些非空子集有下确界,但该子集无最小元;

(4)A 的某些非空子集有上界,但该子集无上确界.

19.试证明:每一个有限的全序集必是良序集.

20.设$\langle A, \leqslant \rangle$为偏序集.试证明 A 的每个非空有限子集至少有一个极小元和极大元.

21.设$\langle A, \leqslant \rangle$为全序集.试证明 A 的每个非空有限子集必存在最大元、最小元.

第 3 章

映　射

映射又称函数,是两个集合之间一种特殊的二元关系.它有着较广泛的应用.

本章主要论述各种典型的映射及性质、运算以及它们之间的联系.

§3.1　基 本 概 念

定义 3.1.1　设 A,B 是两个集合,σ 是 A 到 B 的二元关系.若对 A 中每个元素 a,有唯一的 b $\in B$,使得 $\langle a,b \rangle \in \sigma$,则称 σ 为 A 到 B 的映射(mapping),记为 $\sigma:A \rightarrow B$ 或 $A \xrightarrow{\sigma} B$;若 $\langle a,b \rangle \in \sigma$,则称 b 为 a 的映像(image),a 为 b 的像源(pre-image),记为 $\sigma(a) = b$.

特别地,A 到 A 的映射称为变换(transformation).

由映射的定义知,若 σ 是 A 到 B 的映射,则 B 中某些元素可能不是 A 中任何元素的映像,称 $\sigma(A) = \{ b \in B \mid$ 存在 $a \in A$,使 $\sigma(a) = b \}$ 为 A 的映像集.显然,$\sigma(A) \subseteq B$.

定义 3.1.2　设 σ 是 A 到 B 的映射,若对任意 $b \in B$,A 中至少存在一个元素 a,使得

$$\sigma(a) = b$$

则称 σ 是 A 到 B 上的映射,简称满射(surjection).

由满射的定义知,若 σ 是 A 到 B 的满射,则 B 中的每个元素必是 A 中至少一个元素的映像,并且 $\sigma(A) = B$.

定义 3.1.3　设 σ 是 A 到 B 的映射,若对任意 $a,b \in A$,$a \neq b$ 均有

$$\sigma(a) \neq \sigma(b)$$

则称 σ 为 A 到 B 的单射或入射(injection).

由单射的定义知,若 σ 为 A 到 B 的单射,则 B 每个元素最多是 A 中一个元素的映像.

定义 3.1.4　设 σ 是 A 到 B 的映射,若 σ 既是满射又是单射,则称 σ 为 A 到 B 的双射或 1-1 映射(bijection or one-to-one-correspondence).

【**例 3.1**】　设 $\sigma:N \rightarrow N$,$N = \{0,1,2,3,\cdots\}$,并且

$$\sigma(n) = 2n, \quad n \in N$$

于是,σ 是 N 到 N 的单射,但不是满射,因为 N 中的奇数关于 σ 在 N 中没有像源.

定理 3.1.1　设 A,B 是两个有限集,且 $|A| = |B|$.于是,$\sigma:A \rightarrow B$ 是单射当且仅当 σ 是满射.

证明　必要性.设 σ 是单射,则 $|A| = |\sigma(A)|$.因为 $|A| = |B|$,所以 $|\sigma(A)| = |B|$,又因 $\sigma(A) \subseteq B$ 且 B 有限,所以 $\sigma(A) = B$,从而 σ 是满射.

充分性.设 σ 是满射,则 $\sigma(A) = B$,于是,$|A| = |B| = |\sigma(A)|$,即 $|A| = |\sigma(A)|$.又因 A 有限,所以 σ 是单射.

【例3.2】 设映射 $\tau:\mathbf{N}\times\mathbf{N}\rightarrow\mathbf{N}$,$\mathbf{N}$ 是自然数集$(0\in\mathbf{N})$,$\tau(\langle x,y\rangle)=|x^2-y^2|$,分析 τ 是否是单射或满射.

解 取$\langle 1,1\rangle,\langle 2,2\rangle\in\mathbf{N}\times\mathbf{N}$,$\tau(\langle 1,1\rangle)=|1^2-2^2|=0$,$\tau(\langle 2,2\rangle)=|2^2-2^2|=0$,故 τ 不是单射.

取 $2\in\mathbf{N}$,因不存在自然数 $x,y\in\mathbf{N}$,满足 $|x^2-y^2|=2$,故 τ 不是满射.总之,τ 既不是单射也不是满射.

§3.2 映射的运算

映射 σ 作为一种特殊的二元关系,它也有相应的逆关系 σ^{-1},但 σ^{-1} 是否仍为映射那就不一定了.

定义 3.2.1 设 σ 是 A 到 B 的映射.定义关系 $R\subseteq B\times A$ 如下:
$$R=\{\langle y,x\rangle\,|\,y\in B,x\in A,\text{且 }\sigma(x)=y\}$$

如果 R 是 B 到 A 的映射,则称 R 为 σ 的逆映射(inverse jection),记为 σ^{-1}.

【例3.3】 设 $A=\{a,b,c\}$,$B=\{1,2,3\}$,$\sigma:A\rightarrow B$,$\sigma=\{\langle a,1\rangle,\langle b,2\rangle,\langle c,3\rangle\}$,于是 $\sigma^{-1}:B\rightarrow A$,$\sigma^{-1}=\{\langle 1,a\rangle,\langle 2,b\rangle,\langle 3,c\rangle\}$.

定理 3.2.1 设 σ 是 A 到 B 的映射,于是,σ 存在逆映射当且仅当 σ 是双射.

证明 必要性.设 σ 的逆关系是 B 到 A 的映射.若 σ 不是单射或者不是满射,则存在 $x_1,x_2\in A$,使得 $x_1\neq x_2$ 且 $\sigma(x_1)=\sigma(x_2)$,或者存在 $y\in B$,使得 y 不是 A 中任何元素的映像.不论哪种情形,都说明 σ 的逆关系不是 B 到 A 的映射,此与假设矛盾.故 σ 是双射.

充分性.设 σ 是双射.考虑 σ 的逆关系,易知,对于 B 中的每个元素 y,都对应着 A 中唯一的一个在 σ 下以 y 为映像的元素 x,因此 σ 的逆关系是 B 到 A 的映射.

显然,若 σ 是 A 到 B 的双射,则其逆映射 σ^{-1} 也是 B 到 A 的双射.并且对任意 $x\in A$,均有
$$\sigma^{-1}(\sigma(x))=x$$

定义 3.2.2 设 σ 是 A 到 B 的映射,τ 是 B 到 C 的映射,对任意 $x\in A$,定义
$$(\tau\cdot\sigma)(x)=\tau(\sigma(x))$$

易知,$\tau\cdot\sigma$ 是 A 到 C 的映射,称此映射为映射 τ 与映射 σ 的乘积或复合映射(complementary jection).

应当注意,$\tau\cdot\sigma$ 是映射时,$\sigma\cdot\tau$ 不一定是映射.比如,当 $\tau(B)$ 不含于 A 时,$\sigma\cdot\tau$ 就不是映射.此外,即便 $\sigma\cdot\tau$ 有意义,也不一定有 $\tau\cdot\sigma=\sigma\cdot\tau$,这说明映射的乘法不满足交换律.但是,映射的乘法是满足结合律的.

定理 3.2.2 设 σ 是 A 到 B 的映射,τ 是 B 到 C 的映射,ρ 是 C 到 D 的映射,于是
$$\rho\cdot(\tau\cdot\sigma)=(\rho\cdot\tau)\cdot\sigma \tag{3.1}$$

证明 对任意 $x\in A$,有
$$(\rho\cdot(\tau\cdot\sigma))(x)=\rho((\tau\cdot\sigma)(x))=\rho(\tau(\sigma(x)))$$
$$((\rho\cdot\tau)\cdot\sigma)(x)=(\rho\cdot\tau)(\sigma(x))=\rho(\tau(\sigma(x)))$$

因此式(3.1)成立.

定理 3.2.3 若 σ 是 A 到 B 的双射,则
$$(\sigma^{-1})^{-1}=\sigma$$

证明 因为 σ 是双射,所以 σ^{-1} 是 B 到 A 的双射,从而 $(\sigma^{-1})^{-1}$ 是 A 到 B 的双射.对任意 $x \in A$,设 $\sigma(x) = y$,则 $\sigma^{-1}(y) = x$.由于 σ^{-1} 也是双射,所以 $(\sigma^{-1})^{-1}(x) = y$,故 $(\sigma^{-1})^{-1} = \sigma$.

定理 3.2.4 设 σ 是 A 到 B 双射,τ 是 B 到 C 的双射.于是

$$(\tau \cdot \sigma)^{-1} = \sigma^{-1} \cdot \tau^{-1} \tag{3.2}$$

证明 由假设不难知道,$(\tau \cdot \sigma)^{-1}$ 和 $\sigma^{-1} \cdot \tau^{-1}$ 均是 C 到 A 的双射.对任意 $z \in C$,因为 τ^{-1} 也是双射,所以有唯一的 $y \in B$,使 $\tau^{-1}(z) = y$.又因 σ^{-1} 也是双射,所以,对 y 有唯一的 $x \in A$,使 $\sigma^{-1}(y) = x$.于是

$$\sigma^{-1} \cdot \tau^{-1}(z) = \sigma^{-1}(\tau^{-1}(z)) = \sigma^{-1}(y) = x$$

又因 $(\tau \cdot \sigma)(x) = \tau(\sigma(x)) = \tau(y) = z$,并且 $\tau \cdot \sigma$ 也显然是双射,所以

$$(\tau \cdot \sigma)^{-1}(z) = x$$

从而对任意 $z \in C$,有

$$(\tau \cdot \sigma)^{-1}(z) = \sigma^{-1} \cdot \tau^{-1}(z)$$

故式(3.2)成立.

习　题

1.判断下列映射哪些是单射、满射或双射.

(1) $\sigma: \mathbf{Z} \to \mathbf{Z}, \sigma(m) = \begin{cases} 1, & m \text{ 是奇数} \\ 0, & m \text{ 是偶数} \end{cases}$;

(2) $\sigma: \mathbf{N} \to \{0,1\}, \sigma(m) = \begin{cases} 0, & m \text{ 是奇数} \\ 1, & m \text{ 是偶数} \end{cases}$;

(3) $\sigma: \mathbf{R} \to \mathbf{R}, \sigma(r) = 2r - 5$.

2.设 A 和 B 是有限集,试问有多少 A 到 B 的不同的单射和双射.

3.设 $\sigma: A \to B$,且 $\tau: B \to \rho(A)$ 定义如下:对于 $b \in B, \tau(b) = \{x \in A \mid \sigma(x) = b\}$.试证明,若 σ 是满射,则 τ 是单射.其逆成立吗?

4.设 σ 是 A 到 B 的映射,τ 是 B 到 C 的映射,试证明:

(1)若 σ 和 τ 是满射,则 $\tau \cdot \sigma$ 是满射;

(2)若 σ 和 τ 是单射,则 $\tau \cdot \sigma$ 是单射;

(3)若 σ 和 τ 是双射,则 $\tau \cdot \sigma$ 是双射.

5.设 σ 是 A 到 B 的映射,τ 是 B 到 C 的映射,试证明:

(1)若 $\tau \cdot \sigma$ 是满射,则 τ 是满射;

(2)若 $\tau \cdot \sigma$ 是单射,则 σ 是单射;

(3)若 $\tau \cdot \sigma$ 是双射,则 σ 是单射而 τ 是满射.

6.设 σ 是 A 到 B 的映射,τ 是 B 到 C 的映射,请分别举出满足下列条件的实例.

(1) $\tau \cdot \sigma$ 是满射,但 σ 不是满射;

(2) $\tau \cdot \sigma$ 是单射,但 τ 不是单射;

(3) $\tau \cdot \sigma$ 是双射,但 σ 不是满射,τ 不是单射.

第 4 章

可数集与不可数集

设 A 和 B 是两个集合，如何比较这两个集合中元素的"多少"呢？如果 A 和 B 都是有限集，则只需分别数出它们的元素个数，再加以比较即可. 但当 A 和 B 都是无限集时，则无法数出它们的元素个数，因此"比较元素个数"的方法就不能使用.

本章将利用"映射"的概念建立集合间的等势关系，并拓广集合中元素个数的概念，引进集合的基数的概念，最后将集合分为可数集与不可数集.

§4.1　等　　势

定义 4.1.1　设 A 和 B 为集合. 若存在 A 到 B 的双射，则称 A 与 B 等势，记为 $A \sim B$.

集合 A 与集合 B 等势（equivalence），可以形象地说成"A 中的元素和 B 中的元素一样多".

显然，"$\sim$"是一个等价关系.

【**例 4.1**】　自然数集 **N** 与偶自然数集 E 是等势的，其中 **N** 到 E 的双射 σ 为

$$\sigma(n) = 2n, \quad n \in \mathbf{N}$$

下面利用等势概念来定义有限集.

定义 4.1.2　设 $N_n = \{0, 1, \cdots, n-1\}$，$n \geq 1$. 若集合 A 与 N_n 等势，则称 A 为有限集，否则称为无限集.

特别地，空集称为有限集.

定理 4.1.1　自然数集合 **N** 是无限集.

证明　设 $n \in \mathbf{N}$，$n \geq 1$，σ 是有限集 $N_n = \{0, 1, \cdots, n-1\}$ 到 **N** 的映射. 下证 σ 不可能是双射.

令 $k = 1 + \max\{\sigma(0), \sigma(1), \cdots, \sigma(n-1)\}$，于是 $k \in \mathbf{N}$. 但对任意 $x \in N_n$ 均有 $\sigma(x) \neq k$，因此，σ 不是双射. 故由定义 4.1.2 知，**N** 是无限集.

我们知道，若 A 和 B 均为有限集，并且 A 与 B 之间存在双射，则 A 和 B 的元素个数相等.

定理 4.1.2　任何有限集均不能与其真子集等势.

证明　留做习题.

此定理也称抽屉原则，可将其形象地表述为：若将 $n+1$ 个球放进 n 个抽屉中，则至少有一个抽屉中放有两个或两个以上的球. 抽屉原则可用来解决组合数学中的许多问题.

【**例 4.2**】　有 10 个人姓丁、王、李，名江、河、海. 证明至少有两个人的姓名相同.

证明　由给出的姓和名可组合成 9 个姓名，由抽屉原则知，10 个人去分得这 9 个姓名，至少

有 2 人的姓名相同.

要注意的是,抽屉原则对无限集并不总是成立,即无限集可能与其真子集等势.如例 4.1 中的偶自然数集 $E \subset \mathbf{N}$,但 $E \sim \mathbf{N}$.这正是无限集与有限集之间的本质区别.

【例 4.3】　设 $\mathbf{R}$ 是实数集合,令

$$\mathbf{R}_+ = \{x \in \mathbf{R} \mid x > 0\}$$

显然,$\mathbf{R}_+ \subset \mathbf{R}$,即 $\mathbf{R}_+$ 是 $\mathbf{R}$ 的真子集,定义映射 $f:\mathbf{R} \to \mathbf{R}_+$ 如下:

$$f(x) = \mathrm{e}^x, \quad x \in \mathbf{R}$$

于是,对任意 $x \in \mathbf{R}$,存在唯一的 $y \in \mathbf{R}_+$,使

$$y = \mathrm{e}^x = f(x)$$

另外,对任意 $y \in \mathbf{R}_+$,存在唯一的 $x = \ln y \in \mathbf{R}$,使

$$f(x) = \mathrm{e}^x = \mathrm{e}^{\ln y} = y$$

这说明 f 是 $\mathbf{R}$ 到 $\mathbf{R}_+$ 的一个双射,因此,$\mathbf{R} \sim \mathbf{R}_+$.

§4.2　集合的基数

现在拓广集合中元素个数的概念,引入集合的基数(cardinality)这个概念.

与有限集合中元素个数的记法一样,集合 A 的基数用 $|A|$ 表示.

显然,每个有限集都恰与集合 $N_n = \{0,1,\cdots,n-1\}$ 等势,其中 $n \geqslant 0$,$N_0 = \varnothing$.若 $A \sim N_n$,则令 $|A| = n$;对无限集,则用一个特殊记号表示.例如,对自然数集合 $\mathbf{N}$,令

$$|\mathbf{N}| = \aleph_0 \quad (\text{读作“阿列夫零”}).$$

我们希望基数像普通数一样,也具有相等关系和大小顺序.

定义 4.2.1　设 A 和 B 为两个集合:

(1)若 $A \sim B$,则称 A 的基数和 B 的基数相等,记为 $|A| = |B|$,否则记为 $|A| \neq |B|$;

(2)若存在 A 到 B 的单射,则称 A 的基数小于或等于 B 的基数,记为 $|A| \leqslant |B|$,或者称 B 的基数大于或等于 A 的基数,记为 $|B| \geqslant |A|$;

(3)若 $|A| \leqslant |B|$,且 $|A| \neq |B|$,则称 A 的基数小于 B 的基数,记为 $|A| < |B|$,或者称 B 的基数大于 A 的基数,记为 $|B| > |A|$.

由定义,$|A| = |B|$ 可形象地理解成 A 中的元素与 B 中的元素一样多.

显然,上述定义是有限集合的元素个数有大小的推广.容易验证,集合基数的关系具有自反性和传递性.又由伯恩斯坦(Bernstein)定理知,集合基数的关系还具有反对称性.因此,集合基数的关系是一个偏序关系,进一步还可以证明它是一个全序关系.于是,像实数一样,任何两个基数均可以比较大小,基数也有无限多个,而且无最大者.

定理 4.2.1　设 A 和 B 为两个集合,于是 $|A| \leqslant |B|$ 或者 $|B| \leqslant |A|$.

证明　略.

定理 4.2.2　基数之间的相等关系“ = ”是一个等价关系.即对任何集合 A,B 和 C,有:

(1)$|A| = |A|$;

(2)若 $|A| = |B|$,则 $|B| = |A|$;

(3)若 $|A| = |B|$ 且 $|B| = |C|$,则 $|A| = |C|$.

证明 略.

定理 4.2.3 基数之间的小于或等于关系"$\leqslant$"是一个偏序关系,即对任何集合 A,B 和 C,有:

(1) $|A| \leqslant |A|$;

(2) 若 $|A| \leqslant |B|$ 且 $|B| \leqslant |A|$, 则 $|A| = |B|$;

(3) 若 $|A| \leqslant |B|$ 且 $|B| \leqslant |C|$, 则 $|A| \leqslant |C|$.

证明 略.

定理 4.2.4 对任意集合 A, 均有 $|A| < |\rho(A)|$, 其中 $\rho(A)$ 为 A 的幂集.

证明 令 A 到 $\rho(A)$ 的映射 f 为

$$f(a) = \{a\}, \quad a \in A$$

显然, f 是单射, 于是 $|A| \leqslant |\rho(A)|$. 下面证明 $|A| \neq |\rho(A)|$.

假设 $|A| = |\rho(A)|$, 则存在 A 到 $\rho(A)$ 的双射 g. 令

$$B = \{a \in A \mid a \notin g(a)\}$$

显然, $B \in \rho(A)$. 于是, 有 $b \in A$, 使得 $g(b) = B$.

(1) 若 $b \in B$, 则由 B 之定义有 $b \notin g(b)$, 即 $b \notin B$;

(2) 若 $b \notin B$, 即 $b \notin g(b)$, 则由 B 之定义有 $b \in B$.

综上, 得出 $b \in B$, 当且仅当 $b \notin B$, 此为矛盾, 故 $|A| \neq |\rho(A)|$.

此定理说明, 对任意无限集, 比它所含元素个数还要多的无限集合是存在的.

$$|\rho(\mathbf{N})| = \aleph_1$$

式中, $\mathbf{N}$ 是自然数集合.

可以证明 $|\mathbf{R}| = |\rho(\mathbf{N})|$, 其中 $\mathbf{R}$ 为实数集, 于是 $|\mathbf{N}| < |\mathbf{R}|$.

§4.3 可数集与不可数集简介

我们知道, 自然数集 $\mathbf{N}$ 是无限集, 但并非所有的无限集都与 $\mathbf{N}$ 等势, 如 $\rho(\mathbf{N})$. 因此, 需要对无限集进行进一步的讨论.

定义 4.3.1 设 A 是一个集合. 若 A 与自然数集 $\mathbf{N}$ 等势, 则称 A 为可数无限集;若 A 是有限集, 则称 A 为可数集(countable set).

有时也将可数无限集简称为可数集. 不是可数集的集合称为不可数集(uncountable set).

【例 4.4】 整数集 $\mathbf{Z}$ 是可数集.

证明 定义 $\mathbf{N}$ 到 $\mathbf{Z}$ 的映射 σ 如下:

$$\sigma(n) = \begin{cases} n/2, & n \text{ 为偶数} \\ (1-n)/2, & n \text{ 为奇数} \end{cases}$$

不难验证 σ 是双射, 于是 $\mathbf{N} \sim \mathbf{Z}$. 故 $\mathbf{Z}$ 是可数集.

定理 4.3.1 A 是可数无限集当且仅当 A 的所有元素可以如下编号排出:

$$a_1, a_2, a_3, \cdots, a_n, \cdots$$

证明 略.

【例 4.5】 有理数 $\mathbf{Q}$ 是可数集.

证明 已知任何非零有理数均可以表示成确定的既约分数, 故将全体有理数按如下方法排列:

(1)0 排在最前面；

(2)对正分数,按它的分子与分母的和数由小到大排列,若和数相等,则分子小的排前；

(3)对负分数,把它紧排在相应的正分数之后.

显然,任意有理数总会排入此序列中,此序列开头部分的有理数是:

$$0,1/1\,,\,-1/1\,,1/2\,,\,-1/2\,,2/1\,,\,-2/1\,,1/3\,,$$
$$-1/3\,,3/1\,,\,-3/1\,,1/4\,,\,-1/4\,,2/3\,,\,-2/3\,,$$
$$4/1\,,\,-4/1\,,\cdots$$

由定理 4.3.1 可知,$\mathbf{Q}$ 是可数集.

定理 4.3.2 可数集的子集仍是可数集.

证明 设 A 是可数集,若 A 是有限集,则它的子集仍是有限集,当然也是可数集. 若 A 是无限集,则由定理 4.3.1 知,A 的元素可排成

$$a_1,a_2,a_3,\cdots,a_n,\cdots \tag{4.1}$$

显然,A 的无限子集可如下得到:

从左向右看式(4.1),第一个是子集中元素的记为 a_{i_1}；第二个是子集中元素的记为 a_{i_2},$\cdots$,于是,该子集的元素可排列为

$$a_{i_1},a_{i_2},a_{i_3},\cdots$$

再由定理 4.3.1 知,该子集是可数集.

定理 4.3.3 实数集 $\mathbf{R}$ 是不可数集.

证明 取 $\mathbf{R}$ 的子集合

$$(0,1)=\{x\in\mathbf{R}\,|\,0<x<1\}$$

由定理 4.3.2 知,只需证明 $(0,1)$ 是不可数集.

若 $(0,1)$ 是可数集,则将 $(0,1)$ 中所有的数排成一个序列:

$$0.\,a_{11}a_{12}a_{13}\cdots$$
$$0.\,a_{21}a_{22}a_{23}\cdots \tag{4.2}$$
$$0.\,a_{31}a_{32}a_{33}\cdots$$

考虑下面的数:

$$r=0.\,r_1r_2\cdots r_k\cdots$$

其中

$$r_k=\begin{cases}1, & a_{kk}\neq1 \\ 2, & a_{kk}=1\end{cases},k=1,2,\cdots$$

显然,$r\in(0,1)$,但它却不是序列(4.2)中的任何一个数 $a_k=a_{k1}a_{k2}\cdots a_{kk}\cdots$. 事实上,因为 $r_k\neq a_{kk}$,所以

$$0.\,a_{k1}a_{k2}\cdots a_{kk}\neq0.\,a_1a_2\cdots a_k\cdots,\quad k=1,2,\cdots$$

以上说明,$(0,1)$ 是不可数集,从而 $\mathbf{R}$ 不是可数集.

已知 $\mathbf{N}$ 是可数集,而 $|\mathbf{N}|<|\mathbf{R}|$. 能否找到一个实数集 $\mathbf{R}$ 的子集 A,使得

$$\mathbf{N}\subset A\subset\mathbf{R}$$

但又不存在 A 到 $\mathbf{R}$ 的双射? 这个问题是数学中长期存在的一个所谓"连续统问题",至今尚未有确定的答案.现在已经证明:在现有的公理系统中,证明"连续统问题"成立与不成立都是不可能的.

习 题

1. 试证明：自然数集 $\mathbf{N}$ 与奇自然数集 D 等势.

2. 设 $(a,b) = \{x \in \mathbf{R} \mid a < x < b, a, b \in \mathbf{R}\}$，$\mathbf{R}$ 为实数集. 试证明：$(a,b) \sim \mathbf{R}$.

3. 利用"抽屉原则"证明：

(1) 从小于 201 的正整数中任取 101 个数，其中必有一个数能整除另一个数；

(2) 任意 52 个整数中，必有两个数之和能被 100 整除或者两个数之差能被 100 整除.

4. 证明定理 4.2.2 和定理 4.2.3.

5. 设 A 和 B 是两个集合，$B \neq \varnothing$. 试证明：$|B| \leqslant |A|$ 当且仅当存在 A 到 B 的满射.

6. 设 A 是一个无限集，试证明：存在 A 的一个真子集 B，使得 $|B| = |A|$.

7. 试证明下列集合是可数集.

(1) $A = \{1, 4, 9, 16, \cdots, n^2, \cdots\}$；

(2) $A = \{1, 8, 27, 64, \cdots, n^3, \cdots\}$；

(3) $A = \{3, 12, 27, \cdots, 3n^2, \cdots\}$；

(4) $A = \{1, 1/2, 1/3, \cdots, 1/n, \cdots\}$.

8. 试证明：任何一个无限集必含可数子集.

9. 试证明：$\mathbf{N} \times \mathbf{N}$ 是可数集，$\mathbf{N}$ 为自然数集.

第 5 章

命 题 逻 辑

命题逻辑（proposition logic）主要研究命题的推理演算. 本章首先论述命题逻辑中的基本概念，如命题、逻辑联结词以及命题公式等，然后论述命题逻辑的等值演算和推理演算.

§5.1　命题与逻辑联结词

命题逻辑研究的对象是命题（proposition）.

凡具有真假意义的陈述句均称为命题.

例如，"地球绕着太阳转"（真），"太阳绕着月亮转"（假），"7 大于 5"（真），都是命题，又如，"再见！""祝您一路平安！""好大的雨啊！"，这些语句不是陈述句，故不是命题. 有些陈述句，如"地球以外的星球上有人"，尽管目前还不知其真假，但它们本身是具有真假意义的，因此，也称为命题. 还有些陈述句，如"1 加上 101 等于 110"，其数学表达式 $1 + 101 = 110$，在十进制范围中为假，而在二进制的范围中为真. 像这类其真假与所讨论问题（称为论域）有关的陈述句也称为命题.

如果一个命题是真的，则称该命题的真值为"真"，用 T（True 的缩写）或 1 表示；如果一个命题是假的，则称该命题的真值为"假"，用 F（False 的缩写）或 0 表示. 由于一个命题只有"真"和"假"两个可能的取值，因此，命题逻辑又称"二值逻辑".

为了对命题作逻辑演算，需要将命题符号化. 今后用大写字母 $P, Q, R, \cdots, P_1, P_2, \cdots$ 表示命题，称为命题符号. 例如：

P：北京是中国的首都.

即 P 表示一个具体的命题——"北京是中国的首都"时，称 P 为一个命题常元. 字母 P 也可以表示任何一个命题，此时称 P 为一个命题变元. 由定义易知，命题变元不是命题. 为方便，用 1 表示一个抽象的真命题，用 0 表示一个抽象的假命题.

若干命题可以通过逻辑联结词（简称联结词）构成新的命题——复合命题（compound proposition）. 而构成符合命题的子命题也可以是复合命题. 我们称不是复合命题的命题为简单命题（simple proposition）. 在命题逻辑中，简单命题看作一个整体，它不含任何联结词. 因此，不再分析它们内部的逻辑形式.

显然，复合命题的真值依赖于其中简单命题的真值. 下面介绍五个常用的联结词.

定义 5.1.1　设 P 是一个命题. 复合命题"P 是不对的"称为 P 的否定（negation），记为 $\neg P$，读作非 P，联结词"$\neg$"称为否定词.

规定 $\neg P$ 为真当且仅当 P 为假，也可以列表定义，见表 5.1.

表 5.1

P	$\neg P$
1	0
0	1

上表反映了 $\neg P$ 的真值与 P 的真值的依赖关系,称为"$\neg$"的真值表.

【例 5.1】 P:张三是一个大学生.

$\neg P$:张三不是一个大学生.

定义 5.1.2 设 P,Q 是两个命题.复合命题"P 并且 Q"称为 P 和 Q 的合取(conjunction),记为 $P \wedge Q$,读作 P 合取 Q,联结词"$\wedge$"称为合取词,规定 $P \wedge Q$ 为真当且仅当 P 与 Q 同时为真.

"$\wedge$"的真值表见表 5.2.

表 5.2

P	Q	$P \wedge Q$
0	0	0
0	1	0
1	0	0
1	1	1

【例 5.2】 P:今天出太阳.

Q:今天刮风.

$P \wedge Q$:今天出太阳并且刮风.

定义 5.1.3 设 P,Q 是两个命题.复合命题"P 或者 Q"称为 P 和 Q 的析取(disjunction),记为 $P \vee Q$,读作 P 析取 Q,联结词"$\vee$"称为析取词,规定 $P \vee Q$ 为真当且仅当 P,Q 中至少有一个为真.

"$\vee$"的真值表见表 5.3.

表 5.3

P	Q	$P \vee Q$
0	0	0
0	1	1
1	0	1
1	1	1

【例 5.3】 P:李四学过英语.

Q:李四学过俄语.

$P \vee Q$:李四学过英语或俄语.

由定义可知,析取式 $P \vee Q$ 表示的是一种"可兼式",但是,在自然语言中,有时"或"表示的是"不可兼或".例如,命题"昨晚 7 点钟,张华在家看电视或者在体育场看足球比赛".如果该命题为真,则张华不可能同一时间既在家看电视,又在体育场看足球比赛.因此,不能简单地表示成 $P \vee Q$ 的形式.

定义 5.1.4 设 P，Q 是两个命题，复合命题"如果 P，则 Q 称为 P 蕴涵 Q，记为 $P \rightarrow Q$". 联结词 "$\rightarrow$"称为蕴涵词（implication），并称 P 为条件（condition），Q 为结论（conclusion）. 规定 $P \rightarrow Q$ 为假，当且仅当 P 为真而 Q 为假.

"$\rightarrow$"的真值表见表5.4.

表　5.4

P	Q	$P \rightarrow Q$
0	0	1
0	1	1
1	0	0
1	1	1

【例5.4】　P：今天天晴.

Q：我骑自行车上班.

$P \rightarrow Q$：如果今天天晴，则我骑自行车上班.

需要注意的是，在数理逻辑中，允许复合命题 $P \rightarrow Q$ 的条件 P 和结论 Q 在逻辑上毫无联系. 例如：

P：$1+1=3$.

Q：太阳绕着地球转.

$P \rightarrow Q$：如果 $1+1=3$，则太阳绕着地球转.

按定义，命题 $P \rightarrow Q$ 为真，而 P 与 Q 在日常生活中可以说是风马牛不相及.

定义 5.1.5 设 P 和 Q 是两个命题，复合命题"P 当且仅当 Q 称为 P 等价于 Q，记为 $P \leftrightarrow Q$". 联结词"$\leftrightarrow$"称为等价词（equivalence），规定 $P \leftrightarrow Q$ 为真当且仅当 P 与 Q 同时为真或者同时为假.

"$\leftrightarrow$"的真值表见表5.5.

表　5.5

P	Q	$P \leftrightarrow Q$
0	0	1
0	1	0
1	0	0
1	1	1

【例5.5】　P：张三唱歌.

Q：李四伴奏.

$P \leftrightarrow Q$：张三唱歌当且仅当李四伴奏.

同样，复合命题 $P \leftrightarrow Q$ 中的 P 和 Q 在逻辑上可以毫无关系. 例如，语句"水往高处流当且仅当太阳从西边出"符号化成复合命题 $P \leftrightarrow Q$ 后，在数理逻辑中被认为是一个真命题.

以上定义的五个联结词中，除了否定词"$\neg$"是联结一个命题的一元联结词之外，其余四个都是联结两个命题的二元联结词.

§5.2 命题公式与等值演算

上节定义的五个联结词,它们各自可以表示自然语言中的一些常用的语句.要表达更复杂的语句,就必须将这五个联结词综合起来考虑,形成更复杂的复合命题.当复合命题中有两个以上的联结词时,其真值就与运算次序有关,像数学中的代数表达式那样,可以使用括号来区分运算的先后次序.这样,由命题符号、联结词以及括号所组成的符号串,称为命题公式(proposition formula)(或简单公式).

其严格定义如下:

定义 5.2.1 命题公式是如下定义的一个符号串.

(i)单个命题符号是命题公式(原子公式);

(ii)若 A 是命题公式,则$(\neg A)$也是命题公式;

(iii)若 A,B 是命题公式,则$(A \wedge B)$,$(A \vee B)$,$(A \rightarrow B)$,以及$(A \leftrightarrow B)$也是命题公式;

(iv)仅当有限次地使用(i)~(iii)所得到的符号串才是命题公式.

这是一个递归定义.它给出了生成和识别命题公式的一般规则.其中(i)~(iii)给出了生成规则,而(iv)则用来识别哪些符号串不是命题公式.

【例 5.6】 符号串

$$((\neg P) \rightarrow (((P \rightarrow Q) \wedge R) \vee Q))$$

是命题公式,它可由定义经以下步骤生成:

①P	(i)
②Q	(i)
③$(P \rightarrow Q)$	①,②,(iii)
④R	(i)
⑤$((P \rightarrow Q) \wedge R)$	③,④,(iii)
⑥$(((P \rightarrow Q) \wedge R) \vee Q)$	②,⑤,(iii)
⑦$(\neg P)$	①,(ii)
⑧$((\neg P) \rightarrow (((P \rightarrow Q) \wedge R) \vee Q))$	⑥,⑦,(iii)

为了尽量减少命题公式中的括号,作如下约定:

(1)五种联结词的运算优先级按如下次序由高到低:$\neg$,$\wedge$,$\vee$,$\rightarrow$,$\leftrightarrow$,且多个同类联结词按从左到右的优先次序.

(2)公式$(\neg A)$的括号可省略,写成$\neg A$.

(3)整个公式最外层括号可省略.

例如,命题公式$(P \vee (Q \wedge R)) \rightarrow (Q \wedge ((\neg P) \vee R))$

可简写成 $P \vee Q \wedge R \rightarrow Q \wedge (\neg P \vee R)$.

由定义可知,命题公式是由命题符号、逻辑联结词、括号按规定组成的符号串,而命题符号可以是一个命题变元(它表示任意一个命题),因此,如果不对命题变元指定一个真值,则整个命题公式就无真值可言,故命题公式不一定是命题.

定义 5.2.2　设 G 是命题公式,$A_1,A_2,\cdots,A_n$ 是出现在 G 中的所有命题变元,指定 $A_1,A_2,\cdots,A_n$ 的一组真值$(a_1,a_2,\cdots,a_n)$,$a_i\in\{0,1\}$,$i=1,2,\cdots,n$,则这组真值称为 G 的一个解释(interpretation).

以下不妨约定命题公式中的所有命题符号全是命题变元,因为后面可以看到,可以根据联结词的定义,将所有命题常元适当地消去.

由定义可知,含 $n(n\geqslant1)$ 个命题变元的命题公式共有 2^n 个不同的解释.像联结词的真值表那样,也可以将一个命题公式的所有解释与公式的真值列表对应起来,形成该命题公式的真值表.例如,公式$(P\rightarrow Q)\wedge R$ 的真值表见表 5.6.

表　5.6

P	Q	R	$(P\rightarrow Q)\wedge R$
0	0	0	0
0	0	1	1
0	1	0	0
0	1	1	1
1	0	0	0
1	0	1	0
1	1	0	0
1	1	1	1

上表说明,公式$(P\rightarrow Q)\wedge R$ 在解释$(0,0,1)$,$(0,1,1)$,$(1,1,1)$ 下为真,在其他解释下为假.根据各种解释下公式的取值情况,可将命题公式作如下分类.

定义 5.2.3　设 G 是一个命题公式.

(1)若 G 在它的所有解释下均为真,则称 G 为重言式(tautology),或称 G 是永真的.

(2)若 G 在它的所有解释下均为假,则称 G 为矛盾式(contradiction),或称 G 是永假的.

(3)若至少有一个解释使 G 为真,则称 G 为可满足式(satisfiable formula),或称 G 是可满足的(satisfiable).

显然,G 是永真的,当且仅当 $\neg G$ 是永假的;重言式一定是可满足式,反之不然.

如果公式 G 在解释 I 下为真,则称 I 满足 G;如果公式 G 在解释 I 下为假,则称 I 弄假 G.

给定一个命题公式,判断它是重言式、矛盾式还是可满足式,这类问题称为判定问题.

由于一个命题公式的所有解释数目是有限的,因此,命题公式的判定问题是可解的.

给定 n 个命题变元,由命题公式的生成规则,可以生成无限多个命题公式.但是,容易验证,n 个命题变元只能生成 2^{2^n} 个真值互不相同的命题公式,这就是说,有些命题公式从符号串的角度看它们是不同的命题形式,但它们在相同的解释下,其真值完全一样.例如,$n=2$ 时,$P\rightarrow Q$,$\neg P\vee Q$,$\neg(P\wedge\neg Q)$ 等在所有四个解释$(0,0)$,$(0,1)$,$(1,0)$,$(1,1)$ 下均有相同的真值.

定义 5.2.4　两个命题公式 A,B,如果在其任何解释 I 下,相应的真值均相同,则称 A 与 B 等值(equivalent),记为 $A\Leftrightarrow B$.

注意:符号"$\Leftrightarrow$"是一个关系符,而不是联结词.此外,有时也用关系符" $=$ ",约定 $A=B$ 当且仅当 A 与 B 是两个符号串相同的命题公式.显然,若 $A=B$,则 $A\Leftrightarrow B$,反之不然.

容易证明,$A\Leftrightarrow B$ 当且仅当 $A\leftrightarrow B$ 是重言式.

判断两个命题公式是否等值，按定义可将两个公式的真值表列出，通过判断两个真值表是否相同来进行. 用这种方法，不难验证下面的基本等值式，其中 P,Q,R 表示任意公式，而 1 表示永真式，0 表示永假式.

(1) $P \Leftrightarrow \neg \neg P$ 双重否定律

(2) $\left.\begin{array}{l} P \Leftrightarrow P \vee P \\ P \Leftrightarrow P \wedge P \end{array}\right\}$ 等幂律

(3) $\left.\begin{array}{l} P \vee Q \Leftrightarrow Q \vee P \\ P \wedge Q \Leftrightarrow Q \wedge P \end{array}\right\}$ 交换律

(4) $\left.\begin{array}{l} (P \vee Q) \vee R \Leftrightarrow P \vee (Q \vee R) \\ (P \wedge Q) \wedge R \Leftrightarrow P \wedge (Q \wedge R) \end{array}\right\}$ 结合律

(5) $\left.\begin{array}{l} P \wedge (Q \vee R) \Leftrightarrow (P \wedge Q) \vee (P \wedge R) \\ P \vee (Q \wedge R) \Leftrightarrow (P \vee Q) \wedge (P \vee R) \end{array}\right\}$ 分配律

(6) $\left.\begin{array}{l} \neg (P \wedge Q) \Leftrightarrow \neg P \vee \neg Q \\ \neg (P \vee Q) \Leftrightarrow \neg P \wedge \neg Q \end{array}\right\}$ De Morgan 律

(7) $\left.\begin{array}{l} P \wedge (P \vee Q) \Leftrightarrow P \\ P \vee (P \wedge Q) \Leftrightarrow P \end{array}\right\}$ 吸收律

(8) $\left.\begin{array}{l} P \vee 1 \Leftrightarrow 1 \\ P \wedge 0 \Leftrightarrow 0 \end{array}\right\}$ 零律

(9) $\left.\begin{array}{l} P \vee 0 \Leftrightarrow P \\ P \wedge 1 \Leftrightarrow P \end{array}\right\}$ 同一律

(10) $\left.\begin{array}{l} P \vee \neg P \Leftrightarrow 1 \\ P \wedge \neg P \Leftrightarrow 0 \end{array}\right\}$ 补余律

在以上等值式中，由于 P,Q,R 表示任意命题公式，因此，它们可以代表任意多个同类型的命题公式. 例如，由补余律 $P \vee \neg P \Leftrightarrow 1$ 可以得出 $(P \wedge Q) \vee \neg (P \wedge Q) \Leftrightarrow 1$，$(\neg P) \vee \neg (\neg P) \Leftrightarrow 1$ 等任意多个等值式.

不难验证，等值关系"⇔"是定义在命题公式集合上的二元关系，它满足自反性、对称性和传递性. 因此，等值关系是一个等价关系. 正是由于这种性质，使得我们可以从某个公式 G 出发，经有限次使用以上基本等值和已知的等值式，推演出另外一些公式，这一过程称为等值演算（equivalent calculus）.

【例 5.7】 试证明公式 $P \vee \neg ((\neg Q \vee P) \wedge Q)$ 为重言式.

证明 因为

$P \vee \neg ((\neg Q \vee P) \wedge Q)$

$\Leftrightarrow P \vee \neg ((\neg Q \wedge Q) \vee (P \wedge Q))$ （分配律）

$\Leftrightarrow P \vee \neg (0 \vee (P \wedge Q))$ （补余律）

$\Leftrightarrow P \vee \neg (P \wedge Q)$ （同一律）

$\Leftrightarrow P \vee (\neg P \vee \neg Q)$ （De Morgan 律）

$\Leftrightarrow (P \vee \neg P) \vee \neg Q$ （结合律）

$\Leftrightarrow 1 \vee \neg Q$ （补余律）

$$\Leftrightarrow 1 \qquad\qquad\qquad\qquad （零律）$$

因此,由定义知 $P \vee \neg((\neg Q \vee P) \wedge Q)$ 为重言式.

有些等值式,可以根据定义,用真值表的方法来获得.

【例 5.8】 试证明. $P \rightarrow Q \Leftrightarrow \neg P \vee Q, P \leftrightarrow Q \Leftrightarrow (P \rightarrow Q) \wedge (Q \rightarrow P)$.

证明 将以上四个公式的真值表列表,见表 5.7 和表 5.8.

表　5.7

P	Q	$P \rightarrow Q$	$\neg P \vee Q$
0	0	1	1
0	1	1	1
1	0	0	0
1	1	1	1

表　5.8

P	Q	$P \leftrightarrow Q$	$(P \rightarrow Q) \wedge (Q \rightarrow P)$
0	0	1	1
0	1	0	0
1	0	0	0
1	1	1	1

由等值的定义知, $P \rightarrow Q \Leftrightarrow \neg P \vee Q, P \leftrightarrow Q \Leftrightarrow (P \rightarrow Q) \wedge (Q \rightarrow P)$.

§5.3　对偶与范式

在上节介绍的基本等值式中,除双重否定外,都是成对出现的,它们之间呈对偶形式出现.

定义 5.3.1　在仅含联结词 ¬、∧、∨ 的命题公式 A 中,若将所有的"∧"换成"∨",所有的"∨"换成"∧",则所得的命题公式称为 A 的对偶式(dual formula),记为 A^*.

特别地,命题常元 1 和 0 互为对偶式.即 $1^* = 0, 0^* = 1$.

例如,设 $A = (\neg P \wedge Q) \vee R$,则 $A^* = (\neg P \vee Q) \wedge R$. 显然,定义中的 A 也是 A^* 的对偶式,即 $(A^*)^* = A$.

由等值式
$$A \rightarrow B \Leftrightarrow \neg A \vee B$$
及
$$A \leftrightarrow B \Leftrightarrow (A \rightarrow B) \wedge (B \rightarrow A) \Leftrightarrow (\neg A \vee B) \wedge (\neg B \vee A)$$

可以将任何命题公式化成等值的且仅含联结词 ¬、∧、∨ 的公式,因此,任何命题公式均存在对偶式.以下涉及对偶式时,不妨假设公式中不含联结词"→"和"↔".

由对偶式的定义,有:

命题 5.3.1　设 A^*, B^* 分别是命题公式 A, B 的对偶式,于是,

(1) $\neg(A^*) = (\neg A)^*$;

(2) $(A \vee B)^* = A^* \wedge B^*$;

(3) $(A \wedge B)^* = A^* \vee B^*$.

定义 5.3.2　设 A 是命题公式,若将 A 中各命题变元的所有肯定形式的出现换为其否定,所有否定形式的出现换为其肯定,则所得的公式称为 A 的内否式,记为 $\overline{A}$.

例如,设 $A = P \wedge \neg Q$,则 $\overline{A} = \neg P \wedge Q$.

显然,定义中的 A 也是 $\overline{A}$ 的内否式,即

$$\overline{(\overline{A})} = A$$

由内否式的定义,有:

命题 5.3.2　设 A,B 是命题公式,则:

(1) $\neg(\overline{A}) = \overline{(\neg A)}$;

(2) $\overline{(A \vee B)} = \overline{A} \vee \overline{B}$;

(3) $\overline{(A \wedge B)} = \overline{A} \wedge \overline{B}$.

下面讨论对偶式与内否式的关系,进而得出对偶原理.

定理 5.3.1　对任何命题公式 A,均有

$$\neg A = \overline{A^*}$$

证明　对公式中联结词的个数 n 作归纳证明.

(i) 当 $n = 0$ 时,A 中无联结词,不妨设 $A = P$,于是 $A^* = P$,且 $\neg A = \neg P$,而 $\overline{A^*} = \neg P$,故 $\neg A = \overline{A^*}$.

(ii) 设 $n \leqslant k$ 时定理成立.

(iii) 当 $n = k + 1$ 时,因为 $n \geqslant 1$,所以 A 中至少有一个联结词,故 A 必可写成下列三种形式之一:

$$A = \neg A_1, \quad A = A_1 \wedge A_2, \quad A = A_1 \vee A_2$$

而且公式 A_1 和 A_2 中的联结词的个数均小于 n. 于是,由归纳假设有

$$\neg A_1 = \overline{A_1^*}, \quad \neg A_2 = \overline{A_2^*}$$

(a) 当 $A = \neg A_1$ 时,有

$$\neg A = \neg(\neg A_1) = \neg \overline{A_1^*} \qquad \text{(归纳假设)}$$

$$= \overline{\neg(A_1^*)} \qquad \text{[命题 5.3.2 之(1)]}$$

$$= \overline{(\neg A_1)^*} \qquad \text{[命题 5.3.1 之(1)]}$$

$$= \overline{A^*} \qquad (A = \neg A_1)$$

(b) 当 $A = A_1 \wedge A_2$ 时,有

$$\neg A = \neg(A_1 \wedge A_2) = \neg A_1 \vee \neg A_2 \qquad \text{(De Morgan 律)}$$

$$= \overline{A_1^*} \vee \overline{A_2^*} \qquad \text{(归纳假设)}$$

$$= \overline{A_1^* \vee A_2^*} \qquad \text{[命题 5.3.2 之(2)]}$$

$$= \overline{(A_1 \wedge A_2)^*} \qquad \text{[命题 5.3.1 之(3)]}$$

$$= \overline{A^*} \qquad (A = A_1 \wedge A_2)$$

(c) 当 $A = A_1 \vee A_2$ 时,与(b)类似,有 $\neg A = \overline{A^*}$.

总之,由归纳法,本定理成立.

定理 5.3.2(对偶原理)　设 A,B 是两个命题公式,若 $A \Leftrightarrow B$,则 $A^* \Leftrightarrow B^*$.

证明　若 $A \Leftrightarrow B$,则 $\neg A \Leftrightarrow \neg B$,由定理 5.3.1 知 $\neg A = \overline{A^*}$,$\neg B = \overline{B^*}$,于是,$\overline{A^*} \Leftrightarrow \overline{B^*}$,从而 $A^* \Leftrightarrow B^*$.

由对偶原理可知,若 A 为重言式,则 A^* 必为矛盾式. 这是因为,1 与 0 互为对偶式,若 A 为重言式,则 $A \Leftrightarrow 1$,于是,由对偶原理,$A^* \Leftrightarrow 0$,即 A^* 为矛盾式.

　　我们知道,判定一个命题公式是重言式、矛盾式还是可满足式,以及判定两个命题公式是否等值,可以用真值表达和等值演算法.但当公式比较复杂或其中命题变元较多时,这两种方法不是很方便.下面介绍一种有效的方法,这就是将命题公式化成某种统一的标准形式.

　　定义 5.3.3　命题变元 P 及其否定式 $\neg P$ 统称为 P 的文字(literal).有限个文字的析取称为析取式(disjunction form);有限个文字的合取称为合取式(conjunction form).

　　特别地,一个文字既可称为一个析取式,也可称为一个合取式.

　　例如,$P \vee \neg Q \vee R$ 是一个析取式;$P \wedge \neg Q \wedge R$ 是一个合取式,而 P 和 $\neg Q$ 既是析取式,又是合取式.

　　定义 5.3.4　有限个合取式的析取称为析取范式(disjunctive normal form);有限个析取式的合取称为合取范式(conjunctive normal form).

　　特别地,一个文字既可称为一个析取范式,也可称为一个合取范式.而一个析取式或一个合取式,既可看作合取范式,也可以看作析取范式.

　　例如,$(P \wedge Q) \vee (\neg P \wedge R)$ 是一个析取范式,$(P \vee Q) \wedge (\neg P \vee \neg R)$ 是一个合取范式,而 $((P \vee Q) \wedge \neg R) \vee S$ 既非析取范式,也非合取范式.

　　析取范式和合取范式统称为范式(normal).

　　显然,任何析取范式的对偶式为合取范式,反之,任何合取范式的对偶式为析取范式.由定义知,范式是一种形式规范的命题公式.那么,任何命题公式是否都存在与其等值的范式呢?回答是肯定的.

　　定理 5.3.3　对于任意命题公式 G,都存在与 G 等值的析取范式和合取范式.

　　证明　依次执行如下步骤,可得出与 G 等值的范式.

　　(1)利用 $P \rightarrow Q \Leftrightarrow \neg P \vee Q$ 和 $P \leftrightarrow Q \Leftrightarrow (\neg P \vee Q) \wedge (\neg Q \vee P)$ 将 G 中的联结词"$\rightarrow$"和"$\leftrightarrow$"消去.

　　(2)利用 $\neg(\neg P) \Leftrightarrow P$ 以及 De Morgan 律,将 G 中所有否定词"$\neg$"放在命题变元之前.

　　(3)反复使用分配律,若求析取范式,则使用 $\wedge$ 对 $\vee$ 的分配,即 $P \wedge (Q \vee R) \Leftrightarrow (P \wedge Q) \vee (P \wedge R)$;若求合取范式,则使用 $\vee$ 对 $\wedge$ 的分配,即 $P \vee (Q \wedge R) \Leftrightarrow (P \vee Q) \wedge (P \vee R)$.最后可得与 G 等值的范式.

　　【例 5.9】　试求 $(P \vee Q) \rightarrow R \rightarrow S$ 的析取范式和合取范式.

　　解　(1)求析取范式.

$$((P \vee Q) \rightarrow R) \rightarrow S$$
$$\Leftrightarrow \neg((P \vee Q) \rightarrow R) \vee S \qquad\qquad (消去右边的"\rightarrow")$$
$$\Leftrightarrow \neg(\neg(P \vee Q) \vee R) \vee S \qquad\qquad (消去"\rightarrow")$$
$$\Leftrightarrow ((P \vee Q) \wedge \neg R) \vee S \qquad\qquad (左边的"\neg"内移)$$
$$\Leftrightarrow (P \wedge \neg R) \vee (Q \wedge \neg R) \vee S \qquad\qquad (\wedge 对 \vee 的分配)$$

　　(2)求合取范式.

$$((P \vee Q) \rightarrow R) \rightarrow S$$
$$\Leftrightarrow ((P \vee Q) \wedge \neg R) \vee S \qquad\qquad [利用(1)的部分结果]$$
$$\Leftrightarrow (P \vee Q \vee S) \wedge (\neg R \vee S) \qquad\qquad (\vee 对 \wedge 的分配)$$

　　显然,一个命题公式的范式形式不是唯一的.为此,需要在范式的基础上进一步定义唯一的标准形式.

定义 5.3.5　在含 n 个命题变元 $P_1, P_2, \cdots, P_n$ 的合取式中，若 P_i 的文字在该合取式左起的第 i 个位置上恰好出现一次 $(i = 1, 2, \cdots, n)$，则称此合取式为关于 $P_1, P_2, \cdots, P_n$ 的一个极小项.

例如，$n = 3$ 时，$P_1 \wedge \neg P_2 \wedge P_3$，$\neg P_1 \wedge P_2 \wedge \neg P_3$ 都是关于 P_1, P_2, P_3 的极小项，而 $P_1 \wedge \neg P_3 \wedge P_2$，$P_1 \wedge P_2$，$P_1 \wedge \neg P_2 \wedge P_3 \wedge \neg P_1$ 都不是关于 P_1, P_2, P_3 的极小项.

如果命题变元无下标，则按字母顺序排列.

易知，对于 n 个命题变元 $P_1, P_2, \cdots, P_n$ 的任何一个极小项 m，在所有的 2^n 个解释中，有且只有一个解释使 m 为真，如果将真值 $1, 0$ 看作数，则每一个解释对应一个 n 位二进制数.

令使极小项 m 为真的解释所对应的二进制数为 $b_1 b_2 \cdots b_n$，$b_k \in \{0, 1\}$，$k = 1, 2, \cdots, n$，而与二进制 $b_1 b_2 \cdots b_n$ 对应的十进制为 i，今后就将 m 记为 m_i. 于是，关于 n 个命题变元的 2^n 个极小项可记为

$$m_0, m_1, \cdots, m_{2^n - 1}$$

例如，$n = 2$ 时，四个极小项的取值及表示见表 5.9.

表　5.9

P_1	P_2	$\neg P_1 \wedge \neg P_2$	$\neg P_1 \wedge P_2$	$P_1 \wedge \neg P_2$	$P_1 \wedge P_2$
0	0	1	0	0	0
0	1	0	1	0	0
1	0	0	0	1	0
1	1	0	0	0	1
记为		m_0	m_1	m_2	m_3

定义 5.3.6　设 G 是含 n 个命题变元 $P_1, P_2, \cdots, P_n$ 的命题公式，G' 是 G 的一个析取范式，若 G' 中的合取式全是关于 $P_1, P_2, \cdots, P_n$ 的极小项，则称 G' 为 G 的主析取范式.

定理 5.3.4　对于任意可满足的命题公式 G，都存在与 G 等值的主析取范式.

证明　设 G 中含命题变元 $P_1, P_2, \cdots, P_n$. 由定理 5.3.3 知，存在与 G 等值的析取范式 $G' = G_1' \vee G_2' \vee \cdots \vee G_r'$. 不妨设 G_i' 是可满足式，且下标由小到大排列，$i = 1, 2, \cdots, r$.

对 G' 中每个合取式 G_i' 进行检查. 若 G_i' 不是关于 $P_1, P_2, \cdots, P_n$ 的极小项，则 G_i' 中必缺少命题变元 $P_{j_1}, P_{j_2}, \cdots, P_{j_k}$. 由于

$$G_i' \Leftrightarrow G_i' \wedge (P_{j_1} \vee \neg P_{j_1}) \wedge \cdots \wedge (P_{j_k} \vee \neg P_{j_k})$$
$$\Leftrightarrow \cdots$$
$$\Leftrightarrow m_{i_1} \vee \cdots \vee m_{i_{2^k}}$$

于是，将 G' 化成了极小项之析取. 最后将重复出现的极小项 m_i 合并成一个极小项 m_i，就得到与 G 等值的主析取范式.

【例 5.10】　试求 $P \rightarrow Q$ 的主析取范式.

解　$P \rightarrow Q$

$\Leftrightarrow$　$\neg P \vee Q$

$\Leftrightarrow$　$(\neg P \wedge (Q \vee \neg Q)) \vee ((P \vee \neg P) \wedge Q)$

$\Leftrightarrow$　$(\neg P \wedge Q) \vee (\neg P \wedge \neg Q) \vee (P \wedge Q) \vee (\neg P \wedge Q)$

$\Leftrightarrow$　$(\neg P \wedge \neg Q) \vee (\neg P \wedge Q) \vee (P \wedge Q)$

$\Leftrightarrow$　$m_0 \vee m_1 \vee m_3$

由极小项的定义可知,$P \to Q$ 的主析取范式中,极小项 m_0,m_1 和 m_3 的下标所对应的二进制 00,01 和 11 所对应的解释都使 $P \to Q$ 为真,而主析取范式中没有出现的极小项 m_2 的下标所对应的二进制数 10 所对应的解释使 $P \to Q$ 为假,由此可知,只要知道了一个命题公式 G 的主析取范式,就可立即写出 G 的真值表.

反之,若知道了 G 的真值表,则表中所有使 G 为真的解释所对应的极小项的析取,便是 G 的主析取范式.

由于任何极小项恰有一个解释使其为真,因此,结合定理 5.3.4 不难证明,任意可满足的命题公式 G 的主析取范式(在不考虑各极小项的次序的意义下)是唯一的.

主析取范式的主要用途有:

(1)判断两个命题公式是否等值.

设 A,B 是两个命题公式,则 $A \Leftrightarrow B$ 当且仅当 A 与 B 有相同的主析取范式.

(2)判断命题公式的类型.

设 A 是含 n 个命题变元的命题公式,于是:

① A 为重言式,当且仅当 A 的主析取范式含全部 2^n 个极小项.

② A 为矛盾式,当且仅当 A 不存在主析取范式.

③ A 为满足式,当且仅当 A 存在主析取范式.

(3)求满足公式或弄假命题公式的解释.

设命题公式 $A \Leftrightarrow m_{i_1} \vee m_{i_2} \vee \cdots \vee m_{i_k}$,则与下标 i_j 等值二进制所对应的解释均满足 A,$j = 1$,2,$\cdots$,k;其他解释弄假公式 A.

主析取范式的对偶形式称为主合取范式.其形式定义如下:

定义 5.3.7　在含 n 个命题变元 P_1,P_2,$\cdots$,P_n 的析取式中,若 P_i 的文字在该析取式左起的第 $i(i = 1, 2, \cdots, n)$ 个位置上恰好出现一次,则称此析取式为关于 P_1,P_2,$\cdots$,P_n 的一个极大项.

例如,$P_1 \vee \neg P_2 \vee P_3$ 就是一个关于 P_1,P_2,P_3 的极大项.

如果命题变元无下标,则按字母顺序排列.

同极小项情况类似,对于 n 个命题变元 P_1,P_2,$\cdots$,P_n 的任何一个极大项 M,在所有 2^n 个解释中,有且仅有一个解释使 M 为假.将此极大项 M 记为 M_i,其中下标 i 是使 M 为假的解释所对应的二进制数的十进制表示.

例如,$n = 3$ 时,$M_5 = \neg P_1 \vee P_2 \vee \neg P_3$,其中,解释 $(1,0,1)$ 使 M_5 为假.

定义 5.3.8　设 G 是 n 个命题变元 P_1,P_2,$\cdots$,P_n 的命题公式. G' 是 G 的一个合取范式.若 G' 中的析取式全是关于 P_1,P_2,$\cdots$,P_n 的极大项,则称 G' 为 G 的主合取范式.

定理 5.3.5　对于任意非重言式 G,都存在与 G 等值的主合取范式.

证明　设 G 中含命题变元 P_1,P_2,$\cdots$,P_n.由定理 5.3.3 知,存在与 G 等值的合取范式 $G' = G_1' \wedge G_2' \wedge \cdots \wedge G_l'$.

对 G' 中每个析取式 G_i' 进行检查.若 G_i' 不是关于 P_1,P_2,$\cdots$,P_n 的极大项,则 G_i' 中必缺少命题变元 P_{j_1},P_{j_2},$\cdots$,P_{j_k}.由于

$$G_i' \Leftrightarrow G_i' \vee (P_{j_1} \wedge \neg P_{j_1}) \vee \cdots \vee (P_{j_k} \wedge \neg P_{j_k})$$
$$\Leftrightarrow \cdots$$
$$\Leftrightarrow M_{i_1} \wedge \cdots \wedge M_{i_{2^k}}$$

于是，将 G' 化成了极大项之合取. 最后将重复出现的极大项 M_i 合并成一个极大项 M_i，就得到与 G 等值的主合取范式.

【例 5.11】 求 $P \wedge Q$ 的主合取范式.

解 $P \wedge Q \Leftrightarrow (P \vee (Q \wedge \neg Q)) \wedge (Q \vee (P \wedge \neg P))$

$\qquad \Leftrightarrow (P \vee Q) \wedge (P \vee \neg Q) \wedge (Q \vee P) \wedge (Q \vee \neg P)$

$\qquad \Leftrightarrow (P \vee Q) \wedge (P \vee \neg Q) \wedge (\neg P \vee Q)$

$\qquad = M_0 \wedge M_1 \wedge M_2$

由主合取范式与主析取范式形式上的对偶性，可以通过命题公式 G 的主析取范式来获得 G 的主合取范式，反之亦然.

首先注意到，m_i 与 M_i 有如下关系：

$$\neg m_i \Leftrightarrow M_i, \quad \neg M_i \Leftrightarrow m_i$$

例如，令 $M_3 = P \vee \neg Q \vee \neg R$，则

$$\neg M_3 = \neg P \wedge Q \wedge R = m_3$$

设命题公式 G 中含 n 个命题变元，且 G 的主析取范式 G' 中含 k 个极小项 $m_{i_1}, m_{i_2}, \cdots, m_{i_k}$. 由于 $G \vee \neg G$ 是重言式，因此，$\neg G$ 的主析取范式中必含 $2^n - k$ 个极小项，设为 $m_{j_1}, m_{j_2}, \cdots, m_{j_{2^n - k}}$. 即

$$\neg G \Leftrightarrow m_{j_1} \vee m_{j_2} \vee \cdots \vee m_{j_{2^n - k}}$$

于是

$$G \Leftrightarrow \neg \neg G$$
$$\Leftrightarrow \neg (m_{j_1} \vee m_{j_2} \vee \cdots \vee m_{j_{2^n - k}})$$
$$\Leftrightarrow \neg m_{j_1} \wedge \neg m_{j_2} \wedge \cdots \wedge \neg m_{j_{2^n - k}}$$
$$\Leftrightarrow M_{j_1} \wedge M_{j_2} \wedge \cdots \wedge M_{j_{2^n - k}}$$

例如，设公式 G 中含三个命题变元，且

$$G \Leftrightarrow m_0 \vee m_5 \vee m_7 \quad (G \text{ 的主析取范式})$$

则

$$G \Leftrightarrow M_1 \wedge M_2 \wedge M_3 \wedge M_4 \wedge M_6 \quad (G \text{ 的主合取范式})$$

同主析取范式情况类似，对于任何一个命题公式 G，若 G 存在主合取范式，则 G 的主合取范式（在不考虑各极大项次序的意义下）是唯一的.

此外，主合取范式也可用来判断命题公式之间是否等值，判断命题公式的类型，以及求满足和弄假公式的解释.

§5.4 推 理 理 论

各门科学中都有推理(inference)和论证. 特别在数学中，要通过推理和证明来建立定理. 定理证明中的每一步骤都是根据逻辑推理的规则，从某些称为前提的命题推出另一些称为结论的命题，但是，数学中除数理逻辑之外的各个分支，并不研究其共同使用的逻辑推理规则，即它们并不研究推理.

数理逻辑以推理为研究对象，用数学的方法来研究推理的形式结构和推理规则. 也就是说，在研究推理时，并不考虑具体的前提和结论之间的推理关系，并不涉及前提和结论的含义，而是研究前提和结论的逻辑形式之间的关系.

定义 5.4.1 设 G 和 H 是两个命题公式. 如果 $G \rightarrow H$ 是重言式，则称 H 是 G 的逻辑结果(logical consequence)，或称 G 蕴涵 H，记为 $G \Rightarrow H$.

注意:符号"⇒"是一个关系词,而不是逻辑联结词.

由联结词"→"的定义知,$G{\to}H$ 是重言式,当且仅当对 G,H 的任意解释 I,若 I 满足 G,则 I 也满足 H.因此,$G{\Rightarrow}H$ 的充要条件是满足 G 的解释均满足 H.

可以将上述定义推广如下:

定义 5.4.2　设 $G_1,G_2,\cdots,G_n,H$ 是命题公式,$n{\geqslant}1$.若

$$G_1 \wedge G_2 \wedge \cdots \wedge G_n {\Rightarrow} H$$

则称 H 是 $G_1,G_2,\cdots,G_n$ 的逻辑结果,或称 $G_1,G_2,\cdots,G_n$ 共同蕴涵 H.记为 $G_1,G_2,\cdots,G_n{\Rightarrow}H$.

定义中的 $G_1,G_2,\cdots,G_n$ 常称为前提(premise),所谓推理正确,就是指由一组前提 $G_1,G_2,\cdots,G_n$ 能逻辑地推出结论 H,记为 $G_1,G_2,\cdots,G_n{\Rightarrow}H$.

判断推理是否正确的方法一般有真值表法、等值演算法,以及本节将要介绍的构造证明法等.

【例 5.12】　判断下面各推理是否正确.

(1)如果今天下雨,我就不骑自行车上班.今天下雨,所以,我没有骑自行车上班.

(2)如果我进城,我就去书店.我没有进城,所以,我没有去书店.

解　首先应将命题符号化,然后找出前提、结论以及推理的形式结构,最后进行判断.

(1)P:今天下雨.

Q:我骑自行车上班.

前提:$P{\to}\neg Q,P$

结论:$\neg Q$

推理的形式结构:$((P{\to}\neg Q) \wedge P){\Rightarrow}\neg Q$

判断:

(a)真值表法.

列出 $((P{\to}\neg Q) \wedge P)$ 和 $\neg Q$ 的真值表,见表 5.10.

表　5.10

P	Q	$((P{\to}\neg Q) \wedge P)$	$\neg Q$
0	0	0	1
0	1	0	0
1	0	1	1
1	1	0	0

从表中可看出,使公式 $(P{\to}\neg Q) \wedge P$ 为真的(唯一)解释 $(1,0)$,也使 $\neg Q$ 为真.因此,$(P{\to}\neg Q) \wedge P{\Rightarrow}\neg Q$,故推理正确.

(b)等值演算法.

$$((P{\to}\neg Q) \wedge P){\to}\neg Q$$
$$\Leftrightarrow\neg((P{\to}\neg Q) \wedge P) \vee \neg Q$$
$$\Leftrightarrow\neg((\neg P \vee \neg Q) \wedge P) \vee \neg Q$$
$$\Leftrightarrow\neg(\neg P \vee \neg Q) \vee \neg P \vee \neg Q$$
$$\Leftrightarrow(P \wedge Q) \vee (\neg P \vee \neg Q)$$
$$\Leftrightarrow(P \wedge Q) \vee \neg(P \wedge Q)$$

$$\Leftrightarrow 1$$

即$((P\to\neg Q)\wedge P)\to\neg Q$是重言式.因此

$$((P\to\neg Q)\wedge P)\Rightarrow\neg Q$$

故推理正确.

（2）P:我进城.

Q:我去书店.

前提:$P\to Q,\neg P$

结论:$\neg Q$

推理的形式结构:$((P\to Q)\wedge\neg P)\Rightarrow\neg Q$

判断:

（a）真值表法.

列出$(P\to Q)\wedge\neg P$和$\neg Q$的真值表,见表5.11.

表 5.11

P	Q	$(P\to Q)\wedge\neg P$	$\neg Q$
0	0	1	1
0	1	1	0
1	0	0	1
1	1	0	0

从表中可看出,使公式$(P\to Q)\wedge\neg P$为真的解释$(0,1)$,却使$\neg Q$为假.因此,此推理不正确.

（b）等值演算法.

$$(P\to Q)\wedge\neg P\to\neg Q$$
$$\Leftrightarrow((\neg P\vee Q)\wedge\neg P)\to\neg Q$$
$$\Leftrightarrow(P\wedge\neg Q)\vee P\vee\neg Q$$
$$\Leftrightarrow P\vee\neg Q$$

显然,$P\vee\neg Q$不是重言式.因此,$(P\to Q)\wedge\neg P\to\neg Q$也非重言式.故推理不正确.

注意:在日常生活逻辑中,（2）所指的推理是正确的.可是,结论$\neg Q$却不是前提$P\to Q$和$\neg P$的逻辑结果.这就是数理逻辑中的推理与一般推理不同的地方.

利用以上两种方法,不难证明以下一些基本蕴涵式,其中P,Q,R,S是任意命题公式.

（1）$\begin{cases}P\Rightarrow(P\vee Q)\\Q\Rightarrow(P\vee Q)\end{cases}$ 附加（adjunction）

（2）$\begin{cases}(P\wedge Q)\Rightarrow P\\(P\wedge Q)\Rightarrow Q\end{cases}$ 化简（simplification）

（3）$P,Q\Rightarrow P\wedge Q$ 合取（conjunction）

（4）$P\to Q,P\Rightarrow Q$ 假言推理（modus ponens）

（5）$P\vee Q,\neg P\Rightarrow Q$ 析取三段论（disjunctive syllogism）

（6）$P\to Q,\neg Q\Rightarrow\neg P$ 拒取式（modus tollendo ponens）

(7) $P \to Q, Q \to R \Rightarrow P \to R$　　　　　　假言三段论(hypothetical syllogism)

(8) $P \to Q, R \to S, P \lor R \Rightarrow Q \lor S$　　　构造性二难(constructive dilemma)

在推理过程中,当出现在前提和结论中的命题变元较多时,真值表法和等值演算法都不是很方便,而且,这些方法看不出由前提到结论的推理过程.

下面介绍构造证明法.这种方法必须在给定的规则下进行,其中有些规则要用到以上基本蕴涵式.

在数理逻辑中,证明是一个描述推理过程的命题公式序列,其中每个命题公式,或者是已知的前提,或者是由某些前提应用推理规则得到的结论.证明中常用的推理规则有:

(1)前提引入规则:在证明的任何步骤中,都可以引入前提.

(2)结论引入规则:在证明的任何步骤中,所证明的结论都可以作为后继证明的前提.

(3)置换规则:在证明的任何步骤中,命题公式中的任何子公式都可以用等值的命题公式置换.

所谓命题公式 G 的子公式 G',就是指在生成公式 G 的某一步所产生的符号串(也是命题公式).例如,公式 $P \to Q \land R$ 的子公式有 $P, Q, R, Q \land R$ 和 $P \to Q \land R$,而 $P \to Q$ 就不是它的子公式.

【例 5.13】　给出下面推理的证明.

如果今天是星期日,则我去商场购物,或在家看书.如果今天下雨,则我不去商场购物.今天是星期日而且下雨,所以,我在家看书.

解　P:今天是星期日.

Q:我去商场购物.

R:我在家看书.

S:今天下雨.

前提:$P \to (Q \lor R), S \to \neg Q, P, S$

结论:R

证明

① $P \to (Q \lor R)$　　　　　　　　　　前提引入

② P　　　　　　　　　　　　　　　　前提引入

③ $Q \lor R$　　　　　　　　　　　　　假言推理,根据①,②

④ $S \to \neg Q$　　　　　　　　　　　前提引入

⑤ S　　　　　　　　　　　　　　　　前提引入

⑥ $\neg Q$　　　　　　　　　　　　　　假言推理,根据④,⑤

⑦ R　　　　　　　　　　　　　　　　析取三段论,根据③,⑥

在用构造证明法进行推理时,经常用到一些技巧,主要有以下两种:

(1)附加前提法.

定理 5.4.1　设 $H_1, H_2, \cdots, H_m, P$ 共同蕴涵 Q,则 $H_1, H_2, \cdots, H_m$ 共同蕴涵 $P \to Q$.

证明　由假设有 $(H_1 \land H_2 \land \cdots \land H_m \land P) \Rightarrow Q$,即

$$(H_1 \land H_2 \land \cdots \land H_m \land P) \to Q$$

是重言式.又

$$(H_1 \land H_2 \land \cdots \land H_m \land P) \to Q$$

$$\Leftrightarrow \neg (H_1 \land H_2 \land \cdots \land H_m \land P) \lor Q$$

$$\Leftrightarrow \neg(H_1 \wedge H_2 \wedge \cdots \wedge H_m) \vee (\neg P \vee Q)$$

$$\Leftrightarrow (H_1 \wedge H_2 \wedge \cdots \wedge H_m) \to (P \to Q)$$

因此，$(H_1 \wedge H_2 \wedge \cdots \wedge H_m) \to (P \to Q)$ 也是重言式．于是

$$(H_1 \wedge H_2 \wedge \cdots \wedge H_m) \Rightarrow (P \to Q)$$

故 $H_1 \wedge H_2 \wedge \cdots \wedge H_m$ 共同蕴涵 $P \to Q$．

此定理说明，若要证明 $P \to Q$ 是 $H_1 \wedge H_2 \wedge \cdots \wedge H_m$ 的逻辑结果，则只需证明 Q 是 $H_1 \wedge H_2 \wedge \cdots \wedge H_m, P$ 的逻辑结果．其中 P 称为附加前提，故这种证明方法称为附加前提法．

【例 5.14】 用附加前提法证明以下推理．

前提：$P \to Q, Q \to R$

结论：$P \to R$

证明

① $P \to Q$	前提引入
② P	附加前提引入
③ Q	假言推理，根据①，②
④ $Q \to R$	前提引入
⑤ R	假言推理，根据③，④

由附加前提证明法可知，推理正确．

（2）归谬法．

定义 5.4.3 设 $H_1, H_2, \cdots, H_m$ 是 m 个命题公式．若 $H_1 \wedge H_2 \wedge \cdots \wedge H_m$ 是可满足式，则称 $H_1, H_2, \cdots, H_m$ 是相容的．否则，称 $H_1, H_2, \cdots, H_m$ 是不相容的．

由定义知，$H_1 \wedge H_2 \wedge \cdots \wedge H_m$ 不相容，当且仅当 $H_1 \wedge H_2 \wedge \cdots \wedge H_m \Leftrightarrow P \wedge \neg P$（矛盾式），其中 P 为任意命题公式．

定理 5.4.2 设命题公式 $H_1, H_2, \cdots, H_m$ 是相容的．于是，$H_1 \wedge H_2 \wedge \cdots \wedge H_m \Rightarrow G$ 当且仅当 $H_1, H_2, \cdots, H_m, \neg G$ 是不相容的．

证明 因为

$$H_1 \wedge H_2 \wedge \cdots \wedge H_m \to G$$

$$\Leftrightarrow \neg(H_1 \wedge H_2 \wedge \cdots \wedge H_m) \vee G$$

$$\Leftrightarrow \neg(H_1 \wedge H_2 \wedge \cdots \wedge H_m \wedge \neg G)$$

所以，$H_1 \wedge H_2 \wedge \cdots \wedge H_m \Rightarrow G$ 当且仅当 $(H_1 \wedge H_2 \wedge \cdots \wedge H_m \wedge \neg G) \Leftrightarrow P \wedge \neg P$ 当且仅当 $H_1, H_2, \cdots, H_m, \neg G$ 不相容，故定理成立．

这种将 $\neg G$ 作为附加前提，进而推出矛盾的证明称为归谬法（reduction to absurdity）．数学中常使用的反证法就属此类方法．

【例 5.15】 用归谬法构造下面推理的证明．

前提：$P \to (\neg(R \wedge S) \to \neg Q), P, \neg S$

结论：$\neg Q$

证明

① $P \to (\neg(R \wedge S) \to \neg Q)$	前提引入
② P	前提引入

③ $\neg(R \wedge S) \rightarrow \neg Q$　　　　　　假言推理,根据①,②

④ $\neg(\neg Q)$　　　　　　　　　　　否定结论作附加前提引入

⑤ Q　　　　　　　　　　　　　置换规则,根据④

⑥ $R \wedge S$　　　　　　　　　　　拒取式,根据③,⑤

⑦ $\neg S$　　　　　　　　　　　　前提引入

⑧ S　　　　　　　　　　　　　化简,根据⑥

⑨ $S \wedge \neg S$　　　　　　　　　　合取,根据⑦,⑧

由⑨得出一个矛盾式,根据归谬法可知推理正确.

§5.5　命题演算的公理系统

在命题逻辑中,判断两个公式是否等值,判断一个推理是否正确,都归结为判断一个公式是否为重言式.因此,重言式表示了命题逻辑中一个重要逻辑规律.然而,命题逻辑中的重言式有无穷多个.为了掌握重言式的规律,就必须将所有重言式作为一个整体来讲,公理系统就是这样一个整体.

所谓公理系统,就是从一些最简单的概念出发,只承认一些显然不过的事实(公理),使用极少数的逻辑规则演绎出一些定理,如此形成的演绎系统称为公理系统(axiom system).例如,欧几里得几何学就是一个古典的公理系统.它从点、直线、平面等不加定义的原始概念出发,接受一些所谓自明的事实作为公理不予证明,如"两点确定一条直线",运用很少几条逻辑推理规则,如"三段",推演出平面几何学的全部定理.而由命题逻辑的重言式组成的公理系统则属于现代公理系统,它比古典公理更严谨、更形式化,亦即系统中的每一个演绎过程中,所遵循的公理和推理规则却必须是极其明确的,而不允许有任何含混.此外,作为公理,它必须能充分确定所要研究的事物的特征和满足一些必要条件.

本书所讨论的公理化方法是一种语法方法,即不使用解释,也即不使用真值和真值表,而使用形式推演来证明一些等值公式.

下面给出一个命题逻辑的公理系统 L.

定义 5.5.1　公理系统 L 定义如下.

(1)字母表(alphabet): $P_1, P_2, \cdots, P_n, \cdots, \neg, \rightarrow, (,)$.

(2)合式公式(well-formed formula):

(i) P_i 是合式公式, $i = 1, 2, \cdots$;

(ii)如果 A, B 是合式公式,则 $(\neg A), (A \rightarrow B)$ 也是合式公式;

(iii)所有合式公式均有限次地使用(i)~(ii)所得到的符号串.

(3)公理(axiom):

设 A, B, C 为任意的合式公式.

$L_1: (A \rightarrow (B \rightarrow A))$

$L_2: ((A \rightarrow (B \rightarrow C)) \rightarrow ((A \rightarrow B) \rightarrow (A \rightarrow C)))$

$L_3: (((\neg A) \rightarrow (\neg B)) \rightarrow (B \rightarrow A))$

(4)推理规则(rule of inference):从 A 和 $(A \rightarrow B)$ 可以推得 B.称为分离规则,简称 MP 规则,记为

$$r_{mp} \frac{A, A \rightarrow B}{B}$$

当规定"¬"的优先级高于"→"时,约定以上公理及合式公式中最外层括号以及(¬A)的括号均可以省略.例如,公理 L_3 可写成$(¬A→¬B)→(B→A)$.

定义 5.5.2 L 中的证明是一个由合式公式 $A_1,A_2,\cdots,A_n$ 组成的有穷非空序列,使得对于每个 $i(1\leqslant i\leqslant n)$,$A_i$ 或者是公理,或者是由序列中的两个合式公式 $A_j,A_k(j,k<i)$ 应用 MP 规则直接推出的结论.此序列称为 A_n 在 L 中的证明(proof),并称 A_n 为 L 的定理(theorem),记为 $\vdash A_n$.

【例 5.16】 给出下面定理的证明:

(1)$\vdash (A→A)$;

(2)$\vdash (¬B→(B→A))$.

解 (1)的证明序列如下:

①$((A→((A→A)→A))→((A→(A→A))→(A→A)))$	L_2
②$(A→((A→A)→A))$	L_1
③$((A→(A→A))→A)$	MP,①,②
④$(A→(A→A))$	L_1
⑤$(A→A)$	MP,③,④

(2)的证明序列如下:

①$(¬B→(¬A→¬B))$	L_1
②$((¬A→¬B)→(B→A))$	L_3
③$(((¬A→¬B)→(B→A))→(¬B→((¬A→¬B)→(B→A))))$	L_1
④$(¬B→((¬A→¬B)→(B→A)))$	MP,②,③
⑤$((¬B→((¬A→¬B)→(B→A)))$	
$→((¬B→(¬A→¬B))→(¬B→(B→A))))$	L_2
⑥$((¬B→(¬A→¬B))→(¬B→(B→A)))$	MP,④,⑤
⑦$(¬B→(B→A))$	①,⑥,MP

从以上两例中可以看出,公理系统中定理的证明往往是冗长的.为了缩短证明过程,我们引进一些类似于推理规则的"元定理".首先给出演绎定理,它为公理系统中定理的证明提供了新的途径.

定义 5.5.3 设 $\varGamma$ 是 L 的合式公式集(可空).$A_1,A_2,\cdots,A_n$ 是 L 的一个有穷非空合式公式序列.如果对每个 $i(1\leqslant i\leqslant n)$,下列之一成立:

(1)A_i 是 L 的公理;

(2)A_i 是 $\varGamma$ 中的一个合式公式;

(3)A_i 是序列中由 $A_j,A_k(j,k<i)$ 经 MP 规则直接推得.则称 $A_1,A_2,\cdots,A_n$ 是 $\varGamma$ 的一个推演(deduce),称作在 L 中的一个结论,记作 $\varGamma\vdash A_n$.

定理 5.5.1(演绎定理) 如果 $\varGamma\cup\{A\}\vdash B$,则 $\varGamma\vdash(A→B)$.其中,A,B 为 L 的任意合式公式,$\varGamma$ 为 L 的合式公式集(可空).

证明 对 B 的推演长度 k(即推演 B 的序列中命题的个数)作归纳证明.

(1)$k=1$ 时,推演序列中仅有一个合式公式,即为 B.由定义,有下面三种情形.

情形 1:B 是 L 的公理.于是有

①B	L 的公理
②$(B→(A→B))$	L_1

③$(A \rightarrow B)$	MP,①,②

因此 $\Gamma \vdash (A \rightarrow B)$.

情形 2：$B \in \Gamma$. 此时有

①B	Γ 中的合式公式
②$(B \rightarrow (A \rightarrow B))$	L_1
③$(A \rightarrow B)$	MP,①,②

情形 3：B 是 A.

由例 5.16,有 $\vdash (A \rightarrow A)$,因此 L 中 $(A \rightarrow A)$ 的证明中可以作为 Γ 中 $(A \rightarrow A)$ 的推演,即有 $\Gamma \vdash (A \rightarrow A)$,也即 $\Gamma \vdash (A \rightarrow B)$.

（2）设 B 的推演长度为 $k(1 \leqslant k \leqslant n)$ 时,结论成立.

（3）下证 $k = n + 1$ 时,结论也成立.

当 B 为以上三种情形之一时,证明过程与相应情形的过程完全一样. 因此只需考虑 B 是由序列中 $A_r, A_s (r, s < n)$ 经 MP 规则直接推得. 易知,A_r 和 A_s 必分别有 $(C \rightarrow B)$ 和 C 的形式. 而 $(C \rightarrow B)$ 和 C 的证明序列长度 $\leqslant n$. 因此,由归纳假设,有 $\Gamma \vdash (A \rightarrow (C \rightarrow B))$ 及 $\Gamma \vdash (A \rightarrow C)$ 成立. 于是,有

（1）		
……		$\left.\begin{array}{l}\end{array}\right\}$ 从 Γ 中推出 $(A \rightarrow C)$
（l）	$(A \rightarrow C)$	
（$l+1$）		
……		$\left.\begin{array}{l}\end{array}\right\}$ 从 Γ 中推出 $(A \rightarrow (C \rightarrow B))$
（$l+m$）	$(A \rightarrow (C \rightarrow B))$	
（$l+m+1$）	$(A \rightarrow (C \rightarrow B)) \rightarrow ((A \rightarrow C) \rightarrow (A \rightarrow B))$	L_2
（$l+m+2$）	$(A \rightarrow C) \rightarrow (A \rightarrow B)$	$(l+m),(l+m+1)$MP
（$l+m+3$）	$(A \rightarrow B)$	$(l),(l+m+2)$MP

从而 $\Gamma \vdash (A \rightarrow B)$.

利用演绎定理,有

推论 5.5.1　对于 L 的任意合式公式 A, B, C 有

$$\{(A \rightarrow B), (B \rightarrow C)\} \vdash (A \rightarrow C)$$

证明　根据演绎定理,只需证明

$$\{(A \rightarrow B), (B \rightarrow C), A\} \vdash C$$

①$(A \rightarrow B)$	假设
②$(B \rightarrow C)$	假设
③A	假设
④B	MP,①,③
⑤C	MP,②,④

以上结果又称"假言二段论"规则,简记为 HS 规则. 对 HS 规则再次应用演绎定理,又可得到以下结果：

$$\{(A \rightarrow B)\} \vdash ((B \rightarrow C) \rightarrow (A \rightarrow C))$$

以及

$$\vdash ((A \rightarrow B) \rightarrow ((B \rightarrow C) \rightarrow (A \rightarrow C)))$$

这些都可以作为 HS 规则的表达形式. 利用 HS 规则, 可得如下定理:

定理 5.5.2 对于 L 的任意合式公式 A 和 B, 有

(i) $\vdash(\neg B\to(B\to A))$;

(ii) $\vdash((\neg A\to A)\to A)$.

证明 (i) 的证明序列如下:

①$(\neg B\to(\neg A\to\neg B))$	L_1
②$((\neg A\to\neg B)\to(B\to A))$	L_3
③$(\neg B\to(B\to A))$	HS,①,②

此结果在例 5.16 中证过, 应用 HS 规则后, 证明过程减少了四步.

对于 (ii), 先证 $\{\neg A\to A\}\vdash A$:

①$(\neg A\to A)$	假设
②$(\neg A\to(\neg\neg(\neg A\to A)\to\neg A))$	L_1
③$(\neg\neg(\neg A\to A)\to A)\to(A\to\neg(\neg A\to A))$	L_3
④$(\neg A\to(A\to\neg(\neg A\to A)))$	HS,②,③
⑤$(\neg A\to(A\to\neg(\neg A\to A)))$ $\to((\neg A\to A)\to(\neg A\to\neg(\neg A\to A)))$	L_2
⑥$(\neg A\to A)\to(\neg A\to\neg(\neg A\to A))$	MP,④,⑤
⑦$\neg A\to\neg(\neg A\to A)$	MP,①,⑥
⑧$(\neg A\to\neg(\neg A\to A))\to((\neg A\to A)\to A)$	L_3
⑨$(\neg A\to A)\to A$	MP,⑦,⑧
⑩A	MP,①,⑨

从而由演绎定理, 得 $\vdash((\neg A\to A)\to A)$.

习　题

1. 试判断下列语句是否为命题, 并指出哪些是简单命题, 哪些是复合命题.

(1) $\sqrt{2}$ 是有理数.

(2) 计算机能思考吗?

(3) 如果我们学好了离散数学, 那么我们就为学习计算机专业课程打下了良好的基础.

(4) 请勿抽烟!

(5) $x+5>0$.

(6) π 的小数展开式中, 符号串 1234 出现奇数次.

(7) 这幅画真好看啊!

(8) 2050 年的元旦那天天气晴朗.

(9) 李明与张华是同学.

(10) 2 既是偶数又是素数.

2. 讨论上题中命题的真值, 并将其中的复合命题符号化.

3. 将下列命题符号化.

(1)小王很聪明,但不用功.

(2)如果天下大雨,我就乘公共汽车上班.

(3)只有天下大雨,我才乘公共汽车上班.

(4)不是鱼死,就是网破.

(5)李平是否唱歌,将根据王丽是否伴奏而定.

4. 求下列命题公式的真值表.

(1)$P \rightarrow (Q \vee R)$;

(2)$P \wedge (Q \vee \neg R)$;

(3)$(P \wedge (P \rightarrow Q)) \rightarrow Q$;

(4)$\neg(P \rightarrow Q) \wedge Q$;

(5)$(P \vee Q) \leftrightarrow (P \wedge Q)$.

5. 用真值表法验证下列基本等值式.

(1)分配律;

(2)De Morgan 律;

(3)吸收律.

6. 用等值演算的方法证明下列等值式.

(1)$(P \wedge Q) \vee (P \wedge \neg Q) \Leftrightarrow P$;

(2)$((P \rightarrow Q) \wedge (P \rightarrow R)) \Leftrightarrow (P \rightarrow (Q \wedge R))$;

(3)$\neg(P \leftrightarrow Q) \Leftrightarrow ((P \vee Q) \wedge \neg(P \wedge Q))$.

7. 设 A,B,C 为任意命题公式,试判断以下说法是否正确.并简单说明之.

(1)若 $A \vee C \Leftrightarrow B \vee C$,则 $A \Leftrightarrow B$;

(2)若 $A \wedge C \Leftrightarrow B \wedge C$,则 $A \Leftrightarrow B$;

(3)若 $\neg A \Leftrightarrow \neg B$,则 $A \Leftrightarrow B$.

8. 表 5.12 是含两个命题变元的所有命题公式 $F_1 \sim F_{16}$ 的真值表.试写出每个命题公式 $F_i (i = 1,2,\cdots,16)$ 的最多含两个命题变元的具体形式.

表 5.12

P	Q	F_1	F_2	F_3	F_4	F_5	F_6	F_7	F_8	F_9	F_{10}	F_{11}	F_{12}	F_{13}	F_{14}	F_{15}	F_{16}
0	0	0	0	0	0	0	0	0	0	1	1	1	1	1	1	1	1
0	1	0	0	0	0	1	1	1	1	0	0	0	0	1	1	1	1
1	0	0	0	1	1	0	0	1	1	0	0	1	1	0	0	1	1
1	1	0	1	0	1	0	1	0	1	0	1	0	1	0	1	0	1

9. 证明命题 5.3.1.

10. 证明命题 5.3.2.

11. 求下列命题公式的析取范式和合取范式.

(1)$(\neg P \wedge Q) \rightarrow R$;

(2)$(P \rightarrow Q) \rightarrow R$;

(3) $(\neg P \rightarrow Q) \rightarrow (\neg Q \lor P)$;

(4) $\neg(P \rightarrow Q) \land P \land R$.

12. 求下列命题公式的主析取范式和主合取范式.

(1) $(\neg P \lor \neg Q) \rightarrow (P \leftrightarrow \neg Q)$;

(2) $P \lor (\neg P \rightarrow (Q \lor (\neg Q \rightarrow R)))$;

(3) $(\neg P \rightarrow R) \land (P \leftrightarrow Q)$.

13. 通过求主析取范式，证明：$P \lor (\neg P \land Q) \Rightarrow P \lor Q$.

14. 构造下列推理的证明.

(1) 前提：$\neg(P \land \neg Q), \neg Q \lor R, \neg R$

结论：$\neg P$

(2) 前提：$P \rightarrow (Q \rightarrow), Q, P \lor \neg R$

结论：$R \rightarrow S$

(3) 前提：$P \rightarrow Q$

结论：$P \rightarrow (P \land Q)$

(4) 前提：$P \lor Q, P \rightarrow R, Q \rightarrow S$

结论：$S \lor R$

(5) 前提：$P \rightarrow (Q \rightarrow S), \neg R \lor P, Q$

结论：$R \rightarrow S$

(6) 前提：$\neg P \land \neg Q$

结论：$\neg(P \land Q)$

15. 某公安人员审查一件盗窃案. 已知的事实如下：

(1) 甲或乙盗窃了电视机；

(2) 若甲盗窃了电视机，则作案时间不能发生在午夜前；

(3) 若乙的口供正确，则午夜时屋里灯光未灭；

(4) 若乙的口供不正确，则作案时间发生在午夜之前；

(5) 午夜时屋里灯光灭了.

试利用逻辑推理来确定谁盗窃了电视机.

16. 判断下面的推理是否正确.

(1) 如果 a, b 两数之积为 0，则 a, b 中至少有一个数为 0. a, b 两数之积不为 0. 所以，a, b 均不为 0.

(2) 若 a, b 两数之积是负的，则 a, b 中恰有一个数为负数. a, b 中不是恰有一个为负数. 所以，a, b 两数之积是非负的.

(3) 如果今天是星期一，则明天是星期三. 今天是星期一. 所以，明天是星期三.

(4) 如果西班牙是一个国家，则北京是一个城市. 北京是一个城市. 所以，西班牙是一个国家.

17. 给出下列定理的证明序列.

(1) $(A \rightarrow (A \rightarrow B)) \rightarrow (A \rightarrow B)$; (2) $(A \rightarrow B) \rightarrow ((B \rightarrow C) \rightarrow (A \rightarrow C))$.

18. 利用演绎定理证明.

(1) $\vdash (B \rightarrow A) \rightarrow (\neg A \rightarrow \neg B)$; (2) $\vdash ((A \rightarrow B) \rightarrow A) \rightarrow A$; (3) $\vdash \neg(A \rightarrow B) \rightarrow (B \rightarrow A)$.

第 6 章

一 阶 逻 辑

在命题逻辑中,是把简单命题作为基本单位,不再对简单命题的内部结构进行分析.因此,很多思维过程在命题逻辑中不能表达出来.

例如,逻辑数中著名的三段论法:

(1)凡有理数都是实数.

(2)1/3 是有理数.

(3)1/3 是实数.

在命题逻辑中就无法表示这种推理过程.

因为,(1),(2),(3)是三个不同的命题,我们分别用 P,Q,R 表示它们.按照三段论法(假言推理),R 应该是 P 和 Q 的逻辑结果,即有 $P \wedge Q \Rightarrow R$.但在命题逻辑中,$P \wedge Q \rightarrow R$ 并不是一个重言式.例如,当取$(1,1,0)$时,就弄假它.

问题在于,命题逻辑中描述的三段论,即 $P \wedge Q \rightarrow R$,使 R 成为一个与 P,Q 无关的独立命题.但实际上,R 是与命题 P,Q 有关的,只是这种关系在命题逻辑中得不到反映.因此,必须进一步分析简单命题内部的逻辑形式.

本章将以命题逻辑为基础,构造一阶谓词逻辑,简称一阶逻辑 (first-order logic).在一阶逻辑中,将引进量词,使用联结词和量词构成命题,研究它们之间的推理关系.

§6.1 谓词与量词

任何理论都有它的研究对象,这些对象的全体所构成的非空集合称为论域.在一阶逻辑中,论域中的元素称为个体或个体词,论域也称个体域.

在一阶逻辑中,为了表示简单命题的内部逻辑形式需要引进谓词的概念.

定义 6.1.1 设 D 是非空个体集合.定义在 D^n 上取值于 $\{0,1\}$ 上的 n 元函数,称为 n 元命题函数(proposition function)或 n 元谓词(predicate).其中 D^n 表示 D 的 n 次笛卡尔乘积.

例如,令 $P(x)$ 表示“x 是素数”.于是,$P(x)$ 是一个一元谓词.将 x 代以个体 2,则 $P(2)$ 就是一个命题“2 是素数”.又如,令 $H(x,y)$ 表示“x 高于 y”.于是,$H(x,y)$ 是一个二元谓词.将 x 代以个体“张三”,y 代以个体“李四”,则 $H(张三,李四)$ 就是一个命题“张三高于李四”.

注意:$P(x)$ 和 $H(x,y)$ 不是命题,而是命题函数,即谓词,只有当谓词中的变元用确定的个体代入之后,才成为一个具有真假值的命题.

由以上讨论可知,谓词是用来刻画个体性质或者个体之间关系的.

现在,用谓词的概念将本章开头的三段论法符号化如下:

$A(x)$:x 是有理数.

$B(x)$:x 是实数.

于是,三段论的三句话可表示如下:

P:$A(x) \rightarrow B(x)$

Q:$A(1/3)$

R:$B(1/3)$

那么,在命题逻辑的基础上,仅仅引进谓词是否就可以确切地刻画命题了呢? 下面的分析说明,仅引进谓词是不够的.

在日常生活中,命题 P“凡有理数都是实数”的否定应理解成“有些有理数不是实数”. 但是

$$\neg P \Leftrightarrow \neg(A(x) \rightarrow B(x))$$
$$\Leftrightarrow \neg(\neg A(x) \vee B(x))$$
$$\Leftrightarrow A(x) \wedge \neg B(x)$$

也即,命题 P 的否定被翻译成“所有有理数都不是实数”,这与日常生活中的理解相差甚远.

其原因在于,命题 P 的确切意思应该是:“对任意 x,如果 x 是有理数,则 x 是实数”. 但是,$A(x) \rightarrow B(x)$ 中并没有确切表达出“对任意 x”这个意思. 这说明,$A(x) \rightarrow B(x)$ 还不是一个命题. 因此,在一阶逻辑中,除引进谓词外,还需引进语句“对任意 x”,以及与之对偶的语句“存在一个 x”.

定义 6.1.2 语句“对任意 x”称为全称量词(universal quantifier),记为 $\forall x$;语句“存在一个 x”,称为存在量词(existential quantifier),记为 $\exists x$.

设 $G(x)$ 是一个一元谓词,D 是论域. 我们知道,$G(x)$ 不是一个命题,但任取 $x_0 \in D$,则 $G(x_0)$ 是一个命题. 于是,$\forall x G(x)$ 是这样一个命题:“对任意 $x \in D$,$G(x)$ 均为真”. 这样 $\forall x G(x)$ 的真值可自然地作如下规定:

$\forall x G(x)$ 为真,当且仅此当对任意 $x \in D$,$G(x)$ 均为真.

$\forall x G(x)$ 为假,当且仅此当存在 $x_0 \in D$,使 $G(x_0)$ 为假.

对偶地,$\exists x G(x)$ 表示命题“存在一个 $x_0 \in D$,使得 $G(x_0)$ 为真”. 其真值规定如下:

$\exists x G(x)$ 为真,当且仅当存在一个 $x_0 \in D$,使 $G(x_0)$ 为真;

$\exists x G(x)$ 为假,当且仅当对任意 $x \in D$,$G(x)$ 均为假.

由上面的讨论可知,下面两式成立:

$$\neg(\forall x G(x)) \Leftrightarrow \exists x(\neg G(x))$$
$$\neg(\exists x G(x)) \Leftrightarrow \forall x(\neg G(x))$$

这时,三段论法中的命题 P 及其否定 $\neg P$ 就可以确切地符号化如下:

$$P:\forall x(A(x) \rightarrow B(x))$$
$$\neg P:\neg(\forall x(A(x) \rightarrow B(x)))$$
$$\Leftrightarrow \exists x(\neg(A(x) \rightarrow B(x)))$$
$$\Leftrightarrow \exists x(A(x) \wedge \neg B(x))$$

也即,$\neg P$ 表示“存在一个有理数,它不是实数.”这确实是命题“凡有理数都是实数”的否定.

特别地,当论域 D 为有限集时,如 $D = \{a_1, a_2, \cdots, a_n\}$,对于任意一元谓词 $G(x)$,都有

$$\forall x G(x) \Leftrightarrow G(a_1) \wedge G(a_2) \wedge \cdots \wedge G(a_n)$$

$$\exists x G(x) \Leftrightarrow G(a_1) \vee G(a_2) \vee \cdots \vee G(a_n)$$

也即,将一阶逻辑命题中的量词消去了,化成了命题逻辑中等值的命题公式.

下面举例说明如何将日常生活和数学中的命题写成一阶逻辑中的命题.

将命题符号化时,必须明确所涉及的个体集合,即论域.例如,令

$M(x):x$ 是人.

$D(x):x$ 要死.

如果论域是全人类,则命题"人总是要死的"可符号化为 $\forall x D(x)$.但如果论域是世界一切生物,则应该符号化为

$$\forall x(M(x) \rightarrow D(x)).$$

我们约定,除非特别说明,所有论域均为由一切对象组成的个体集合.

【例 6.1】 在一阶逻辑中将下列命题符号化.

(1)凡偶数均能被 2 整除.

(2)存在着偶素数.

(3)没有不犯错误的人.

(4)闪光的未必是金子.

解 (1)令 $E(x):x$ 是偶数.

$D(x):x$ 能被 2 整除.

则有: $\forall x(E(x) \rightarrow D(x))$.

(2) $E(x):x$ 是偶数.

$P(x):x$ 是素数.

则有: $\exists x(E(x) \wedge P(x))$.

(3)令 $H(x):x$ 是人.

$M(x):x$ 犯错误.

则有: $\neg(\exists x(H(x) \wedge \neg M(x))) \Leftrightarrow \forall x(H(x) \rightarrow M(x))$.

(4)令 $L(x):x$ 是闪光的.

$G(x):x$ 是金子.

则有: $\neg \forall x(L(x) \rightarrow G(x)) \Leftrightarrow \exists x(L(x) \wedge \neg G(x))$.

以上是一些由一元谓词和单个量词构成的命题.下面再举一些较复杂的例子.

【例 6.2】 在一阶逻辑中,将下列命题符号化.

(1)所有人的指纹都不一样.

(2)每个自然数都有后继数.

(3)对平面的任意两点,有且仅有一条直线通过这两点.

解 (1)令 $M(x):x$ 是人.

$D(x,y):x$ 与 y 相同.

$S(x,y):x$ 与 y 指纹相同.

则有: $\forall x \forall y(M(x) \wedge M(y) \wedge \neg D(x,y) \rightarrow \neg S(x,y))$.

(2)令 $N(x):x$ 是自然数.

$H(x,y):y$ 是 x 的后继数.

则有: $\forall x(N(x) \rightarrow \exists y(N(y) \wedge H(x,y)))$.

（3）令 $P(x):x$ 是一个点.

$L(x):x$ 是一条直线.

$T(x,y,z):z$ 通过 x,y.

$E(x,y):x$ 等于 y.

则有：$\forall x \forall y(P(x) \wedge P(y) \wedge \neg E(x,y) \rightarrow \exists z(L(z) \wedge T(x,y,z) \wedge \forall u(L(u) \wedge T(x,y,u) \rightarrow E(u,z))))$.

§6.2　合式公式及解释

为了使一阶逻辑中命题符号化更准确和规范,以便正确进行谓词演算和推理,本节引进一阶逻辑中合式公式的概念.

在形式化中,将使用下列四类符号.

（1）常量符号：$a,b,c,\cdots,a_i,b_i,c_i,\cdots,i \geq 1$,当论域 D 给出时,它可以是 D 中的某个元素；

（2）变量符号：$x,y,z,\cdots,x_i,y_i,z_i,\cdots,i \geq 1$,当论域 D 给出时,它可以是 D 中的任何一个元素；

（3）函数符号：$f,g,h,\cdots,f_i,g_i,h_i,\cdots,i \geq 1$,当论域 D 给出时,n 元函数符号 $f(x_1,x_2,\cdots,x_n)$ 可以是 D^n 到 D 的任意一个映射；

（4）谓词符号：$P,Q,R,\cdots,P_i,Q_i,R_i,\cdots,i \geq 1$,当论域 D 给出时,n 元谓词符号 $P(x_1,x_2,\cdots,x_n)$ 可以是 D^n 到 $\{1,0\}$ 的任意一个谓词.

定义 6.2.1　一阶逻辑中的项（item）,被递归定义如下：

（1）常量符号是项；

（2）变量符号是项；

（3）若 $f(x_1,x_2,\cdots,x_n)$ 是 n 元函数,符号 $t_1,t_2,\cdots,t_n$ 是项,则 $f(t_1,t_2,\cdots,t_n)$ 是项.

（4）只有有限次地使用（1）~（3）所生成的符号串才是项.

例如,a,b,x,y 是项,$f(x,y)=x+y,g(x,y)=x \cdot y$ 是项,$f(a,g(x,y))=a+x \cdot y$ 也是项.

定义 6.2.2　设 $P(x_1,x_2,\cdots,x_n)$ 是 n 元谓词,$t_1,t_2,\cdots,t_n$ 是项,则称 $P(t_1,t_2,\cdots,t_n)$ 为原子公式,或简称原子.

定义 6.2.3　一阶逻辑中合式公式,被递归定义如下：

（1）原子是合式公式；

（2）若 A 是合式公式,则 $(\neg A)$ 也是合式公式；

（3）若 A,B 是合式公式,则 $(A \wedge B)$,$(A \vee B)$,$(A \rightarrow B)$,$(A \leftrightarrow B)$ 也是合式公式；

（4）若 A 是合式公式,x 是 A 中的变量符号,则 $\forall xA$,$\exists xA$ 也是合式公式；

（5）只有有限次地使用（1）~（4）所生成的符号串才是合式公式.

合式公式也称谓词公式,简称公式,为简便起见,公式的最外层括号可以省去.例如,上一节中,各命题符号化的结果都是公式.对于一个谓词,如果其中每一个变量都在一个量词作用之下,则它就不再是命题函数,而是一个命题了.但是,这种命题和命题逻辑中的命题还是有区别的.因为这种命题中毕竟还有变量,尽管这种变量和命题函数中的变量有所不同.因此,有必要区分这些变量.

定义 6.2.4　在一个谓词公式中,变量的出现是约束的（bound）,当且仅当它出现在使用这个变量的量词作用范围(称为作用域)之内;变量的出现是自由的(free),当且仅当它的出现不是约束的;至少有一次约束出现的变量称为约束变量(bound variable);至少有一次自由出现的变量称为自由变量(free variable).

例如,公式 $\exists x(P(x,y) \rightarrow Q(x,z)) \vee R(x)$ 中,谓词 $P(x,y)$ 和 $Q(x,y)$ 中的 x 的出现是约束的,而谓词 $R(x)$ 中 x 的出现是自由的. 另外,公式中 y 和 z 的出现也是自由的. 因此,x 既是约束变量,又是自由变量,而 y,z 仅仅是自由变量. 由此可知,公式中的某个变量既可以是约束变量,同时也可以是自由变量. 此外,显然有

$$\exists xG(x) \Leftrightarrow \exists yG(y)$$
$$\forall xG(x) \Leftrightarrow \forall yG(y)$$

也即,一阶逻辑中命题的真值,与其约束变量的记号无关.

为了避免公式中有些变量既可约束出现又可自由出现的情形,我们可采用下列两条规则.

【改名规则】　将谓词公式中出现的约束变量改为另一个约束变量. 这种改名必须在量词作用域内各处以及该量词符号中进行,并且改成的新约束变量要有别于改名区域中的所有其他变量.

【代替规则】　对公式中某变量的所有自由出现,用另一个与原公式中的其他变量符号均不同的变量符号去代替.

例如,对于公式 $\forall xP(x,y) \vee Q(x,z)$,可使用改名规则,将约束出现的 x 改成 u,得

$$\forall uP(u,y) \vee Q(x,z)$$

或者使用代替规则,将自由出现的 x 用 u 代替,得

$$\forall xP(x,y) \vee Q(u,z)$$

这样,对一阶逻辑中的任何公式,总可以通过改名规则或代替规则,使该公式中不出现某变量既是约束变量又是自由变量的情形.

由谓词公式的定义可知,若不对其中的常量符号、变量符号、函数符号和谓词符号给以具体解释,则公式是没有实在意义的.

定义 6.2.5　在一阶逻辑中,公式 G 的一个解释 I,是由非空论域 D 和对 G 中常量符号、函数符号、谓词符号按下列规则进行一组指定所组成:

(1)对每个常量符号,指定 D 中的一个元素;

(2)对每个 n 元函数符号,指定一个函数,即指定一个 D^n 到 D 的映射;

(3)对每个 n 元谓词符号,指定一个谓词,即指定一个 D^n 到 $\{0,1\}$ 上的一个映射.

为统一起见,对所讨论的公式作如下规定:公式中无自由变量,或者将自由变量看作常量. 于是,每个公式在任何具体解释下总表示一个命题.

例如,给出如下两个公式:

(1) $\exists x(P(f(x)) \wedge Q(x,f(a)))$;

(2) $\forall x(P(x) \wedge Q(x,a))$.

并给出如下的解释 I:

$$D: = \{2,3\}; a: = 2; f(2): = 3; f(3): = 2; P(2): = 0; P(3): = 1, Q(2,2): = 1;$$
$$Q(2,3): = 1; Q(3,2): = 0; Q(3,3): = 1.$$

于是,公式(1)在 I 下取 1 值(为真),公式(2)在 I 下取 0 值(为假).

类似于命题逻辑中公式的分类,我们有:

定义 6.2.6 设 G 是一个谓词公式,

(1)如果存在解释 I,使 G 在 I 下为真(简称 I 满足 G),则称 G 是可满足的.

(2)如果所有解释 I 均不满足 G(简称 I 弄假 G),则称 G 为恒假的,或不可满足的.

(3)如果 G 的所有解释 I 都满足 G,则称 G 为恒真的.

如果一阶逻辑中的恒真(恒假)公式,要求所有解释 I 均满足(弄假)该公式,而解释 I 依赖一个非空个体集合 D,又集合 D 可以是无穷集合,而集合 D 的"数目"也可以有无穷多个,因此,所谓公式的"所有"解释,实际上是很难考虑的.这就使得一阶逻辑中公式的恒真、恒假性的判定异常困难. Church 和 Turing 分别于 1936 年独立地证明了:对于一阶逻辑,判定问题是不可解的.即不存在一个统一的算法 A,该算法与谓词公式无关,使得对一阶逻辑中的任何谓词公式 G,A 能够在有限步内判定公式 G 的类型.

但是,一阶逻辑是半可判定的,即如果谓词公式 G 是恒真的,有算法在有限步内检验出 G 的恒真性.

§6.3 等值式与范式

定义 6.3.1 设 A,B 是两个谓词公式.若 $A \leftrightarrow B$ 是恒真公式,则称 A 与 B 是等值,记为 $A \Leftrightarrow B$,否则,记为 $A \nLeftrightarrow B$.$A \Leftrightarrow B$ 称为等值式.

显然,$A \Leftrightarrow B$ 当且仅当对任何解释 I,I 同时满足 A 与 B,或者 I 同时弄假 A 与 B.

下面分类给出一阶逻辑中一些重要的等值式.

1. 命题公式的推广

由于命题逻辑中的公式都可看作特殊的谓词公式,因此,第 5 章给出的基本等值式,以及对其中每个等值式中的同一命题变元,用同一谓词公式代入所得的关系式,都是一阶逻辑中的等值式.例如,由

$$P \rightarrow Q \Leftrightarrow \neg P \vee Q$$
$$(P \wedge Q) \vee R \Leftrightarrow (P \vee R) \wedge (Q \vee R)$$

可得

$$\forall x A(x) \rightarrow \exists x B(x) \Leftrightarrow \neg \forall x A(x) \vee \exists x B(x)$$
$$(\forall x P(x) \wedge Q(y)) \vee \exists x R(x) \Leftrightarrow (\forall x P(x) \vee \exists x R(x)) \wedge (Q(y) \vee \exists x R(x))$$

2. 量词否定等值式

定理 6.3.1 设 $G(x)$ 是恰含一个自由变元 x 的谓词公式,于是有

(1)$\neg(\forall x G(x)) \Leftrightarrow \exists x(\neg G(x))$;

(2)$\neg(\exists x G(x)) \Leftrightarrow \forall x(\neg G(x))$.

证明 设 D 是论域.

(1)若 I 满足 $\neg(\forall x G(x))$,则 I 弄假 $\forall x G(x)$.因此,存在 $x_0 \in D$,使得 $G(x)$ 是假命题,从而 $\neg G(x_0)$ 是真命题.故 I 满足 $\exists x(\neg G(x))$.

若 I 弄假 $\neg(\forall x G(x))$,则 I 满足 $\forall x G(x)$.因此,对任意 $x \in D$,得 $G(x)$ 是真命题,从而 $\neg G(x)$ 是

假命题. 故 I 弄假 $\exists x(\neg G(x))$.

同理可证(2).

3. 量词作用域的收缩与扩张等值式

定理 6.3.2　设 $G(x)$ 是恰含一个自由变元 x 的谓词公式, H 是不含变量 x 的谓词公式. 于是:

(1) $\forall x(G(x)\vee H)\Leftrightarrow\forall xG(x)\vee H$;

(2) $\exists x(G(x)\vee H)\Leftrightarrow\forall xG(x)\vee H$;

(3) $\forall x(G(x)\wedge H)\Leftrightarrow\forall xG(x)\wedge H$;

(4) $\exists x(G(x)\wedge H)\Leftrightarrow\exists xG(x)\wedge H$.

证明　设 D 是论域, I 是 $G(x)$ 和 H 的一个解释.

(1)若 $\forall x(G(x)\vee H)$ 在 I 下为真, 则在 I 下, 对任意 $x\in D$, $G(x)\vee H$ 都是真命题. 若 H 是真命题, 则 $\forall xG(x)\vee H$ 也是真命题; 若 H 是假命题, 则必然是对每个 $x\in D$, $G(x)$ 都是真命题, 因此 $\forall xG(x)\vee H$ 为真命题, 故 $\forall xG(x)\vee H$ 在 I 下为真.

若 $\forall x(G(x)\vee H)$ 在 I 下为假, 则必存在一个 $x_0\in D$, 使得 $G(x_0)\vee H$ 在 I 下为假, 因此, $G(x_0)$ 为假命题. H 也为假命题. 从而 $\forall xG(x)\vee H$ 为假命题. 故 $\forall xG(x)\vee H$ 在 I 下为假.

其他等值式同理可证.

4. 量词分配等值式

定理 6.3.3　设 $G(x)$, $H(x)$ 是恰含一个变元 x 的谓词公式. 于是:

(1) $\forall xG(x)\wedge\forall xH(x)\Leftrightarrow\forall x(G(x)\wedge H(x))$;

(2) $\exists xG(x)\vee\exists xH(x)\Leftrightarrow\exists x(G(x)\vee H(x))$;

(3) $\forall xG(x)\vee\forall xH(x)\Leftrightarrow\forall x\forall y(G(x)\vee H(y))$;

(4) $\exists xG(x)\wedge\exists xH(x)\Leftrightarrow\exists x\exists y(G(x)\wedge H(y))$.

证明　(1)、(2)的证明类似于定理 6.3.2 的证明. 下面证明(3).

$\qquad\forall xG(x)\vee\forall xH(x)$

$\Leftrightarrow\forall xG(x)\vee\forall yH(y)$　　　　　　　　　　　　(改名规则)

$\Leftrightarrow\forall x(G(x)\vee\forall yH(y))$　　　　　　　　　　　　(定理 6.3.2)

$\Leftrightarrow\forall x(\forall yH(y)\vee G(x))$　　　　　　　　　　　　(析取词交换律)

$\Leftrightarrow\forall x\forall y(H(y)\vee G(x))$　　　　　　　　　　　　(定理 6.3.2)

$\Leftrightarrow\forall x\forall y(G(x)\vee H(y))$　　　　　　　　　　　　(析取词交换律)

同理可证(4).

注意:若将定理中式(1)和式(2)中的 $\wedge$ 与 $\vee$ 互换, 则一般有

(i) $\forall x(G(x)\vee H(x))\not\Leftrightarrow\forall xG(x)\vee\forall xH(x)$;

(ii) $\exists x(G(x)\wedge H(x))\not\Leftrightarrow\exists xG(x)\wedge\exists xH(x)$.

例如, 取解释 I 如下:

D:自然数集;

$G(x)$:"x 是奇数";

$H(x)$:"x 是偶数".

于是, $\forall x(G(x)\vee H(x))$ 为真, 而 $\forall xG(x)\vee\forall xH(x)$ 为假.

同理可证(ii).

同命题逻辑类似,在研究一阶逻辑中的谓词公式时,也希望使公式有规范形式.

定义 6.3.2 设 G 为一个为谓词公式,如果 G 具有如下形式:

$$Q_1 x_1 Q_2 x_2 \cdots Q_n x_n M$$

则称 G 为前束范式.其中 $Q_i \in \{\forall, \exists\}$, $i = 1, 2, \cdots, n$, M 是不含量词的谓词公式, $Q_1 x_1 Q_2 x_2 \cdots Q_n x_n$ 称为首标, M 称为母式.

例如, $\forall x \exists y (P(x,y) \rightarrow Q(x,y))$, $F(x,y)$, $\exists x \exists y \exists z P(x,y,z)$ 都是前束范式. 而 $\forall x P(x) \lor \exists x Q(x,y)$, $\forall x (P(x) \rightarrow \forall x (Q(y) \rightarrow R(x)))$ 都不是前束范式.

定理 6.3.4 对任意谓词公式 G,都存在一个与其等值的前束范式.

证明 对于公式 G,可通过如下步骤得到等值于 G 的前束范式.

(1)使用基本等值式.

$$(A \leftrightarrow B) \Leftrightarrow (A \rightarrow B) \land (B \rightarrow A)$$

$$(A \rightarrow B) \Leftrightarrow \neg A \lor B$$

将公式中的联结词"$\leftrightarrow$"和"$\rightarrow$"消去.

(2)使用 $\neg(\neg A) \Leftrightarrow A$、De Morgan 律,及定理 6.3.1,将公式中所有否定词 $\neg$ 放在原子公式之前.

(3)必要的话,将约束变元改名.

(4)使用定理 6.3.1 ~ 定理 6.3.3,将所有量词都提到公式的最左边.

例如:

$(\forall x (P(x,y) \land \exists y Q(y))) \rightarrow \forall x R(x,y)$

$\Leftrightarrow \neg (\forall x (P(x,y) \land \exists y Q(y))) \lor \forall x R(x,y)$ （消去"$\rightarrow$"）

$\Leftrightarrow (\exists x \neg P(x,y) \lor \forall y \neg Q(y)) \lor \forall x R(x,y)$ （将"$\neg$"放在原子前面）

$\Leftrightarrow (\exists x \neg P(x,y) \lor \forall z \neg Q(z)) \lor \forall x R(x,y)$ （约束变量改名）

$\Leftrightarrow \exists x (\neg P(x,y) \lor \forall z \neg Q(z)) \lor \forall x R(x,y)$ ［定理 6.3.2(1)］

$\Leftrightarrow \exists x \forall z (\neg P(x,y) \lor \neg Q(z)) \lor \forall x R(x,y)$ ［定理 6.3.2(1)］

$\Leftrightarrow \exists x \forall z (\neg P(x,y) \lor \neg Q(z)) \lor \forall u R(u,y)$ （约束变量改名）

$\Leftrightarrow \exists x \forall z \forall u (\neg P(x,y) \lor \neg Q(z) \lor R(u,y))$ ［定理 6.3.2(1)］

$\Leftrightarrow \exists x \forall z \forall u (P(x,y) \land Q(z) \rightarrow R(u,y))$ （等值演算）

注意:在求一个谓词公式的前束范式时,由于进行等值演算时顺序不同,以及有时约束变元改名与否都可以演算下去,因此,该公式的前束范式是不唯一的.例如:

$\forall x G(x) \rightarrow \exists x H(x)$

$\Leftrightarrow \neg \forall x G(x) \lor \exists x H(x)$

$\Leftrightarrow \exists x \neg G(x) \lor \exists x H(x)$

$\Leftrightarrow \exists x (\neg G(x) \lor H(x))$ （定理 6.3.3）

$\Leftrightarrow \exists x (G(x) \rightarrow H(x))$

也可以如下求前束范式:

$\forall x G(x) \rightarrow \exists x H(x)$

$\Leftrightarrow \neg \forall x G(x) \lor \exists x H(x)$

$\Leftrightarrow \neg \forall x G(x) \lor \exists y H(y)$ （改名规则）

$\Leftrightarrow \exists x \neg G(x) \lor \exists y H(y)$

$$\Leftrightarrow \exists x(\neg G(x) \vee \exists yH(y))$$
$$\Leftrightarrow \exists x \exists y(\neg G(x) \vee H(y))$$
$$\Leftrightarrow \exists x \exists y(G(x) \to H(y))$$

此外,容易验证,$\exists x \exists y(G(x) \to H(y))$ 也是公式 $\forall xG(x) \to \exists xH(x)$ 的前束范式.

还应注意,一个公式的前束范式首标中的变元应该是互不相同的,原公式中自由出现的变元在前束范式中还应该是自由出现的,否则,说明改名规则或代替规则用得不正确.

前束范式对首标中量词的次序没有要求,对母式中公式的形式也没有作什么规定.下面对前束范式作进一步的规范.即保留前束范式中的全称量词而消去存在量词,这种前束范式称为 Skolem 范式.

定义 6.3.3 设 G 是一个谓词公式,$Q_1x_1Q_2x_2\cdots Q_nx_nM$ 是与 G 等值的前束范式,其中 M 为合取范式.

(1)若 Q_r 是存在量词($1 \leqslant r \leqslant n$),并且它左边没有全称量词,则取异于出现在 M 中所有常量符号 C,并用 C 代替 M 中所有的 x_r,然后在首标消除 Q_rx_r.

(2)$Q_{r_1}, Q_{r_2}, \cdots, Q_{r_m}$($m \geqslant 1$)是所有出现在 Q_rx_r 左边的全称量词,则取异于出现在 M 中所有函数符号 m 元函数符号 $f(x_{r_1}, x_{r_2}, \cdots, x_{r_m})$,用 $f(x_{r_1}, x_{r_2}, \cdots, x_{r_m})$ 代替出现在 M 中的所有 x_r,然后在首标中删除 Q_rx_r.

(3)重复以上过程,直到该前束范式的首标中没有存在量词.

由此得到的前束范式为 Skolem 范式,其中用来代替 x_r 的那些常量符号和函数符号称为公式 G 的 Skolem 函数.

例如,设 $G = \exists x \forall y \forall z \exists u \forall v \exists wP(x,y,z,u,v,w)$,

(1)用 a 代替 x;

(2)用 $f(y,z)$ 代替 u;

(3)用 $g(y,z,v)$ 代替 w.

于是,得公式 G 的 Skolem 范式为

$$\forall y \forall z \forall vP(a,y,z,f(y,z),v,g(y,z,v))$$

注意:一般来说,公式 G 的 Skolem 范式 S 与 G 两者不一定等值.例如,设 $G = \forall x \exists yP(x,y)$,则 G 的 Skolem 范式 $S = \forall xP(x,f(x))$,令解释 I 为

$D := \{1,2\}$;

$P(1,1) := 0; P(1,2) := 1; P(2,1) := 0; P(2,2) := 1$;

$f(1) := 1; f(2) := 2$.

则在解释 I 下有

$$G \Leftrightarrow (P(1,1) \vee P(1,2)) \wedge (P(2,1) \vee P(2,2))$$
$$\Leftrightarrow 1$$
$$S \Leftrightarrow P(1,f(1)) \wedge P(2,f(2)) \Leftrightarrow 0$$

故 $G \not\Leftrightarrow S$.

定理 6.3.5 设 S 是谓词公式 G 的 Skolem 范式.于是,G 是恒假的当且仅当 S 是恒假的.

证明 由定理 6.3.4,不妨假设 G 是前束范式,即

$$G = Q_1x_1Q_2x_2\cdots Q_nx_nM(x_1,x_2,\cdots,x_n)$$

并且首标中至少有一个存在量词.

设 Q_r 是首标中下标最小的存在量词，$1 \leqslant r \leqslant n$，令

$$G_1 = \forall x_1 \forall x_2 \cdots \forall x_{r-1} Q_{r+1} x_{r+1} Q_{r+2} x_{r+2} \cdots Q_n x_n M(x_1, x_2, \cdots, x_{r-1}, f(x_1, x_2, \cdots, x_{r-1}), x_{r+1}, \cdots, x_n)$$

其中 $f(x_1, x_2, \cdots, x_{r-1})$ 是代替 x_r 的 Skolem 函数.

下面证明，G 恒假当且仅当 G_1 恒假. 设 G 恒假. 若 G_1 可满足，则存在一个解释 I 满足 G_1. 于是，对任意值组 $f(x_1^0, x_2^0, \cdots, x_{r-1}^0) \in D^{r-1}$，都有 $f(x_1^0, x_2^0, \cdots, x_{r-1}^0) \in D$，使得 $Q_{r+1} x_{r+1} Q_{r+2} x_{r+2} \cdots Q_n x_n M(x_1^0, x_2^0, \cdots, x_{r-1}^0, f(x_1^0, x_2^0, \cdots, x_{r-1}^0), x_{r+1}, \cdots, x_n)$ 在 I 下为真. 但此时满足 G_1 的解释 I 也是满足 G 的解释. 此与 G 恒假矛盾，故 G_1 也恒假.

反之，设 G_1 恒假. 若 G 可满足，则存在一个解释 I 满足 G. 于是，对任意值组 $(x_1^0, x_2^0, \cdots, x_{r-1}^0) \in D^{r-1}$，都存在 $x_r^0 \in D$，使得 $Q_{r+1} x_{r+1} Q_{r+2} x_{r+2} \cdots Q_n x_n M(x_1^0, x_2^0, \cdots, x_r^0, x_{r+1}, \cdots, x_n)$ 在 I 下为真.

今扩充解释 I 为 I'，使其包含对函数符号 $f(x_1, x_2, \cdots, x_{r-1})$ 的如下指定：

$$f(x_1^0, x_2^0, \cdots, x_{r-1}^0) = x_r^0, \quad 对任意值组 (x_1^0, x_2^0, \cdots, x_{r-1}^0) \in D^{r-1}$$

于是，I' 满足 G_1. 矛盾. 故 G 也恒假.

设 $G_0 = G$.

$G_k = $（将 G_{k-1} 中下标最小的存在量词用 Skolem 函数代替所得的公式），$k = 1, 2, \cdots, m$.

易知，G_m 就是公式 G 的 Skolem 范式，即 $S = G_m$.

与上类似，可证明：G_1 恒假当且仅当 G_2 恒假，$\cdots\cdots$，G_{k-1} 恒假当且仅当 G_k 恒假，$\cdots\cdots$，G_{m-1} 恒假当且仅当 G_m 恒假.

因此，G_0 恒假当且仅当 G_m 恒假，也即，G 恒假当且仅当 S 恒假.

推论 6.3.1 设公式 S 是公式 G 的 Skolem 范式，于是，满足 S 的解释必满足 G，但反之不然.

一阶逻辑中公式的 Skolem 范式，在定理的机器证明中非常有用. 机器定理证明中的归结原理就是建立在 Skolem 范式基础上的.

§6.4 一阶逻辑的推理理论

定义 6.4.1 设 G、H 是两个谓词公式. 如果 $G \rightarrow H$ 是恒真的，则称 G 蕴涵 H，或称 H 是 G 的逻辑结果，记为 $G \Rightarrow H$.

显然，对任意两个公式 G, H，$G \Rightarrow H$ 的充分必要条件是：对任意解释 I，若 I 满足 G，则 I 必满足 H.

定义 6.4.2 设 $G_1, G_2, \cdots, G_n, H$ 是谓词公式，$n \geqslant 1$. 如果

$$G_1 \wedge G_2 \wedge \cdots \wedge G_n \Rightarrow H$$

则称 $G_1, G_2, \cdots, G_n$ 共同蕴涵 H，或称 H 是 $G_1, G_2, \cdots, G_n$ 的逻辑结果，记为 $G_1, G_2, \cdots, G_n \Rightarrow H$.

由于命题公式是谓词公式的特殊情形，又根据上述定义可知，谓词演算的推理方法可看作命题演算的推理方法的扩张. 因此，在推理过程中，命题演算中的前提引入规则、结论引入规则、置换规则，八个基本蕴涵式以及对其中每个蕴涵式的同一命题变元用同一谓词公式代入所得蕴涵式，都可以使用. 但是，由于量词的引入，使得某些前提与结论可能受量词的限制. 因此，还需给出一些谓词演算中所特有的蕴涵式和推理规则.

定理 6.4.1 设 $G(x), H(x)$ 是恰含一个自由变元 x 的谓词公式，于是：

(1) $(\forall x G(x) \vee \forall x H(x)) \Rightarrow \forall x(G(x) \vee H(x))$；

(2) $\exists x(G(x) \wedge H(x)) \Rightarrow \exists x G(x) \wedge \exists x H(x)$;

(3) $(\exists x G(x) \rightarrow \forall x H(x)) \Rightarrow \forall x(G(x) \rightarrow H(x))$.

证明　设 D 为论域, I 为解释.

(1) 设 I 满足 $\forall x G(x) \vee \forall x H(x)$. 若 I 弄假 $\forall x(G(x) \vee H(x))$, 则存在 $x_0 \in D$, 使得 $G(x_0) \vee H(x_0)$ 为假命题. 此时, $G(x_0)$ 与 $H(x_0)$ 均为假命题, 从而 $\forall x G(x) \vee \forall x H(x)$ 在解释 I 下为假. 矛盾. 故

$$\forall x G(x) \vee \forall x H(x) \Rightarrow \forall x(G(x) \vee H(x))$$

(2) 设 I 满足 $\exists x(G(x) \wedge H(x))$. 于是, 存在 $x_0 \in D$, 使得 $G(x_0) \wedge H(x_0)$ 为真命题, 从而 $\exists x G(x) \wedge \exists x H(x)$ 在 I 下为真, 故

$$\exists x(G(x) \wedge H(x)) \Rightarrow \exists x G(x) \wedge \exists x H(x)$$

(3) 因为

$$\exists x G(x) \rightarrow \forall x H(x) \Leftrightarrow \forall x \neg G(x) \vee \forall x H(x)$$

而由 (1) 有

$$\forall x \neg G(x) \vee \forall x H(x) \Rightarrow \forall x(\neg G(x) \vee H(x))$$
$$\Leftrightarrow \forall x(G(x) \rightarrow H(x))$$

故

$$(\exists x G(x) \rightarrow \forall x H(x)) \Rightarrow \forall x(G(x) \rightarrow H(x))$$

下面介绍一阶逻辑中谓词演算所特有的四条推理规则, 应注意, 它们的使用是有条件的.

1. 全称指定规则（简称 US 规则）

$$\forall x A(x) \Rightarrow A(y) \tag{6.1}$$

$$\forall x A(x) \Rightarrow A(c) \tag{6.2}$$

在推理过程中, 式(6.1)和式(6.2)两种形式可根据需要选用. 两式成立的条件是:

(1) x 是 $A(x)$ 中的自由变元;

(2) 在式(6.1)中, y 是不在 $A(x)$ 中约束出现的任何一个变量符号;

(3) 在式(6.2)中, c 为任意的常量符号.

例如, 设论域 D 为实数集. 谓词 $F(x, y)$ 表示 $x > y$, 则公式 $\forall x \exists y F(x, y)$ 是真命题. 若令 $A(x) = \exists y F(x, y)$, 则 $\forall x A(x) \Rightarrow A(y)$ 是错误的推理. 因为 $\forall x A(x)$ 是真命题, 而 $A(y) = \exists y F(y, y)$ 表示"存在 y , 使 $y > y$ ", 是假命题.

其原因在于, y 在 $A(x)$ 中是约束出现的.

2. 全称推广规则（简称 UG 规则）

$$A(y) \Rightarrow \forall x A(x) \tag{6.3}$$

式(6.3)成立的条件是:

(1) y 在 $A(y)$ 中自由出现;

(2) x 不能在 $A(y)$ 中约束出现.

例如, 在实数域中仍取 $F(x, y)$ 为 $x > y$. 令 $A(y) = \exists x F(x, y)$, 则 $A(y)$ 是真命题, 但 $\forall x \exists x F(x, x)$ 是假命题. 故 $A(y) \Rightarrow \forall x A(x)$ 是错误的. 原因是条件(2)不满足.

3. 存在推广规则（简称 EG 规则）

$$A(c) \Rightarrow \exists x A(x) \tag{6.4}$$

式(6.4)成立的条件是:

（1）c 是特定的常量符号；

（2）取代 c 的 x 在 $A(c)$ 中没有出现过.

例如，在实数集合中，令 $F(x,y):x>y$. 取 $A(2)=\exists xF(x,2)$，则 $A(2)$ 为真命题，且 x 已在 $A(2)$ 中出现. 在使用式(6.4)时，若用 x 代替 2，则得到 $A(2)\Rightarrow\exists x(\exists xF(x,x))$，而 $\exists x(\exists xA(x,x))\Rightarrow\exists xA(x,x)$ 是一个假命题. 因此，推理 $A(2)\Rightarrow\exists xA(x)$ 是错误的. 其原因是使用式(6.4)的条件(2)不满足.

4. 存在指定规则（简称 ES 规则）

$$\exists xA(x)\Rightarrow A(c) \tag{6.5}$$

式(6.5)成立的条件是：

（1）c 是使 $A(c)$ 为真的常量符号；

（2）若推理过程中，在此之前，也使用过该规则，比如，$\exists xB(x)\Rightarrow B(a)$，则 $c\neq a$；

（3）$A(x)$ 中的自由变元只有 x.

例如，设 D 为自然数集，$F(x)$ 表示"x 是奇数". $G(x)$ 表示"x 是偶数"，则 $\exists xF(x)\wedge\exists xG(x)$ 是真命题. 若不注意使用条件，则有：

① $\exists xF(x)\wedge\exists xG(x)$	前提引入
② $\exists xF(x)$	化简，根据①
③ $F(c)$	ES 规则，根据②
④ $\exists xG(x)$	化简，根据①
⑤ $G(c)$	ES 规则，根据④
⑥ $F(c)\wedge G(c)$	合取，根据③、⑤
⑦ $\exists x(F(x)\wedge G(x))$	EG 规则，根据⑥

于是得出 $\exists xF(x)\wedge\exists xG(x)\Rightarrow\exists x(F(x)\wedge G(x))$ 的错误推理. 因为 $\exists x(F(x)\wedge G(x))$ 是假命题，其原因是违背了条件(2)，⑤的 c 不能与③中的 c 表示同一个常量.

又如，在实数集中，$\forall x\exists y(x>y)$ 是真命题，若不注意使用条件，则有：

① $\forall x\exists y(x>y)$	前提引入
② $\exists y(z>y)$	US 规则，根据①
③ $z>c$	ES 规则，根据②
④ $\forall x(x>c)$	UG 规则，根据③

于是得到 $\forall x\exists y(x>y)\Rightarrow\forall x(x>c)$ 的错误推理. 因为 $\forall x(x>c)$ 是假命题. 其原因是违背了条件(3)，其中 z 是公式中的自由变元. 也即在 $\exists yA(y)=\exists y(z>y)$ 的 $A(y)=z>y$ 中，除 y 是自由变元外，z 也是自由变元. 故不符合条件(3).

【**例6.3**】　证明：

$$\forall x(A(x)\to B(x))\wedge\exists x(C(x)\wedge A(x))$$
$$\Rightarrow\exists x(B(x)\wedge C(x))$$

证明　推理如下：

① $\forall x(A(x)\to B(x))$	前提引入
② $A(y)\to B(y)$	US 规则，根据①
③ $\exists x(C(x)\wedge A(x))$	前提引入

④$C(a) \wedge A(a)$　　　　　　　　　　　　ES 规则,根据③

⑤$C(a)$　　　　　　　　　　　　　　　　化简,根据④

⑥$A(a)$　　　　　　　　　　　　　　　　化简,根据④

⑦$B(a)$　　　　　　　　　　　　　　　　假言推理,根据②,⑥

⑧$B(a) \wedge C(a)$　　　　　　　　　　　合取,根据⑤,⑦

⑨$\exists x(B(x) \wedge C(x))$　　　　　　　EG 规则,根据⑧

在推理过程中,y 被指定为论域中的任一个体,a 被指定为论域中的某一个体. 对于②和⑥,在使用假言推理时,由于 y 是任意个体,因此,可以选为某一个体 a,故得⑦. 本例也可以作如下推理:

①$\exists x(C(x) \wedge A(x))$　　　　　　　前提引入

②$C(a) \wedge A(a)$　　　　　　　　　　　ES 规则,根据①

③$A(a)$　　　　　　　　　　　　　　　　化简,根据②

④$\forall x(A(x) \to B(x))$　　　　　　　　前提引入

⑤$A(a) \to B(a)$　　　　　　　　　　　　US 规则,根据④

⑥$B(a)$　　　　　　　　　　　　　　　　假言推理,根据③,⑤

⑦$C(a)$　　　　　　　　　　　　　　　　化简,根据②

⑧$B(a) \wedge C(a)$　　　　　　　　　　　合取,根据⑥,⑦

⑨$\exists x(B(x) \wedge C(x))$　　　　　　　EG 规则,根据⑧

【例6.4】　证明苏格拉底三段论:"凡人都是要死的,苏格拉底是人. 所以苏格拉底是要死的. "

证明　首先将例题符号化:

$M(x)$:x 是人.

$D(x)$:x 是要死.

a:苏格拉底.

前提:$\forall x(M(x) \to D(x)), M(a)$

结论:$D(a)$

证明

①$\forall x(M(x) \to D(x))$　　　　　　　　前提引入

②$M(a) \to D(a)$　　　　　　　　　　　　US 规则,根据①

③$M(a)$　　　　　　　　　　　　　　　　前提引入

④$D(a)$　　　　　　　　　　　　　　　　假言推理,根据②,③

【例6.5】　有些病人相信所有的医生,但所有病人都不相信一个骗子. 证明:医生都不是骗子.

证明　先将命题符号化.

$P(x)$:x 是病人;

$D(x)$:x 是医生;

$Q(x)$:x 是骗子;

$R(x,y)$:x 相信 y.

前提：$\exists x(P(x) \wedge \forall y(D(y) \rightarrow R(x,y)))$

$\forall x \forall y(P(x) \wedge Q(y) \rightarrow \neg R(x,y))$

结论：$\forall x(D(x) \rightarrow \neg Q(x))$

推理：

①$\exists x(P(x) \wedge \forall y(D(y) \rightarrow R(x,y)))$ 前提引入

②$P(c) \wedge \forall y(D(y) \rightarrow R(c,y))$ ES 规则，①

③$\forall x \forall y(P(x) \wedge Q(y) \rightarrow \neg R(x,y))$ 前提引入

④$\forall y(P(c) \wedge Q(y) \rightarrow \neg R(c,y))$ US 规则，③

⑤$P(c) \wedge Q(z) \rightarrow \neg R(c,z)$ US 规则，④

⑥$\neg P(c) \vee (Q(z) \rightarrow \neg R(c,z))$ 蕴涵等值式，⑤

⑦$P(c)$ 化简，②

⑧$Q(z) \rightarrow \neg R(c,z)$ 析取三段论，⑥，⑦

⑨$R(c,z) \rightarrow \neg Q(z)$ 等值演算，⑧

⑩$\forall y(D(y) \rightarrow R(c,y))$ 化简，②

⑪$D(z) \rightarrow R(c,z)$ US 规则，⑩

⑫$D(z) \rightarrow \neg Q(z)$ 假言三段论⑨，⑪

⑬$(\forall x)(D(x) \rightarrow \neg Q(x))$ UG 规则，⑫

习　题

1. 设下面所有谓词的论域 $D = \{a,b,c\}$. 试将下面命题中的量词消除，写成与之等值的命题公式.

(1) $\forall xR(x) \wedge \exists xS(x)$；

(2) $\forall x(P(x) \rightarrow Q(x))$；

(3) $\forall x \neg P(x) \vee \forall xP(x)$.

2. 指出下列命题的真值.

(1) $\forall x(P \rightarrow Q(x)) \vee R(e)$，其中，$P:3>2, Q(x):x=3, R(x):x>5, e:5$，论域 $D = \{-2,3,6\}$；

(2) $\exists x(P(x) \rightarrow Q(x))$，其中，$P(x):x>3, Q(x):x=4$，论域 $D = \{2\}$.

3. 在一阶逻辑中，将下列命题符号化.

(1) 凡有理数均可表示成分数.

(2) 有些实数是有理数.

(3) 并非所有实数都是有理数.

(4) 如果明天天气好，有一些学生将去公园.

(5) 对任意的正实数，都有存在大于该实数的实数.

(6) 对任给 $\varepsilon > 0, x_0 \in (a,b)$，都存在 N，使当 $n > N$ 时，有 $|f(x_0) - f_n(x)| < \varepsilon$.

4. 指出下列公式中的自由变元和约束变元，并指出各量词的作用域.

(1) $\forall x(P(x) \wedge Q(x)) \rightarrow \forall xR(x) \wedge Q(z)$；

(2) $\forall x(P(x) \wedge \exists yQ(y)) \vee \forall x(P(x) \rightarrow Q(z))$；

(3) $\forall x(P(x)\leftrightarrow Q(x))\wedge \exists yR(y)\wedge S(z)$；

(4) $\forall x(F(x)\rightarrow \exists yH(x,y))$；

(5) $\forall xF(x)\rightarrow G(x,y)$；

(6) $\forall x\forall y(R(x,y)\wedge Q(x,z))\wedge \exists xH(x,y)$.

5. 设谓词公式 $\forall x(P(x,y)\vee Q(x,z))$. 判定以下改名是否正确.

(1) $\forall u(P(u,y)\vee Q(x,z))$；

(2) $\forall u(P(u,y)\vee Q(u,z))$；

(3) $\forall x(P(u,y)\vee Q(u,z))$；

(4) $\forall u(P(x,y)\vee Q(x,z))$；

(5) $\forall y(P(y,y)\vee Q(y,z))$.

6. 设 I 是如下一个解释:

$$D:=\{a,b\};\ P(a,a):=1;\ P=(a,b):=0;\ P(b,a):=0;\ P(b,b):=1.$$

试确定下列公式在 I 下的真值.

(1) $\forall x\exists yP(x,y)$；

(2) $\forall x\forall yP(x,y)$；

(3) $\forall x\forall y(P(x,y)\rightarrow P(y,x))$；

(4) $\forall xP(x,x)$.

7. 判断下列公式的恒真性与恒假性.

(1) $\forall xF(x)\rightarrow \exists xF(x)$；

(2) $\forall xF(x)\rightarrow (\forall x\exists yG(x,y)\rightarrow \forall xF(x))$；

(3) $\forall xF(x)\rightarrow (\forall xF(x)\vee \exists yG(y))$；

(4) $\neg(F(x,y)\rightarrow F(x,y))$.

8. 设 $G(x)$ 是恰含自由变元 x 的谓词公式, H 是不含变元 x 的谓词公式, 证明:

(1) $\forall x(G(x)\rightarrow H)\Leftrightarrow \exists xG(x)\rightarrow H$；

(2) $\exists x(G(x)\rightarrow H)\Leftrightarrow \forall xG(x)\rightarrow H$.

9. 设 $G(x,y)$ 是任意一个含 x,y 自由出现的谓词公式, 证明:

(1) $\forall x\forall yG(x,y)\Leftrightarrow \forall y\forall xG(x,y)$；

(2) $\exists x\exists yG(x,y)\Leftrightarrow \exists y\exists xG(x,y)$.

10. 将下列公式化成等价的前束范式.

(1) $\forall xF(x)\wedge \neg \exists xG(x)$；

(2) $\forall xF(x)\rightarrow \exists xG(x)$；

(3) $(\forall xF(x,y)\rightarrow \exists yG(y))\rightarrow \forall xH(x,y)$；

(4) $\forall x(P(x)\rightarrow \exists yQ(x,y))$.

11. 给出下面公式的 Skolem 范式.

(1) $\neg(\forall xP(x)\rightarrow \exists y\forall zQ(y,z))$；

(2) $\forall x(\neg E(x,0)\rightarrow (\exists y(E(y,g(x))\wedge \forall zE(z,g(x)\rightarrow E(y,z)))))$；

(3) $\neg(\forall xP(x)\rightarrow \exists yP(y))$.

12. 假设 $\exists x\forall yM(x,y)$ 是公式 G 的前束范式, 其中 $M(x,y)$ 是仅仅包含变量 x,y 的母式, 设 f

是不出现在 $M(x,y)$ 中的函数符号.证明: G 恒真当且仅当 $\exists x M(x,f(x))$ 恒真.

13. 证明: $(\forall x)(P(x)\rightarrow Q(x))\wedge(\forall x)(Q(x)\rightarrow R(x))\Rightarrow(\forall x)(P(x)\rightarrow R(x))$.

14. 构造下面推理的证明.

前提: $\neg\exists x(F(x)\wedge H(x))$, $\forall x(G(x)\rightarrow H(x))$

结论: $\forall x(G(x)\rightarrow\neg F(x))$

15. 指出下面两个推理的错误.

(1)

①$\forall x(F(x)\rightarrow G(x))$ 前提引入

②$F(y)\rightarrow G(y)$ US 规则,根据①

③$\exists x F(x)$ 前提引入

④$F(y)$ ES 规则,③

⑤$G(y)$ 假言推理,②,④

⑥$\forall x G(x)$ UG 规则,⑤

(2)

①$\forall x\exists y F(x,y)$ 前提引入

②$\exists y F(z,y)$ US 规则,根据①

③$F(z,c)$ FS 规则,根据②

④$\forall x F(x,c)$ UG 规则,③

⑤$\exists y\forall x F(x,y)$ EG 规则,④

16. 每个学术会的成员都是知识分子并且是专家,有些成员是青年人,证明:有的成员是青年专家.

第2篇

图论与组合数学

图论(graphic theory)是一个古老而又年轻的数学分支,它诞生于18世纪.

由于图论为任何一个包含二元关系的系统提供了一个直观而严谨的数学模型,因此,物理学、化学、生物学、工程科学、管理科学、计算机科学与技术等各个领域都可以找到图论的足迹.

随着科学技术的发展,特别是电子计算机的广泛应用,用图论来解决离散型的应用问题已显示出极大的优越性.同时,图论本身的理论也取得了很大的进展,使它越来越受到数学界、工程技术界以及教育界的重视.目前,图论已成为计算机科学等学科的基础课程之一.

组合数学(combinatorial mathematics)又称组合分析、组合论或组合学,它是一个有着悠久历史的数学分支.组合数学所研究的中心问题与"按照一定的规则来安排一些物件"的数学问题有关,即关于符合要求之安排的存在性或不存在性的证明;求出要求之安排的个数;构造出符合要求的安排;寻求出最优的符合要求之安排等.这些问题分别称为存在性问题、计数问题、构造问题、最优化问题.

我国古代就已开始了对组合学的研究,并对一些有趣的组合问题给出了正确的答案.越来越多的学者认为中国是早期组合数学的发源地.

随着科学技术的发展,组合数学这门古老的学科正在不断焕发出新的活力.特别是由于电子计算机的出现,以及计算机科学与技术的迅速发展,使组合数学建立在全新的基础之上,成为计算机科学与技术发展的一个重要组成部分,并在国防工业、空间技术、信息编码、遗传工程、人工智能、管理科学等领域中有着重要的应用.

本篇包含第7~18章,主要论述图论的基本概念和定理以及图论在其他学科的一些应用、组合数学中的计数问题,以及解决计数问题的数学工具,如加法法则、乘法法则、容斥原理、递推关系和母函数等.

第7章

图 与 子 图

现实世界中,有许多问题都可以用表示两个对象之间的二元关系来描述.最直观的方法就是用图形来描述这种二元关系:用顶点(vertex)表示对象,如果两个对象有关系,则用一条线连接代表这两个对象的两个顶点.例如,世界各国之间的外交关系,城市之间的通信联系等,这些问题都可以用这种图的形式来描述.在这些图中,如果感兴趣的只是顶点与顶点之间是否有连线,而不关心这些顶点具体代表什么对象,也不关心连线的长短曲直,那么,这种数学抽象就是图(graph)的概念.

本章论述图的概念、图的同构、顶点的度、子图及图的运算、通路与连通图、图的矩阵表示,以及图的应用.

§7.1 图 的 概 念

定义 7.1.1 一个图 G 是一个有序三元组 $G = \langle V, E, \varphi \rangle$. 其中:

(1) V 是非空顶点集合;

(2) E 是边(edge)集合, $E \cap V = \varnothing$;

(3) φ 是 E 到 $\{uv \mid u, v \in V\}$ 的映射,称为关联函数(incidence function)(当 E 为空集时,允许 φ 不存在). $uv = vu, u, v \in V$.

【例 7.1】 设 $G = \langle V, E, \varphi \rangle$,其中:

$V = \{v_1, v_2, v_3\}$

$E = \{e_1, e_2, e_3, e_4, e_5\}$

$\varphi(e_1) = v_1 v_3, \varphi(e_2) = v_1 v_2, \varphi(e_3) = v_1 v_2,$

$\varphi(e_4) = v_2 v_3, \varphi(e_5) = v_3 v_3$

通常用 $V(G), E(G), \varphi_G$ 分别表示图 G 的顶点集、边集和关联函数.

一个图 G 可以用平面上的一个图形(figure)来表示.用平面上的几何点(小圆圈)来代表 $V(G)$ 中的顶点(也称顶点或简称为点),用平面上连接相应顶点而不经过其他顶点的一条不自交的曲线(也称边)来表示 $E(G)$ 中的边.例如,图 7.1 画出了例 7.1 所定义图的图形.

图 7.1

图形有助于我们理解和说明一个图的性质.我们常将一个图与表示它的图形等同起来.在一个图 G 中,如果 $e \in E(G), \varphi(e) = uv$,则称 u 和 v 是 e 的端点(end point),此时,称 u 和 v 是邻接的(adjacent),也称 e 与 u、v 关联(incident).如果两条不同的边 e_i 和

e_j 关联同一个顶点 u,则称 e_i 和 e_j 是邻接的. 如果边 e 的两个端点重合,即 $\varphi(e)=uu$,则称 e 为环 (ring),否则称为杆(rod);不与任何边关联的顶点称为孤立点(isolated vertex).

例如,在图 7.1 中,v_1 和 v_2 是 e_2 和 e_3 的端点;v_1 与 v_2 邻接;e_1 与 v_1 关联;e_1 与 e_2 邻接;e_5 是环,其他边均为杆.

如果图 G 的 $V(G)$ 和 $E(G)$ 都是有限集,则称 G 为有限图,否则称为无限图. 本书中的图,若不特别指明,都是指有限图.

对于有限图 G,$|V(G)|$ 称为 G 的阶. 通常用 $G(p,q)$ 表示 p 个点 q 条边的图,用 $p(G)$ 和 $q(G)$ 分别表示图 G 的顶点数和边数.

定义 7.1.2 设 G 是一个图,如果 G 中没有环,而且任意两个顶点之间最多只有一条边,则称 G 为简单图(simple graph)或单图;否则称为伪图(pseudograph).

例如,图 7.1 就是一个伪图.

无环的伪图称为多重图(multigraph),其中,两个顶点之间有 $r(r>1)$ 条边称为重边,r 称为边的重数.

对于简单图 G 而言,由于 G 的任意两个顶点只能确定一条边,因此,有时就用边 e 的两个端点 u 和 v 来表示该边,记为 $e=uv$.

定义 7.1.3 设 G 是一个简单图. 如果 G 的任意两个顶点都邻接,则称 G 为完全图(complete graph),p 个顶点的完全图记为 K_p.

例如,图 7.2 画出了完全图 K_3,K_4 和 K_5.

图 7.2

定义 7.1.4 设 G 是一个图. 如果 G 的顶点集 $V(G)$ 能分成两个不相交的非空子集 V_1 和 V_2,使得 G 的每条边的两个端点分别在 V_1 和 V_2 中,则称 G 为二分图(bipartite graph),记为 $G=\langle V_1,V_2\rangle$.

显然,若图 G 中含有环,则 G 不是二分图,若 G 是二分图,则 $V(G)$ 的二划分子集 V_1 和 V_2 可能不唯一. 图 7.3 给出了图 G 及其二分图 $\langle V_1,V_2\rangle$.

G G的二分图

图 7.3

设简单二分图 $G=\langle V_1,V_2\rangle$. 如果 V_1 的每个顶点与 V_2 的每个顶点都邻接,则称 G 为完全二分图,记为 $K_{m,n}$,其中 $|V_1|=m$,$|V_2|=n$.

定义 7.1.5 设 G 是简单图. 如果简单图 H 满足:

(1) $V(H) = V(G)$;

(2) 对任意 $u,v \in V, u \neq v, uv \in E(H)$, 当且仅当 $uv \notin E(G)$.

则称 H 为 G 的补图(complementary graph), 记为 $H = \overline{G}$.

显然, $\overline{(\overline{G})} = G$, 即 G 与 $\overline{G}$ 互为补图.

图 7.4 给出了两个互为补图的简单图.

$G(p,0)$ 称为零图(discrete graph)(无边图), $G(1,0)$ 称

为平凡图(trivial graph), 即只有一个孤立点的图.

图 7.4

§7.2 图 的 同 构

前面曾提到, 常将一个图和它的图形等同起来, 即给出了图形就确定了一个图. 然而, 一个图的图形不是唯一的, 即一个图有许多不同的画法, 从几何角度看, 它们之间差异较大, 但它们所表示的图又是同一个. 例如, 图 7.5 给出了同一个图 G 的三种图形.

图 7.5

进一步, 考虑图 7.6 所示的两个图 G 和 H, 不难发现, 尽管 $V(G) \neq V(H), E(G) \neq E(H)$, 但 G 和 H 的顶点数及边数均对应相等, 并且如果用其中一个图的顶点适当地标在另一个图的顶点上时, 相应的边也作同样的标记, 则这两个图在结构上完全一样.

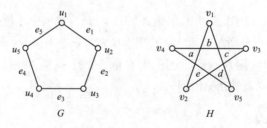

图 7.6

定义 7.2.1 设 G 和 H 是两个图. 如果存在两个双射 $\sigma: V(G) \to V(H)$ 和 $\theta: E(G) \to E(H)$, 使得

$$\varphi_G(e) = uv \text{ 当且仅当 } \varphi_H(\theta(e)) = \sigma(u)\sigma(v) \tag{7.1}$$

则称 G 和 H 是同构(isomorphic)的, 记为 $G \stackrel{\sigma}{\cong} H$. σ 有时可省略. 特别地, 如果 $V(G) = V(H), E(G) = E(H)$, 且 $\varphi_G = \varphi_H$, 则称 G 和 H 是相等的, 记为 $G = H$.

例如, 对于图 7.6, 令 $\sigma(u_i) = v_i, i = 1,2,3,4,5: \theta(e_1) = a, \theta(e_2) = d, \theta(e_3) = b, \theta(e_4) = e$, $\theta(e_5) = c$, 则 σ 和 θ 是满足定义 7.2.1 式(7.1)的两个双射, 故 $G \cong H$.

相等的两个图显然是同构的,但反之不然.按定义,同构关系是一个等价关系.于是,可以将所有 p 阶图作成的集合按图的同构关系划分成若干等价类.在每个等价类中任选一个图,去掉顶点和边的名称,作为该等价类的一个代表,这种图称为无标记图.当需要区别标记图时,前一节所定义的图就称为标记图或标定图(labeled graph).

§7.3 顶点的度

定义 7.3.1 设 G 是一个图,$v \in V(G)$,G 中与 v 关联的边的数目称为 v 在 G 中的度数,简称 v 的度(degree),记为 $d_G(v)$ 或 $d(v)$.

顶点 v 上的一条环相当于 v 关联的两条边.在图 7.1 中,$d(v_1)=3$,$d(v_3)=4$.

在一个图 G 中,度为奇数的顶点称为奇点(odd vertex),度为偶数的顶点称为偶点(even vertex).特别地,度为 1 的顶点称为悬挂点(terminal vertex).显然,度为 0 的点即孤立点.

在一个图 G 中,各顶点度数的最大值和最小值分别称为 G 的最大度和最小度,记为 $\Delta(G)$ 和 $\delta(G)$.

一个简单图 G,如果满足 $\Delta(G)=\delta(G)=k$,则 G 称为 k-正则图(regular graph).例如,图 7.5 是一个 3-正则图.显然,p 阶完全图 K_p 必是一个 $(p-1)$-正则图,但反之不然.

定理 7.3.1 对任何 $G(p,q)$,有

$$\sum_{i=1}^{p} d(v_i) = 2q$$

即一个图的所有顶点的度之和是边数的两倍.

推论 7.3.1 任何一个图的奇点个数必为偶数.

证明 设 V_1 和 V_2 分别是图 $G(p,q)$ 中奇点集合和偶点集合.显然

$$p = |V(G)| = |V_1| + |V_2|$$

由定理 7.3.1 有

$$2q = \sum_{i=1}^{p} d(v_i) = \sum_{v_i \in V_1} d(v_i) + \sum_{v_j \in V_2} d(v_j)$$

由于 $\sum_{v_j \in V_2} d(v_j)$ 是偶数,所以 $\sum_{v_i \in V_1} d(v_i)$ 必是偶数.但 $d(v_i)$ 是奇数,$v_i \in V_1$,故 $|V_1|$ 必为偶数.

此推论可用来解决许多实际问题.如"握手问题":任何一群人中,与奇数个人握过手的人数必为偶数.

用顶点表示人,两个人如果握过手,则表示这两个人的顶点就邻接,反之亦然,于是,该图中的奇点就是代表那些与奇数个人握过手的人,由推论 7.3.1 即知,结论成立.

§7.4 子图及图的运算

定义 7.4.1 设 G 和 H 是两个图.如果 $V(H) \subseteq V(G)$ 且 $E(H) \subseteq E(G)$,则称 H 是 G 的子图(subgraph),G 是 H 的母图,记为 $H \leqslant G$.如果 $H \leqslant G$,而 $H \neq G$,则称 H 是 G 的真子图,记为 $H < G$.如果 $H \leqslant G$,且 $V(H)=V(G)$,则称 H 是 G 的生成子图(spanning subgraph).

例如,在图 7.7 中 H_1 和 H_2 是 G 的真子图(proper subgraph),H_3 是 G 的生成子图.

由定义易知,图 G 的真子图就是从图 G 中删除一些顶点或一些边所得的图.自然地,我们约

定，从图 G 中删除一个顶点 v，必须同时删除所有与 v 有关联的边；而删除 G 中一条边 $e=(u,v)$ 则只要删除顶点 u 和 v 之间的连线 e，而保留顶点 u 和 v. 例如，图 7.7 中，从 G 中删除 v_4 就得到子图 H_1；从 G 中删除 v_1、e_3 和 e_5 后得到子图 H_2，从 G 中删除 e_5 和 e_6 则得到子图 H_3.

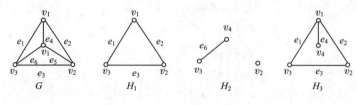

图　7.7

从图 G 删除非空顶点集 $V' \subset V(G)$ 中的顶点所得的子图记为 $G-V'$. 特别地，$G-\{v\}$ 简记为 $G-v,v \in V(G)$. 类似地，从图 G 中删除非空边集 $E' \subseteq E(G)$ 中的边所得的子图记为 $G-E'$. 特别地，$G-\{e\}$ 简记为 $G-e,e \in E(G)$. 例如，在图 7.7 中，$H_1=G-v_4$，$H_3=G-\{e_5,e_6\}$.

下面定义特殊子图，在后面的章节中将会用到.

定义 7.4.2　设 G 是一个图，$H \leqslant G$.

(1) 如果 $e \in E(H)$ 当且仅当存在 $u,v \in V(H)$，使得 $\varphi_G(e)=uv$，则称 H 是 G 的由 $V(H)$ 导出的子图（induced subgraph），记为 $G[V(H)]$，它是 G 的点导出子图；

(2) 如果 $u \in V(H)$ 当且仅当 u 是 $E(H)$ 中某条边的一个端点，则称 H 是 G 的由 $E(H)$ 导出的子图，记为 $G[E(H)]$，它是 G 的边导出子图.

例如，在图 7.7 中，$H_1=G[\{v_1,v_2,v_3\}]$，$H_3=G[\{e_1,e_2,e_3,e_4\}]$.

由导出子图的定义不难知道，G 的（点、边）导出子图必是 G 的子图，但 G 的子图却不一定是 G 的（点或边）导出子图. 例如，$H_3 \neq G[\{v_1,v_2,v_3,v_4\}]$，而 H_2 既不是 G 的点导出子图，也不是 G 的边导出子图.

显然，$G-V'=G[V-V']$，其中 $V=V(G)$，$V' \subseteq V$；但是，不一定有 $G-E'=G[E-E']$，其中 $E=E(G)$，$E' \subseteq E$. 例如，在图 7.7 中，取 $E'=\{e_1,e_2,e_3,e_4\}$，则 $E-E'=\{e_5,e_6\}$，此时 $G[E-E']<G-E'$.

像集合一样，也可以对图定义几种运算：

定义 7.4.3　设 G_1 和 G_2 是两个图. 若 $V(G_1) \cap V(G_2)=\varnothing$（无公共点），则称 G_1 和 G_2 是互不相交的；若 $E(G_1) \cap E(G_2)=\varnothing$（无公共边），则称 G_1 和 G_2 是边不重的.

显然，互不相交的两个图必是边不重的，但反之却不然.

定义 7.4.4　设 G_1 和 G_2 是两个图.

(1) $G_1 \cup G_2=\langle V(G_1) \cup V(G_2),E(G_1) \cup E(G_2),\varphi \rangle$ 称为 G_1 与 G_2 的并，其中，对任意 $e \in E(G_1) \cup E(G_2)$，令

$$\varphi(e)=\begin{cases}\varphi_{G_1}(e), & e \in E(G_1) \\ \varphi_{G_2}(e), & e \in E(G_2)\end{cases}$$

特别地，若 G_1 与 G_2 互不相交，则将 G_1 和 G_2 的并记为 G_1+G_2.

(2) 若 $V(G_1) \cap V(G_2) \neq \varnothing$，则 $G_1 \cap G_2=\langle V(G_1) \cap V(G_2),E(G_1) \cap E(G_2),\varphi \rangle$ 称为 G_1 与 G_2 的交，其中，对任意 $e \in E(G_1) \cap E(G_2)$，$\varphi(e)=\varphi_{G_1}(e)=\varphi_{G_2}(e)$.

(3) 若 $E(G_1)-E(G_2) \neq \varnothing$，则 $G_1-G_2=G_1[E(G_1)-E(G_2)]$ 称为 G_1 与 G_2 的差.

（4）若 $E(G_1) \neq E(G_2)$，则 $G_1 \oplus G_2 = (G_1 - G_2) \cup (G_2 - G_1)$ 称为 G_1 与 G_2 的对称差或环和.

【例 7.2】 设 G_1 和 G_2 如图 7.8 所示，于是，G_1 与 G_2 的并、交、差及对称差如图 7.9 所示.

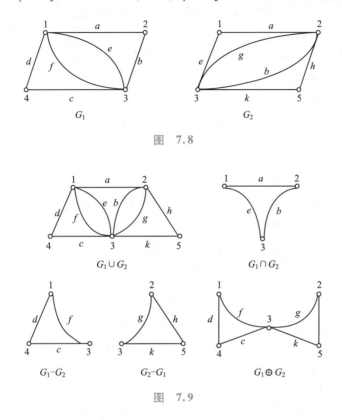

图　7.8

图　7.9

§7.5　通路与连通图

设 G 是一个图，G 中一个顶点和边的非空有限序列 $w = v_0 e_1 v_1 e_2 v_2 \cdots e_n v_n$，称为 G 的一个途径（approach）. 其中 $v_i \in V(G)$，$e_j \in E(G)$，$i = 0, 1, 2, \cdots, n$，$j = 1, 2, \cdots, n$. 并且 $\varphi_G(e_i) = v_{i-1} v_i$，$i = 1$，$2, \cdots, n$. v_0 和 v_n 分别称为途径的起点（start point）和终点（end point），$v_1, \cdots, v_{n-1}$ 则称为途径的内顶点，整数 n 称为途径的长. w 的子序列 $v_i e_{i+1} v_{i+1} \cdots e_j v_j$ 称为 w 的 (v_i, v_j)-节（segment）.

如果 G 是简单图，则两个端点只能确定一条边，故途径 w 可以由它的顶点序列 $v_0 v_1 \cdots v_n$ 完全确定. 例如，在图 7.10 中，$1a2f5f2g5h3b2$ 就是一条途径. 由定义知，途径 w 中的顶点和边可以重复出现.

如果途径 w 中的边互不相同，则称 w 为链（chain）. 例如，在图 7.10 中，$w = 1e5f2g5h3b2$ 就是一条链. 在一条链中，边不重复，但顶点可以重复出现的.

如果途径 w 中的顶点互不相同，则称 w 为通路（path）. 例如，在图 7.10 中，$w = 1e5f2b3c4$ 就是一条通路.

显然，通路必是链，但反之不然，图中一条起点为 u，终点为 v 的通路记为 (u, v)-通路.

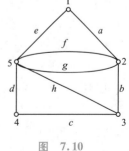

图　7.10

起点和终点重合的且长度大于 0 的途径称为闭途径；起点和终点重合的链称为闭链；起点和终点重合的通路称为回路（circuit），长度为 k 的回路称为 k-回路. 设 C 是一条 k-回路，若 k 为奇数，则称 C 为奇回路；否则称为偶回路. 特别地，3-回路称为三角形.

对于图 G 中的两个顶点 u 和 v，如果存在一条 (u,v)-通路，则称 u 与 v 是连通的，记为 $u \equiv v$；否则称 u 与 v 不连通，记为 $u \not\equiv v$. 如果图 G 的任意两个顶点都是连通的，则称 G 为连通图（connected graph）；否则称为非连通图.

若 $u \equiv v$，则 G 中 (u,v)-通路可以不唯一，记

$$d(u,v) = \min \{ k \mid k \text{ 是 } (u,v)\text{-通路之长度} \}$$

称 $d(u,v)$ 为 u 与 v 的距离（distance）. 例如，在图 7.10 中，$d(1,4) = 2$. 若 $u \not\equiv v$，则令 $d(u,v) = \infty$.

图 G 中顶点间的连通关系显然是一个等价关系. 按此关系，可以将 $V(G)$ 中的顶点划分成若干等价关系 $V_1, V_2, \cdots, V_m$，于是，对任意 $u, v \in V(G)$，$u \equiv v$ 当且仅当 $u, v \in V_i$，$1 \leqslant i \leqslant m$. 从而点导出子图 $G[V_1], G[V_2], \cdots, G[V_m]$ 分别是 G 的连通子图，称它们为连通分支. G 的连通分支数目记为 $\omega(G)$. 显然，若 G 是连通图，则 $\omega(G) = 1$.

定理 7.5.1 若图 G 不连通，则 $\bar{G}$ 必连通.

证明 设 G 不连通. 任取 $u, v \in V(\bar{G}) = V(G)$. 若 u 与 v 在 G 中不邻接，则它们在 $\bar{G}$ 中必邻接；若 u 与 v 在 G 中邻接，则 u, v 必在 G 的某一个连通分支 $G[V_i]$ 中. 于是，在 G 的另一个分支 $G[V_j]$（$i \neq j$）中，存在顶点 w 与 u, v 均不邻接. 因此，$\bar{G}$ 中存在通路 uwv. 即 u 与 v 在 $\bar{G}$ 中连通. 总之 u, v 在 $\bar{G}$ 中连通. 故由 u, v 的任意性知，$\bar{G}$ 是连通图.

利用回路的概念，可以判定一个图是否是一个二分图.

定理 7.5.2 一个图 G 是二分图，当且仅当 G 不含奇回路.

证明 设 G 是具有二划分 $\langle V_1, V_2 \rangle$ 的二分图. 若 G 有回路，则任取一条 k-回路 $C = v_0 v_1 \cdots v_{k-1} v_0$，$k \geqslant 2$. 不妨设 $v_0 \in V_1$，则由于 $v_0 v_1 \in E(G)$ 且 G 是二分图，所以 $v_1 \in V_2$，同理 $v_2 \in V_1$. 于是有 $v_{2i} \in V_1, v_{2i+1} \in V_2$. 又因为 $v_0 \in V_1$，所以 $v_{k-1} \in V_2$. 从而 k 为偶数. 故 C 为偶回路，由 C 的任意性知，G 不含奇回路.

反之，设 G 不含奇回路，不妨设 G 是连通图，任取 $u \in V(G)$. 令

$$V_1 = \{ x \in V(G) \mid d(u,x) \text{ 是偶数} \}$$
$$V_2 = \{ y \in V(G) \mid d(u,y) \text{ 是奇数} \}$$

下面证明 $\langle V_1, V_2 \rangle$ 就是 G 的一个二划分. 设 v 和 w 是 V_1 的两个顶点. 又设 P 是最短 (u,v)-通路，Q 是最短 (u,w)-通路. 于是，P 和 Q 至少有一个公共顶点 u. 从 u 出发，设 u_1 是 P 和 Q 的最后一个公共顶点. 由 P 和 Q 的性质，P 和 Q 上的两条 (u,u_1)-通路也是 G 中的最短 (u,u_1)-通路. 因此，它们具有相同的长度. 又因 P 和 Q 的长度均为偶数，所以，P 上的 (u_1,v)-通路 P_1 的长度与 Q 上的 (u_1,w)-通路 Q_1 的长度具有相同的奇偶性. 由此推出 (v,w)-通路 $P_1^{-1} Q_1$ 的长度为偶数（见图 7.11，其中 P_1^{-1} 表示 P 上的 (v,u_1)-通路，称为 P 的逆，而 $P_1^{-1} Q_1$ 表示通路 P_1^{-1} 与 Q_1 的连接）.

图 7.11

如果 v 与 w 邻接，则 $P_1^{-1} Q_1 w v$ 是 G 的一条奇回路，此与假设矛盾. 故 V_1 中任意两个顶点均不邻接. 同理可证 V_2 中任意两个顶点也不邻接. 故 G 是二分图.

§7.6　图的矩阵表示

一个图由其顶点与边的关联关系唯一确定. 对于图 $G(p,q)$, 可以用一个 $(p \times q)$ 的矩阵来表示这种关系.

设 $V(G) = \{v_1, v_2, \cdots, v_p\}$, $E(G) = \{e_1, e_2, \cdots, e_q\}$, 令 $\boldsymbol{M}(G) = (m_{ij})_{p \times q}$, 其中:

$$m_{ij} = \begin{cases} 0, & v_i \text{ 不与 } e_j \text{ 关联} \\ 1, & v_i \text{ 与 } e_j \text{ 关联} \\ 2, & e_j \text{ 是端点为 } v_i \text{ 的环} \end{cases}$$

称 $\boldsymbol{M}(G)$ 为图 G 的关联矩阵(incidence matrices). 图 7.12 给出了图 G 以及它的关联矩阵 $\boldsymbol{M}(G)$.

图　7.12

显然, 若 G 是无环图, 则 $\boldsymbol{M}(G)$ 是一个 0-1 矩阵.

由 $\boldsymbol{M}(G)$ 的定义容易看出, $\boldsymbol{M}(G)$ 中 v_i 所在的第 i 行各元素之和就是 v_i 的度; 又 e_j 所在列的非零元素之和均为 2, 并且 e_j 的端点就是所在列中非零元素所在行相应顶点.

也可以用 $p \times p$ 矩阵 $\boldsymbol{A}(G) = (a_{ij})_{p \times p}$ 来表示图 G 中各顶点的邻接关系, 称为 G 的邻接矩阵(adjacent matrices). 其中 a_{ij} 表示 v_i 与 v_j 之间边的数目. 例如, 图 7.12 中的 $\boldsymbol{A}(G)$ 就是 G 的邻接矩阵.

容易知道, $\boldsymbol{A}(G)$ 是一个对称矩阵; $\boldsymbol{A}(G)$ 的对角线均为 0 当且仅当 G 中无环; 当 G 是简单图时, $\boldsymbol{A}(G)$ 是对角线元素均为 0 的 0-1 对称矩阵. 反之, 若给定一个对角线元素均为 0 的 0-1 的对称矩阵 $\boldsymbol{A}$, 则可以唯一地作出一个简单图 G , 使得 $\boldsymbol{A}(G) = \boldsymbol{A}$. 因此, 有标记的简单图与这种矩阵 $\boldsymbol{A}$ 一一对应. 利用矩阵的运算结果, 可以得出图的许多性质.

定理 7.6.1　设 $\boldsymbol{A}(G)$ 是 p 阶图 G 的邻接矩阵, 于是, $\boldsymbol{A}^k(G)$ 的元素 $a_{ij}^{(k)}$ 等于 G 中长度为 k 的 (v_i, v_j) -途径的数目.

证明　对 k 作归纳证明.

当 $k = 0$ 时, $\boldsymbol{A}^0(G) = \boldsymbol{I}$ (单位矩阵). 此时, G 中任一顶点 v_i 到自身有一条长度为 0 的途径, 而 v_i 到 $v_j = (i \neq j)$ 没有长度为 0 的途径. 结论成立.

假设对 k 结论成立. 由 $\boldsymbol{A}^{k+1}(G) = \boldsymbol{A}(G) \cdot \boldsymbol{A}^k(G)$ 知 $a_{ij}^{(k+1)} = \sum_{l=1}^{p} a_{il} a_{lj}^{(k)}$. 注意到 a_{il} 表示 G 中长度为 1 的 (v_i, v_l) -途径数目, 而 $a_{lj}^{(k)}$ 是 G 中长度为 k 的 (v_l, v_j) -途径的数目. 因此, $a_{il} \cdot a_{lj}^{(k)}$ 表示由 v_i 经过一条边到 v_l 再经过长度为 k 的途径到 v_j , 总长度为 $k+1$ 的途径数目. 这样, 对 l 求和, 得到的 $a_{ij}^{(k+1)}$ 是所有长度为 $(k+1)$ 的 (v_i, v_j) -途径的数目. 从而结论对 $k+1$ 也成立. 由归纳法原理知, 结论成立.

推论 7.6.1　若 $\boldsymbol{A}(G) = (a_{ij})_{p \times p}$ 是简单图 G 的邻接矩阵, 则

$$a_{ii}^{(2)} = \sum_{j=1}^{p} a_{ij} = \sum_{j=1}^{p} a_{ji} = d(v_i)$$

证明 $a_{ii}^{(2)} = \sum_{j=1}^{p} a_{ij}a_{ji} = \sum_{j=1}^{p} a_{ij}^2 = \sum_{j=1}^{p} a_{ij} = \sum_{j=1}^{p} a_{ji} = d(v_i)$

§7.7 应用（最短通路问题）

寻找图中顶点间的最短通路是一个应用广泛的重要问题,本节分别讨论单源最短通路问题和求所有顶点对之间的最短通路问题.

设 G 是一个图,对 G 的每一条边 e,相应地赋以一个非负实数 $w(e)$,称为边 e 的权.图 G 连同它的边上的权称为赋权图.

设 G 是一个赋权图,$H \leqslant G$.令

$$W(H) = \sum_{e \in E(H)} w(e)$$

称 $W(H)$ 为 H 的权.

在实际应用中,赋权图中各边的权可以表示通信时间、路程、运输费用等.

设 P 是 G 的一条通路,通路上各边的权也称该边的长度.通路的长度为 $W(P)$.

1. 单源最短通路问题

给定赋权图 G 中的一个点 u_0,称为源点,求 u_0 到 G 中其他各顶点的最短通路的长度,称为单源最短通路问题.

关于单源最短通路问题,目前公认的最有效的算法是 Dijkstra 算法.该算法的思想是:

设置并不断扩充一个顶点集合 $S \subseteq V(G)$.一个顶点属于 S 当且仅当从源到该顶点的通路及距离已求出.初始时,S 中仅含有源.

设 $v \in V(G)$,把从源到 v 且中间只经过 S 中顶点的通路称为源到 v 的特殊通路,并且用数组 D 来记录当前源到每个顶点所对应的最短特殊通路长度.由于每条边上的权都是非负实数,所以可以求出源到每个顶点的最短特殊通路长.如果 $v \notin S$ 且 v 是当前 $V(G) - S$ 中具有最短特殊通路的点,则把 v 添加到 S 中,同时对数组 D 作必要修改.一旦 $S = V(G)$,则算法结束,这时 D 就记录了从源到每一个其他顶点的最短通路长度.

Dijkstra 算法描述如下,其中输入的赋权图是简单图 G,$V(G) = \{1,2,\cdots,n\}$,1 是源,$C[i,j]$ 表示边 $e = ij$ 上的权.当顶点 i 与 j 不邻接时,令 $C[i,j] = \infty$,$D[i]$ 表示当前源到顶点 i 的最短特殊通路的长度.

```
Procedure Dijkstra;
{计算从顶点1到其他每一个顶点的最短通路长度}
begin
(1) S:={1};
(2) for i:=2to n do;
(3) D[i]:=C[1,i];{初始化D};
(4) for i:=1to n -1do begin;
(5) 从 V -S 中选取一个顶点 w 使得 D[w] 最小;
```

```
(6) 将 w 加入到 S 中;
(7) 对每个顶点 v∈V-S 执行
(8) D[v]:=min{D[v],D[w]+c[w,v]}
    end
    end;{Dijkstra}
```

【例 7.3】 将 Dijkstra 算法应用于图 7.13(a). 初始 $S=\{1\}$, $D[2]=10$, $D[3]=\infty$, $D[4]=30$, $D[5]=100$. 在第一遍执行第(4)~(8)行的 for 循环时, 因为 $D[2]$ 的值最小, 所以到 $w=2$, 同时置 $D[3]=\min\{\infty,10+50\}=60$, 而 $D[4]$ 和 $D[5]$ 的值不变. 每遍执行 for 循环之后所得到的 D 值序列如图 7.13(b)所示.

迭代	S	w	$D[2]$	$D[3]$	$D[4]$	$D[5]$
初始	{1}	—	10	∞	30	100
1	{1,2}	2	10	60	30	100
2	{1,2,4}	4	10	50	30	90
3	{1,2,4,3}	3	10	50	30	60
4	{1,2,4,3,5}	5	10	50	30	60

(a) 赋权图 G (b) Dijkstra算法执行过程

图 7.13

如果还要求出从源到各顶的最短通路, 可以设一个一维数组 $P[1..n]$. 定义 $P[i]$ 是从源 1 到 i 的前一个顶点. 初始时, 令 $P[i]=1$, $i=2,3,\cdots,n$. 每次执行完 Dijkstra 算法中的第(8)行之后, 如果 $D[v]=D[w]+C[w,v]$, 则说明当前从源到 v 的最短特殊通路中最后是经过 w 到达 v 的, 此时置 $P[v]:=w$. 到算法结束时, 就可以根据数组 P 找到从源到 v 的最短通路上每个顶点的前一个顶点. 从而得到从源到 v 的最短通路.

【例 7.4】 对于例 7.3 中的图 G, 有 $P[2]=1$, $P[3]=4$, $P[4]=1$, $P[5]=3$. 如果要找出从顶点 1 到 3 的最短通路, 则根据 P 得到 3 的前一个顶点是 4, 而 4 的前一个顶点是 1, 因而从顶点 1 到 3 的最短通路是 1—4—3. 同理可得, 从顶点 1 到 5 的最短通路是 1—4—3—5.

2. 求所有顶点对之间的最短通路

可以把每个顶点都看成源, 用 Dijkstra 算法去解这类问题. 但这并不是最好的办法, Foloyd 发现了更直接的算法.

设顶点集 $V=\{1,2,\cdots,n\}$, 二维数组 C 的意义如前所述. 定义 $n\times n$ 矩阵 A 的初始值如下:

$$A[i,j]=\begin{cases} 0, & i=j \\ C,[i,j], & i\neq j \text{ 且 } i \text{ 与 } j \text{ 邻接} \\ \infty, & i\neq j \text{ 且 } i \text{ 与 } j \text{ 不邻接} \end{cases}$$

在矩阵 A 上做 n 次迭代. 第 k 次迭代之后, $A[i,j]$ 的值是从 i 到 j, 中间不经过编号大于 k 的顶点的最短通路长度, 迭代公式如下:

$$A^{(k)}[i,j]=\min\begin{cases} A^{(k-1)}[i,j] \\ A^{(k-1)}[i,k]+A^{(k-1)}[k,j] \end{cases}$$

其中, $A^{(k-1)}[i,k]+A^{(k-1)}[k,j]$ 表示从 i 到 k, 再从 k 到 j, 且中间不经过编号大于 $k-1$ 的顶点的最短通路长度.

　　算法从 $k=1$ 开始，i,j 取遍从 1 到 n 的所有值，每迭代一次，k 增加 1，直到 $k=n$ 时算法终止. 这时，$A[i,j]$ 就是从 i 到 j 的最短通路长度.

　　如果需要求出 i 到 j 的最短通路，可以设置一个二维数组 P，当算法中执行

$$A[i,j]:=A[i,k]+A[k,j]$$

时，说明 i 到 j 的最短通路中必经过顶点 k. 此时，置 $P[i,j]:=k$. 而 $P[i,j]=0$ 表示当前从 i 到 j 的最短通路就是图中的边 (i,j). 下面给出的就是 Floyd 算法：

```
Procedure Shortest:
 {给定边权矩阵 C，计算最短通路长度矩阵 A 以及"中点"矩阵 P，P[i,j] 是从 i 到 j 的最短通路上的一
个顶点}
 begin
  for i:=1 to n do
    for j:=1 to n do
      begin
        A[i,j]:=C[i,j];
        P[i,j]:=0
      end;
    for k:=1 to n do
      for i:=1 to n do
        for j:=1 to n do
          if A[i,k]+A[k,j]<A[i,j] then
            begin
              A[i,j]:=A[i,k]+A[k,j];
              P[i,j]:=k
            end
 end;{Shortest}
```

　　为了求出从 i 到 j 的最短通路，需要调用下面的过程 Path(i,j).

```
Procedure Path(i,j:integer);
  Var k:integer;
  begin
    k:=P[i,j];
    if k=0 then return;
    Path(i,k);
    Writeln(k);
    Path(k,j);
  end;{Path}
```

　　这是一个递归过程.

　　【例 7.5】　求图 7.13(a) 中 G 的任意两个顶点间的最短通路长度及"中点"矩阵 P.

　　解　由图 G 知，初始时，矩阵 $A^{(0)}$ 如下：

$$A^0 = \begin{pmatrix} 0 & 10 & \infty & 30 & 100 \\ 10 & 0 & 50 & \infty & \infty \\ \infty & 50 & 0 & 20 & 10 \\ 30 & \infty & 20 & 0 & 60 \\ 100 & \infty & 10 & 60 & 0 \end{pmatrix}, \quad P = \begin{pmatrix} 0 & 0 & 0 & 0 & 0 \\ 0 & 0 & 0 & 0 & 0 \\ 0 & 0 & 0 & 0 & 0 \\ 0 & 0 & 0 & 0 & 0 \\ 0 & 0 & 0 & 0 & 0 \end{pmatrix}$$

以下用 $A^{(k)}$ 表示第 k 次迭代 A 后的结果. 有

$$A^{(1)} = \begin{pmatrix} 0 & 10 & \infty & 30 & 100 \\ 10 & 0 & 50 & 40 & 110 \\ \infty & 50 & 0 & 20 & 10 \\ 30 & 40 & 20 & 0 & 60 \\ 100 & 110 & 10 & 60 & 0 \end{pmatrix}, \quad \begin{matrix} P[2,4] := 1, \\ P[2,5] := 1; \end{matrix}$$

$$A^{(2)} = \begin{pmatrix} 0 & 10 & 60 & 30 & 100 \\ 10 & 0 & 50 & 40 & 110 \\ 60 & 50 & 0 & 20 & 10 \\ 30 & 40 & 20 & 0 & 60 \\ 100 & 110 & 10 & 60 & 0 \end{pmatrix}, \quad P[1,3] := 2;$$

$$A^{(3)} = \begin{pmatrix} 0 & 10 & 60 & 30 & 70 \\ 10 & 0 & 50 & 40 & 60 \\ 60 & 50 & 0 & 20 & 10 \\ 30 & 40 & 20 & 0 & 30 \\ 70 & 60 & 10 & 30 & 0 \end{pmatrix}, \quad \begin{matrix} P[1,5] := 3, \\ P[2,5] := 3, \\ P[4,5] := 3; \end{matrix}$$

$$A^{(4)} = \begin{pmatrix} 0 & 10 & 50 & 30 & 60 \\ 10 & 0 & 50 & 40 & 60 \\ 50 & 50 & 0 & 20 & 10 \\ 30 & 40 & 20 & 0 & 30 \\ 60 & 60 & 10 & 30 & 0 \end{pmatrix}, \quad \begin{matrix} P[1,3] := 4, \\ P[1,5] := 4; \end{matrix}$$

$$A^{(5)} = \begin{pmatrix} 0 & 10 & 50 & 30 & 60 \\ 10 & 0 & 50 & 40 & 60 \\ 50 & 50 & 0 & 20 & 10 \\ 30 & 40 & 20 & 0 & 30 \\ 60 & 60 & 10 & 30 & 0 \end{pmatrix}, \quad P = \begin{pmatrix} 0 & 0 & 4 & 0 & 4 \\ 0 & 0 & 0 & 1 & 3 \\ 4 & 0 & 0 & 0 & 0 \\ 0 & 1 & 0 & 0 & 3 \\ 4 & 3 & 0 & 3 & 0 \end{pmatrix}$$

习　　题

1. 举出五个日常生活中可以用图来描述的实例.

2. 设 $G(p,q)$ 是简单二分图, 求证: $q \leqslant p^2/4$.

3. 设 $G(p,q)$ 是简单图, 求证: $q \leqslant \dfrac{1}{2} p(p-1)$. 在什么情况下, $q = \dfrac{1}{2} p(p-1)$?

4. 试画出四个顶点的所有非同构的简单图.

5. 证明图 7.14 中的两个图是同构的, 图 7.15 中的两个图不是同构的. 试问, 图 7.16 中的两个图是否同构?

（a）Petersen图   （b）

图 7.14

（a）   （b）

图 7.15

（a）   （b）

图 7.16

6. 设 $G(p,q)$ 是简单图, 且 $G \cong \overline{G}$. 求证: $p \equiv 0$ 或 $1 (\mod 4)$.

7. 构造一个简单图 G, 使得 $G \cong \overline{G}$.

8. 求证: 对任何图 $G(p,q)$, 有 $\delta(G) \leqslant 2q/p \leqslant \Delta(G)$.

9. 设 $G(p,q)$ 是简单图, $p \geqslant 2$, 求证: G 中至少有两个顶点的度数相等.

10. 求证: 在图 $G(p,p+1)$ 中, 至少有一个顶点 v, 满足 $d(v) \geqslant 3$.

11. 求证: 在任何有 $n(n \geqslant 2)$ 个人的人群中, 至少有两个在其中恰有相同个数的朋友.

12. 求证: 每一个 p 阶简单图 G 都与 K_p 的子图同构.

13. 求证: 任何完全图的每个点导出子图仍是完全图.

14. 求证: 二分图的每个顶点数不小于 2 的子图仍是二分图.

15. 设 $G(p,q)$ 是简单图, 整数 n 满足 $1 < n < p-1$, 求证: 若 $p \geqslant 4$, 且 G 的所有 n 个顶点的导出子图均有相同的边数, 则 $G \cong K_p$ 或 $G \cong \overline{K_p}$.

16. 设 $G(p,q)$ 是连通图, 求证:

(1) G 至少有 $p-1$ 条边;

(2)若 $q > p-1$,则 G 中必含回路.

(3)若 $q = p-1$,则 G 中至少有两个悬挂点.

17. 求证:若边 e 在图 G 的一条闭链中,则 e 必在 G 的一条回路中.

18. 求证:对于图 $G(p,q)$,若 $\delta(G) \geq 2$,则 G 必含回路.

19. 设 $G(p,q)$ 是简单图,且 $q > C_{p-1}^2$,求证:G 是连通图.

20. 对于 $p > 1$,作一个 $q = C_{p-1}^2$ 的非连通图 $G(p,q)$.

21. 证明:若 $G(p,q)$ 是简单图且 $\delta(G) > \lfloor p/2 \rfloor - 1$,则 G 连通. 当 p 为偶数时,作一个非连通的 k-正则简单图,其中 $k = \lfloor p/2 \rfloor - 1$.

22. 证明:若 $e \in E(G)$,则 $w(G) \leq (G-e) \leq w(G) + 1$.

23. 证明:对图 G 中任意三个顶点 u,v 和 $w,d(u,v) + d(v,w) \geq d(u,w)$.

24. 设 G 是简单连通的非完全图,求证:G 中存在三个顶点 u,v 和 w,使 $uv,vw \in E(G)$,但 $uw \notin E(G)$.

25. 证明:若 G 是简单图,且 $\delta(G) \geq 2$,则 G 中有一条长度至少是 $\delta(G) + 1$ 的回路.

26. 求图 7.17 的关联矩阵和邻接矩阵.

27. 设 G 是一个图,$M(G)$ 和 $A(G)$ 分别是 G 的关联矩阵和邻接矩阵.

图 7.17

(1)求证:$M(G)$ 中每列各元素之和为 2.

(2)$A(G)$ 的各列元素之和是什么?

28. 设 G 是二分图,求证:可以将 G 的顶点和适当排列,使得 G 的邻接矩阵 $A(G)$ 形如

$$A(G) = \begin{pmatrix} O & A_{12} \\ A_{21} & O \end{pmatrix}$$

其中,A_{21} 是 A_{12} 的转置.

29. 设 G 是一个图,$V' \subseteq V(G)$,$E' \subseteq E(G)$.

(1)如何从 $M(G)$ 得到 $M(G-E')$ 和 $M(G-V')$?

(2)如何从 $A(G)$ 得到 $A(G-V')$?

30. 在图 7.18 中,找出 u_1 到各个顶点的最短通路长度,并给出从 u_1 到 u_{11} 的最短通路.

31. 求图 7.19 所示的图 G 中任意两个顶点的最短通路长度,并给出从 v_1 到 v_3 的最短通路.

图 7.18

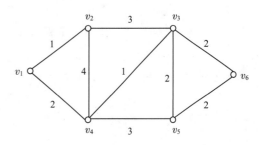

图 7.19

第 8 章

树

树是一类满足特殊要求的、重要的图. 它作为一种表示各对象具有层次结构关系的数学模型, 已广泛应用于化学、物理、计算机科学、网络技术、可靠性理论、管理科学等领域. 本章主要论述树的各种定义、树的基本特征, 生成树以及树的某些应用.

§8.1 树 的 定 义

定义 8.1.1 连通无回路的图称为树(tree).

由定义易知, 树必是简单图. 常用 T 表示树, 图 8.1 给出了具有六个顶点的所有互不同构的树.

图 8.1

各分支均为树的图称为森林(forest), 记为 F.

【**例 8.1**】 可以将四则运算表达式用树形象地表示出来. 比如, 对表达式

$$(a+b) \cdot c - d/e$$

它的树表示如图 8.2 所示.

定理 8.1.1 树 T 中任何两个顶点之间恰有一条通路.

证明 任取 $u, v \in V(T)$. 因为 T 连通, 所以存在 (u, v)-通路. 下证唯一性.

设 u 和 v 之间有两条不同的通路 P_1 和 P_2. 则必存在边 $xy \in E(P_1)$, 但 $xy \notin E(P_2)$. 显然, $(P_1 \cup P_2) - xy$ 是连通图, 因此, $(P_1 \cup P_2) - xy$ 中存在 (x, y)-通路 P_{xy}, 于是 $P_{xy} + xy$ 是 T 中的一条回路, 此与 T 是树矛盾.

图 8.2

注意: 定理 8.1.1 的逆定理不一定成立. 例如图 8.3 所示, u 和 v 有唯一的 (u, v)-通路, 但该图却不是树.

定理 8.1.2 设 $G(p, q)$ 是一个图. 于是, 下列说法相互等价.

图 8.3

(1) G 是树;

(2) G 连通且 $q = p - 1$;

(3) G 无回路且 $q = p - 1$;

(4) G 无回路,但对任意 $u, v \in V(G)$,若 $uv \notin E(G)$,则 $G + uv$ 中恰有一条回路;

(5) G 连通,但对任意 $e \in E(G)$, $G - e$ 不连通.

证明 $(1) \Rightarrow (2)$.

因 G 是树,所以 G 是连通的.下面对 p 作归纳来证明 $q = p - 1$.

$p = 1$ 时,显然 $q = 0 = p - 1$.

假设对顶点数少于 p 的树,结论成立.

对于 p 个顶点的树 G, $p \geq 2$,取 $e = uv \in E(G)$,由定理 8.1.1 知, e 是唯一的 (u, v)-通路.于是, $G - e$ 不连通而且恰有两个连通分支 $G_1(p_1, q_1)$ 和 $G_2(p_2, q_2)$,显然, $p_1 < p$ 且 $p_2 < p$.由归纳假设,有

$$q_1 = p_1 - 1, \quad q_2 = p_2 - 1$$

从而 $q = q_1 + q_2 + 1 = p_1 + p_2 - 1 = p - 1$.

$(2) \Rightarrow (3)$.

假设 G 有回路,则显然可以依次从各回路中去掉边而保持 G 的连通性.设从 G 去掉了 k 条边后得到 G 的一个无回路且连通的生成子图 T.由定义知 T 是树,且其边数为 $q - k$,顶点数为 p.由 (2) 知

$$q - k = p - 1$$

但已知 $q = p - 1$,因此必有 $k = 0$.这说明 G 本身就无回路.

$(3) \Rightarrow (4)$.

设 G 有 k 个连通分支,由于 G 无回路,所以, G 的每个连通分支均是树.于是

$$q = p - k$$

但已知 $q = p - 1$,故 $k = 1$,即 G 连通.从而 G 是树.对 G 的任意两个非邻接的顶点 u, v,由定理 8.1.1,有唯一的 (u, v)-通路,从而 $G + uv$ 也就是唯一的回路.

$(4) \Rightarrow (5)$.

任取 $u, v \in V(G)$,若 $uv \in E(G)$,则 $u \equiv v$;若 $uv \notin E(G)$,则由 (4) 知, $G + uv$ 有唯一的回路 C.由于 G 中无回路,所以 u, v 必在回路 C 上.显然 $C - uv$ 是连通子图,从而, G 中含 (u, v)-通路,即 $u \equiv v$.故 G 是连通图.

对任意 $e \in E(G)$,若 $G - e$ 仍连通,则说明 G 中含有回路,此与 (4) 矛盾,故 $G - e$ 不连通.

$(5) \Rightarrow (1)$. 只需证 G 无回路.

若 G 中含回路 C.取 $e = xy \in E(C)$.则 $C - e$ 仍连通,任取 $u, v \in V(G)$,因 G 连通,故 G 中有 (u, v)-通路 P.若 P 不含 e,则 u, v 在 $G - e$ 中仍连通;若 P 含 e,则 P 中的 e 可以用 $C - e$ 中的 (x, y)-通路代替,从而 u, v 在 $G - e$ 中仍连通.总之, u 与 v 在 $G - e$ 中连通,此与 (5) 矛盾.故 G 无回路.因此, G 是树.

只有一个顶点的树称为平凡树,每个连通分支都是树的图称为森林.

定理 8.1.3 任何非平凡树 $G(p, q)$ 中至少有两个度数为 1 的顶点.

证明 由假设知,对每个 $v \in V(G)$, $d_G(v) \geq 1$.若 G 中最多只有 1 个度数为 1 的顶点,则 G 中至少有 $p - 1$ 个度数大于或等于 2 的顶点.于是

$$2q = \sum_{v \in V(G)} d(v) \geq 2(p-1) + 1 > 2(p-1) = 2q$$

此为矛盾.故结论成立.

§8.2 生 成 树

定义 8.2.1 设 G 是一个图.若 G 的生成子图 T 是树,则称 T 为 G 的生成树(spanning tree).

例如,图 8.4 中由粗边导出的子图就是该图的一个生成树.显然,如果图 G 有生成树,则可能不唯一.

定理 8.2.1 图 G 有生成树当且仅当 G 连通.

证明 若 G 连通,则存在一个 G 的生成子图 T 满足:T 连通且从 T 中去掉任何一条边后则 T 不连通.于是由定理 8.1.2(5)知,G 的生成子图 T 是树,故 T 是 G 的生成树.

反之,若 G 不连通,则 G 的任何生成子图也不连通.故 G 无生成树.

图 8.4

此定理实际上给出一个求连通图 G 的生成树的方法——去边破回路法:

在连通图 G 中,逐次去掉回路上的边(如果存在),并保持 G 的连通,直到无回路.最后所得 G 的连通无回路生成子图 T 即是 G 的生成树.

下面通过一种称为边的收缩运算来求一个连通图的生成树的数目.

定义 8.2.2 设 G 是连通图,$e \in E(G)$,将 e 删去,并使 e 的两端点重合.此过程称为 e 的收缩(retraction),所得的图记为 $G \circ e$.

图 8.5 给出了图 G 以及 $G \circ e$.

图 8.5

定理 8.2.2 树的任意一条边 e 被收缩后仍为树.

证明 设 T 是树,则 $q(T) = p(T) - 1$.任取 $e \in E(T)$.显然 $T \circ e$ 仍连通,且

$$p(T \circ e) = p(T) - 1$$
$$q(T \circ e) = q(T) - 1$$

于是,$q(T \circ e) = q(T) - 1 = (p(T) - 1) - 1 = p(T \circ e) - 1$.由定理 8.1.2(2)知,$T \circ e$ 是树.

以下用 $\tau(G)$ 表示图 G 的不同生成树(包括同构)的数目.

定理 8.2.3 设 $e = xy$ 是图 G 的一条边,$x \neq y$.于是

$$\tau(G) = \tau(G - e) + \tau(G \circ e)$$

证明 将 G 的生成树按含 e 与否分为两类.

显然,不含 e 的生成树即是 $G - e$ 的生成树;反之,$G - e$ 的生成树均不含 e,故 G 的不含 e 生成

树共有 $\tau(G-e)$ 个.

设 T 是 G 的含 e 生成树. 由定理 8.2.2 知, $T \circ e$ 是树, 显然 $T \circ e$ 是 $G \circ e$ 的生成树; 反之, 在 $G \circ e$ 的生成树中将收缩 e 时重合的点按 G 的结构扩展成边 e, 就得到 G 的一棵含 e 的生成树. 故 G 的含 e 的生成树共有 $\tau(G \circ e)$ 个. 因此

$$\tau(G) = \tau(G-e) + \tau(G \circ e)$$

图 8.6 说明了怎样用定理 8.2.3 来递推计算 $\tau(G)$. 为简单起见, 就用图 G 表示 $\tau(G)$.

图 8.6

当图的顶点和边的数目较大时, 上述递推方法十分繁杂, 不实用, 可以用代数的方法来求 $\tau(G)$. 当 G 是完全图时, 有一个很简单的计算方式.

定理 8.2.4 (Gayley 公式)　$\tau(K_n) = n^{n-2}, n \geq 2$.

证明　设 $N = V(K_n) = \{1, 2, \cdots, n\}$, $S(K_n)$ 是 K_n 的所有生成树之集合, 令

$$M(N) = \{(i_1, i_2, \cdots, i_{n-2}) \mid i_j \in N, j = 1, 2, \cdots, n-2\}$$

显然, $|M(N)| = n^{n-2}$. 如果能找到一个双射 $\sigma: S(K_n) \to M(N)$, 则定理得证. 下面用树的编码思想来构造 σ. 为方便, 称 K_n 中顶点 i 的值 (整数) 为该顶点的标号.

设 T 是 K_n 的一个生成树, 即 $T \in S(K_n)$. 令 $\sigma(T) = (j_1, j_2, \cdots, j_{n-2})$, 其中 $j_1, j_2, \cdots, j_{n-2}$ 如下确定:

设 i_1 是 T 中标号最小的悬挂点, 且与 i_1 邻接的顶点为 j_1, 从 T 中删去 i_1, 显然 $T - i_1$ 仍是树. 又设 i_2 是 $T - i_1$ 中标号最小的悬挂点, 且与 i_2 邻接的顶点为 j_2, $\cdots\cdots$, 如此下去, 直到 j_{n-2} 被确定. 此时, 得到一个只含两个顶点的树, 且得到一个序列 $(j_1, j_2, \cdots, j_{n-2})$. 由以上过程知, K_n 的任意生成树都有唯一的一个序列与之对应. 而且, K_n 的两棵不同的生成树对应不同的两个序列. 故 σ 是单射. 例如, 对图 8.7 中的树 T, $n = 6$, $i_1 = 3$, $j_1 = 2$; $i_2 = 4$, $j_2 = 1$, $i_3 = 1$, $j_3 = 2$; $i_4 = 2$, $j_4 = 5$; 所以, $\sigma(T) = (2, 1, 2, 5)$.

图 8.7

另外, 对任意 $(j_1, j_2, \cdots, j_{n-2}) \in M(N)$. 下面构造 K_n 的一个生成树 $T \in S(K_n)$, 使得 $\sigma(T) = (j_1, j_2, \cdots, j_{n-2})$.

首先注意到, T 中度数为 $d_T(v)$ 的顶点, 在对应序列 $(j_1, j_2, \cdots, j_{n-2})$ 中共出现 $d_T(v) - 1$ 次. 于是, T 中度数为 1 的顶点在 $(j_1, j_2, \cdots, j_{n-2})$ 中没有出现. 设 i_1 是 N 中不在 $(j_1, j_2, \cdots, j_{n-2})$ 中出现的标号最小的顶点, 连接 i_1 与 j_1. 又设 i_2 是 $N - \{i_1\}$ 中不在 $(j_1, j_2, \cdots, j_{n-2})$ 中出现的标号最小的顶点, 连接 i_2 与 j_2, $\cdots\cdots$, 如此下去, 直到共连接了 $n-2$ 条边 $i_1 j_1, i_2 j_2, \cdots, i_{n-2} j_{n-2}$. 最后, 再添加一条连接 $N - \{i_1, i_2, \cdots, i_{n-2}\}$ 中两个顶点的边, 得到 T.

不难验证

$$\sigma(T) = (j_1, j_2, \cdots, j_n)$$

因此, σ 是一个满射. 故 σ 是双射. 从而

$$\tau(K_n) = |S(K_n)| = |M(N)| = n^{n-2}$$

注意: n^{n-2} 不是 K_n 的所有互不同构的生成树数目, 而是 K_n 的所有不同的生成树数目. 例如,

$\tau(K_6) = 6^4 = 1\ 296$, 而 K_6 的互不同构的生成树只有 6 个.

§8.3 应用(最优树问题)

假设要在 n 个城市 $v_1, v_2, \cdots, v_n$ 之间建一个公路网, 使得这 n 个城市互通公路, 已知连接城市 v_i 和 v_j 的公路造价为 C_{ij}, 要求设计一个总造价最小的公路网, 这就是所谓连接问题.

从图论角度看, 连接问题可叙述为: 在一个赋权连通图 G 中, 找出一个具有最小权的连通子图. 显然, 它必是 G 的一个生成树 T, 且权最小. 称这种树为最优树.

对于有限赋权图, 由于它的生成树数目有限, 因此, 总可以通过逐个比较最终找到一个最优树(可能不唯一). 这说明最优树是存在的. 但当顶点和边的数目较大时, 这种方法显然是不切实际的, Kruskal 于 1956 年提出了求最优树的有效算法, 其步骤如下(设 G 的各边权非负且无环):

(1)选择 $e_1 \in E(G)$, 使权 $w(e_1)$ 最小.

(2)假设已选好 $e_1, e_2, \cdots, e_i$, 则从 $E(G) - \{e_1, e_2, \cdots, e_i\}$ 中选取 e_{i+1} 满足:

(i) $G[\{e_1, e_2, \cdots, e_{i+1}\}]$ 无回路;

(ii) $w(e_{i+1})$ 是满足(i)的尽可能小的权.

(3)重复(2)直到不存在满足(i)的边.

例如, 图 8.8 给出了利用上述算法求最优树的过程, 其中, 粗边就是算法所选定的边.

图 8.8

定理 8.3.1 对赋权图 $G(p, q)$, 用 Kruskal 算法得到的 G 的子图 T^* 必是最优树.

证明 首先, 由 Kruskal 算法容易证明: T^* 是 G 的生成树. 设 $E(T^*) = \{e_1, e_2, \cdots, e_{p-1}\}$.

对 G 的每个不同于 T^* 的生成树 T, 令

$$f(T) = \min \{i \mid e_i \in E(T^*) - E(T)\}$$

假设 T^* 不是最优树. 令 T 是使 $f(T)$ 取最大值的最优树, 设 $f(T) = k$. 于是, $e_1, e_2, \cdots, e_{k-1} \in E(T^*) \cap E(T)$, 但 $e_k \notin E(T)$. 由定理 8.1.2(4) 知, $T + e_k$ 中含唯一的回路 C. 令 e_k' 是 C 中满足 $e_k' \in E(T) - E(T^*)$ 的边. 作 $T' = (T + e_k) - e_k'$, 于是 T' 是一个有 $p-1$ 条边的连通图. 由定理 8.1.2(2) 知, T' 是 G 的生成树. 显然

$$w(T') = w(T) + w(e_k) - w(e_k')$$

而由算法知, $w(e_k) \leqslant w(e_k')$. 从而 $w(T') \leqslant w(T)$, 这说明 T' 也是 G 的最优树. 但 $f(T') > k$. 此与 T 的选取矛盾. 故 T^* 是最优树.

习　　题

1. 设 G 是一个无回路的图, 求证: 若 G 中任意两个顶点间有唯一的通路, 则 G 是树.

2. 证明: 非平凡树的最长通路的起点和终点均为悬挂点.

3. 证明: 恰有两个悬挂点的树是一条通路.

4. 设 G 是树, $\Delta(G) \geqslant k$, 求证: G 中至少有 k 个悬挂点.

5. 设 $G(p, q)$ 是一个图, 求证: 若 $q \geqslant p$, 则 G 中必含回路.

6. 设 $G(p, q)$ 是有 k 个连通分支的图, 求证: G 是森林当且仅当 $q = p - k$.

7. 画出 K_4 的所有 16 棵生成树.

8. 设 $G(p, q)$ 是连通图, 求证: $q \geqslant p - 1$.

9. 递推计算 $K_{2,3}$ 的生成树数目.

10. 通过考虑树中的最长通路, 直接验证有标记的 5 个顶点的树的总数为 125.

11. 用 $T(n)$ 表示 n 个顶点的有标记树的个数, 求证:

$$2(n-1)T(n) = \sum_{k=1}^{n-1} k(n-k)T(k)T(n-k)C_n^k$$

由此得恒等式

$$\sum_{k=1}^{n-1} k^{k-1}(n-k)^{n-k-1}C_n^k = 2(n-1)n^{n-2}$$

12. 如何用 Kruskal 算法求赋权连通图的权最大的生成树(称为最大树)?

13. 设 G 是一个赋权连通图, $V(G) = \{1, 2, \cdots, n\}$, $n \geqslant 2$. 求证: 按下列步骤(Prim 算法)可以得出 G 的一个最优树.

(ⅰ)置 $U: = \{1\}$, $T: = \varnothing$;

(ⅱ)选取满足条件 $i \in U$, $j \in V(G) - U$ 且 $C(i, j)$ 最小的 (i, j);

(ⅲ)$T: T \cup \{i, j\}$, $U: = U \cup \{j\}$;

(ⅳ)若 $U \neq V(G)$ 则转(ⅱ), 否则停止, T 中的边就是最优树的边.

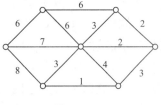

图 8.9

14. 按第 13 题的 Prim 算法, 求出图 8.9 的最优树.

第 9 章

图的连通性

考虑图 9.1 给出的四个连通图. G_1 是树,从 G_1 中去掉任何一条边都使 G_1 不连通;从 G_2 中任意去掉一条边后,所得图仍连通,但 $G_2 - v$ 不连通,而在 G_3 中,任意去掉一个顶点或一条边后,所得图仍连通,但 G_3 的连通程度不如 G_4,G_4 是一个完全图,总之,G_1 到 G_4 的连通程度依次增强.

图 9.1

本章论述度量图的连通程度的两个指标——点连通度和边连通度,以及它们之间的关系,还有块(block)的概念.

§9.1 点连通度和边连通度

设 G 是连通图,$V' \subset V(G)$. 如果 $G - V'$ 不连通,则称 V' 为 G 的一个顶点割(vertex cut). 特别地,当 $V' = \{v\}$ 时,称 v 为 G 的一个割点(cut point).

定义 9.1.1 设 G 为连通的非完全图,令

$$\kappa(G) = \min \{ |V'| \mid V' \text{ 是 } G \text{ 的顶点割} \}$$

称 $\kappa(G)$ 为 G 的点连通度,简称为 G 的连通度.

为统一起见,规定 $\kappa(K_n) = n - 1$,当 G 为平凡图或非连通图时,$\kappa(G) = 0$.

在图 9.1 中,$\kappa(G_1) = \kappa(G_2) = 1$,$\kappa(G_3) = 3$,$\kappa(G_4) = 4$.

对于整数 $k \geqslant 0$,若 $\kappa(G) \geqslant k$,则称 G 为 k-连通图. 显然,一个 k-连通图必是一个 $(\kappa - 1)$-连通图. 所有非平凡的连通图都是 1-连通图.

类似地,设 G 是连通图,$E' \subseteq E(G)$,如果 $G - E'$ 不连通,则称 E' 为 G 的一个边割(edge cut). 特别地,当 $E' = \{e\}$ 时,称 e 为割边.

如果 G 的边割 E' 的任何真子集均不是 G 的边割,则称 E' 是 G 的割集(cutset).

定义 9.1.2 设 G 是非平凡连通图,令

$$\lambda(G) = \min \{ |E'| \mid E' \text{ 是 } G \text{ 的边割} \}$$

称 $\lambda(G)$ 为 G 的边连通度,当 G 为平凡图或非连通图时,规定 $\lambda(G)=0$.

如果 $\lambda(G) \geqslant k$,则称 G 为 k-边连通图.

在图 9.1 中,$\lambda(G_1)=1,\lambda(G_2)=2,\lambda(G_3)=3,\lambda(G_4)=4$.

定理 **9.1.1** 对任何图 G,恒有

$$\kappa(G) \leqslant \lambda(G) \leqslant \delta(G)$$

证明 若 G 不连通,则 $\kappa(G)=\lambda(G)=0$,结论成立.下面设 G 连通.

先证 $\lambda(G) \leqslant \delta(G)$.若 G 是平凡图,则 $\lambda(G)=0 \leqslant \delta(G)$.若 G 是非平凡图,则因为每一顶点所关联的边构成一个边割,故 $\lambda(G) \leqslant \delta(G)$.

再证 $\kappa(G) \leqslant \lambda(G)$.

当 $\lambda(G)=0$ 时,G 是平凡图,此时,$\kappa(G)=0$;

当 $\lambda(G)=1$ 时,G 有一条割边 $e=uv$,显然 $G-u$ 不连通,故 $\kappa(G)=1$;

当 $G=K_n$ 时,$\lambda(G)=n-1$,而 $\kappa(G)=n-1$.

当 $\lambda(G)>1$ 且 G 不是完全图时,不妨设 $n \geqslant 3$.注意到若 E_1 是含 $\lambda(G)$ 条边的边割,则由于 E_1 是割集,$G-E_1$ 恰有两个连通分支 $G[V_1]$ 和 $G[V_2]$.于是,存在 $v_i \in V_1, v_j \in V_2$,使得

$$v_i v_j \notin E(G).$$

事实上,若上述 v_i 和 v_j 不存在,设 $|V_1|=m$,则 $\lambda(G)=m(n-m)$.由于

$$(m-1)(n-m-1) \geqslant 0$$

即 $m(n-m)-m-(n-m)+1 \geqslant 0$,于是

$$\lambda(G) \geqslant m+(n-m)-1=n-1$$

此与 G 是非完全图矛盾.

对 E_1 中 $\lambda(G)$ 条边的每一条边,各取一个异于 v_i, v_j 的端点,从而得到一个至多 $\lambda(G)$ 个顶点的集合 $V_1', v_i, v_j \notin V_1'$,且 $G-V_1' \leqslant G-E_1$,于是,$G-V_1'$ 不连通,故

$$\kappa(G) \leqslant |V_1'| \leqslant \lambda(G).$$

对于图 9.2,有 $\kappa(G)=2,\lambda(G)=3,\delta(G)=4$.

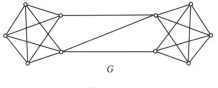

图 **9.2**

定理 **9.1.2** 对任何 $G(p,q)$ 有

$$\kappa(G) \leqslant \left\lfloor \frac{2q}{p} \right\rfloor, \quad \lambda(G) \leqslant \left\lfloor \frac{2q}{p} \right\rfloor$$

其中 $\lfloor x \rfloor$ 表示不超过 x 的最大整数.

证明 因为

$$2q = \sum_{i=1}^{p} d(v_i) \geqslant \sum_{i=1}^{p} \delta(G) = p\delta(G)$$

所以 $\delta(G) \leqslant \dfrac{2q}{p}$.又 $\delta(G)$ 是整数,故由定理 9.1.1

$$\kappa(G) \leqslant \left\lfloor \frac{2q}{p} \right\rfloor, \quad \lambda(G) \leqslant \left\lfloor \frac{2q}{p} \right\rfloor$$

一个图 G 的最小度 $\delta(G)$ 与 G 的连通性有一定的关系.

定理 9.1.3 设 $G(p,q)$ 是简单图. 若 $\delta(G) \geqslant \left\lfloor \frac{p}{2} \right\rfloor$, 则 G 必连通.

证明 假设 G 不连通, 则由 $\delta(G) \geqslant \left\lfloor \frac{p}{2} \right\rfloor$ 知, G 的每个连通分支至少有 $\left\lfloor \frac{p}{2} \right\rfloor + 1$ 个顶点,

即 $\left\lfloor \frac{p+2}{2} \right\rfloor$ 个顶点, 但 $\left\lfloor \frac{p+2}{2} \right\rfloor \geqslant \frac{1}{2}(p+1)$. 于是, G 至少有 $p+1$ 个顶点. 矛盾, 故 G 必连通.

设 G 是一个图, $\varnothing \subset V_1, V_2 \subseteq V(G)$, 令
$$[V_1, V_2] = \{(u,v) \in E(G) \mid u \in V_1, v \in V_2\}$$
并称 $[V_1, V_2]$ 为 G 的一个断集.

定理 9.1.4 如果简单图 $G(p,q)$ 满足 $\delta(G) \geqslant \left\lfloor \frac{p}{2} \right\rfloor$, 则 $\lambda(G) = \delta(G)$.

证明 由定理 9.1.1 知 $\lambda(G) \leqslant \delta(G)$, 如果 $\lambda(G) < \delta(G)$, 则由 $\delta(G) \geqslant \left\lfloor \frac{p}{2} \right\rfloor$ 及定理 9.1.3 知 G 连通, 因此 $\lambda(G) > 0$, 于是, 存在 $V(G)$ 的非空子集 V_1, 使
$$|[V_1, \overline{V_1}]| = \lambda(G) < \delta(G)$$
其中 $\overline{V_1} = V(G) - V_1$.

设 $G[V_1]$ 的边数为 q_1, 若 $|V_1| \leqslant \delta(G)$, 则 $2q_1 = \sum_{v \in V_1} d(v) - \lambda(G) \geqslant |V_1| \delta(G) - \lambda(G)$, 于是

$$q_1 \geqslant \frac{1}{2}(|V_1| \delta(G) - \lambda(G)) > \frac{1}{2}(|V_1| \delta(G) - \delta(G)) = \frac{1}{2}\delta(G)(|V_1| - 1) \geqslant \frac{1}{2}|V_1|(|V_1| - 1)$$

对简单图而言这是不可能的, 所以 $|V_1| > \delta(G)$. 同理可证 $|\overline{V_1}| > \delta(G)$. 从而 $|V_1| \geqslant \delta(G) + 1$, $|\overline{V_1}| \geqslant \delta(G) + 1$. 于是

$$|V(G)| = |V_1| + |\overline{V_1}| \geqslant 2\delta(G) + 2 > 2\delta(G) + 1 \geqslant 2\left\lfloor \frac{p}{2} \right\rfloor + 1 \geqslant p$$

此为矛盾, 故 $\lambda(G) = \delta(G)$.

*§9.2 块

定义 9.2.1 没有割点的连通图称为不可分图, 图 G 的极大不可分子图称为 G 的一个块.

例如, 图 9.1 中 G_3 和 G_4 是不可分图, 当然也是块, 对于图 9.3(a), 它的块如图 9.3(b) 所示. 显然, 顶点数大于等于 3 的块是 2-连通的.

定义 9.2.2 设 P, Q 是图 G 的两条 (u,v)-通路. 如果除端点 u, v 外, P 和 Q 没有其他公共顶点, 则称 P 和 Q 是内部不相交的, 简称内不交的.

定理 9.2.1 设 $G(p,q)$ 是一个 $p \geqslant 3$ 的图. 于是, G 是 2-连通图当且仅当 G 的任意两个顶点至少由两条内部不相交的通路所连通.

图　9.3

证明　设 G 的任意两个顶点至少由两条内不交的通路所连通,则 G 显然是连通的,并且 G 的每个顶点都不是割点. 故 G 是 2-连通图.

反之,设 G 是 2-连通的. 任取 $u,v \in V(G)$. 以下对顶点 u 与 v 的距离 $d(u,v)$ 作归纳证明:G 中至少存在两条内不交的 (u,v)-通路.

当 $d(u,v) = 1$ 时,即 $e = uv \in E(G)$. 由 G 的假设知,e 不是割边(否则 G 有割点 u 和 v),于是 $G - e$ 仍连通,从而 $G - e$ 中(当然也是 G 中)的 (u,v)-通路与通路 $e = uv$ 构成 G 中两条内不交的 (u,v)-通路.

假设对 $d(u,v) < k$,结论成立.

对 $d(u,v) = k \geqslant 2$,考虑一条长为 k 的 (u,v)-通路 R. 设 $R = u \cdots wv$,则
$$d(u,w) = k - 1$$

由归纳假设,G 中至少有两条内不交的 (u,w)-通路 P 和 Q. 因为 G 是 2-连通的,所以 $G - w$ 仍连通. 于是,$G - w$ 中存在 (u,v) 通路 P'. P' 与 P、Q 的关系可分为以下三种情形(见图 9.4):

图　9.4

(a) P' 与 $P \cup Q$(除 u 外)不相交. 此时,P' 与 $P + wv$ 是两条内不交的 (u,v)-通路.

(b) P' 与 $P \cup Q$ 相交,设距 v 最近的交点为 x,且 x 在 P 上,此时,P 上的 (u,x)-节,连接 P' 上的 (x,v)-节,与 $Q + wv$ 就是两条内不交的 (u,v)-通路.

(c) P' 与 $P \cup Q$ 相交且距 v 最近的交点 x 在 Q 上,类似(b),也有两条内不交的 (u,v)-通路.

推论 9.2.1　若 G 是 2-连通的,则 G 的任意两个顶点都在 G 的某一条回路上.

证明　由定理 9.2.1,对任意 $u,v \in V(G)$,设 P 和 Q 的两条内不交的 (u,v)-通路. 显然,$P + Q$ 是 G 的一条回路,且 u 和 v 在其上.

推论 9.2.2　若 G 是至少 3 个顶点的块,则 G 的任意两条边都在 G 的某一条回路上.

证明　设 $e_1, e_2 \in E(G)$,分别在 e_1 和 e_2 上添加顶点 v_1 和 v_2,得到一个新图 G'(见图 9.5). 显然 G' 仍是块,且至少是 5 个顶点. 因此,G' 是 2-连通的. 由推论 9.2.1,v_1 和 v_2 在 G' 的同一条回路上,从而 e_1 和 e_2 在 G 的同一条回路上.

图　9.5

§9.3 应用（构造可靠的通信网络）

假定连通图 G 表示一个通信网络，顶点表示通信站，边表示通信线路．如果网络中某些通信站或通信线路发生故障而使整个网络中至少有两个通信站失去联系，则此时称该网络处于中断状态．显然，使网络 G 处于中断状态的出现故障的通信站（通信线路）的最少数目就是 G 的连通度（边连通度）．

容易知道，连通程度越高，系统通信的可靠性就越高．自然，在设计和构造通信网络时，就要求在保证一定的可靠性的前提下，使所需费用最少．此问题反映在图论上，就是更一般的连接问题：对给定的正整数 k 和赋权连通图 G，构造 G 的一个具有最小权的 k-连通生成子图．

当 $k=1$ 时，即要求出 G 的一棵具有最小权的生成树．这可以用 Kruskal 算法来解决．但这样的通信网络可靠性不高，只要某一通信站（悬挂点除外）或者某一段通信线路发生故障，则网络处于中断状态．

当 $k>1$ 时，这目前还是一个未解决的困难问题．然而，当 G 是一个各边权均为 1 的完全图时，此问题有一简单的解决办法．

对各边权均为 1 的赋权完全图 $G(p,q)$，G 的一个具有最小权的 k-连通生成子图显然是一个边最少的 k-连通图 $G'(p,q')$，令 $q'=f(k,p)$，$k<p$．由定理 9.1.1，不难得

$$f(k,p) \geqslant \lceil kp/2 \rceil \tag{9.1}$$

下面将证明式 (9.1) 中等式必成立，其方法是通过构造一个 p 个顶点的 k-连通图 $H_{k,p}$，使得 $H_{k,p}$ 恰有 $\lceil kp/2 \rceil$ 条边，不妨设 $V(H_{k,p}) = \{0,1,\cdots,p-1\}$．$H_{k,p}$ 的结构与 k 和 p 的奇偶性有关．

(1) 当 k 是偶数时，设 $k=2r$．对任意 $i,j \in V(H_{2r,p})$，i 与 j 邻接当且仅当 $|i-j| \leqslant r$ 或者 $|i'-j'| \leqslant r$，其中 $i' \equiv i(\bmod p)$，$j' \equiv j(\bmod p)$，即 $i'-i$ 和 $j'-j$ 均被 p 整除．例如，图 9.6(a) 给出了 $H_{4,6}$．

(2) 当 k 为奇数，p 为偶数时，设 $k=2r+1$．在图 $H_{2r,p}$ 上添加连接顶点 i 与顶点 $(i+p/2)(\bmod p)$ 的边，其中 $1 \leqslant i \leqslant p/2$．例如，图 9.6(b) 给出了 $H_{5,6}$．

(3) 当 k 与 p 均为奇数时，令 $k=2r+1$．在图 $H_{2r,p}$ 上添加连接顶点 0 与 $(p-1)/2$ 和 $(p+1)/2$ 的边，以及顶点 i 与顶点 $i+(p+1)/2(\bmod p)$ 的边，其中 $1 \leqslant i < (p-1)/2$．例如，图 9.6(c) 给出了 $H_{5,7}$．

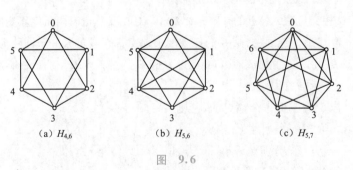

(a) $H_{4,6}$ (b) $H_{5,6}$ (c) $H_{5,7}$

图 9.6

定理 9.3.1（Harary，1962） 图 $H_{k,p}$ 是 k-连通的．

证明 考虑 $k=2r$ 的情形，下面证明 $H_{2r,p}$ 中不存在少于 $2r$ 个顶点的顶点割．

假设 V' 是顶点割且 $|V'| < 2r$，则 $H_{2r,p} - V'$ 至少有两个连通分支 $H[V_1]$ 和 $H[V_2]$．设

$$i \in V_1, j \in V_2.$$

令
$$S = \{i, i+1, \cdots, j-1, j\}$$
$$T = \{j, j+1, \cdots, i-1, i\}$$

其中加法取模 p.

由于 $|V'| < 2r$,所以,不妨假设 $|V' \cap S| < r$. 于是在 $S - V'$ 中存在一个顶点不重复的序列
$$i_1 = i, i_2, \cdots, i_m = j$$

使得 $|i_h - i_{h+1}| \leq r$,其中 $1 \leq h \leq m-1$. 但由 $H_{2r,p}$ 的构造,这样的一个序列是 $H_{2r,p} - V'$ 中的一条 (i, j)-通路. 此与 i, j 的假设矛盾,因此,$H_{2r,p}$ 是 $2r$-连通的.

同理,对 $k = 2r+1$ 的情形,也可证明 $H_{r,p}$ 是 k-连通的.

由 $H_{k,p}$ 的构造不难证明
$$q(H_{k,p}) = \lceil kp/2 \rceil$$

因此,由定理 9.3.1 知
$$f(k, p) \leq \lceil kp/2 \rceil$$

于是,由式(9.1)和式(9.2)知 $\qquad\qquad\qquad\qquad\qquad\qquad\qquad\qquad$ (9.2)
$$f(k, p) = \lceil kp/2 \rceil$$

并且,$H_{k,p}$ 是 p 个顶点的边最少的 k-连通图.

注意到,对任意图 G,由于 $\kappa(G) \leq \lambda(G)$,因此,$H_{k,p}$ 也是 k-边连通图.

习　题

1. 对图 9.7 中的两个图,各作出两个顶点割.

（a）　　　　　　　　　　　　（b）

图　9.7

2. 求图 9.7 中两个图的 $\kappa(G)$ 和 $\lambda(G)$.

3. 试作出一个连通图 G,使之满足 $\kappa(G) = \lambda(G) = \delta(G)$.

4. 求证:若 $G(p,q)$ 是 k-边连通的,则 $q \geq \dfrac{kp}{2}$.

5. 求证:若 G 是 p 阶简单图,且 $\delta(G) \geq p-2$,则 $\kappa(G) = \delta(G)$.

6. 找出一个 p 阶简单图,使 $\delta(G) = p-3$,但 $\kappa(G) < \delta(G)$.

7. 设 G 为 3-正则简单图,求证 $\kappa(G) = \lambda(G)$.

8. 证明:一个图 G 是 2-边连通的当且仅当 G 的任意两个顶点间至少两条边不重的通路所连通.

9. 举例说明:若在 2-连通图 G 中,P 是一条 (u,v)-通路,则 G 不一定包含一条与 P 内部不相交的 (u,v)-通路 Q.

10. 证明:若 G 中无长度为偶数的回路,则 G 的每个块或者是 K_2,或者是长度为奇数的回路.

11. 证明:不是块的连通图 G 至少有两个块,其中每个块恰含一个割点.

12. 证明:图 G 中块的数目等于 $\omega(G) + \sum\limits_{v \in V(G)} (b(v) - 1)$,其中,$b(v)$ 表示包含 v 的块的数目.

13. 给出一个求图的块的算法.

14. 证明:$H_{2r+1,p}$ 是 $(2r+1)$-连通的.

15. 证明:$\kappa(H_{m,n}) = \lambda(H_{m,n}) = m$.

16. 试画出 $H_{4,8}$,$H_{5,8}$ 和 $H_{5,9}$.

第 10 章

E图与H图

图论中的许多问题是以一些游戏为背景提出来的. 比如,著名的哥尼斯堡七桥问题、周游世界问题等. 1736 年,数学家欧拉 Euler 发表了一篇论文,解决了七桥问题,通常认为这是图论的第一篇论文.

本章将论述欧拉图(Euler graph,简称 E 图)和汉密顿图(Hamiltonian graph,简称 H 图)的基本概念,判定方法及其应用.

§10.1 七桥问题与 E 图

18 世纪的德国哥尼斯堡城中,有七座桥将普莱格尔河中的两个岛及岛与河岸联系起来,如图 10.1(a)所示. 问能否从这四块陆地(A,B,C,D)中的任何一块出发,经过每座桥恰好一次,最后回到原出发地? 这就是著名的七桥问题.

传说当时许多当地居民试图实地找出这种走去,但都失败了. 欧拉知道此问题后,他并没有实地去走,而是将每一块陆地用一个点来代表,将每一座桥用连接相应两个点的一条边来代表,从而得到了图论中的第一个"图",如图 10.1(b)所示.

这样,七桥问题就等价于"能否一笔画出图 10.1(b)". 所谓一笔画出,就是指从图的任意一点开始,笔尖不离纸地、边不重复地画出该图,最后回到起点.

图　10.1

对于七桥问题,欧拉在论文中指出,七桥问题是无解的,也即图 10.1(b)不能一笔画出.

定义 10.1.1 设 G 是一个图,经过 G 的每一条边的链称为 E 链;闭的 E 链称为 E 闭链. 如果 G 中存在 E 链,则称 G 为半 E 图(semi-Euler graph);如果 G 中存在 E 闭链,则称 G 为 E 图.

下面仅讨论 G 是非平凡连通图的情形.

定理 10.1.1 连通图 G 是 E 图当且仅当 G 中无奇点.

证明 设 G 是 E 图, C 是 G 的一条 E 闭链. 由于 G 连通且 C 是含 G 的每边恰一次的闭链, 因此 C 中的每个点都可作起点(同时也是终点). 于是, 从 C 上的任意一点 u 出发, 每经过一个顶点 v, 就有两条与 v 关联的边出现. 这样, C 上的每个顶点, 也即 G 的每个顶点的度均为偶数, 故 G 中无奇点.

反之, 设 G 是无奇点的连通图. 假设 G 不是 E 图. 在所有连通无奇点的非 E 图中, 选择一个边最少的图 G. 于是, G 的每个顶点的度至少是 2, 从而 G 必含闭链. 设 C 是 G 中最长的闭链, 由假设 C 不是 E 闭链, 于是 $G-E(C)$ 中必含一个非平凡连通分支 G' 且 G' 中无奇点. 显然, $q(G') < q(G)$, 因 G 连通, 所以 C 与 C' 必有公共点 v, 将 v 作为 $C \cup C'$ 的起点和终点, 则 $C \cup C'$ 是 G 中的一条闭链. 且 $q(C \cup C') > q(C)$, 此与 C 的假定矛盾, 故 G 是 E 图.

推论 10.1.1 G 是半 E 图当且仅当 G 最多有两个奇点.

证明 设 G 是半 E 图, C 是 G 的一条 E 链. 由定理 10.1.1 的证明知, C 中除起点与终点外, 每个顶点的度均为偶数, 又因 G 连通, 故 G 最多只有两个奇点(即起点与终点).

反之, 设 G 是最多只有两个奇点. 若 G 无奇点, 由定理 10.1.1, G 有 E 闭链, 因此 G 是半 E 图; 否则, G 恰有两个奇点, 设奇点为 u 和 v. 令 $uv = e$, 则 $G+e$ 无奇点. 因此, $G+e$ 中含 E 闭链 $C = ueve_1 \cdots e_q u$. 于是 $\omega = ve_1 \cdots e_q u$ 就是 G 中的一条 E 链, 故 G 是半 E 图.

由定理 10.1.1 知, 图 10.1(b) 不是 E 图, 它也不是半 E 图.

§10.2 周游世界问题与 H 图

1856 年, 数学家汉密尔顿(Hamilton)发明了一个游戏:用一个正十二面体的 20 个顶点代表世界上 20 个重要的城市, 如图 10.2(a)所示。要求从一个城市出发, 沿十二面体的棱走遍所有 20 个城市, 且每个城市只经过一次, 最后返回到出发点, 这就是著名的"周游世界"问题.

正十二面体的顶点与棱的关系可以图 10.2(b)表示出来. 于是, "周游世界"问题等价于从图 10.2(b)中找一条含所有顶点的回路. 图中由粗线所构成的回路就是该问题的解.

(a)　　　　　　(b)

图　10.2

定义 10.2.1 设 G 是一个图, 含 G 中每个顶点的通路称为 H 通路(H-path);起点与终点重合的 H 通路称为 H 回路(H-circuit), 如果 G 存在 H 通路, 则称 G 为半 H 图;如果 G 存在 H 回路, 则称 G 为 H 图.

显然, H 图必是半 H 图, 反之不然. 例如, 图 10.2(b)就是一个 H 图. 但图 10.3 就只是一个半

H 图而非 *H* 图,其中粗线构成一个 *H* 通路. 这是因为该图是一个具有奇数个顶点的二分图,故不存在含所有顶点的(奇)回路.

图 10.3

对于 *H* 图的判定,不像 *E* 图那样简单,到目前为止,还没有一个简单的充分必要条件,这是图论中的一大难题.

定理 10.2.1 如果 *G* 是一个 *H* 图,则对 $V(G)$ 的任何非空真子集 *S*,均有

$$\omega(G-S) \leqslant |S| \tag{10.1}$$

证明 设 *C* 是 *G* 的 *H* 回路,于是,显然有

$$\omega(C-S) \leqslant |S|$$

其中 $\varnothing \subset S \subset V(G)$. 由于 $C-S$ 是 $G-S$ 的生成子图,因此

$$\omega(G-S) \leqslant \omega(C-S) \leqslant |S|$$

故式(10.1)成立.

利用此定理,有时可证明一个图不是 *H* 图,如图 10.3 所示的 Herschel 图也可用此定理来说明它是一个非 *H* 图.

下面讨论图 *G* 是 *H* 图的充分条件.

定理 10.2.2 设 *G* 是 $p \geqslant 3$ 阶简单图. 如果 *G* 中任何两个不邻接的顶点 *u* 和 *v* 均满足

$$d(u) + d(v) \geqslant p \tag{10.2}$$

则 *G* 是 *H* 图.

证明 设满足上述条件的 *G* 不是 *H* 图. 令 *G* 是一切满足式(10.2)的 *p* 阶非 *H* 图中边数最多的简单图. 显然,$G \neq K_p$. 设 *u*,*v* 是 *G* 中不邻接的两个顶点. 由 *G* 的假设可知,$G+uv$ 是 *H* 图,且其中的 *H* 回路必含 *uv*. 于是,*G* 中存在从 *u* 到 *v* 的 *H* 通路 $v_1 v_2 \cdots v_p$,其中 $u = v_1$,$v = v_p$. 令

$$S = \{v_i \mid v_1 v_i \in E(G)\}$$
$$T = \{v_i \mid v_{i-1} v_p \in E(G)\}$$

由 *G* 是简单图知,$|S| = d(v_1) = d(u)$,$|T| = d(v_p) = d(v)$. 又由 v_1 与 v_p 不邻接可知 $S \subseteq \{v_2, v_3, \cdots, v_{p-1}\}$,$T \subseteq \{v_3, v_4, \cdots, v_p\}$,因此,$S \cup T \subseteq \{v_2, v_3, \cdots, v_p\}$. 从而

$$|S \cup T| \leqslant p - 1$$

由 *S* 与 *T* 的定义,有

$$S \cap T = \varnothing$$

事实上,若 $v_i \in S \cap T$,则 $v_1 v_2 \cdots v_{i-1} v_p v_{p-1} \cdots v_i v_1$ 将是 *G* 中的 *H* 回路(见图 10.4),此与 *G* 的假定矛盾.

图　10.4

于是

$$p \leqslant d(v_1) + d(v_p) = |S| + |T| = |S \cup T| + |S \cap T| = |S \cup T| \leqslant p - 1$$

此为矛盾，故结论成立.

推论 10.2.1　设 G 是 $p(p \geqslant 3)$ 阶简单图. 于是，若 $\delta(G) \geqslant p/2$，则 G 是 H 图.

证明　任取 $u, v \in V(G)$，则有

$$d(u) + d(v) \geqslant \delta(G) + \delta(G) \geqslant p/2 + p/2 = p$$

因此，由定理 10.2.2 知，G 是 H 图.

定义 10.2.2　设 G 为 p 阶图，对 G 中满足

$$d(u) + d(v) \geqslant p \tag{10.3}$$

的顶点 u, v，若 $uv \notin E(G)$，则将边 uv 加到 G 中，得到 $G + uv$. 如此反复加边，直到满足式(10.3)的两个顶点 u, v 均邻接. 最后所得的图称为 G 的闭包(closure of G)，记为 $\hat{G}$.

图 10.5 给出了求图的闭包 $\hat{G}$ 的过程.

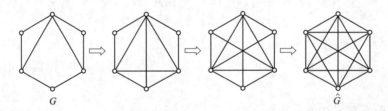

图　10.5

由闭包的定义不难证明，一个图 G 的闭包是唯一的，即求 G 的闭包时，加边的顺序可以任意选取.

引理 10.2.1　设 G 是 p 阶简单图，u 与 v 是 G 中两个不邻接的顶点且满足

$$d(u) + d(v) \geqslant p$$

于是，G 是 H 图当且仅当 $G + uv$ 是 H 图.

证明　设 G 是 H 图，则 $G + uv$ 显然也是 H 图.

反之，假设 $G + uv$ 是 H 图，如果其中一条 H 回路不含 uv，则 G 是 H 图；如果 $G + uv$ 的 H 回路均含 uv 边，设其中一条回路 C 为

$$v_1 v_2 v_3 v_4 \cdots v_p v_1$$

其中 $v_1 = u, v_2 = v$，记

$$d'(u) = d_{G+uv}(u) = d_{G(u)} + 1$$
$$d'(v) = d_{G+uv}(v) = d_{G(v)} + 1$$

则有

$$d'(u) + d'(v) = d_{G(u)} + d_{G(v)} + 2 \geqslant p + 2 \tag{10.4}$$

假设在顶点 $v_3, v_4 \cdots, v_{p-1}$ 中有 r 个顶点：$v_{i_1}, v_{i_2}, \cdots v_{i_r}$ 与 u 邻接，则 $d_{G+uv}(u) = r + 2$. 于是，顶点 v_2

与 r 个顶点

$$v_{i_1+1}, v_{i_2+1}, \cdots, v_{i_r+1}$$　　　　　(10.5)

中的某个顶点 v_{j_s+1} 邻接,从而(见图 10.6),

$$C' = v_1 v_{i_s} v_{i_s-1} \cdots v_3 v_2 v_{i_s+1} \cdots v_p v_1$$

就是 G 的一个 H 回路.

图　10.6

事实上,如果 v 不与式(10.5)中的任何顶点邻接,则有

$$d_{G+uv}(v) \leqslant (p-1) - r = (p-1) - (d_{G+uv}(u) - 2)$$

因此

$$d_{G+uv}(v) + d_{G+uv}(u) \leqslant p+1$$

此与式(10.4)矛盾.故 G 是 H 图.

定理 10.2.3　p 阶简单图 G 是 H 图当且仅当 $\hat{G}$ 是 H 图.

证明　设图 G 是 H 图,则显然 $\hat{G}$ 也是 H 图.

反之,设 $\hat{G}$ 是 H 图.若 $G = \hat{G}$,则 G 是 H 图;若 $G \neq \hat{G}$,则存在 $e_i \notin E(G)$,$i = 1, 2, \cdots, t$,$t \geqslant 1$,使得

$$G + e_i + \cdots + e_t = \hat{G}$$

设 $e_i = uv$,由闭包的定义知,$d(u) + d(v) \geqslant p$,且 u 与 v 在 G 中不邻接.因为 $\hat{G} = G + e_1 + \cdots + e_{t-1} + e_t$ 是 H 图,所以由引理 10.2.1 知,$G + e_1 + \cdots + e_{t-1}$ 是 H 图.反复应用引理 10.2.1,得到 G 是 H 图.

定理 10.2.4　设 $p(p \geqslant 3)$ 阶简单图 G 的各顶点度数序列为 $d_1 \leqslant d_2 \leqslant \cdots \leqslant d_p$.于是,若对任何 $m < p/2$,或者 $d_m > m$,或者 $d_{p-m} \geqslant p-m$,则 G 是 H 图.

证明　我们将证明 $\hat{G} = K_p$,从而由定理 10.2.3 知,G 是 H 图.

假设 $\hat{G} \neq K_p$.用 $d'(v)$ 记 $\hat{G}$ 中 v 的度数.设 u 和 v 是 $\hat{G}$ 中不邻接且度数和为最大的两个顶点.不妨假设 $d'(u) \leqslant d'(v)$.

由于 $uv \notin E(\hat{G})$,因此 $d'(u) + d'(v) < p$,从而取 $m = d'(u) < p/2$.

设 α 是 $\hat{G}$ 中不与 v 邻接的顶点个数,则

$$d'(v) = (p-1) - \alpha$$

即

$$\alpha = (p-1) - d'(v)$$

由于 $d'(u) + d'(v) \leqslant p-1$,因此

$$\alpha \geqslant d'(u) = m$$

即 $\hat{G}$ 中不与 v 邻接的顶点至少有 m 个,记为

$$v_{i_1}, v_{i_2}, \cdots, v_{i_\alpha} \quad (\alpha \geqslant m, u = v_{i_\alpha})$$

其中由 u 的假定,可设 $d'(v_{i_1}) \leqslant d'(v_{i_2}) \leqslant \cdots \leqslant d'(v_{i_\alpha}) = m$. 由于 $V(G) = V(\hat{G})$,因此 G 中也至少有 m 个顶点的度数不大于 m. 又因为 G 的度序列以递增顺序排列,所以

$$d_m \leqslant m$$

同样,设在 $\hat{G}$ 中不与 u 邻接的顶点个数为 β,于是

$$\beta = (p-1) - d'(u) = (p-1) - m$$

设这些顶点分别为 $v_{j_1}, v_{j_2}, \cdots, v_{j_\beta}(v = v_{j_\beta})$,其中由 v 的假定,可设

$$d'(v_{j_1}) \leqslant d'(v_{j_2}) \leqslant \cdots \leqslant d'(v_{j_\beta}) = d'(v) < p - m$$

因为 $m < p/2$,所以,$m + (m - p) < 0$,即

$$d'(u) < p - m$$

从而 G 中共有 $(p - m - 1) + 1 = p - m$ 个顶点的度数均小于 $p - m$,也即 $d_m \leqslant m$ 和 $d_{p-m} < p - m$ 都成立,此与定理的假设矛盾. 于是 $\hat{G} = K_p$,从而定理得证.

§10.3 应用(旅行推销员问题)

设有 n 个城市 $C_1, C_2, \cdots, C_n$. 某推销员从 C_1 出发推销商品,每个城市都要走到并只到一次,最后回到 C_1,已知 $C_1, C_2, \cdots, C_n$ 中任何两个城市间的距离,问推销员应如何安排,使总路程最短? 这就是所谓旅行推销员问题(traveling salesperson problem),也叫货郎担问题.

用图论的语言可将货郎担问题叙述为:在赋权完全图 K_n 中求权最小的 H 回路,简称为最优回路(optimum circuit),对于 $n(n \geqslant 4)$ 个顶点的完全图,所有权可能不同的 H 回路共有 $(n-1)!$ 种. 当 n 不大时,可将这 $(n-1)!$ 个 H 回路的权加以比较,从中找出一条最优回路. 这种方法称为穷举法. 但随着 n 的增大,$(n-1)!$ 的值急剧增大. 因此,穷举法显然不是一个好方法,遗憾的是,目前还没有好方法来解决此问题. 下面介绍一种近似解法——逐次改进法.

在赋权完全图 G 中先找一条 H 回路 C. 然后适当修改 C,以便得到具有较小权的另一个回路,修改方法如下:

设 $C = v_1 v_2 \cdots v_n v_1$ 是 G 的一条 H 回路,如果

$$\omega(v_{i-1} v_{j-1}) + \omega(v_i v_j) < \omega(v_{i-1} v_i) + \omega(v_{j-1} v_j) \tag{10.6}$$

则用 H 回路 $C_{ij} = v_1 v_2 \cdots v_{i-1} v_{j-1} v_{j-2} \cdots v_{i+1} v_i v_j v_{j+1} \cdots v_1$ 代替 C(见图 10.7),显然

$$\omega(C_{ij}) < \omega(C)$$

反复使用上述方法,逐次改进 H 回路的权,直到不存在满足式(10.6)的 C_{ij} 为止. 当然,最后所得的不一定是最优回路.

例如,图 10.8 中,令 $C = v_1 v_2 v_3 v_4 v_5 v_6 v_1$,则

$$\omega(C) = 14 + 15 + 8 + 13 + 1 + 5 = 56$$

由于

$$\omega(v_2 v_5) + \omega(v_1 v_4) < \omega(v_1 v_2) + \omega(v_4 v_5)$$

故用 $C_{14} = v_3 v_2 v_5 v_6 v_1 v_4 v_3$ 代替 C,其中

$$\omega(C_{14}) = 15 + 5 + 1 + 5 + 11 + 8 = 45$$

又因

$$\omega(v_2v_4) + \omega(v_1v_3) < \omega(v_1v_4) + \omega(v_2v_3)$$

故用 $C_{13} = v_4v_3v_1v_6v_5v_2v_4$ 代替 C_{14}，其中

$$\omega(C_{13}) = 8 + 9 + 5 + 1 + 5 + 7 = 35$$

这时，我们将 C_{13} 作为该问题的近似解.

 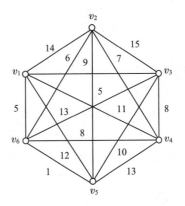

图 10.7   图 10.8

如何衡量所得的解"比较好"的程度呢？可以应用 Kruskal 算法给出一个关于旅行推销员问题的解的下界估计式：任选赋权完全图 K_n 的一个顶点 v，用 Kruskal 算法求出 $K_n - v$ 的最优树 T，设 C 是最优的 H 回路，显然 $C - v$ 也是 $K_n - v$ 的一个生成树，因此

$$\omega(T) \leqslant \omega(C - v)$$

设 e_1 和 e_2 是 K_n 中与 v 关联的边中权最小的两条边，于是

$$\omega(T) + \omega(e_1) + \omega(e_2) \leqslant \omega(C) \tag{10.7}$$

式(10.7)给出了一个 $\omega(C)$ 的下界估计式. 以图 10.8 中的 K_6 为例，令 $v = v_2$，则 $K_6 - v_2$ 如图 10.9 所示.

用 Kruskal 算法求出 $K_6 - v_2$ 的最优树 T，即如图 10.9 中粗边所示. T 的权为

$$\omega(T) = 22$$

而与 v_2 关联的 5 条边中权最小的两条边是 v_2v_5 和 v_2v_6. 因此有

$$33 = 22 + 5 + 6 = \omega(T) + \omega(v_2v_5) + \omega(v_2v_6) \leqslant \omega(C) \leqslant 35$$

由此可见，上面求出的 H 回路

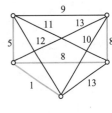

图 10.9

$$C_{13} = v_4v_3v_1v_6v_5v_2v_4$$

是一个很好的近似解.

习   题

1. 图 10.10 中哪些是 E 图？哪些是半 E 图？

2. 试作出一个 E 图 $G(p,q)$，使得 p 与 q 均为奇数. 能否作出一个 E 图 $G(p,q)$，使得 p 为偶数，而 q 为奇数？如果 p 为奇数，q 为偶数呢？

3. 求证:若 G 是 E 图,则 G 的每个块也是 E 图.

图　10.10

4. 求证:若 G 无奇数点,则 G 中存在边互不重的回路 $C_1, C_2, \cdots, C_m$,使得 $E(G) = E(C_1) \cup E(C_2) \cup \cdots \cup E(C_m)$.

5. 求证:若 G 有 $2k > 0$ 个奇点,则 G 中存在 k 个边互不重的链 $Q_1, Q_2, \cdots, Q_k$,使得 $E(G) = E(Q_1) \cup \cdots \cup E(Q_k)$.

6. 证明:如果(1)G 不是 2-连通图,或者(2)G 是二分图 $\langle X, Y \rangle$,且 $|X| \neq |Y|$,则 G 不是 H 图.

7. 证明:若 G 是半 H 图,则对于 $V(G)$ 的每一个真子集 S,有 $\omega(G-S) \leqslant |S| + 1$.

8. 试述 H 图与 E 图之间的关系.

9. 作一个图,它的闭包不是完全图.

10. 若 G 的任何两个顶点均由一条 H 通路连接着,则称 G 是 H 连通的.

(1)证明:若 G 是 H 连通的,且 $p \geqslant 4$,则 $q \geqslant \left\lfloor \frac{1}{2}(3p+1) \right\rfloor$.

(2)对于 $p \geqslant 4$,构造一个具有 $q = \left\lfloor \frac{1}{2}(3p+1) \right\rfloor$ 的 H 连通图 G.

11. 证明:若 G 是一个具有 $p \geqslant 2\delta$ 的连通简单图,则 G 有一条长度至少是 2δ 的通路.

12. 设 $p(p \geqslant 3)$ 阶简单图 G 的度序列为 $d_1 \leqslant d_2 \leqslant \cdots \leqslant d_p$.证明:若对任何 $m, 1 \leqslant m \leqslant (p-1)/2$,均有 $d_m > m$,若 p 为奇数,还有 $d_{\frac{1}{2}(p+1)} > \frac{1}{2}(p-1)$,则 G 是 H 图.

13. 在图 10.8 中,如果分别去掉 v_3, v_4, v_5,则相应得到的旅行推销员问题的解分别取什么下界估计值?

14. 设 G 是一个赋权完全图,其中对任意 $x, y, z \in V(G)$,均满足 $\omega(xy) + \omega(yz) \geqslant \omega(xz)$.证明:$G$ 中最优 H 回路最多具有权 $2\omega(T)$,其中 T 是 G 中的一棵最优树.

第 11 章

匹配与点独立集

我们知道,顶点和边是图的基本要素,本章将论述的匹配、点独立集、覆盖(covering)和团(clique)等概念刻画了顶点与顶点、边与边以及顶点与边之间的相互关系,它有助于我们了解图的结构.

§11.1 匹　　配

定义 11.1.1　设 G 是一个图,$M \subseteq E(G)$. 若 M 中的边都是杆(即两端点不重合),并且任意两条边均不邻接(即无公共端点),则称 M 为 G 的一个匹配(matching).

例如,图 11.1(a)中粗线表示的边集合就是相应图的一个匹配. 显然,一个图 G 的匹配可能不唯一.

图　11.1

设 M 是 G 的一个匹配,$v \in V(G)$. 若 v 与 M 中的某边关联,则称 v 是 M-饱和点(M-saturated vertex),否则称 v 是非 M-饱和点(non-M-saturated vertex). 若 $uv \in M$,则称 u 与 v 配对.

G 的边数最多的匹配称为最大匹配(maximal matching). 最大匹配所含的边数称为最大匹配数(maximal matching number),记为 $\alpha'(G)$. 易知,$\alpha'(G) \leqslant p/2$,其中 p 是 G 的顶点数.

设 M 是 G 的一个匹配,如果 G 的每一个顶点都是 M-饱和点,则称 M 为完美匹配(perfect matching). 例如,图 11.1(b)中粗线表示的边集就是该图的一个完美匹配.

显然,完美匹配必是最大匹配,但反之不然. 而且,一个图 G 的最大匹配一定存在,但完美匹配不一定存在. 例如,图 11.1(a)中粗线表示的边集是一个最大匹配,但不是完美匹配,实际上,该图不存在完美匹配.

由于任何一个匹配的子集仍是匹配，所以，最大匹配或完美匹配就成了人们感兴趣的研究对象.

按照匹配的定义，不妨设以下所讨论的图都是简单图.

定义 11.1.2 设 M 是 G 的一个匹配，μ 中的边依次交错地属于 M 与 $E(G) - M$，则称 μ 是一条 M-交错路(M-alternating path).

例如，在图 11.1(a) 所示的匹配 $M = \{v_1v_3, v_2v_5, v_7v_8\}$ 中，$\mu = v_1v_3v_{5}$ 就是一条 M-交错路.

定义 11.1.3 设 M 是 G 的一个匹配，μ 是一条 M-交错路. 若 μ 的起点和终点都是非 M-饱和点，则称 μ 为 M-可增广路(M-augmentable path).

例如，在图 11.1(c) 所示的匹配 $M = \{v_1v_4, v_2v_3, v_6v_7\}$ 中，$\mu = v_8v_7v_6v_5$ 就是一条 M-可增广路. 不难发现，图 11.1(a) 所示的匹配(粗线) M 不存在 M-可增广路.

定理 11.1.1 图 G 的匹配 M 是最大匹配当且仅当 G 中不存在 M-可增广路.

证明 设 M 是 G 的一个最大匹配. 如果 G 中存在一个 M-可增广路 μ，则由定义知，μ 的长度必为奇数，且不属于 M 的边比属于 M 的边恰好多一条. 令 $M' = \mu \oplus M$，显然 M' 也是 G 的一个匹配，且 $|M'| = |M| + 1 > |M|$. 此与 M 的假设矛盾，故 G 中不存在 M-可增广路.

反之，设 G 中不存在 M-可增广路. 若 M 不是最大匹配，则可令 M' 是 G 的一个最大匹配，于是 $|M'| > |M|$.

令 $H = G[M \oplus M']$，即设 H 是由 M 与 M' 的对称差(边集)所导出的子图，任取 $v \in V(H)$，因为 v 最多只能与一条 M 中的边和 M' 中的边关联，所以 $d_H(v) = 1$ 或 2. 于是，H 的每个连通分支或者是一条边在 M 和 M' 中交错出现的长度为偶数的回路，或者是一条边在 M 和 M' 中交错出现的通路 P. 由于 $|M'| > |M|$，所以，H 包含 M' 的边多于 M 的边. 显然，P 不可能是回路，故 P 只能是一条通路，而且开始于 M' 的边且终止于 M' 的边. 即 P 是一条 M-可增广路. 此为矛盾，故 M 是最大匹配.

此定理实际上提供了一种找最大匹配的方法：设 G 的任何一个匹配 M，如果不存在 M-可增广路，则 M 就是一个最大匹配；否则将一条 M-可增广路 μ 中不属于 M 的边作成一个集合 M'，它也是 G 的一个匹配，且 $|M'| > |M|$. 如此下去，直到不存在可增广路为止.

定义 11.1.4 设 G 是一个图，$V_0 \subset V(G)$. G 中与 V_0 的顶点邻接的所有顶点之集合，称为 V_0 的邻集(neighboring set)，记为 $N_G(V_0)$.

设 G 是一个具有二划分 (X, Y) 的二分图. 在实际应用中，总希望能找到 G 的一个匹配，使它饱和 X 的每个顶点.

定理 11.1.2(Hall 定理) 设 G 是具有二划分 (X, Y) 的二分图. 于是，G 有饱和 X 中每个顶点的匹配当且仅当对任何 $S \subseteq X$，有

$$|S| \leqslant |N_G(S)| \tag{11.1}$$

证明 设 M 是饱和 X 的所有顶点的匹配，任取 $S \subseteq X$，由于 S 的顶点在 M 中与 $N_G(S)$ 的顶点配对，且这些配对的顶点互相不同. 因此

$$|S| \leqslant |N_G(S)|$$

反之，假设 G 是满足式(11.1)的二分图，但 G 没有饱和 X 的所有顶点的匹配. 设 M^* 是 G 的最大匹配，由假设 M^* 也不饱和 X 的所有顶点.

设 u 是 X 的一个非 M^*-饱和点，并设 Z 是 G 中通过 M^* 交错路与 u 相连接的顶点之集合. 由

M^* 的性质及定理 11.1.1 知, u 是 Z 中唯一的非 M^*-饱和点. 令
$S = Z \cap X$, $T = Z \cap Y$ (见图 11.2)

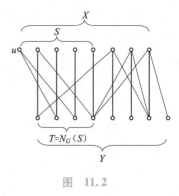

显然, $S - \{u\}$ 中的顶点在 M^* 下与 T 中的顶点两两相互配对. 因此

$$|S| - 1 = |T| \qquad (11.2)$$

下证 $T = N_G(S)$. 对任意 $v \in T$, G 中有一条由 u 到 v 的 M^* 交错
路 P, 因为 G 是二分图, 所以 P 上与 v 邻接的顶点必是 S 的顶点,
于是 $v \in N_G(S)$. 从而 $T \subseteq N_G(S)$. 反之, 对任意 $v \in N_G(S)$, 设 S 中
与 v 邻接的顶点是 w, 而 P 是由 u 到 w 的一条 M^* 交错路. 若 v 在 P

图　11.2

上, 则 P 上由 u 到 v 的一节是一条由 u 到 v 的 M^* 交错路. 因此 $v \in$
Z; 否则, 若 v 不在 P 上, 则因 P 的长度为偶数, 其最后一条边是 M^* 中的边, 于是 $wv \notin M^*$, 从而 P
$\cup \{wv\}$ 是一条由 u 到 v 的 M^*-交错路, 即也有 $v \in Z$. 总之, 对任意 $v \in N_G(S)$, 都有 $v \in Z$, 但因 G 是
二分图, 所以 $v \in T$. 从而 $N_G(S) \subseteq T$, 总之有

$$T = N_G(S) \qquad (11.3)$$

最后, 由式 (11.2) 与式 (11.3) 知

$$N_G(S) = |T| = |S| - 1 < |S|$$

此与式 (11.1) 矛盾. 故 G 有饱和 X 的所有顶点的匹配.

完美匹配是特殊的最大匹配, 它的判定条件显然比最大匹配的判定条件要强. 为方便起见,
称有奇 (偶) 数个顶点的连通分支为奇 (偶) 分支, 并且 $O(G)$ 表示图 G 中奇分支的个数.

定理 11.1.3　图 G 存在完美匹配当且仅当对任意 $S \subset V(G)$ 有

$$O(G - S) \leq |S| \qquad (11.4)$$

证明　设 G 有一个完美匹配 M. 令 S 是 $V(G)$ 的一个真子集, 并设 $G_1, G_2, \cdots, G_n$ 是 $G - S$ 的所
有奇分支. 因 G_i 是奇分支, 所以 G_i 的某一个顶点 u_i 必在 M 下和 S 的某个顶点 v_i 配对, 即 $u_i v_i \in$
$M(i = 1, 2, \cdots, n)$ (见图 11.3).

图　11.3

因为 $\{v_1, v_2, \cdots, v_n\} \subseteq S$, 所以

$$O(G - S) = n = |\{v_1, v_2, \cdots, v_n\}| \leq |S|$$

反之, 设 G 满足式 (11.4). 下面对 $|V(G)|$ 作归纳证明 G 中存在完美匹配.

当 $|V(G)|$ 为奇数, 则令 $S = \varnothing$, 于是

$$O(G - S) \geq 1 > 0 = |S|$$

此与式(11.4)矛盾. 故 $|V(G)|$ 必为偶数.

当 $|V(G)|=2$ 时, 由式(11.4)可推出 G 有完美匹配.

假设 $|V(G)|<n$ 时, G 有完美匹配.

对 $|V(G)|=n>2$ 且满足式(11.4)的图, 下证 G 中存在完美匹配.

首先证明, 存在 $S\subset V(G)$, 使式(11.4)中的等式成立. 任取 $v\in V(G)$, 令 $S=\{v\}$. 于是 $G-S$ 是奇数个顶点的图, 从而 $O(G-S)\geq 1=|S|$, 而由式(11.4)知 $O(G-S)=|S|$.

其次, 设 S_0 是使式(11.4)中的等式成立且顶点最多的那个 S, 并设 $G_1,G_2,\cdots,G_m$ 是 $G-S_0$ 的所有奇分支, 显然 $m=|S_0|$. 又设 $D_1,D_2,\cdots,D_r$ 是 $G-S_0$ 的全部偶分支, $r\geq 0$. 我们有以下事实:

(1)若 $r>0$, 则每个 D_i 都有完美匹配, $i=1,2,\cdots,r$.

事实上, 设 $S\subset V(D_i)$, 则

$$O(G-S_0)+O(D_i-S)=O(G-S_0\cup S)\leq |S_0\cup S|=|S_0|+|S|$$

而 $O(G-S_0)=|S_0|$, 因此

$$O(D_i-S)\leq |S|$$

显然, $|V(D_i)|<|V(G)|$, 又 D_i 满足式(11.4), 故由归纳假设知, D_i 有完美匹配.

(2)对每个奇分支 G_i 和任何 $v\in V(G_i)$, G_i-v 有完美匹配, $1\leq i\leq m$.

事实上, 若不然, 由归纳假设, 存在 $S\subset V(G_i-v)$, 使得

$$O(G_i-v-S)>|S| \tag{11.5}$$

因为 $|V(G_i-v)|$ 是偶数, 所以 $|V(G_i-v)|-S$ 与 $|S|$ 同奇偶. 而 $O(G_i-v-S)$ 与 $|V(G_i-v-S)|$ 又具有相同的奇偶性, 从而 $O(G_i-v-S)$ 与 $|S|$ 同奇偶, 于是, 由式(11.5)知

$$O(G_i-v-S)\geq |S|+2$$

于是

$$|S_0|+1+|S|=|S_0\cup\{v\}\cup S|\geq O(G-S_0\cup\{v\}\cup S)$$
$$=O(G-S_0)-1+O(G_i-v-S)\geq |S_0|+1+|S|$$

这说明

$$O(G-S_0\cup\{v\}\cup S)=|S_0\cup\{v\}\cup S|$$

此与 S_0 的最大性矛盾. 故 G_i-v 有完美匹配.

(3)G 包含 m 条形如 u_iv_i 的互不邻接的边. 其中 $u_i\in G_i$, $v_i\in S_0$, $i=1,2,\cdots,m$ (见图 11.4).

事实上, 我们构造一个二分图 $H=\langle X,Y\rangle$, 其中 $X=\{G_1,G_2,\cdots,G_m\}$, $Y=S_0$, 即在二分图 H 中, 将奇分支 G_i 看作一个点, 而 G_i 与 $v\in S_0$ 邻接当且仅当 G 中有一条连接 v 与 G_i 中某个顶点的边.

设 $S\subseteq X$, 令

$$S'=N_H(S)=\{v\in V(S_0)\mid v \text{ 与 } S \text{ 中某个顶点邻接}\}$$

易知

$$|S|\leq O(G-S') \tag{11.6}$$

又因为 $S'\subset V(G)$, 所以由式(11.4)有

$$O(G-S')\leq |S'|=|N_H(S)| \tag{11.7}$$

由式(11.6)与式(11.7)有

$$|S|\leq |N_H(S)| \tag{11.8}$$

因此, 图 H 满足前面讲的 Hall 定理的条件. 从而, 存在一个匹配 M_1, 使得 X 中每个顶点都是 M_1-饱

和点(这种匹配称为饱和 X 的匹配),即
$$M_1 = \{u_i v_i \mid u_i \in G_i, v_i \in S_0, i = 1, 2, \cdots, m\}$$
结合以上(1)~(3)可知,G 有一个完美匹配(见图 11.4).

图　11.4

§11.2　独立集和覆盖

我们知道,匹配就是一组互不邻接的边的集合. 与此相应,有:

定义 11.2.1　设 S 是图 G 的顶点子集合. 如果 S 中任意两个顶点在 G 中均不邻接,则称 S 是 G 的一个点独立集,简称独立集. 特别地,若不存在满足 $|S'| > |S|$ 的独立集 S',则称 S 是 G 的最大独立集(maximal independent set),其顶点数称为点独立数(vertex independent number),记为 $\alpha(G)$.

例如,在图 11.5 中,$\{x\}$ 是独立集,$\{u, w\}$ 是最大独立集,$\alpha(G) = 2$.

定义 11.2.2　设 G 是图,$K \subseteq V(G)$. 如果 G 的每条边都至少有一个端点在 K 中,则称 K 是 G 的一个覆盖. 特别地,如果没有覆盖 K' 满足 $|K'| < |K|$,则称 K 是 G 的一个最小覆盖(minimal covering),其顶点数称为点覆盖数(vertex covering number),记为 $\beta(G)$.

图　11.5

例如,在图 11.5 中,$\{u, v, y, w, z\}$ 是 G 的一个覆盖,$\{x, y, z, v\}$ 是 G 的最小覆盖,$\beta(G) = 4$.

独立集与覆盖有如下关系:

定理 11.2.1　设 $S \subseteq V(G)$,于是 S 是 G 的独立集,当且仅当 $V(G) - S$ 是 G 的覆盖.

证明　由定义知,S 是 G 的独立集,当且仅当 G 中每条边的两个端点不同时属于 S,当且仅当 G 中每条边至少有一个端点属于 $V(G) - S$,当且仅当 $V(G) - S$ 是 G 的覆盖.

对于边集合,类似于覆盖有:

定义 11.2.3　设 G 是一个图,$L \subseteq E(G)$. 如果 G 的每个顶点都是 L 中某边的端点,则称 L 为 G 的边覆盖(edge cover). 特别地,如果没有边覆盖 L' 满足 $|L'| < |L|$,则称 L 为最小边覆盖,其边数称为边覆盖数,记为 $\beta'(G)$.

例如,在图 11.5 中,$E(G)$ 是 G 的边覆盖,$L = \{uz, xw, vy\}$ 是 G 的最小边覆盖,$\beta'(G) = 3$.

下面讨论匹配、独立集、覆盖及边覆盖之间的关系.

定理 11.2.2　对任何 G,均成立

$$\alpha'(G) \leqslant \beta(G) \qquad (11.9)$$

式中，$\alpha'(G)$为G的最大匹配数，$\beta(G)$为G的点覆盖数．特别地，若G是二分图，则式(11.9)等号成立．

证明　设M是G的任意一个匹配，K是G的任意一个覆盖．显然，K包含M中每条边至少一个端点，因此$|M| \leqslant |K|$．再由M和K的任意性知，$\alpha'(G) \leqslant \beta(G)$．

设G是具有二划分(X, Y)的二分图，M^*是G的最大匹配．

用U表示X的非M^*-饱和顶点之集合，Z表示G中由M^*交错路连接到U顶点的所有顶点之集合．令$S = Z \cap X$，$T = Z \cap Y$(见图11.6)．

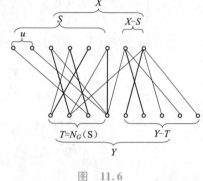

图　11.6

类似于 Hall 定理的证明，可知T中每个顶点都是M^*-饱和的，并且$N_G(S) = T$．令$\tilde{K} = (X - S) \cup T$，则$G$的每条边至少有一个端点在$\tilde{K}$中，否则存在边$e = uv$，使得$u \in S, v \in Y - T$，此与$N_G(S) = T$矛盾．于是$\tilde{K}$是$G$的一个覆盖．又$X - S$中的顶点不能通过$M^*$的边与$T$中的顶点邻接，否则，这样的点应属于$S$．这样，$\tilde{K}$中的每个顶点与$M^*$中的一条边关联，而且$M^*$的一条边只与$\tilde{K}$中的一个顶点关联．从而

$$|M^*| = |\tilde{K}| \qquad (11.10)$$

而M^*是最大匹配，所以$|M^*| = \alpha'(G)$，又由式(11.9)及式(11.10)知$\tilde{K}$是最小覆盖，即$|\tilde{K}| = \beta(G)$．故

$$\alpha'(G) = \beta(G)$$

当G不是二分图时，式(11.9)的等式可能不成立．例如，图11.5中$\alpha'(G) = 3, \beta(G) = 4$．

定理11.2.3　设图G中p个顶点，则

$$\alpha(G) + \beta(G) = p$$

式中，$\alpha(G)$是点独立数，$\beta(G)$是点覆盖数．

证明　设S是G的最大独立集，K是G的最小覆盖．由定理11.2.1知，$V(G) - S$是G的覆盖，而$V(G) - K$是G的独立集，因此

$$p - \alpha(G) = |V(G) - S| \geqslant \beta(G) \qquad (11.11)$$

$$p - \beta(G) = |V(G) - K| \leqslant \alpha(G) \qquad (11.12)$$

由式(11.11)和式(11.12)可得

$$\alpha(G) + \beta(G) = p$$

定理11.2.4　设G是无孤立点的p阶图．则

$$\alpha'(G) + \beta'(G) = p$$

式中，$\alpha'(G)$是最大匹配数，$\beta'(G)$是边覆盖数．

证明　设M是G的一个最大匹配，U是非M-饱和顶点之集合，则$|U| = p - \alpha'(G)$．由G及M的假设，存在一个$|U|$条边的边集E'，使得E'的每条边都和U的一个顶点关联．因此$M \cap E' = \emptyset$．于是$M \cup E'$是G的一个边覆盖．从而

$$\beta'(G) \leqslant |M \cup E'| = \alpha'(G) + (p - 2\alpha'(G)) = p - \alpha'(G)$$

即

$$\alpha'(G) + \beta'(G) \leqslant p \tag{11.13}$$

再设 L 是 G 的一个最小边覆盖. 令 $H = G[L]$, 并设 M 是 H 的最大匹配, 用 U 表示 H 中非 M-饱和顶点之集合. 由于 $U \subset V(H)$, 所以 U 中的顶点都是 L 中某边的端点. 于是

$$|L| - |M| = |L - M| \geqslant |U| = p - 2|M|$$

显然 M 也是 G 的匹配, 因此

$$\alpha'(G) + \beta'(G) \geqslant |M| + |L| \geqslant p \tag{11.14}$$

由式(11.13)和式(11.14), 得

$$\alpha'(G) + \beta'(G) = p$$

需要指出的是, 对于匹配与边覆盖而言, 没有类似定理 11.2.1 的结论, 如图 11.7 所示. 图 11.7(a) 中, 左图粗线部分是一个边覆盖 L, 右图 $E(a) - L$ 却不是一个匹配; 图 11.7(b) 中, 左图粗线部分是一个匹配 M, 右图 $E(a) - M$ 却不是一个边覆盖.

图　11.7

§11.3　Ramsey 数

【例 11.1】　在一个完全图 K_6 中, 若用任意一种方式将它的边着成红色或蓝色, 则在此图中必存在一个红色三角形或蓝色三角形.

事实上, 在完全图 K_6 中任取一个顶点 A, 则与 A 关联的 5 条边中必有三条边为同一种颜色, 不妨设有三条边为红色, 且这三条边的另一端分别为 B, C, D. 在 K_6 中 B, C, D 三个顶点组成的三角形中, 若有一条是红色的, 例如 BD, 则它与红边 AB, AD 就构成了一个红色三角形 ABD, 否则, 三角形 BCD 就是一个蓝色三角形. 故结论成立.

例如, 图 11.8 是一个 K_6, 其中实线表示红色边, 虚线表示蓝色边, 其中就有一个蓝色三角形 BCD.

如果把 K_6 改为 K_5, 则就不能保证一定存在红色三角形或蓝色三角形, 如图 11.9 所示.

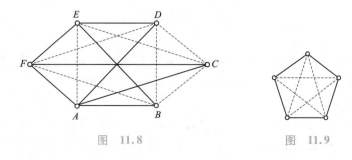

图　11.8　　　　　　　图　11.9

可以把边带红、蓝两色的 K_6 看成一个 6 个顶点的简单图 G. 令 $G = K_6 - E'$，其中 $E' = \{e \in E(K_6) \mid e$ 是蓝色的边$\}$. 于是，上述结论也可叙述为：在 6 个顶点的任意简单图 G 中，或者有三个顶点互相邻接，或者有三个顶点互不邻接.

定义 11.3.1 设 G 是一个简单图，$S \subseteq V(G)$. 若 $G[S]$ 是完全图，则称 S 是 G 的一个团. k 个顶点的团称为 k 团.

由定义知，S 是 G 的团当且仅当 S 是 $\overline{G}$ 的独立集，其中 $\overline{G}$ 是 G 的补图. k 个顶点的独立集称为 k 独立集.

设 k 和 p 是两个正整数，$k < p$. 若 p 阶图的边较少，则容易产生 k 独立集，否则容易产生 k 团.

1930 年，Ramsey 证明了如下事实：对于任意正整数 k, l，总存在一个正整数 p，使得任意一个 p 阶图中，或者含 k 团，或者含 l 独立集.

定义 11.3.2 对任意正整数 k, l，令

$$r(k, l) = \min \{p \mid \text{任何 } p \text{ 阶图或含 } k \text{ 团，或含 } l \text{ 独立集}\}$$

称 $r(k, l)$ 为 Ramsey 集.

由图 11.8 和图 11.9 知，$r(3, 3) = 6$. 显然，$r(1, l) = r(k, 1) = 1$.

关于 Ramsey 数，有以下基本性质：

定理 11.3.1 对任意整数 $k, l \geqslant 2$，有：

$(1) r(k, l) = r(l, k)$；　　　　　　　　　　　　　　　　　　　　　(11.15)

$(2) r(k, 2) = k$；　　　　　　　　　　　　　　　　　　　　　　　(11.16)

$(3) r(k, l) \leqslant r(k, l-1) + r(k-1, l)$.　　　　　　　　　　　　(11.17)

并且，当 $r(l, k-1)$ 和 $r(k-1, l)$ 都是偶数时，不等式严格成立.

证明 （1）由定义即得.

（2）对于 k 个顶点的任意一个图 G，若 G 是完全图 K_k，则它就是一个 k 团，否则 G 中至少有两个顶点不邻接，即存在 2 独立集. 因此，$r(k, 2) \leqslant k$. 又当顶点数 $p < k$ 时，K_p 既不含 k 团，也不含 2 独立集，故 $r(k, 2) = k$.

（3）设 G 是 $r(k, l-1) + r(k-1, l)$ 个顶点的图. 任取 $v \in V(G)$. 设 G 中与 v 不邻接的顶点集为 S，与 v 邻接的顶点集为 T. 于是，以下两种情况总有一个成立.

（i）$|S| \geqslant r(k, l-1)$；

（ii）$|T| \geqslant r(k-1, l)$.

否则，有 $|S| \leqslant r(k, l-1) - 1$，$|T| \leqslant r(k-1, l) - 1$，从而

$$
\begin{aligned}
|V(G)| = |S \cup T \cup \{v\}| &= |S| + |T| + 1 \\
&\leqslant [r(k, l-1) - 1] + [r(k-1, l) - 1] + 1 \\
&= r(k, l-1) + r(k-1, l) - 1 = |V(G)| - 1
\end{aligned}
$$

此为矛盾.

若（i）成立，则 $G[S]$ 含 k 团或 $(l-1)$ 独立集. 于是 $G[S \cup \{v\}]$ 含 k 团或 l 独立集. 若（ii）成立，则 $G[T]$ 含 $(k-1)$ 团或 l 独立集. 于是 $G[T \cup \{v\}]$ 含 k 团或 l 独立集. 总之，G 中含 k 团或 l 独立集，故式（11.17）成立.

假设 $r(k, l-1)$ 和 $r(k-1, l)$ 都是偶数. 并设 G 是有 $r(k, l-1) + r(k-1, l) - 1$ 个顶点的图. 在 G 的奇数个顶点中，必有度为偶数的顶点 v, v 不能恰好与 $r(k-1, l) - 1$ 个顶点邻接. 与上述证明

类似,不管(i)和(ii)哪种情况出现,G 都包含 k 团或 l 独立集,于是

$$r(k,l) \leqslant r(k,l-1) + r(k-1,l) - 1 < r(k,l-1) + r(k-1,l)$$

通过构造适当的图可能得到 Ramsey 数的下界.再由定理 11.3.1,有时还可能得到 Ramsey 数准确值.例如,图 11.10 中的 8 阶图既不含 3 团,又不含 4 独立集,所以

$$r(3,4) > 8 \tag{11.18}$$

注意到 $r(3,3) = 6$ 和 $r(2,4) = 4$ 都是偶数,由定理 11.3.1 有

$$r(3,4) < r(3,3) + r(2,4) = 6 + 4 = 10 \tag{11.19}$$

由式(11.18)和式(11.19)可得

$$r(3,4) = 9 \tag{11.20}$$

利用式(11.20)又可得

$$r(3,5) \leqslant r(3,4) + r(2,5) = 9 + 5 = 14 \tag{11.21}$$

而图 11.11 中的 13 阶图既不含 3 团,也不含 5 独立集,因此

$$r(3,5) > 13 \tag{11.22}$$

由式(11.21)和式(11.22)可得

$$r(3,5) = 14.$$

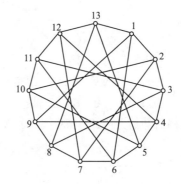

图 11.10   图 11.11

定理 11.3.2 $\quad r(k,l) \leqslant \dbinom{k+l-2}{k-1}$ $\tag{11.23}$

证明 对 $k+l$ 作归纳证明.由 $r(1,l) = r(k,1) = 1$ 以及 $r(2,l) = l$ 和 $r(k,2) = k$ 可知当 $k+l \leqslant 5$ 时,结论成立.

假设式(11.23)对于满足 $5 \leqslant k+l < m+n$ 的一切正整数 k,l 成立,则由定理 11.3.1 和归纳假设有

$$r(m,n) \leqslant r(m,n-1) + r(m-1,n) \leqslant \binom{m+n-3}{m-1} + \binom{m+n-3}{m-2} = \binom{m+n-2}{m-1}$$

故式(11.23)对所有正整数 k,l 均成立.

定理 11.3.3 当 $k \geqslant 2$ 时,$r(k,k) \geqslant 2^{\frac{k}{2}}$

证明 因为 $r(2,2) = 2 \geqslant 2^{\frac{2}{2}}$,所以下面设 $k \geqslant 3$.令 Y_p 表示以 $\{v_1, v_2, \cdots, v_p\}$ 为顶点集的简单图的集合.易知,$|Y_p| = 2^{\binom{p}{2}}$,又用 Y_p^k 表示 Y_p 中具有 k 团的图之集合.对 $\{v_1, v_2, \cdots, v_p\}$ 中 k 个固定的

顶点 $v_{i_1}, v_{i_2}, \cdots, v_{i_k}$，$Y_p$ 中含 $v_{i_1}, v_{i_2}, \cdots, v_{i_k}$ 的 k 团的图共有 $2^{\binom{p}{2} - \binom{k}{2}}$ 个，而这样的 k 个顶点之集合共有 $\binom{p}{k}$ 个，因此，

$$|Y_p^k| \leqslant \binom{p}{k} \cdot 2^{\binom{p}{2} - \binom{k}{2}}$$

于是

$$\frac{|Y_p^k|}{|Y_p|} \leqslant \binom{p}{k} \cdot 2^{-\binom{k}{2}} < \frac{p^k \cdot 2^{-\binom{k}{2}}}{k!}$$

假设 $p < 2^{\frac{k}{2}}$，则

$$\frac{|Y_p^k|}{|Y_p|} < \frac{2^{\frac{k^2}{2}} \cdot 2^{-\binom{k}{2}}}{k!} = \frac{2^{\frac{k}{2}}}{k!} < \frac{1}{2}$$

这说明 Y_p 中只有不到半数的图含 k 团. 又因为 $\overline{Y_p} = \{\overline{G} \mid G \in Y_p\}$，所以 Y_p 中也只有不到半数的图含 k 独立集. 于是，Y_p 中必存在某一个图，它既不含 k 团，又不含 k 独立集. 注意到此结论对任意 $p < 2^{\frac{k}{2}}$ 都成立，故

$$r(k,k) \geqslant 2^{\frac{k}{2}}$$

此定理的证明所使用的方法"概率方法"，它是一种很有用的非构造性证明的方法.

上述定理所给出的 $r(k,l)$ 的上、下界，一般是比较粗糙的，现在人们借助计算机，通过一些新方法获得了一些结果. 但 Ramsey 数的确定仍是一个十分困难的问题. 下面的表给出了对于 $k,l \geqslant 3$ 的某些 $r(k,l)$ 的准确值和估计值. 已知的 Ramsey 数表见表 11.1.

表 11.1

k	l							
	3	4	5	6	7	8	9	10
3	6	9	14	18	23	28	36	40/43
4	9	18	25	35/41	49/61	56/84	73/115	92/149
5	14	25	43/49	58/87	80/143	101/216	126/316	144/442
6	18	35/41	58/87	102/165	113/298	132/495	169/780	179/1171
7	23	49/61	80/143	113/298	205/540	217/1031	241/1713	289/2826
8	28	56/84	101/216	132/495	217/1031	282/1870	317/3583	/6090
9	36	73/115	126/316	169/780	241/1713	317/3583	565/6588	581/12677
10	40/43	92/149	144/442	179/1171	289/2826	/6090	581/12677	798/23556

注：表中单个数字表示找到了精确解；x/y 表示只找到解的一个范围，即解是 $x \sim y$ 之间的某个数；$/y$ 表示只找到解的范围的一个边界值 y，另一个边界值 x 尚未找到.

§11.4　应用（人员分配问题）

设某单位有 n 名工作人员 $x_1, x_2, \cdots, x_n$ 和 n 项工作 $y_1, y_2, \cdots, y_n$. 已知 n 个工作人员中每人至

少能胜任一项工作,每项工作都至少有一个人能胜任,但不是每人都胜任各项工作. 能否给出一个工作安排,使得每人恰好能分配到一项他所能胜任的工作? 这就是所谓人员分配问题.

令 $X = \{x_1, x_2, \cdots, x_n\}$ 表示工作人员的集合,$Y = \{y_1, y_2, \cdots, y_n\}$ 表示工作的集合.作一个二分图 $G = \langle X, Y \rangle$.规定 x_i 与 y_i 邻接当且仅当 x_i 能胜任 y_i,$1 \leqslant i, j \leqslant n$,于是,人员分配问题就转化为求二分图 G 的一个完美匹配.按照 11.1 节介绍的 Hall 定理,若 G 中不存在完美匹配,则必存在 $S \subset X$,使得

$$|N_G(S)| < |S| \tag{11.24}$$

下面介绍一种求解人员分配问题的算法——匈牙利算法.当 G 有完美匹配时,该算法至少求出一个解,否则,给出满足式(11.24)的 S.

从 G 中任取一个匹配 M(称为初始匹配,它可以是一条边),然后实施下列步骤:

(1)若 M 饱和 X 的每个顶点,则算法停止(M 就是问题的一个解),否则,设 $u \in X$ 是非 M-饱和点.令 $S := \{u\}$,$T := \varnothing$,转(2).

(2)若 $N_G(S) = T$,则 $|N_G(S)| < |S|$,算法停止(无解),否则,任取 $y \in N_G(S) - T$,转(3).

(3)若 y 是 M-饱和的,则令 $S := S \cup \{z\}$,$T := T \cup \{y\}$,其中 $zy \in M$,转(2);否则,可得到一条以 u 为起点,y 为终点的 M-可增广路 P,令 $M := M \oplus E(P)$,转(1).

【例 11.2】　求图 11.12 所示的二分图 G 的完美匹配.

解　首先取初始匹配 $M = \{x_2y_2, x_3y_3, x_5y_5\}$,执行算法的步骤序列如下:

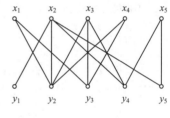

图　11.12

(1)X 中存在非 M-饱和点.令 $S := \{x_1\}$,$T := \varnothing$.

(2)$N_G(S) = \{y_2, y_3\} \neq T$. 取 $y_2 \in N_G(S) - T$.

(3)y_2 是 M-饱和点. $x_2y_2 \in M$. 令 $S := S \cup \{x_2\} = \{x_1, x_2\}$,$T := T \cup \{y_2\} = \{y_2\}$.

(4)$N_G(S) = \{y_1, y_2, y_3, y_4, y_5\} \neq T$. 取 $y_1 \in N_G(S) - T$.

(5)y_1 是非 M-饱和点.由 x_1 到 y_1 的 M-可增广路 $p = x_1y_2x_2y_1$. 令

$$M := M \oplus P = \{x_1y_2, x_2y_1, x_3y_3, x_5y_5\}$$

(6)X 中存在非 M-饱和点 x_4,令 $S := \{x_4\}$,$T := \varnothing$.

(7)$N_G(S) = \{y_2, y_3\} \neq T$. 取 $y_2 \in N_G(S) - T$.

(8)y_2 是 M-饱和点,由 $x_1y_2 \in M$. 令 $S := S \cup \{x_1\} = \{x_1, x_4\}$,$T := T \cup \{y_2\} = \{y_2\}$.

(9)$N_G(S) = \{y_2, y_3\} \neq T$. 取 $y_3 \in N_G(S) - T$.

(10)y_3 是 M-饱和点,$x_3y_3 \in M$,令 $S := S \cup \{x_3\} = \{x_1, x_3, x_4\}$,$T := T \cup \{y_3\} = \{y_2, y_3\}$.

(11)$N_G(S) = \{y_2, y_3, y_4\} \neq T$. 取 $y_4 \in N_G(S) - T$.

(12)y_4 是非 M-饱和点. 由 x_4 到 y_4 的 M-可增广路 $P = x_4y_2x_1y_3x_3y_4$. 令

$$M := M \oplus P = \{x_1y_3, x_2y_1, x_3y_4, x_4y_2, x_5y_5\}$$

(13)M 饱和 X 的每个顶点,停止. 解为 M.

从此例可以看出,G 的完美匹配(若存在)并不一定是在初始匹配的基础上添加一些边所形成的.

习　　题

1.证明:任何树最多只有一个完美匹配.

2. 证明：树 G 有完美匹配当且仅当对任意 $v \in V(G)$，均有 $O(G - v) = 1$.

3. 设 k 为大于 1 的奇数，举出没有完美匹配的 k-正则简单图的例子.

4. 设 k 为大于 0 的偶数，举出有完美匹配的 k-正则简单图的例子.

5. 两个人在图 G 上对弈，双方分别执黑子与白子，轮流向 G 的不同顶点 $v_0, v_1, v_2, \cdots$ 下子，要求当 $i > 0$ 时，v_i 与 v_{i-1} 邻接，并规定最后可下子的一方获胜. 若规定执黑子者先下子，试证明执黑子的一方有取胜的策略当且仅当 G 无完美匹配.

6. 证明：二分图 G 有完美匹配的充分必要条件是对任何 $S \subseteq V(G)$，有 $|S| \leqslant |N_G(S)|$ 成立. 举例说明若 G 不是二分图，则上述条件不是充分的.

7. $2n$ 个学生做化学实验，每两个人一组. 如果每对学生只在一起互相做一次，做出一个安排，使任意两个学生都在一起做过实验.

8. 证明：任何一个 $(0,1)$ 矩阵中，包含元素 1 的行或列的最小数目，等于位于不同行和不同列的 1 的最大数目.

9. 能否用 5 个 1×2 的长方表将图 11.13 中的 10 个 1×1 正方形完全遮盖住?

10. 证明：G 是二分图当且仅当对 G 的每个子图 H 均有 $\alpha(H) \geqslant \dfrac{1}{2}|V(H)|$.

11. 证明：G 是二分图当且仅当对 G 的每个适合 $\delta(H) > 0$ 的子图 H 均有 $\alpha(H) = \beta'(H)$.

图　11.13

12. 设 G 是具有二划分 (X, Y) 的二分图. 证明：若对于任何 $u \in X$ 与 $v \in Y$ 均有 $d(u) \geqslant d(v)$，则 G 有饱和 X 中每一顶点的匹配.

13. 证明（Hall 定理的推广）：在以 (X, Y) 为二划分的二分图 G 中，最大匹配数 $\alpha'(G)$ 为
$$\alpha'(G) = \min_{S \subseteq X}\{|X - S| + |N_G(S)|\}.$$

14. 证明：在无孤立点的二分图 G 中，最大独立集的顶点集 $\alpha(G)$ 等于最小边覆盖数 $\beta'(H)$.

15. 在 9 个人的人群中，假设有一个人认识另外两个人，有两个人每人认识另外 4 个人，有 4 个人认识另外 5 个人，余下的 2 个人每人认识另外的 6 个人. 证明：有 3 个人，他们全部互相认识.

16. 设 $G(p, q)$ 是简单图，且 $q > p^2/4$，则 G 包含三角形，请证明此结论.

17. 试找出一个简单图 $G(p, q)$，使得 $q = \lfloor p^2/4 \rfloor$，但 G 不包含三角形.

18. 将 K_{13} 的边着红色或蓝色，使其中既没有三边红色的 K_3，也没有 10 条边全着成蓝色的 K_5.

19. 设 $m = \min\{k, l\}$，求证：$r(k, l) \geqslant 2^{m/2}$.

20. 证明：当 $k \geqslant 3$ 时，$r(k, k) > k \cdot 2^{\frac{k}{2} - 2}$.

21. 在匈牙利算法的第 (3) 步中，假如 y 是非 M-饱和的，如何得到一条从 u 到 y 的 M-可增广路?

22. 说明在匈牙利算法的第 (3) 步中，执行 $M := M \oplus E(P)$ 后，所得到的 M 仍是 G 的一个匹配.

23. 在图 11.12 中，将边 $x_3 y_4$ 去掉，利用匈牙利算法求所得二分图的完美匹配. 若不存在，则给出使 $|N_G(S)| < |S|$ 成立的 S.

24. 将匈牙利算法稍加修改，使之能用来求二分图中的最大匹配.

第 12 章

图 的 着 色

图的着色分为顶点着色、边着色等,它是图论中的重要内容之一. 人们最关心的是怎样用最少的颜色种数来对一个图进行正常着色. 本章将分别论述图的顶点着色、边着色、色多项式.

§12.1 顶 点 着 色

定义 12.1.1 设 G 是标定图. $S = \{1,2,\cdots,k\}, k \geqslant 1$. 若存在 $V(G)$ 到 S 的一个满射 r,则称 r 是 G 的一个 k 着色,S 称为色集(color set). 如果对 G 中任何邻接的两个顶点 u,v,均有 $r(u) \neq r(v)$,则称 r 是正常 k 着色(proper k-coloring),并称 G 是 k 可着色的(k-colorable).

显然,p 阶图总是 p 可着色的,并且若 G 是 $k(k<p)$ 可着色的. 则 G 必是 $k+1$ 可着色的.

定义 12.1.2 图 G 的正常 k 着色中最小的 k 称为 G 的色数(chromatic number),记为 $\chi(G)$,若 $\chi(G) = k$,则称 G 为 k 色图(k-chromatic graph).

例如,若 G 是 p 阶完全图,则 $\chi(G) = p$;若 G 是零图,则 $\chi(G) = 1$;若 G 是二分图,且 $E(G) \neq \varnothing$,则 $\chi(G) = 2$. 对一般的图,要确定 $\chi(G)$ 是很困难的,目前人们只能根据图的最大独立集、最大(小)度等来估计 $\chi(G)$ 的上下界.

显然,含环的图是不存在正常着色的,而多重边与一条边对正常着色是等价的,故以下总设 G 是简单图.

定理 12.1.1 对任何 p 阶图 G,有

$$\frac{p}{\alpha(G)} \leqslant \chi(G) \leqslant p - \alpha(G) + 1 \tag{12.1}$$

其中 $\alpha(G)$ 是 G 的点独立数.

证明 设 S 是 G 的一个最大独立集,$|S| = \alpha(G) = \alpha$. 今定义着色 r 如下:任意 $u \in S, r(u) = 1$;对 $v_i \in V(G) - S = \{v_1, v_2, \cdots, v_{p-\alpha}\}$,令 $r(v_i) = i+1$,这样得到 G 的一个正常 $(p-\alpha+1)$ 着色,因此

$$\chi(G) \leqslant p - \alpha(G) + 1$$

设 $\chi(G) = k$,则存在划分 $V(G) = V_1 \cup V_2 \cup \cdots \cup V_k$,使得 V_i 中的点均着第 i 种颜色,于是 V_i 是 G 的独立集,从而 $|V_i| \leqslant \alpha(G), i = 1,2,\cdots,k$,故

$$p = \sum_{i=1}^{k} |V_i| \leqslant k \cdot \alpha(G) = \chi(G) \cdot \alpha(G)$$

即

$$\frac{p}{\alpha(G)} \leqslant \chi(G)$$

总之,式(12.1)成立.

此定理说明,若已知 $\alpha(G)$ 的下(上)界,则就可以确定 $\chi(G)$ 的上(下)界. 然而 $\alpha(G)$ 的上(下)界一般也是难以确定的.

下面引进一些新的概念来导出 $\chi(G)$ 的上下界.

定义 12.1.3 设 G 是一个图,$v \in V(G)$. 若

$$\chi(G-v) < \chi(G)$$

则称 v 是临界点(critical vertex). 若 G 的每个点都是临界点,则称 G 是临界图(critical graph).

例如,图12.1就是一个临界图(其顶点标号就代表该顶点的着色),$\chi(G)=4$,对任意 $v \in V(G)$,$\chi(G-v)=3 < \chi(G)$.

临界点有如下基本性质:

性质 1 图 G 的顶点 v 是临界点当且仅当 $\chi(G-v)=\chi(G)-1$.

证明 若 $\chi(G-v)=\chi(G)-1$,则 $\chi(G-v)<\chi(G)$,即 v 是临界点.

反之,若 v 是临界点,则 $\chi(G-v)<\chi(G)$,即

$$\chi(G-v) \leqslant \chi(G)-1$$

如果 $\chi(G-v)<\chi(G)-1$,则 $\chi(G-v) \leqslant \chi(G)-2$. 于是 $G-v$ 有一个正常 $(\chi(G)-2)$ 着色. 从而 G 也就有一个正常 $(\chi(G)-1)$ 着色. 此与 $\chi(G)$ 的定义矛盾,故

$$\chi(G-v)=\chi(G)-1$$

性质 2 若 v 是图 G 的临界点,则

$$d(v) \geqslant \chi(G)-1$$

证明 由性质1,$G-v$ 有一个正常 $(\chi(G)-1)$ 着色 γ. 若 $d(v)<\chi(G)-1$,则 γ 的 $\chi(G)-1$ 种颜色至少有一种颜色 i,使得对任何与 v 邻接的顶点 u,均有 $\gamma(u) \neq i$. 于是,可以在 G 中将 v 着颜色 i,其余顶点着色与 γ 相同,就得到了 G 的一个正常 $(\chi(G)-1)$ 着色,此与 $\chi(G)$ 的定义矛盾. 故 $d(v) \geqslant \chi(G)-1$.

定理 12.1.2 若 G 是临界图,则 $\delta(G) \geqslant \chi(G)-1$.

证明 由性质2即得.

定理 12.1.3 任何 p 阶图 G 都含有一个临界的导出子图 H,使得 $\chi(H)=\chi(G)$.

证明 对 p 用归纳法. $p=1$ 时显然. 设对 $p-1$ 个顶点的图结论成立,而 G 是一个 p 阶图. 若对任何 $v \in V(G)$,$\chi(G-v)=\chi(G)-1$,则 G 本身就是一临界图,否则,有 $u \in V(G)$,使 $\chi(G-u)=\chi(G)$. 由归纳假设知,$G-u$ 含一个临界的导出子图 H,且 $\chi(H)=\chi(G-u)=\chi(G)$,显然 H 也是 G 的导出子图,故结论对 p 阶图 G 成立. 由归纳法原理知定理成立.

推论 12.1.1 任何 k 色图至少有 k 个顶点的度不小于 $k-1$.

证明 设 $\chi(G)=k$,H 是 G 的一个临界子图. $\chi(H)=\chi(G)=k$. 由定理12.1.2知,$\delta(H) \geqslant \chi(H)-1=k-1$. 因为 H 是 k 色的,所以 H 中至少有 k 个点,又因为对任意 $v \in V(H)$,有 $d_G(v) \geqslant d_H(v) \geqslant \delta(H) \geqslant k-1$. 故结论成立.

现在导出 $\chi(G)$ 的另一个上界.

定理 12.1.4 对任意图 G,有

$$\chi(G) \leqslant \Delta(G)+1$$

图 12.1

证明 若 $\chi(G) \geqslant \Delta(G) + 2$,则由推论 12.1.1,$G$ 中至少有 $\chi(G)$ 个顶点的度不小于 $k-1 \geqslant$ $\Delta(G) + 1$. 因为 $\chi(G) > 0$,所以 G 中存在度不小于 $\Delta(G) + 1$ 的顶点,此与 $\Delta(G)$ 的定义矛盾. 故结论成立.

进一步,Brooks 证明了点色数达到上界 $\Delta(G)$ 的图只有两类.

定理 12.1.5 若连通图 G 既不是奇回路,也不是完全图,则 $\chi(G) \leqslant \Delta(G)$.

例如,对 Petersen 图(见图 12.2)应用 Brooks 定理,立即得到

$$\chi(G) \leqslant \Delta(G) = 3$$

利用邻接矩阵,可以得到图 G 色数 $\chi(G)$ 的一个下界.

定理 12.1.6 对于图 $G(p,q)$,有

$$\chi(G) \geqslant \left\lceil \frac{2q}{p^2} \right\rceil + 1$$

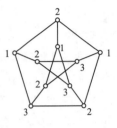

图 12.2

证明 设 G 是 k 可着色的,于是,存在划分 $V(G) = V_1 \cup V_2 \cup \cdots \cup V_k$,使得 V_i 是 G 的独立集,$i = 1, 2, \cdots, k$. 适当地选择顶点编号,可将 G 的邻接矩阵 $\boldsymbol{A}(G)$ 写成如下的分块形式.

$$\boldsymbol{A}(G) = \begin{pmatrix} \boldsymbol{A}_{11} & \boldsymbol{A}_{12} & \cdots & \boldsymbol{A}_{1k} \\ \boldsymbol{A}_{21} & \boldsymbol{A}_{22} & \cdots & \boldsymbol{A}_{2k} \\ \vdots & \vdots & & \vdots \\ \boldsymbol{A}_{k1} & \boldsymbol{A}_{k2} & \cdots & \boldsymbol{A}_{kk} \end{pmatrix}$$

其中,$\boldsymbol{A}_{ii}$ 为零矩阵,$i = 1, 2, \cdots, k$.

设 $|V_i| = p_i$,则 $\boldsymbol{A}(G)$ 中至少有 $\sum\limits_{i=1}^{k} p_i^2$ 个元素为零. 又因 G 有 q 条边,所以 $\boldsymbol{A}(G)$ 中零元素有 $(p^2 - 2q)$ 个,故有 $p^2 - 2q \geqslant \sum\limits_{i=1}^{k} p_i^2$.

对 k 维向量 $(p_1, p_2, \cdots, p_k)$ 和 $(1, 1, \cdots, 1)$ 应用柯西-施瓦兹不等式得

$$k \sum_{i=1}^{k} p_i^2 \geqslant \left(\sum_{i=1}^{k} p_i \right)^2 = p^2$$

故 $p^2 - 2q \geqslant \dfrac{p^2}{k}$,整理得

$$k \geqslant \frac{2q}{p^2} + 1$$

于是

$$\chi(G) \geqslant \left\lceil \frac{2q}{p^2} \right\rceil + 1$$

将此结论用于 Petersen 图(见图 12.2),得

$$\chi(G) \geqslant \left\lceil \frac{30}{100} \right\rceil + 1 = 2$$

§12.2 边 着 色

定义 12.2.1 设 G 是一个图. $S = \{1, 2, \cdots, k\}$,$k \geqslant 1$. 若存在 $E(G)$ 到 S 的一个满射 α 是 G 的

一个 k 边着色（k-edge coloring），S 称为边色集（color set for edges）. 如果对 G 中任何两条邻接的边 e_1，e_2，均有 $\alpha(e_1) \neq \alpha(e_2)$，则称 α 是正常的 k 边着色（k-edge coloring），并称 G 是 k 边可着色的（k-edge colorable）.

显然，若图 G 是 k 边可着色的，则 G 也是 $k+1$ 边可着色的，且 q 条边的图 G 必是 q 边可着色的.

定义 12.2.2　图 G 的正常 k 边着色中，最小的 k 称为 G 的边色数（edge chromatic number），记为 $\chi'(G)$.

容易知道，对任何 G，均有 $\chi'(G) \geqslant \Delta(G)$. 下面讨论 $\chi'(G)$ 的上界，为此，先给出两个引理. 在图 G 的边着色 α 中，如果 G 的顶点 u 与边 e 关联，且 $\alpha(e) = i$，则说颜色 i 在 u 上出现.

引理 12.2.1　设连通图 G 不是长度为奇数的回路. 于是，G 有一个 2 边着色 α，使得这两种颜色在度至少有 2 的每个顶点上都出现.

证明　若 G 是一条通路，则引理显然成立，故设 G 不是一条通路. 若 G 中有奇点，则增加一个顶点 w，使 w 与 G 中所有奇点邻接，得到一个 E 图 G_1，若 G_1 是一个长度为偶数的回路，则引理显然成立，否则 G_1 不是一条回路，但 G_1 是一个连通的 E 图，故必有 $v \in V(G_1)$，使 $d_{G_1}(v) \geqslant 4$. 设 G_1 有边 e_1 与 v 关联，对于 G_1 的一条 E 链，从 e_1 开始对边交替地着颜色 1 和 2. 这样，就得到满足引理要求的一个 2 边着色 α.

定义 12.2.3　设 α 是图 G 的一个 k 边着色. 令 $C_\alpha(v)$ 表示在 α 下顶点 v 上所出现的不同颜色的数目. 对于 G 的两个 k 边着色 α 和 β，若

$$\sum_{v \in V(G)} C_\alpha(v) > \sum_{v \in V(G)} C_\beta(v)$$

则称 α 优于 β. 若不存优于 α 和 k 边着色，则称 α 是最优 k 边着色（optimal k-edge coloring）.

显然，$C_\alpha(v) \leqslant d_G(v)$，并且 $C_\alpha(v) = d_G(v)$ 对于任意 $v \in V(G)$ 成立当且仅当 α 是正常 k 边着色.

引理 12.2.2　设 α 是图 G 的一个最优 k 边着色. 若存在 G 中的一个顶点 u 及两种颜色 i 和 j，使得 i 不在 u 上出现，而 j 至少在 u 上出现两次. 令 E_i 和 E_j 分别是以 i 和 j 着色的边集合，则 $G[E_i \cup E_j]$ 中含有 u 的分支 B 是一条长度为奇数的回路.

证明　若引理不成立，则由引理 12.2.1，B 有一个 2 边着色 β，使得 β 的两种颜色在 B 中度至少为 2 的各个顶点都出现. 不妨设 β 的色集为 $\{i, j\}$. 于是，将 B 的边按上述 β 着色，G 的其他边仍按 α 着色，得到 G 的一个新的 k 边着色 r，从而对于顶点 u 有 $C_r(u) = C_\alpha(u) + 1$，但对任何 $v \neq u$，$C_r(v) \geqslant C_\alpha(v)$，即 r 优于 α. 此与 α 的假设矛盾. 故引理成立.

定理 12.2.1　对于任何简单图 G.

$$\Delta(G) \leqslant \chi'(G) \leqslant \Delta(G) + 1$$

证明　只需证右边的不等式. 假设某个简单图 G，有 $\chi'(G) > \Delta(G) + 1$. 令 α 是 G 的一个最优（$\Delta(G) + 1$）边着色. 由假设必有一点 u，使 $C_\alpha(u) < d(u)$. 因此，有颜色 i_1，使得 i_1 在 u 上至少出现两次，又由 $C_\alpha(u) < d(u) < \Delta(G) + 1$，有颜色 i_0 在 u 上不出现. 设 $\alpha(uv) = \alpha(uv_1) = i_1$（见图 12.3）. 因为 $d(v_1) < \Delta(G) + 1$，所以有颜色 i_2 在 v_1 上不出现. 但 i_2 必在 u 上，否则就可以将 uv_1 改着颜色 i_2，得到另一个（$\Delta(G) + 1$）边着色，其中在 u 上出现的颜色增加而 v_1 上出现的颜色不减少. 从而这个新的边着色优于 α，此与 α 的假设矛盾. 又设 $\alpha(uv_2) = i_2$. 与上同理，有颜色 i_3 在 v_2 上不出现，

而在 u 上必出现,否则可以把 uv_1 改着 i_2 颜色, uv_2 改着 i_3 颜色. 于是得到另一个 $\Delta(G)+1$ 边着色而优于 α,得到矛盾.

继续上述过程,就得到一个顶点序列 $v_1,v_2,\cdots$ 和一个颜色序列 $i_1,i_2,\cdots$,使得[见图 12.3(a)]

(i) v_i 均与 u 邻接,且 $\alpha(uv_t)=i_t$;

(ii) i_{t+1} 不在 v_t 上出现;

(iii) 由于 $d(u)$ 有限,存在最小整数 m,使得存在 $k<m$,而 $i_{m+1}=i_k$.

今定义 G 的一个 $(\Delta(G)+1)$ 边着色 β 如下:令 $\beta(uv_t)=i_{t+1},t=1,2,\cdots,k-1$,对其他边 $e\in E(G)$, $\beta(e)=\alpha(e)$. 易知对任何 $v\in V(G)$, $C_\beta(v)\geqslant C_\alpha(v)$. 故 β 也是一个最优 $(\Delta(G)+1)$ 边着色. 由引理 12.2.2,令

$$E_0=\{e\in E(G)\mid \beta(e)=i_0\}$$
$$E_k=\{e\in E(G)\mid \beta(e)=i_k\}$$

则 $G[E_0\cup E_k]$ 中含 u 的分支 B 是一条长度为奇数的回路[见图 12.3(b)]. 由此可知,对于边着色 α,点 v_k 恰与 $G[E_0\cup E_k]$ 的两条边关联,即除 uv_k 外,与 v_k 关联的边中恰有一条边着颜色 i_0 或者 i_k,设这条边为 x.

再定义 G 的另一个 $(\Delta(G)+1)$ 边着色 γ 如下:令 $v(uv_t)=i_{t+1},t=1,2,\cdots,m$. 对其他边 e, $\gamma(e)=\alpha(e)$. 于是,对 G 的任何顶点 v 显然也有 $C_r(u)\geqslant C_\alpha(v)$,故 γ 也是一个最优 $(\Delta(G)+1)$ 边着色. 又令

$$E_0'=\{e\in E(G)\mid \gamma(e)=i_0\}$$
$$E_k'=\{e\in E(G)\mid \gamma(e)=i_k\}$$

则 $G[E_0'\cup E_k']$ 中含 u 的分支 B' 也是一条长度为奇数的回路,如图 12.3(c) 所示.

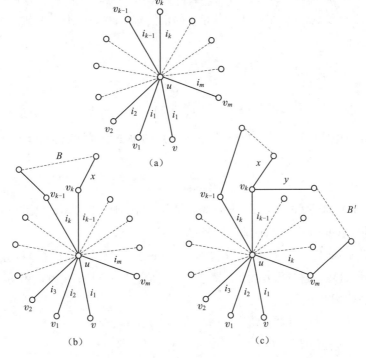

图 12.3

比较 B 中各边在 β 和 γ 下的着色，只有边 uv_k 改变了颜色. 因此边 x 属于回路 B' 上，即除了 x 外，还有一条边 y 与 v_k 关联，$\gamma(y) = \alpha(y) = i_0$ 或 i_k. 这与对 x 的假设矛盾. 故定理成立.

由此定理，任何图 G 的边色数 $\chi'(G)$ 要么是 $\Delta(G)$，要么是 $\Delta(G) + 1$. 称 $\chi'(G) = \Delta(G)$ 的图为第一类图，$\chi'(G) = \Delta(G) + 1$ 的图 G 为第二类图.

目前还没有一般的方法来判断一个图 G 属于哪一类，但对于二分图有：

定理 12.2.2 二分图属于第一类图.

证明 设 G 为二分图，假定 $\chi'(G) = \Delta(G) + 1$. 设 α 是一个最优 $\Delta(G)$ 边着色，于是必有顶点 u，使得 $C_\alpha(u) < d(u)$. 显然，u 满足引理 12.2.2 的条件，所以 G 含一条长度为奇数的回路. 从而 G 不是二分图，此为矛盾. 故 $\chi'(G) \neq \Delta(G) + 1$. 即 $\chi'(G) \neq \Delta(G) + 1$.

§12.3 色多项式

定义 12.3.1 设 G 是一个标定图. G 的一个 t 种或不到 t 种颜色的正常着色称为 G 的一个最多 t 色的正常着色(proper coloring at most t-color).

设 α 和 β 是图 G 的两个最多 t 色的正常着色，若对任何 $v \in V(G)$，$\alpha(v) = \beta(v)$，则称 α 与 β 是相同的，否则称为是不同的.

令 $f(G,t)$ 表示图 G 的不同的最多 t 色的正常着色之数目. 易知，它是 t 的一个函数.

由定义知，若 $t < \chi(G)$，则 $f(G,t) = 0$，从而

$$\chi(G) = \min\{t \mid f(G,t) > 0\}$$

例如，设 α 是 K_3 的最多 t 色的正常着色，$t \geq 3$. 于是，有 t 种方式对 K_3 的任何一个给定的顶点着色；对 K_3 的第二个顶点，则可用 $t-1$ 种颜色中的任何一种；剩下的那个顶点可以用 $t-2$ 种颜色中的任何一种. 从而

$$f(K_3,t) = t(t-1)(t-2) \tag{12.2}$$

由此推广到 K_p，有

$$f(K_p,t) = t(t-1)(t-2)\cdots(t-p+1) \tag{12.3}$$

对 $\overline{K_p}$，即 p 个孤立点组成的零图，因为对 $\overline{K_p}$ 的 p 个顶点的每一个都可独立用 t 种颜色的任何一种着色，所以

$$f(\overline{K_p},t) = t^p \tag{12.4}$$

式(10.3)和式(12.4)都是 t 的多项式. 下面将会知道，对任何图 G，$f(G,t)$ 总是 t 的一个多项式，称为 G 的色多项式(chromatic polynomial). 先讨论 $f(G,t)$ 的求法.

给定图 G，设 $u,v \in V(G)$. $e = uv \in E(G)$. 对于 $G - e$ 进行 t 正常着色，这种着色可分为两类：一类是 u,v 颜色不同，显然，它与图 G 的正常着色一一对应；另一类是 u,v 颜色相同，它与 $G \circ e$ 的正常着色是一一对应，因此有

$$f(G-e,t) = f(G,t) + f(G \circ e,t)$$

定理 12.3.1 对任何图 G，有

$$f(G,t) = f(G-e,t) - f(G \circ e,t) \tag{12.5}$$

推论 12.3.1　对任何图 G,有

$$f(G,t) = f(G+e,t) - f(G \circ e,t) \tag{12.6}$$

式(12.5)和式(12.6)给出两种不同的计算图 G 的 $f(G,t)$ 的递推公式:一种是反复使用式(12.5),直到把 $f(G,t)$ 表示成零图 $f(\overline{K_p},t)$ 的线性组合,这种方法称为减边法;另一种是反复使用式(12.6),直到把 $f(G,t)$ 表示完全图的 $f(K_p,t)$ 的线性组合,这种方法称为加边法,$1 \leqslant p \leqslant |V(G)|$. 在具体求解时,为简便,图 G 的 $f(G,t)$ 用 G 的图形来表示.

【**例 12.1**】　用减边法求 $f(G,t)$,如图 12.4 所示.

$$= t^4 - 3t^3 + 3t^2 - t = t(t-1)^3$$

图　12.4

【**例 12.2**】　用加边法求 $f(G,t)$,如图 12.5 所示.

$$= t(t-1)(t-2)(t-3)(t-4) + 3t(t-1)(t-2)(t-3) + t(t-1)(t-2)$$

$$= t(t-1)(t-2)^3$$

图　12.5

定理 12.3.2　对于任何 p 阶图 G,$f(G,t)$ 都是 t 的整系数 p 次多项式,首项为 t^p,常数项为 0. 而且各项系数的符号正负相间.

证明　不妨设 G 为简单图,对其边数 q 进行归纳证明.

当 $q=0$ 时,$G = \overline{K_p}$,$f(G,t) = t^p$,结论成立.

假设对边数少于 $q(q \geqslant 1)$ 的任何图,结论成立,而 G 是有 q 条边的图. 任取 $e \in E(G)$,对 $G-e$ 和 $G \circ e$,由归纳假设

$$f(G-e,t) = \sum_{i=1}^{p-1} (-1)^{p-i} a_i t^i + t^p$$

其中,a_i 为非负数,$i = 1, 2, \cdots, p-1$;

$$f(G \circ e, t) = \sum_{i=1}^{p-2} (-1)^{p-i-1} b_i t^i + t^{p-1}$$

其中, b_i 为非负数, $i = 1, 2, \cdots, p-2$; 由定理 12.3.1 得

$$f(G, t) = f(G - e, t) - f(G \circ e, t) = t^p - (1 + a_i) t^{p-1} + \sum_{i=1}^{p-2} (-1)^{p-i} (a_i + b_i) t^i$$

由归纳法原理, 结论成立. 从而定理得证.

按照色多项式的定义, 有:

定理 12.3.3 设 G 有 k 个连通分支 $G_1, G_2, \cdots, G_k$. 于是

$$f(G, t) = \prod_{i=1}^{k} f(G_i, t)$$

下面的定理可以说明色多项式的一些基本性质.

定理 12.3.4 设图 $G(p, q)$ 有 k 个连通分支 $G_1, G_2, \cdots, G_K$. 记

$$f(G, t) = \sum_{i=0}^{p} a_i t^i$$

于是:

(1) $a_p = 1$, 即 $f(G, t)$ 的首项是 t^p;

(2) $a_{p-1} = -q$;

(3) $a_k \neq 0$, 但 $a_{k-1} = \cdots = a_0 = 0$, 即有非零系数的最低次幂等于 G 的分支数.

证明 对 G 的边数 q 作归纳证明.

当 $q = 0$ 时, $G = \overline{K_p}$, $f(G, t) = t^p$, (1) ~ (3) 均成立.

假设对边数少于 $q(q \geqslant 1)$ 的任何图, 结论均成立, 而 G 是一个 q 条边的 k 个分支 $G_1, G_2, \cdots, G_k$ 的图. 任取 $e \in E(G_i)$, $1 \leqslant i \leqslant k$. 对于 $G - e$ 和 $G \circ e$ 两者的边数均小于 q.

(i) 若 e 是分支 G_i 的割边, 则 $G_i - e$ 恰有两支分支, 从而有 $k + 1$ 个分支, 而 $G \circ e$ 仍是 k 个分支, 由归纳假设

$$f(G - e, t) = t^p - (q-1) t^{p-1} + \cdots + (-1)^{p-k-1} a_{k+1} t^{k+1}, 其中 a_{k+1} > 0;$$

$$f(G \circ e, t) = t^{p-1} - (q-1) t^{p-2} + \cdots + (-1)^{p-k-2} b_{k+1} t^{k+1} + (-1)^{p-k-1} b_k t^k, 其中 b_k > 0.$$

由定理 12.3.1 知

$$\begin{aligned} f(G, t) &= f(G - e, t) - f(G \circ e, t) \\ &= t^p - q t^{p-1} + \cdots + (-1)^{p-k-1} (a_{k+1} + b_{k+1}) t^{k+1} + (-1)^{p-k} b_k t^k \end{aligned}$$

于是, (1) ~ (3) 均成立.

(ii) 若 e 不是 G_i 的割边, 则

$$f(G - e, t) = t^p - (q-1) t^{p-1} + \cdots + (-1)^{p-k-1} a_{k+1} t^{k+1} + (-1)^{p-k} a_k t^k, 其中 a_k > 0;$$

$$f(G \circ e, t) = t^{p-1} - (q-1) t^{p-2} + \cdots + (-1)^{p-k-2} b_{k+1} t^{k+1} + (-1)^{p-k-1} b_k t^k, 其中 b_k > 0.$$

同样由定理 12.3.1 知

$$\begin{aligned} f(G, t) &= f(G - e, t) - f(G \circ e, t) \\ &= t^p - q t^{p-1} + \cdots + (-1)^{p-k-1} (a_{k+1} + b_{k+1}) t^{k+1} + (-1)^{p-k} (a_k + b_k) t^k \end{aligned}$$

其中, $a_k + b_k > 0$. 于是, (1) ~ (3) 均成立.

总之, 由归纳法原理, 定理成立.

定理 12.3.5 p 阶图 T 是树, 当且仅当它的色多项式 $f(T, t) = t(t-1)^{p-1}$.

证明　设 T 是 p 个顶点的树. 对 p 作归纳证明.

当 $p = 1, 2$ 时, T 是 K_1 和 K_2. 于是

$$f(K_1, t) = t = t(t-1)^{p-1}, p = 1;$$

$$f(K_2, t) = t(t-1) = t(t-1)^{p-1}, p = 2.$$

假设对顶点数小于 $p(p \geqslant 2)$ 的任何树, 结论成立, 而 T 是一个有 p 个顶点的树. 任取 $e \in E(T)$, 则 $T - e$ 恰有两个分支 T_1 和 T_2, 设 T_1 和 T_2 分别有 p_1 和 p_2 个顶点, 显然 $p = p_1 + p_2$, 且 T_1 和 T_2 仍是树, 又 $T \circ e$ 显然是 $p - 1$ 个顶点的树, 于是, 由归纳假设以及定理 12.3.3, 有

$$f(T - e, t) = f(T_1, t) f(T_2, t) = \left[t(t-1)^{p_1-1} \right] \cdot \left[t(t-1)^{p_2-1} \right] = t^2 (t-1)^{p-2}$$

$$f(T \circ e, t) = t(t-1)^{p-2}$$

再由定理 12.3.1 知

$$f(T, t) = f(T - e, t) - f(T \circ e, t) = t^2 (t-1)^{p-2} - t(t-1)^{p-2}$$

$$= (t^2 - t)(t-1)^{p-2} = t(t-1)^{p-1}$$

由归纳法原理知, 结论成立.

反之, 设 p 阶图 T 有

$$f(T, t) = t(t-1)^{p-1} = t^p - (p-1)t^{p-1} + \cdots + (-1)^{p-1} t$$

由定理 12.3.4, 因 $f(T, t)$ 的最低幂是 t 的一次幂, 即 T 只有一个连通分支, 所以 T 是连通图. 又因 t^{p-1} 的系数为 $-(p-1)$, 所以 T 的边数为 $p - 1$, 故 T 是树.

类似于定理 12.3.5 的证明, 有:

定理 12.3.6　设 G 是 p 个顶点的回路 $C_p(p \geqslant 3)$, 于是

$$f(G, t) = f(C_p, t) = (t-1)^p + (-1)^p (t-1)$$

由色多项式的定义可知, 对于一个图 G, 若 $f(G, k) > 0$, 则 G 存在一个正常 k 着色. 若 $f(G, t_0) > 0$, 而 $f(G, t_0 - 1) = 0$, 则 $\chi(G) = t_0$. 因此, 色多项式是求 $\chi(G)$ 的一个工具. 例如, 对树 T 而言, 因 $f(T, t) = t(t-1)^{p-1}$, 于是 $f(T, 1) = 0$, 而 $f(T, 2) > 0, p \geqslant 2$. 故 $\chi(T) = 2$.

遗憾的是, 目前还没有找到求任意图 G 的色多项式的好方法, 只能通过分析一个图子及图的色多项式之间的联系, 来求出某些特殊的色多项式.

§12.4　应　　用

1. 储藏问题 (storage problem)

某公司生产 n 种化学制品 $P_1, P_2, \cdots, P_n$, 其中某些制品是不能放在一起的 (不相容), 否则会引起爆炸. 作为一种预防措施, 要求把仓库分成若干隔间, 以便把能引起爆炸的化学制品储藏在不同的隔间里. 试问: 这个仓库至少应该分成几个隔间?

此问题可以转换成图的着色问题. 定义一个简单图 $G = (V, E)$, 其中 $V(G) = \{v_1, v_2, \cdots, v_n\}$, $v_i v_j \in E(G)$ 当且仅当 P_i 与 P_j 不相容. 容易知道, 所需仓库的最小间数等于 G 的色数 $\chi(G)$.

2. 考试安排问题 (exams arrange problem)

某学校期末有 n 门课程 $C_1, C_2, \cdots, C_n$ 需要进行考试. 学校规定同一个学生在同一天中不能参加两门课程的考试. 试问: 期末考试至少需要几天?

此问题也可以转换成图的着色问题. 构造一个简单图 $G = (V, E)$, 其中 $V(G) = \{v_1, v_2, \cdots, v_n\}$, $v_i v_j \in E(G)$ 当且仅当 C_i 与 C_j 被同一位学生选修. 容易知道, 考试所需的最小天数等于 G 的色数 $\chi(G)$.

习　题

1. 证明: 若 G 是简单图, 则 $\chi(G) \geqslant p^2 / (p^2 - 2q)$.

2. $\chi(G) = k$ 的临界图 G 称为 k 临界图. 证明: 唯一的 1 临界图是 K_1, 唯一的 2 临界图是 K_2, 仅有的 3 临界图是长度为奇数 $k \geqslant 3$ 的回路.

3. 试确定 Petersen 图的色数. 该图是临界图吗?

4. 对 $p = 4$ 及所有的 $p \geqslant 6$, 试作出 p 个顶点的 4-临界图.

5. 证明: 若 $G(p, q)$ 是第一类图, 则 $q \leqslant \Delta(G) \left\lfloor \dfrac{p}{2} \right\rfloor$.

6. 证明: 奇数阶完全图 K_{2n+1} 属于第二类图.

7. 求 Petersen 图的边色数.

8. 证明: 若 G 是奇数阶正则简单图, 且 $q(G) > 0$. 则 $\chi'(G) = \Delta(G) + 1$.

9. 证明: 若 G 是二分图, 且 $\delta(G) > 0$, 则有一个 $\delta(G)$ 边着色, 使得所有 $\delta(G)$ 种颜色都在每一个顶点上出现.

10. 计算图 12.6 中两个图的色多项式.

11. 证明: $t^4 - 3t^3 + 3t^2$ 不是任何图的色多项式.

12. 证明定理 12.3.6.

13. 举例说明下面的论断不正确: 图 G 是连通二分图当且仅当 G 的色多项式中一次项的系数之绝对值 1.

14. 证明: $f(G, t)$ 没有大于 p 的实根. 其中, p 是 G 的顶点数.

15. 求 $K_{2, m}$ 的色多项式.

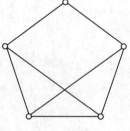

图　12.6

第 13 章

平　面　图

在第 7 章给出的图的定义中,一个图的图形是由平面上的点和线所组成的,且只规定两点之间的线是一条不自交的曲线,至于两条线之间是否可相交并没有作要求. 这就是说,同一个图有不同的图形,这些图形所表示的图是彼此同构的. 例如,图 13.1 就是图 K_4 的三个图形. 其中图 13.1(b)、(c)的任意两条边除端点可能重合外,其余都不相交,这种图称为平面图.

  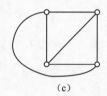

   (a)   (b)   (c)

图　13.1

在许多实际问题,常常涉及图的平面性的研究,如单面印刷电路板和集成电路的布线以及交通设计等问题. 正是由于这些应用问题的推动,使平面图的研究得到了很大的发展.

本章将论述平面图的有关概念、欧拉公式、图的可平面性判定以及对偶图等内容.

§13.1　平面图的概念

定义 13.1.1　设 G 是平面上由有限个点及从这些点为端点的有限条连续曲线所组成的图形,如果 G 中任意两条线最多只在它们的端点处相交,则称 G 为一个平面图(planar graph),否则,称为非平面图(no planar graph).

例如,图 13.1(b)和图 13.1(c)就是两个平面图.

如果图 G(可以是非平面图)与一个平面图 H 同构,则称 G 是一个可平面图,而称 H 是 G 的一个平面嵌入(planar embedding);否则称为不可平面图. 例如,图 13.1(a)是一个非平面图,但它是一个可平面图,因图 13.1(b)与图 13.1(c)都是与它同构的平面图. 此时,图 13.1(b)和图 13.1(c)的两个平面嵌入.

定义 13.1.2　设 G 是一个平面图. 平面被 G 的边所围成的区域称为面(face),这些边称为该面的边界. 其中有限区域对应的面称为内部面(interior face),无限区域对应的面称为外部面(exterior face).

显然,任何一个平面图恰有一个外部面,一般用 f_0 表示. 今后,用 $r(G)$ 表示平面图 G 的面的个数,而用 $R(G)$ 表示 G 的面的集合;用 $G(p,q,r)$ 表示一个 p 个顶点,q 条边以及 r 个面的平面图.

一个面 f 所包含的边数称为 f 的次数(degree of a face),记为 $d(f)$. 特别约定,若割边 e 属于平面的面 f,则在计算 $d(f)$ 时,e 要计算两次. 例如,图 13.2 的内部面 f_1 被认为是由闭途径 123421 所围成,于是,$d(f_1)=5$,其中边 $=e(1,2)$ 计算两次.

图 13.2

定理 13.1.1 对任何平面图 $G(p,q,r)$,有

$$\sum_{i=1}^{r} d(f_i) = 2q \qquad (13.1)$$

证明 由于 G 的每一条非割边恰属于两个面,因此,在计算这两个面的次数时,该边共计算两次,而割边虽只属一个面,但由规定,也计算了两次. 故式(13.1)成立.

下面定义两个平面图同构的概念.

定义 13.1.3 设 G 和 H 是两个平面图. 如果 $G \overset{\varphi}{\cong} H$,并且 f 是 G 中的一个由途径 $uv\cdots wu$ 围成的面当且仅当 $\varphi(u)\varphi(v)\cdots\varphi(w)\varphi(u)$ 围成 H 的一个面 f',则称 G 与 H 同构,记为 $G \overset{\varphi}{\cong} H$,$\varphi$ 有时可省略.

例如,图 13.1(b)与图 13.1(c)就是两个同构的平面图.

由定义知,对两个平面图 G 和 H,若 $G \cong H$,则必有 $G \cong H$,但反之不然. 例如,图 13.3 中,$G \overset{\varphi}{\cong} H$,其中 $\varphi(i)=i',i=1,2,3,4,5,6$. 但 G 中有一个次数为 5 的(外部)面. 而 H 中都不存在次数为 5 的面,故 $G \cong H$ 不成立.

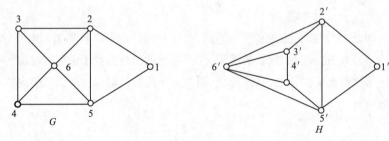

图 13.3

定义 13.1.4 一个图 G 称为外可平面图(outerplanar graph),如果它有一个平面嵌入 H,使得 G 的所有顶点均在 H 的同一个面的边界上. 这时,称 H 为外平面图(outerplanar graph).

例如,图 13.4 是一个外可平面图的三个平面嵌入,其中图 13.4(a)和图 13.4(b)是外平面图,而图 13.4(c)则不是外平面图,又图 13.4(a)的所有顶点均在外部面 f_0 的边界上,而图 13.4(b)中所有顶点则均在内部面 f_1 的边界上.

| (a) | (b) | (c) |

图 13.4

定义 13.1.5　设 G 是一个可平面图. 如果对 G 中任意两个互不邻接的顶点 u,v, $G+uv$ 成为一个不可平面图, 则称 G 是一个极大可平面图(maximal planarable graph). 极大可平面图的一个平面嵌入称为极大平面图(maximal planar graph).

例如, 图 13.5 所示为一个极大平面图. 对于一个不是极大的可平面图, 显然可以添加一些边以得到一个极大可平面图.

定理 13.1.2　极大简单平面图的任何一个面都是三角形 K_3.

证明　(反证法)设 G 是一个极大简单平面图. G 的某个面 f 不是 K_3, 不妨设 f 由闭途径 $v_1v_2\cdots v_nv_1$ 围成, 用 $d(f)=n\geq 4$. 为简单起见, 不妨设 $n=4$. 于是, 关于 f 只有以下三种情况:

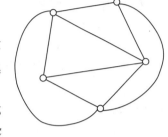

图　13.5

(1) 若 v_1 与 v_3 不邻接, 则 $v_1v_2v_3v_4v_1$ 所围成的区域是一个内部面, 于是, 在该面内联结 v_1 与 v_3 显然不破坏 G 的平面性, 但此与 G 的假设矛盾;

(2) 若 v_1 与 v_3 邻接, 而 v_2 与 v_4 不邻接, 则 $v_1v_2v_3v_1$ 所围成的区域是一个内部面, 所以边 v_1v_4 及顶点 v_4 必在此面之外部, 故联结 v_2 与 v_4 不破坏 G 的平面性, 矛盾;

(3) 若 v_1 与 v_3 邻接, 且 v_2 与 v_4 邻接, 则由于 $v_1v_2v_3v_4v_1$ 所围成的区域是一个内部面, 因此边 v_1,v_3,v_2,v_4 都在此面之外, 因而必定相交, 此与 G 的可平面性矛盾.

总之, 结论成立.

§13.2　欧 拉 公 式

欧拉在研究凸多面体时得到了它们的顶点数, 棱数和面数之间的一个简单关系. 将这个关系应用到平面图上, 就有:

定理 13.2.1(欧拉公式, Euler formulas)　任何简单连通平面图 $G(p,q,r)$ 均满足

$$p-q+r=2 \tag{13.2}$$

证明　对面数 r 作归纳证明.

当 $r=1$ 时, G 是树, 此时 $q=p-1$, 结论成立.

假设对少于 r 个面的所有平面图结论成立, G 是有 r 个面的平面图, 而 $r\geq 2$, 于是, G 至少有一条回路. 设 e 是 G 中某回路的一条边. 显然 $G-e$ 仍是连通平面图, 它有 p 个顶点, $q-1$ 条边及 $r-1$ 个面, 由归纳假设

$$p-(q-1)+(r-1)=2$$

整理即得欧拉公式

$$p-q+r=2$$

由归纳法原理, 上式对任何正整数 r 成立.

推论 13.2.1　若简单平面图 $G(p,q,r)$ 的每个面的次数均为 m, 则

$$q=m(p-2)/(m-2) \tag{13.3}$$

证明　由定理 13.1.1, $2q=mr$, 解出 r, 代入欧拉公式, 得

$$p-q+\frac{2}{m}q=2$$

整理上式即得式(13.3).

推论 13.2.2 对任何简单平面图 $G(p,q,r)$，$p \geq 3$，
$$q \leq 3p - 6 \qquad\qquad\qquad (13.4)$$

证明 由于极大简单平面的每个面都是 K_3. 故将 $m = 3$ 代入式（13.3）有
$$q = 3(p - 2) = 3p - 6$$

故对一般简单平面图有
$$q \leq 3p - 6$$

推论 13.2.3 K_5 是不可平面图.

证明 若 K_5 是可平面图，则由式（13.4）有
$$10 = q \leq 3p - 6 = 3 \times 5 - 6 = 9$$

即 $10 \leq 9$，矛盾. 故 K_5 是不可平面的.

推论 13.2.4 若简单平面图 $G(p,q,r)$ 的每个面均不是 K_3，则
$$q \leq 2p - 4 \qquad\qquad\qquad (13.5)$$

证明 由假设有
$$2q = \sum_{i=1}^{r} d(f_i) \geq 4r$$

即 $r \leq q/2$，从而由欧拉公式有
$$2 = p - q + r \leq p - q + q/2 = p - q/2$$

整理得 $q \leq 2p - 4$.

推论 13.2.5 $K_{3,3}$ 是不可平面图.

证明 因 $K_{3,3}$ 是二分图，故它不含 K_3. 如果 $K_{3,3}$ 是可平面图，则式（13.5）有
$$9 = q \leq 2p - 4 = 2 \times 6 - 4 = 8$$

即 $9 \leq 8$，矛盾. 故 $K_{3,3}$ 是不可平面图.

推论 13.2.6 对任何简单平面图 $G(p,q)$，有
$$\delta(G) \leq 5 \qquad\qquad\qquad (13.6)$$

证明 若 $\delta(G) \geq 6$，则 $q = \dfrac{1}{2}\sum_{i=1}^{p} d(v_i) \geq \dfrac{1}{2}p\delta(G) \geq \dfrac{6}{2}p > 3p - 6$，此与式（13.4）矛盾. 故式（13.6）成立.

定理 13.2.2 设 $G(p,q,r)$ 是极大平面图，$p \geq 4$. 于是

（1）$q = 3p - 6$；

（2）$r = 2p - 4$；

（3）$\kappa(G) \geq 3$；

（4）$\delta(G) \geq 3$；

（5）G 中至少有 4 个顶点的度不超过 5.

证明 （1）由定理 13.1.2，用 $m = 3$ 代入式（13.3）得（1）.

（2）将（1）代入欧拉公式（13.2），得
$$p - q + r = p - (3p - 6) + r = 2.$$

整理得（2）.

（3）因为 G 的每个面都是 K_3，所以 G 是 2-连通的. 假设 $\kappa(G) = 2$，则有顶点割 $S = \{u, v\}$，u 至少与 $G - S$ 的两个分支中的顶点在 G 中邻接. 设在 G 的一个平面嵌入 $\tilde{G}$ 中与 u 邻接的点按环绕 u

的顺序依次为 $u_1, u_2, \cdots, u_t$. 由于这些点中除可能有一个点是 v 外,其余的点分别属于 $G-S$ 的至少两个分支,故必有相继的两点 u_i 和 u_{i+1} 分别属于 $G-S$ 的两个不同的分支. 但由定理 13.1.2,在 $\tilde{G}$ 中,vu_iu_{i+1} 是一个面,故 u_iu_{i+1} 邻接,从而在 $G-S$ 中 u_i 与 u_{i+1} 邻接,得到矛盾. 因此,$\kappa(G) \geqslant 3$.

(4)由定理 9.1.1 及(3)得

$$\delta(G) \geqslant \kappa(G) \geqslant 3$$

(5)设 G 的顶点集 $V = \{v_1, v_2, \cdots, v_p\}$. 若对 $i = 1, 2, \cdots, p-3$,均有 $d(v_i) \geqslant 6$,则因为(4),有

$$d(v_i) \geqslant \delta(G) \geqslant 3, \quad i = p-2, p-1, p$$

于是

$$6p - 21 = 2q - 9 \geqslant 2q - \sum_{i=p-2}^{p} d(v_i) = \sum_{i=1}^{p-3} d(v_i) \geqslant 6(p-3) = 6p - 18$$

得到矛盾,故结论成立.

§13.3　可平面性判定

在上节中,我们给出了若干可平面性(planarity)的必要条件. 寻求一个图成为可平面图的必要且充分条件是平面性理论最重要的内容之一,此工作曾经持续了几十年. 1930 年,库拉托夫斯基(Kuratowski)给出了可平面图的一个十分简洁的特征.

定义 13.3.1　设 G 是一个图,$e = uv \in E(G)$. 在 $G - uv$ 中增加一个新点 w 有边 wu, wv. 称此过程为对图 G 的一次剖分(subdivision)运算;如果 H 是 G 经有限次剖分运算得到的,则称 H 是 G 的剖分图(cut graph).

直观地说,剖分运算就是在某边上增加一个新的顶点. 例如,图 13.6 给出了 K_4 和 $K_{2,3}$ 的剖分图.

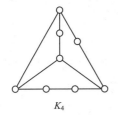

$$K_4 \qquad\qquad\qquad K_{2,3}$$

图　13.6

定理 13.3.1(Kuratowski 定理)　一个图是可平面图的充分必要条件是它不包含 K_5 或 $K_{3,3}$ 的剖分图.

由于 K_5 和 $K_{3,3}$ 都不是可平面图,因此它们的剖分图也不是可平面图. 又因为以非平面图为子图的图一定不是平面图,所以此定理中条件的必要性是显然的. 但是,充分性的证明相当复杂,要用到若干概念和引理,因此,这里就不叙述了. 有兴趣的读者可参看中译本《图论及其应用》(吴望名等译,科学出版社,1984).

[例 13.1]　Petersen 图不是可平面图,因为它含有一个子图是 $K_{3,3}$ 的剖分,如图 13.7 所示.

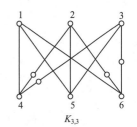

Petersen图　　　　　$K_{3,3}$

图　13.7

§13.4 平面图的面着色

第 12 章我们讨论了简单图的点着色和边着色. 对于平面图, 相应地有面着色的问题. 为此, 首先需要定义两个面邻接的概念.

定义 13.4.1 设 f_1 和 f_2 是平面图 G 的两个面. 若 f_1 和 f_2 的边界至少一条公共边, 则称 f_1 和 f_2 是邻接的, 否则称 f_1 与 f_2 不邻接.

由定义可知, 两个面如果在边界上只有一个或有限公共点, 则它们是不邻接的, 例如, 图 13.8 中的 A 与 E, A 与 C 及 A 与 D 等应分别看作互不邻接的面.

图 13.8

定义 13.4.2 设 G 是一个平面图. $S = \{1, 2, \cdots, k\}$, $k \geqslant 1$. 若存在面集 $R(G)$ 到 S 的一个满射 γ, 则称 γ 是 G 的一个 k 面着色 (k-face coloring), S 称为面色集. 如果对 G 中任何两个邻接的面 f_1 和 f_2, 均有 $\gamma(f_1) \neq \gamma(f_2)$, 则称 γ 是正常 k 面着色 (regular k-face coloring), 并称 G 是 k 面可着色的 (k-face colorable). 图 G 的正常 k 面着色中, 最小的 k 称为 G 的面色数 (face chromatic number), 记为 $\chi^*(G)$.

平面图面着色的一个直接应用就是给地图上的国家着色, 使得互相邻接的国家着不同的颜色. 1852 年, Francis Cuthrie 提出了四色问题: 对任何一张地图上的国家着色, 是否只需四种颜色就能使得任何两个互相邻接的国家都着不同的颜色? 一百多年来, 此问题一直未能得到解决而成为一个著名的图论难题. 直到 1976 年, 这个貌似简单的四色问题才被 Appel、Hakent 和 Koch 借助于数字电子计算机所证明. 借助计算机来解决数学难题, 这在科学史上是一个创举, 它从各方面大大地推动了图论及计算机科学的发展.

历史上, 人们将平面 G 的面着色转化为对 G 的对偶图 G^* 的顶点着色. 给定一个平面图 G, 它的对偶图 G^* 可按如下方式构造:

在 G 的每个面 f 内放一上顶点 f^*, 这些顶点就构成了 G^* 的顶点集 $V(G^*)$. 若 G 的两上面 f 和 G 有一条公共边 e, 则画一条以 f^* 和 g^* 为端点的边 e^* 仅穿过 e 一次; 对于 G 中仅属于一个面 f 的割边 e, 则画一条以 f^* 为端点的环仅穿过 e 一次.

例如, 图 13.9 中, 实线及其端点表示 G, 而虚线及其端点则表示 G 的对偶 G^*.

图 13.9

显然, 对任何一个平面图 G, G^* 是唯一确定的, 而且

(1) $p(G^*) = r(G)$, $q(G^*) = q(G)$;

(2) G^* 中的顶点 f^* 和 g^* 邻接当且仅当 G 中与 f^*, g^* 对应的两个面 f 和 g 邻接;

(3) G^* 有多重边当且仅当 G 的某两个面至少有两条公共边;

(4) G^* 有环当且仅当 G 中有割边.

由 G^* 的构造可知, 在对 G^* 进行顶点着色时, 由于重边的两个顶点在 G 中所对应的面恰好是两个互相邻接的面, 所以重边可只看作一条边; 又由于有环的图无正常顶点着色, 而 G^* 中的环在 G 中的所对应边是恰属于一个面的割边, 因此, 对 G^* 中的环可以不考虑.

综上所述, 再由 (2) 可知, 对任意平面图, 有

$$\chi(G^*) = \chi^*(G) \tag{13.7}$$

将无割边的平面图称为平面地图. 显然, 有割边的平面图与去掉其割边的平面图两者的面色数是相同的. 由式 (13.7), 有:

定理 13.4.1　所有平面地图都是 4 面可着色的当且仅当所有平面图都是 4 点可着色的.

这样, 四色问题就等价于: 对于一个简单平面图 G, 是否 $\chi(G) \leqslant 4$?

尽管四色问题的证明十分困难, 但若将 "四" 换成 "五", 则五色问题的证明是容易.

定理 13.4.2(Heawood, 1890)　对任何平面图 G, 有 $\chi(G) \leqslant 5$.

证明　对顶点数 p 用归纳法, 在 $p \leqslant 5$ 时, 结论显然成立, 设对所有顶点数小于 p 的平面图, 结论成立, 而 G 是一个 p 阶平面图. 由推论 13.2.6, $\delta(G) \leqslant 5$. 令 $d(v) = \delta(G)$. 考虑 $(p-1)$ 阶平图 $G-v$, 由归纳假设, $G-v$ 有正常 5 着色 α, 若 $d(v) < 5$, 易知 α 中至少数派有一种颜色 i 在 v 的所有邻接点不出现, 则令 $\beta(v) = i$, $\beta(u) = \alpha(u)$, $u \neq v$, 于是, β 是 G 的一个正常 5 着色, 以下设 $d(v) = 5$, 并且 α 的 5 种颜色均在 v 的邻接点上出现. 不妨设与 v 邻接的 5 个点按环绕 v 的方向依次为 v_1, $v_2, \cdots, v_5$ 且 $\alpha(v_i) = i$, $i = 1, 2, \cdots, 5$(见图 13.10)

考虑由顶点集

$$V_{1,3} = \{u \mid u \in V(G-v) \text{ 且 } \alpha(u) = 1 \text{ 或 } 3\}$$

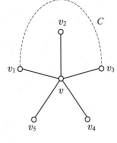

图　13.10

所导出的 $G-v$ 的子图 $G_{1,3}$. 若 v_1 和 v_3 属于 $G_{1,3}$ 的不同的连通分支, 则在 v_1 所在分支中交换颜色 1 和 3, 得到 $G-v$ 的另一个正常 5 着色 β. 此时, 因 $\beta(v_1) = 3$, $\beta(v_i) = i$, $i = 2, 3, 4, 5$, 所以可令 $\beta(v) = 1$, 从而得到 G 的一个正常 5 着色. 若 v_1 和 v_3 属于 $G_{1,3}$ 的同一个连通分支, 则存在 $(v_1 v_3)$-通路 μ. 于是在 G 中 $vv_1 + \mu + v_3 v$ 作成一个回路 C, 使得 v_2 和 v_4 分别在该回路的内部和外部(见图 13.10). 考虑由顶点集 $V_{2,4} = \{u \mid u \in V(G-v) \text{ 且 } \alpha(u) = 2 \text{ 或 } 4\}$, 所导出的 $G-v$ 的子图 $G_{2,4}$, v_2 和 v_4 必属于 $G_{2,4}$ 的不同分支. 作与上面类似的调整, 又可得到 G 的一个正常 5 着色. 于是有

$$\chi(G) \leqslant 5$$

由归纳法原理知, 结论对任何 p 阶平面图均成立.

§13.5　应用(印制电路板的设计)

当设计和制造印制电路板时,首先遇到的问题是判定一个给定的电路图是否能被印制在同一层板上而使导线不发生短路.若能,怎样给出具体的布线方案?

我们可以将所要印制的电路看成一个简单图 G,其中顶点代表电子元件,边则代表导线.于是,上述问题就归结为判定 G 是否是可平面图.若 G 是可平面图,则归结为怎样给出它的一个平面嵌入.

习　　题

1. 设 $p \geq 11$,证明任何 p 阶图 G 与其补图 $\overline{G}$ 总有一个是不可平面图.

2. 证明或者否定:两个 p 阶极大简单平面图必同构.

3. 找出一个 8 阶简单平面图 G,使得 G 的补图 $\overline{G}$ 也是平面图.

4. 证明或者否定:每个极大平面图是 H 图.

5. 证明:若平面图 G 的每个平面都是三角形 K_3,则 G 是极大平面图.

6. 设 $G(p,q,r)$ 是有 k 个分支的平面图,证明:$p - q + r = k + 1$.

7. 证明:$K_5 - e$ 是平面图,其中 $e \in E(K_5)$.

8. 证明:$K_{3,3} - e$ 是平面图,其中 $e \in E(K_{3,3})$.

9. 一个图的围长是图中最短回路之长度,若图中无回路,则围长定义为无穷大.证明:如果 $G(p,q,r)$ 是连通平面图,围长 $g \geq 3$ 且有限,则 $q \leq g(p-2)/(g-2)$.

10. 利用第 9 题证明 Petersen 图是不可平面图.

11. 图 13.11 是平面图吗? 若是,则请给出平面嵌入,否则说明它是一个包含 K_5 或者 $K_{3,3}$ 的剖分图.

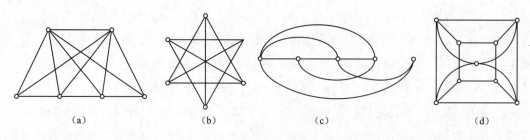

　(a)　　　　　　　(b)　　　　　　　(c)　　　　　　　(d)

图　13.11

12. 平面 M 上有 n 条直线将平面 M 分成若干区域,为了使互相邻接的区域着不同的颜色,最少需要几种颜色?

13. 设 G 是一个连通的平面地图.证明:$\chi^*(G) = 2$ 当且仅当 G 是欧拉图.

14. 将平面分成 r 个区域,使任意两个区域都相邻,问 r 最大为多少?

15. 证明:在平面上画有限个圆所得的地图是两色的,即有一个正常 2 面着色.

16. 设 G 是平面图.证明:若 G 是二分图,则 G^* 是欧拉图.又若一个平面图的对偶图是欧拉图,则此平面图是二分图.

17. 若一个平面图与它的对偶图同构,则称此图是自对偶的.试证明:若 $G(p,q)$ 是自对偶的,则 $q = 2p - 2$.

18. 画一个非简单图的自对偶图.

第 14 章

有 向 图

我们知道,图论为任何一个包含了二元关系的系统提供了一种数学模型.本篇目前为止所示的图形就是这种数学模型的一种直观的外形,其中点与点之间的连线表示了相应点所代表的对象之间的联系.这种二元关系有一个明显的特征,即对称性.然而,现实世界中,两个对象之间的关系有的并不具有对称性.例如,各对选手之间的比赛胜负关系等.因此,图形中两个邻接顶点之间的连线能反映出这种次序关系,于是,就产生了有向图的概念.

本章将论述有向图的基本概念及其在信息科学中的应用.

§14.1 有向图的概念

定义 14.1.1 一个有向图(directed graph)D 是一个有序三元组$\langle V(D),A(D),\varphi_D\rangle$,其中:

(1) $V(D)$是非空顶点集合,简记为 V;

(2) $A(D)$是弧(arc)的集合,简记为 A, $A\cap V=\varnothing$;

(3) φ_D 是 A 到 $V\times V=\{\langle u,v\rangle\mid u,v\in V\}$ 的一个映射,称为关联函数,简记为 φ.

为方便,有时将$\langle u,v\rangle$简为 uv.易知,$uv=vu$ 当且仅当 $u=v$.

【**例 14.1**】 设 $V=\{u,v,w,x\}$, $A=\{\alpha_1,\alpha_2,\cdots,\alpha_8\}$, φ 定义如下:

$$\varphi(\alpha_1)=uv,\quad \varphi(\alpha_2)=vv,\quad \varphi(\alpha_3)=vw,$$
$$\varphi(\alpha_4)=xw,\quad \varphi(\alpha_5)=vx,\quad \varphi(\alpha_6)=xv,$$
$$\varphi(\alpha_7)=xu,\quad \varphi(\alpha_8)=ux,\quad \varphi(\alpha_9)=xu.$$

于是,以上定义的有向图$\langle V,A,\varphi\rangle$的图形如图 14.1 所示.

图 14.1

如果 α 是有向图 D 的一条弧,且 $\varphi_D(\alpha)=uv$,则称 u 是 α 的尾(tail), v 是 α 的头(head).

为了与有向图相区别,第 7 章所定义的图称为无向图.

对应于每个有向图 D,如果不计 D 中每条弧上的方向,则得到一个无向图 G,这时,称 G 为 D 的基础图(underlying graph);反之,给定任意一个无向图 G,对于它的每个连杆(即端点不同的边),给其端点分别规定头和尾,从而确定一条弧,由此得到一个有向图,这时,称 D 为 G 的一个定向图(oriented graph).

在有向图中,头尾相同的弧称为环(loop);两条或两条以上的弧,如果它们的头和尾彼此都相同,则称它们为多重弧(multiple arcs).例如图 14.1 中, α_7 与 α_9 就是多重弧,而 α_5 与 α_6 都不是多重弧.

类似于无向图中简单图的概念,称无环、无多重弧的有向图为简单有向图.

无向图 G 中的一些概念和记号可以应用于有向图 D 中.例如,有向图的子图,图的运算等概念.又如, $D(p,q)$ 表示一个具有 p 上顶点, q 条弧的有向图,等等.但有些概念只能在有向图中定义.

在有向图 D 中,以顶点 u 为尾的弧的数目称为 u 的出度(out-degree),记为 $d_D^+(u)$;以 u 为头的弧的数目称为 u 的入度(in-degree),记为 $d_D^-(u)$;而 u 的出度与入度之和,则称为 u 的度(degree),记为 $d_D(u)$.

D 的有向途径是一个有限非空序列: $w=(u_0,\alpha_1v_1,\cdots,\alpha_kv_k)$,其中 $v_j\in\alpha V(D)$, $\alpha_j\in A(D)$,并且弧 α_j 的头是 v_j,尾是 v_{j-1}, $i=0,\cdots,k$, $j=1,2,\cdots,k$.一般将有向途径 w 简记为 $v_0v_1\cdots v_k$,弧不重复的有向途径称为有向链(directed chain);顶点不重复的有向途径称为有向通路(directed path),起点与终点重合的有向通路称为有向回路(directed circuit).起点为 u,终点为 v 的有向通路记为有向 (u,v)-通路,通路中弧的数目称为该有向通路之长.

定义 14.1.2　设 D 是有向图.若对 D 中任何两个顶点 u,v,既存在有向 (u,v)-通路,又存在有向 (v,u)-通路,则称 D 是双向连通图,简称双连通图或强连通图(strong connected graph);若对 D 中任何两个顶点 u,v,或者存在有向 (u,v)-通路,或者存在 (v,u)-通路,则称 D 是单连通图(single connected graph);若 D 的基础图 G 是连通图,则称 D 是弱连通图(weak connected graph).

例如,图 14.2 分别给出了强连通图、单连通图和弱连通图.

强连通图 D_1　　　　单连通图 D_2　　　　弱连通图 D_3

图　14.2

由定义可知,强连通图必是单连通图和弱连通图,单连通图必是弱连通图,但反之不然(见图 14.2).

有向图 D 的极大强连通子图称为 D 的强连通分支.例如,图 14.3(a)所示有向图有三个强连通分支,如图 14.3(b)所示.

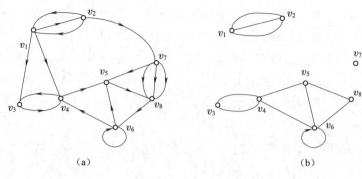

图 14.3

§14.2 有向通路与有向回路

在有向图中,经常要计算有向通路之长,或者要判断有向图中是否存在一条长度至少为 $k > 0$ 的有向通路.由于有向通路的"有向"性,因此,有向性的有向通路之长与其基础图中的通路没有必然的联系.但有趣的是,它却与图的色数有紧密的联系.

定理 14.2.1 有向图 D 包含长至少为 $\chi(G) - 1$ 的有向通路,其中,G 是 D 的基础图.

证明 设 $A' \subseteq A(D)$ 是使 $D' = D - A'$ 不含有向回路的极小弧的集合,并设 D' 中最长的有向通路之长为 k. 对 D' 进行如下顶点着色 β:当 D' 中以 v 为起点的最长有向通路之长为 $i - 1$ 时,令 $\beta(v) = i$. 这样,就得到一个 $(k+1)$-着色 β. 下面证明 β 是 G 的正常 $(k+1)$ 着色.

先证 D' 中任何一条有向 (u,v)-通路 $(u \neq v)$ P 均满足 $\beta(u) \neq \beta(v)$. 设 $\beta(v) = i$. 则 D' 中存在一条有向通路 $Q = (v_1, v_2, \cdots, v_i)$,其中 $v_i = v$. 由于 D 不含有向回路,所以 $PQ = (u, \cdots, v, v_2, \cdots, v_i)$ 必是一条以 u 为起点而长至少为 i 的有向通路,于是 $\beta(u) \neq i$.

其次证明 D 的任意一条弧的头、尾均有不同的颜色. 由上所证可知,不妨设 $\langle u, v \rangle \in A(D) - A(D')$,由 A' 的极小性,$D' + (u,v)$ 必含有向回路 C,于是 $C - \langle u, v \rangle$ 是 D' 中的有向 (u,v)-通路,故由上所证,$\beta(u) \neq \beta(v)$.

总之,我们证明了 G 的任何两个邻接的顶点在 β 下颜色不均同. 故 $k+1 \geqslant \chi(G)$,$k \geqslant \chi(G) - 1$.

完全图的定向图称为竞赛图,n 个顶点的竞赛图可用来表示 n 个选手之间进行循环赛的胜负状态.具有四个顶点的竞赛如图 14.4 所示,其中图 14.4(a) 表示有一个赛手获全胜,而其他三个赛手各胜一次;图 14.4(b) 表示有一个赛手全负,而其他赛手各负一次.

有向图 D 的有向 H 通路是指一条含 D 的所有顶点的有向通路.

推论 14.2.1 每个竞赛图都含有向 H 通路.

图 14.4

证明 设 D 是竞赛图,于是,$\chi(G) = |V(D)| = p$,G 是 D 的基础图.由定理 14.2.1 知,D 中含长为 $p-1$ 的有向通路,即有向 H 通路.

有向图 D 的顶点子集 S,如果其中任何两点在 D 中都不是弧的头或尾(也称不邻接),则称 S 为 D 的一个独立集.

定理 14.2.2 无环有向图 D 中总存在这样一个独立集 S,使得 $V-S$ 中任何一点 v,存在 $u \in S$,从 u 到 v 有长度不超过 2 的有向通路.

证明 对 D 的顶点数 p 作归纳证明.

$p=1$ 时,结论显然成立.

假设对于顶点小于 p 的所有向图结论成立.而 D 是一个有 p 个顶点的有向图.任取 $v \in V(D)$.令
$$N_D^+(v) = \{w \mid \langle v,w \rangle \in A(D)\}$$
并称 $N_D^+(v)$ 为 v 的外邻接顶点集.

由归纳假设,在 $D' = D - (\{v\} \cup N_D^+(v))$ 中,存在一个独立集 S',使得结论成立.

若 $v \in N_D^+(u)$,$u \in S'$,则对于 $N_D^+(v)$ 中的任何点 w,从 u 出发,经长度为 2 的有向通路可到达 w.于是 $S=S'$,即可使结论成立.

若对任何 $u \in S'$,均有 $v \notin N_D'(u)$,则令 $S=S' \cup \{v\}$ 即使结论成立.由归纳法原理知,定理成立.

推论 14.2.2 竞赛图总存在一个顶点,使得从它出发,到其他每个顶点都有一条长度不超过 2 的有向通路.

定理 14.2.3 顶点数 $p \geqslant 3$ 的强连通竞赛图 D 的每个顶点都包含在一条有向 k-回路中,其中 $3 \leqslant k \leqslant p$.

证明 设 D 是 $p \geqslant 3$ 的强连通图,任取 $u \in V(D)$,令 $S=N^+(u)$,设 $T=N^-(u)=\{w \mid (w,u) \in A(D)\}$.首先证明 u 在 D 的一条向 3-回路中.

由于 D 是强连通的,因此,S 和 T 均非空,并且同理,$(S,T)=\{(x,y) \in S, y \in T\}$ 也是非空集(见图 14.5).于是,在 D 中存在一条弧 (x,y),使得 $x \in S$,$y \in T$.从而,u 在有向 3-回路 (u,x,y,u) 中.

图 14.5

现在对 k 用归纳法来证明定理中的结论.假设 u 在所有长为 3 和 n 之间的有向回路中,其中 $n<p$.下证 u 也在有向 $(n+1)$-回路中.

设 $C=(v_0,v_1,\cdots,v_n)$ 是有向 n-回路,其中 $v_0=v_n=u$.若 $V(D)-V(C)$ 中存在一个顶点 v,使得 v 既是尾在 C 中一条弧的头,又是头在 C 中一条弧的尾,则 C 中必存在顶点 v_i 和 v_{i+1},使得 (v_i,v),(v,v_{i+1}) 都是 D 的弧,此时,u 在有向 $(n+1)$-回路 $(v_0,v_1,\cdots,v_i,v,v_{i+1},\cdots,v_n)$ 中,否则,令
$$S=\{x \in V(D)-V(C) \mid (u,x) \in A(D), u \in V(c)\}$$
$$T=\{y \in V(D)-V(C) \mid (y,v) \in A(D), v \in V(C)\}$$
如图 14.6 所示和前面的理由一样,由于 D 是强连通的,S、T 和 (S,T) 都是非空集,而且在 D 中存在一条弧 (x,y),使得 $x \in S$,$y \in T$,因此,u 在有向 $(n+1)$-回路 $(v_0,x,y,v_2,\cdots,v_n)$ 中.

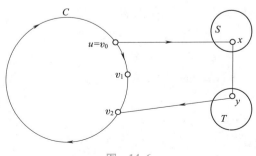

图 14.6

推论 14.2.3 任何强连通竞赛图都含有向 H 回路.

定理 14.2.4 若 D 是简单有向图，并且

$$\min\{\delta^-,\delta^+\}\geqslant p/2>1$$

则 D 中含有向 H 回路.

§14.3 有向树简介

树是一种重要的图结构. 在许多实际应用中，表示层次结构的对象之间的关系往往是具有反对称性的. 于是便有了有向树的概念.

定义 14.3.1 若有向图 T 的基础图是树，则称 T 为有向树（directed tree）.

例如，图 14.7 给出了两个有向树的图形.

(a)   (b)

图 14.7

定义 14.3.2 设 T 是一个有向树. 如果 T 中恰有一个顶点入度为 0，其他顶点的入度均为 1，则称 T 为根树（root tree），其中入度为 0 的顶点称为 T 的根（root），记为 V_r 或 V_0；出度为 0 的顶点称为叶（leaf），出度不为 0 的顶点称为分枝点（branch vertex）.

例如，图 14.7(a) 是根树，而图 14.7(b) 则不是根树. 以下所提到的有向树，都是指根树，并简称为树. 根树可用于表示许多具有层结构的关系，如指挥系统的控制关系、一个单位的人事关系、社会生活中的家庭关系等. 在实际应用中，常将根画在最上面，其他顶点 u 按根到 u 的唯一有向通路的次序由上至下画出，即弧的方向一律朝下，这样，箭头就可能省略不画. 此外，按根到各顶点的有向通路的长度，将长度为 i 的顶点画在第 i 层，根在第 0 层. 图 14.8 所示的根树 T 中，从根出发最长的有向通路之长称为 T 的高度，例如，图 14.8(a) 的高度为 3.

设 T 是一个树，u 是 T 的一个分枝点，容易证明，由 u 以及 T 中从 u 出发可到达的所有顶点连同所经过的弧所构成的 T 的子图是一个以 u 为根的根树，称它为 T 的子树. 例如，图 14.8(b) 是一个以 v_2 为根的图 14.8(a) 的子树.

常常将树的顶点称为结点（node），并借用家族中的各种称呼. 例如，在图 14.8(a) 中，称 v_1 为 v_4，v_5 的父结点，称 v_4，v_5 为 v_1 的子结点；同一个分枝点的子结点称为兄弟结点，如 v_6，v_7 和 v_8；称 v_9，v_{10} 为 v_2 和 v_0 的后裔（结点），v_0，v_2 为 v_9 和 v_{10} 的祖先（结点）.

定义 14.3.3 若对一个树的结点（弧）从上至下，同一层结点（弧）从左至右规定了一个次序，则称 T 为有序树

(a)   (b)

图 14.8

(ordered tree).

例如,图 14.8(a)就是一个有序树,有序树在编码理论和计算机科学中应用较广.常对有序树的结点按如下编号:先交根标记为 v_0,然后将 v_0 的子结点从左至右标记为 $v_1,v_2,\cdots$,对 v_i 的子结点从左至右标记为 $v_{i1},v_{i2}\cdots$,依此类推,这样的编号可根据下标清楚地表示各结点之间的相互关系.例如,结点 v_{235} 表示 v_{23} 的子结点,v_2 的后裔,并且在树的第 3 层(下标有 3 位).

定义 14.3.4 设 T 是(有序)树,$m \geqslant 1$.

(1)若对 T 的每个结点 v,均有

$$d^+(v) \leqslant m$$

则称 T 为 m 元(有序)树;

(2)若对 T 的每个结点 v,均有

$$d^+(v) = m \text{ 或 } d^+(v) = 0$$

则称 T 为完全 m 元(有序)树;

(3)若完全 m 元(有序)树的所有叶结点都在同一层,则称 T 为正则 m 元(有序)树.

特别地,当 $m = 2$ 时,分别称它们为二叉树、完全二叉树和正则二叉树.

二叉树中任何分枝点的子结点总是有左右之分的,因此,它是一种特殊的有序树,例如,图 14.9 所示的是两个相同的有序树,但它们是不同的二叉树.

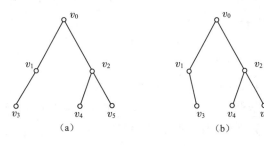

图　14.9

§14.4　应　　用

在有 t 位选手参加比赛的单淘汰赛中,设每组有 m 位选手参加比赛,产生一个分组赛冠军,接着本轮分组赛的冠军又 m 位一组进行淘汰赛,如此下去,最后产生一位总冠军.可将此过程用一棵完全 m 元树 T 来表示,其中有 t 个叶结点,i 个分枝结点,树叶表示选手,分枝点表示每局(分组赛)的冠军,根表示最后的比赛冠军.因为每局比赛共淘汰 $(m-1)i$ 位选手,因此 i 局比赛共淘汰 $(m-1)i$ 位选手,最后剩下一位冠军.故 $(m-1)i+1 = t$,即 $(m-1)i = t-1$.

【例 14.2】 设某单位计算机房有个人计算机 37 台,共用一个电源插座,假设每台计算机只需一个插座,问需要多少具有四插座的接线板.

解 将四元树的每个分枝点看作具有四插座的接线板,把树叶看作计算机.由上面讨论的结果可知,$m = 4, t = 37$,于是,$i = (t-1)/(m-1) = 36/3 = 12$.即需要 12 个四插座接线板.

二叉树有很广泛的应用.

在远程通信中常用 0 和 1 组成的字符串(称为 0-1 序列,或简称序列)作为英文字母的传送信

息.已知英文字母共有 26 个,希望用长度尽量短的序列来表示这 26 个字母,通过计算可知,用长度不超过 4 的序列就可以表示这 26 个字母.比如用 0 表示 A,1 表示 B,00 表示 C,01 表示 D,$\cdots$.这时,有两个问题需要解决.

（1）序列与字母如何对应?

（2）如何对接收到的序列译码? 即如何将 0-1 序列按对应关系翻译成字母序列?

对于第一个问题,为了减少信息量,应该将较短的 0-1 序列分配给使用频率高的字母,对于第二个问题,它显然与第一个问题有关,如果分配不当,则会出现译码多义性问题.例如,设字母 A,B,C,D 所对应的 0-1 序列分别为

$$0\text{-}A, \quad 1\text{-}B, \quad 01\text{-}C, \quad 10\text{-}D$$

假如接收到的 0-1 序列为 0010110,则根据对应关系,即可将它译为 $AABABBA$,也可将它译为 $ACCD$ 等,这样,就起不到通信的作用了,出现这种情况的原因是有些序列是另一些序列的一部分.

定义 14.4.1 设 $a = b_1 b_2 \cdots b_n$ 是一个 0-1 序列,$b_i \in \{0, 1\}$,$i = 1, 2, \cdots, n$,序列 $\beta = b_1 b_2 \cdots b_i$（$1 \leqslant i \leqslant n$）称为 a 的前缀（prefix）.

例如,设 $a = 010$,于是 $0, 01, 010$ 都是 a 的前缀.

定义 14.4.2 设 $Q = \{a_1, a_2, \cdots, a_m\}$ 是一个 0-1 序列集合.如果 Q 没有一个序列是另一个序列的前缀.则称 Q 为一个前缀码（prefix code）.

例如,$\{0, 10, 110\}$ 是一个前缀码,而 $\{0, 10, 101\}$ 不是前缀码.

二叉树与前缀码有着密切的联系.

定理 14.4.1 任何一个二叉树的叶子可以对应一个前缀码.

证明 设 T 是一个二叉树,对 T 的每个分枝 v,将以 v 为尾的（最多两条）弧上标记 0 或 1:以左结点为头的弧上标 0,以右子结点的头弧上标为 1. 于是,从根结点出发到每个叶子结点的唯一通路各弧上的标记依次连接而组成一个 0-1 序列. 显然,它们是一组前缀码.

例如,图 14.10 所示的二叉树的叶结点所对应的前缀码为 $\{001, 10, 110\}$.

定理 14.4.2 任何一个前缀码都对应一个二叉树.

证明 设 $Q = \{a_1, a_2, \cdots, a_m\}$ 是一个前缀码,令 h 是 Q 中最长序列之长度.今构造一个高度为 h 的正则二叉树 T,按定理 14.4.1 的方法给 T 的每条弧上标记 0 或 1.这样,每个非根结点 v_i 都对应一个 0-1 序列 β_i,即由根到 v_i 通路上各弧上的标号依次连接而成的序列,由 T 的构造易知,Q 中每个序列 a_i 在 T 中恰对应一个结点 v_i,使得 $\beta_i = a_i$,$i = 1, 2, \cdots, m$. 将 v_i 的子结点及后裔从 T 中删去,使 v_i 变成叶结点,$i = 1, 2, \cdots, m$,再将所有不在根到 v_i 的通路上的结点和弧都删去,最后所得的二叉树即是对应前缀的 Q 的二叉树.

图 14.11

例如,对于前缀码 $\{001, 10, 110\}$.图 14.11 给出了一个高度为 3 的正则二叉树,图 14.10 则是经过删剪后得到的对应该前缀码的二叉树.

习　题

1. 一个简单图 $G(p,q)$ 有多少个不同的定向图?

2. 简单有向图的基础图一定是简单图吗?

3. 设 $D(p,q)$ 是简单有向图,证明:

(1) 若 D 是强连通图,则 $p \leqslant q \leqslant p(p-1)$;

(2) 若 D 是弱连通图,则 $p-1 \leqslant q \leqslant p(p-1)$.

4. 设 $D(p,q)$ 是有向图,证明: $\displaystyle\sum_{i=1}^{p} d_D^+(u_i) = q = \sum_{i=1}^{p} d_D^-(u_i)$.

5. 基础图是完全图的有向图称有向完全图.证明:对任何有向完全图 $D(p,q)$,有 $\displaystyle\sum_{i=1}^{p} (d_D^+(u_i))^2 = \sum_{i=1}^{p} (d_D^-(u_i))^2$.

6. 设 D 是单连通图.证明:若对任意 $u \in V(D)$,均有 $d^+(u) = d^-(u)$,则 D 有一条有向回路.

7. 有向图 D 中各顶点的最大和最小的出度和入度分别用 $\Delta^+(D)$, $\delta^+(D)$ 和 $\Delta^-(D)$, $\delta^-(D)$ 来表示,简记为 Δ^+, δ^+ 和 Δ^-, δ^-. 设 D 是一个简单有向图.求证:

(1) D 中包含长度至少为 $\max\{\delta^-, \delta^+\}$ 的有向通路;

(2) 若 $\max\{\delta^-, \delta^+\} = k > 0$,则 D 中包含长度至少为 $k+1$ 的有向回路.

8. 有向图 D 的有向 E 闭链指 D 中存在一条过每条弧恰好一次的有向闭链.证明:有向图 D 含有向 E 闭链当且仅当 D 是强连通的,并且对所有 $v \in V(G)$,有 $d_D^+(v) = d_d^-(v)$.

9. 设 D 是不含有向回路的有向图.证明:

(1) $\delta^+ = 0$;

(2) 存在 $V(D)$ 的一个有序顶点序列 $v_1, v_2, \cdots, v_p$,使得对于 $1 \leqslant i \leqslant p$, D 的每条以 v_i 为头的弧在 $\{v_1, v_2, \cdots, v_{i-1}\}$ 中都有它的尾.

10. 证明:若有向完全图 D 中有一条有向回路,则 D 中有一个三角形的有向回路.

11. $d_D^-(v) = 0$ 的顶点称为发点, $d_D^+(v) = 0$ 的顶点称为收点.证明:如果有一个有向图 D 不含有向回路,则 D 至少有一个发点和一个收点.

12. 假设在一次有 $n(\geqslant 3)$ 名选手参加的循环赛中,每一对选手赛一局定胜负,没有平局,并且没有一个人是全胜的.证明其中一定有三名选手甲、乙、丙,使得甲胜乙,乙胜丙,丙胜甲.

13. 证明:在完全二叉树中,弧的数目 q 恒为 $q = 2(l-1)$,其中 l 是树叶结点数目.

14. 证明:一个完全二叉树必有奇数个结点.

15. 试构造一个与英文字母 b,d,e,g,o,y 对应的前缀码,并画出该前缀码对应的二叉树,再用这六个字母构成一个英文短语,写出此短语的编码信息(0-1 序列).

第 15 章

网络最大流

网络是一类非常重要的图.现代社会可以说在很大程度上是通过各种网络,如运输网络、通信网络等来进行管理与控制的.网络理论不仅在图论的理论研究中,而且在自然科学、社会科学和工程技术上,都有广泛的应用.

本章以运输网络为例,论述网络的流(flow)与割(cut-set),最大流与最小割定理及确定最大流的标记法.

§15.1 网络的流与割

定义 15.1.1 设有向图 N 具有两个非空顶点子集 $X, Y, X \cap Y = \varnothing$;并且在弧集 A 上定义了一个非负整数值函数 C,则称 N 为一个网络,记为 $N(X, Y, C)$.

在一个网络 $N(X, Y, C)$ 中,X 中的顶点称为源(source),Y 中的顶点称为汇(sink),其他顶点称为中间点(intermediate node).函数 C 称为网络的容量函数(capacity function),它在一条弧上的值称为该弧的容量(capacity).弧 $\alpha = (i, j)$ 的容量记为 $C(\alpha)$ 或 $C(i, j)$.在运输网络中,一条弧的容量可以看作沿着这条弧输送某种物资所能达到的最大速度率或最大运输量.

图 15.1 给出了具有一个源、一个汇、六个中间点的一个网络.

图 15.1

本章主要讨论具有一个源 x 和一个汇 y 的网络,记为 $N(x, y, C)$.下面引进"流"的定义.

设 N 是有一个源 x,一个汇 y 的网络.f 是定义在弧集 $A(N)$ 上的一个整数值函数,V_1, V_2 是 $V(N)$ 的子集.记

$$(V_1, V_2) = \{(u, v) \in A(N) \mid u \in V_1, v \in V_2\}$$

$$f(V_1, V_2) = \sum_{\alpha \in (V_1 \cdot V_2)} f(\alpha)$$

特别地,当 $V_1 = \{i\}$ 时,将 $f(V_1, V_2)$ 记为 $f(i, V_2)$.

定义 15.1.2 设 $N(x, y, C)$ 是一个网络, f 是定义在弧集 $A(N)$ 上的一个整数值函数,若 f 满足:

(1) 对任何 $\alpha \in A(N)$, $0 \leqslant f(\alpha) \leqslant C(\alpha)$; (15.1)

(2) 对任何中间点 i,有 $f(i, V) = f(V, i)$. (15.2)

则称 f 是网络 N 的一个流, $f(x, V)$ 称为流 f 的值,记作 $f_{x,y}$.

定义中,式(15.1)称为约束条件,式(15.2)称为守恒条件. $f(i, V)$ 表示流出顶点 i 的流, $f(V, i)$ 表示流入顶点 i 的流.

图 15.2 给出了一个网络及其流,其中每条弧上的第一个数是弧的容量,第二个数是弧的流.

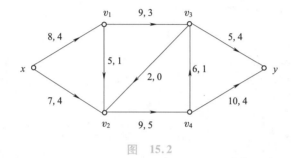

图 15.2

可验证,图 15.2 所示的网络 N 满足约束条件和守恒条件,且 N 的流 f 的值 $f_{x,y} = 8$.

定义 15.1.3 设 f 是网络 N 的一个流,如果不存在 N 的流 f',使 $f'_{x,y} > f_{x,y}$,则称 f 为最大流,记作 $f_{\max}$.

运输网络的一个主要问题就是要找出它的一个最大流 $f_{\max}$,该最大流将表示在尽量满足需要的情况下,网络中各条干线上的最大运输量.

为了解决求网络最大流的问题,还需要引进割的概念.

定义 15.1.4 设 $N = (x, y, C)$ 是一个网络. $V_1 \subseteq V(N)$, $x \in V_1$, $y \in \overline{V_1} = V(N) - V_1$. 称 $(V_1, \overline{V_1})$ 为 N 的一个割,记为 $K = (V_1, \overline{V_1})$.

例如,在图 15.2 所示的网络 N 中,若取 $V_1 = \{x, v_1, v_2\}$, $\overline{V_1} = \{v_3, v_4, y\}$,则

$$K = (V_1, \overline{V_1}) = \{(v_1, v_3), (v_2, v_4)\}$$

由割的定义知,网络 N 的一个割即是分离源和汇的弧之集合. 记

$$C(K) = \sum_{\alpha \in K} C(\alpha)$$

称 $C(K)$ 为割 K 的容量. 对上面的割有 $C(K) = 18$.

定理 15.1.1 设网络 N 的流 f 的值为 $f_{x,y}$, $(V_1, \overline{V_1})$ 为 N 的一个割. 于是

$$f_{x,y} = f(V_1, \overline{V_1}) - f(\overline{V_1}, \overline{V_1})$$ (15.3)

证明 由流及流的值之定义有

$$f(x, V) = f_{x,y}$$
$$f(v, V) - f(V, v) = 0, \quad v \neq x, y$$
$$f(V, y) = f_{x,y}$$

因此，对任意的 $S \subseteq V, x \in S, y \in \bar{S}$，有

$$\sum_{v \in S} [f(v,V) - f(V,v)] = f_{x,y}$$

或者

$$f(S,V) - f(V,S) = f_{x,y} \tag{15.4}$$

将 $V = S \cup \bar{S}$ 代入式（15.4），并注意到 $S \cap \bar{S} = \varnothing$，有

$$f_{x,y} = f(S,V) - f(V,S) = f(S,S \cup \bar{S}) - f(S \cup \bar{S}, S)$$

而

$$f(S,S \cup \bar{S}) = f(S,S) + f(S,\bar{S}) - f(S \cap \bar{S}, S) = f(S,S) + f(S,\bar{S})$$

$$f(S \cup \bar{S}, S) = f(S,S) + f(\bar{S},S) - f(S \cap \bar{S}, S) = f(S,S) + f(\bar{S},S)$$

于是，$f_{xy} = f(S,S \cup \bar{S}) - f(S \cup \bar{S}, S) = [f(S,S) + f(S,\bar{S})] - [f(S,S) + f(\bar{S},S)]$

$$= f(S,\bar{S}) - f(\bar{S},S)$$

即 $f(S,\bar{S}) - f(\bar{S},S) = f_{x,y}$.

由 S 的任意性可知，定理成立.

此定理说明，网络中一个从源到汇的流值，等于任何分离源和汇的割中流的净值，即割的自 V_1 到 $\bar{V}_1$ 的弧中的流减去自 $\bar{V}_1$ 到 V_1 的弧中的流的差.

推论 15.1.1 设 $(V_1, \bar{V}_1)$ 是网络 N 的任意一个割. 于是

$$f_{x,y} \leqslant C(V_1, \bar{V}_1) \tag{15.5}$$

定义 15.1.5 设 K 是网络 N 的一个割. 如果不存在 N 的割 K'，使得

$$C(K') < C(K)$$

则称 K 是 N 的最小割，最小割记为 $K_{\min}$.

易知，对任何网络 N，均有 $f_{\max} \leqslant C(K_{\min})$

§15.2 最大流最小割定理

由上一节知道，对于任何一个网络 N，有

$$f_{x,y} \leqslant C(K_{\min})$$

如果能找到一个流 f^* 及一个割 K^*，使得 $f^*_{x,y} = C(K^*)$，则 f^* 便是 N 的最大流，而 K^* 也就是 N 的一个最小割了. 这就是网络理论中的一个最主要的问题.

定理 15.2.1（最大流量最小割定理） 任何网络 N 中，最大流的值等于最小割的容量，即

$$f_{\max} = C(K_{\min}) \tag{15.6}$$

证明 设 f 是一个最大流，今按如下方法定义 N 的顶点子集 V_1：

（1）$x \in V_1$；

（2）若 $v_i \in V_1$ 且 $f(v_i,v_j) < C(v_i,v_j)$，则 $v_j \in V_1$；

（3）若 $v_i \in V_1$ 且 $f(v_j,v_i) > 0$，则 $v_j \in V_1$.

由 V_1 的定义可以证明 $y \in \bar{V}_1$. 事实上，若 $y \in V_1$，则按 V_1 的定义，将有一条从 x 到 y 的"链"μ，这种"链"不一定是有向链. 不妨设 $\mu = xv_{i_1}v_{i_2}\cdots v_{i_n}y$. 若 $(v_i, v_{ij+1}) \in A(N)$，则称它为前向弧，若

$(v_{i_{j+1}}, v_{i_j}) \in A(N)$，则称它为后向弧. μ 上前向弧组成的集合记为 μ^+，后向弧组成的集合记为 μ^-.于是，对于 μ 上的前向弧 $\alpha \in \mu^+$，有

$$f(\alpha) < C(\alpha)$$

而对 μ 上的后向弧 $\beta \in \mu^-$，有

$$f(\beta) > 0$$

取

$$\theta = \min \left\{ \min_{\alpha \in \mu^+} [C(\alpha) - f(\alpha)] ; \min_{\beta \in \mu^-} [f(\beta)] \right\}$$

显然 $\theta > 0$，现将 f 修改为 f'：

$$f'(\alpha) = \begin{cases} f(\alpha) + \theta, & \alpha \in \mu^+ \\ f(\alpha) - \theta, & \alpha \in \mu^- \\ f(\alpha), & \alpha \in A(N) - (\mu^+ \cup \mu^-) \end{cases}$$

今后称这种修改过程为 f 在 μ 上作 θ 平移.不难验证，f' 仍是 N 一个流.但这时有

$$f'_{x,y} = f_{x,y} + \theta, \quad \theta > 0$$

此与 f 是最大流矛盾.故 $y \in \overline{V}_1$.

由上述可知，$(V_1, \overline{V}_1)$ 是分离 x 和 y 的一个割.同时，按 V_1 的定义，若 $(v, \overline{v}) \in (V_1, \overline{V}_1)$，则 $f(v, \overline{v}) = C(v, \overline{v})$；若 $(\overline{v}, v) \in (\overline{V}_1, V_1)$，则 $f(\overline{v}, v) = 0$，否则 $\overline{v}$ 将在 V_1 中.于是，有

$$f(V_1, \overline{V}_1) = C(V_1, \overline{V}_1), \quad f(\overline{V}_1, V_1) = 0$$

从而，由定理 15.1.1，有

$$f_{x,y} = C(V_1, \overline{V}_1)$$

此时必有 $f_{x,y} = f_{\max} = C(K_{\min}) = C(V_1, \overline{V}_1)$.故定理成立.

上述证明是构造性的，它给出了一个寻求网络最大流的方法：任取一个流（如 $f(\alpha) = 0, \alpha \in A(N)$），然后，以此为基础，设法逐渐增大流值.不妨设弧的容量均为正整数，若从源 x 到汇 y 有这样一条"链"，其所有前向弧 α 满足 $f(\alpha) < C(\alpha)$（称为未饱和弧），并有所有后向弧 β 满足 $f(\beta) > 0$，那么，就可使这条"链"的前向弧的流增加一个适当的正整数 θ，所有后向弧的流减去 θ，而同时保持全部弧的流为正值且不超过弧的容量.这样做不会破坏流的约束条件和守恒条件，但流值却增加了 θ.如此下去，可以逐次增加流的值，直到这条"链"上至少有一条前向弧 α 满足 $f(\alpha) = C(\alpha)$（称为饱和弧），或者有一条后向弧的流为零，具有这种情况的"链"称为不可增广路，否则称为可增广路.当自 x 到 y 的所有"链"都是不可增广路，流值就不再增大了，这样就求得了最大流.由此可见，一个流 f 是最大流的充要条件是不存在从源到汇的关于 f 的增广路，因此，寻求最大流的关键是解决如何寻找增广路的问题.

根据上述构造思想，可以给出一个求网络最大流的算法，称为标记法.

标记法分为两个过程：标记过程和增广过程，前者主要是寻求可增广路，后者则使得沿可增广路的流量增加.其主要步骤是：

1. 标记过程

给每个顶点三种不同的记号 $(i, \delta, \varepsilon(j))$，其中 i 表示要检查的顶点 v_i 的下标，δ 为" $+$ "或" $-$ "，若 $C(i, j) - f(i, j) > 0$，则记为" $+$ "，若 $f(j, i) > 0$，则记为" $-$ "；$\varepsilon(j)$ 表示有关弧上能增大的流值.

（1）源 x 标记为 $(x, +, \varepsilon(x) = \infty)$. 此时,$x$ 称为已标记,未检查,其余顶点称为未标记,未检查.

（2）任选一个已标记,未检查的顶点 i,若顶点（用下标表示）j 与 i 邻接且尚未标记,则:

①当 $(i, j) \in A(N)$,$C(i, j) > f(i, j)$ 时,将 j 标上 $(i, +, \varepsilon(j))$,其中 $\varepsilon(j) = \min \{\varepsilon(i), C(i, j) - f(i, j)\}$,之后称 j 已标记,未检查.

②当 $(j, i) \in A(N)$,$f(j, i) > 0$ 时,将 j 标上 $(i, -, \varepsilon(j))$,其中 $\varepsilon(j) = \min \{\varepsilon(i), f(j, i)\}$,之后称 j 已标记,未检查.

③与顶点 i 邻接的顶点都被标记后,将 i 的第二个记号" $+$ "或" $-$ "用一个圆圈圈起来,表明 i 已标记且被检查.

（3）重复（2）直到汇 y 被标记或者不再有顶点可被标记,在后者情况下,整个算法结束. 在前者情况下,转入增广过程.

2. 增广过程

（1）令 $z = y$,转（2）.

（2）如果 z 的标记为 $(q, +, \varepsilon(y))$,把 $f(q, z)$ 增加 $\varepsilon(y)$,如果 z 的标记为 $(q, -, \varepsilon(y))$,把 $f(z, q)$ 减少 $\varepsilon(y)$;

（3）如果 $q = x$,把全部标记去掉,回到标记过程. 否则令 $z = q$,回到增广过程之（2）.

【例 15.1】 求图 15.3 所示网络的最大流 f_{max}.

解 （1）标记过程.

①图 15.3 中的源 x 标记为 $(x, +, \infty)$.

图 15.3

②考察与 x 关联的顶点 v_1 和 v_2（以下仍用下标表示顶点）.

对顶点 1,由于 $(x, 1) \in A(N)$,且 $C(x, 1) = 8$,$f(x, 1) = 4$,所以 $\varepsilon(1) = \min \{\infty, 8 - 4\} = 4$,从而顶点 1 标记为 $(x, +, 4)$.

对顶点 2,由于 $(x, 2) \in A(N)$,且 $C(x, 2) = 7$,$f(x, 2) = 4$,所以 $\varepsilon(2) = \min \{\infty, 7 - 4\} = 3$,从而顶点 2 标记为 $(x, +, 3)$.

③与 x 关联的点均被标记,即 x 已被检查,并在 x 的标记中的记号" $+$ "上圈一小圆圈（见图 15.4）.

④继续上述过程. 顶点 3 标记为 $(1, +, 4)$,从而顶点 1 视为已标记,被检查. 顶点 4 标记为 $(2, +, 3)$,顶点 2 标记,被检查. 汇 y 被标记为 $(4, +, 3)$,顶点 4 已标记,被检查（见图 15.5）.

（2）增广过程. 由标记过程找到可增广路 (x, v_2, v_4, y).

①令 $z = y$.

图　15.4

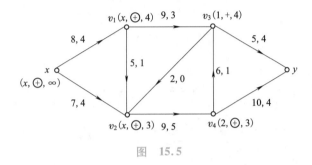

图　15.5

②y 的标记为 $(4, +, 3)$，于是把弧 $(4, y)$ 上的流值增加 $\varepsilon(y) = 3$，依次把弧 $(2, 4), (x, 2)$ 上的流值也增加 3.

③去掉全部标记，得一网络（见图 15.6），重新开始标记.

图　15.6

对图 15.6 所示的网络，由标记过程找到可增广路 (x, v_1, v_2, v_4, y)，再由增广过程得图 15.7 所示网络，对此网络再由标记过程和增广过程得图 15.8 所示网络，最后得图 15.9 所示网络.

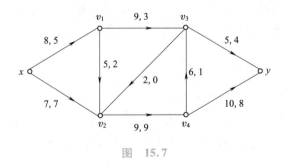

图　15.7

本节定理 15.2.1 证明过程中的顶点集合 V_1，在本例中就是图 15.9 中最后被标记的顶点 $, x,$

v_1,v_2,v_3，即 $V_1 = \{x,v_1,v_2,v_3\}$. 因此 $\overline{V}_1 = \{v_4,y\}$. 割 $(V_1,\overline{V}_1) = \{(v_2,v_4),(v_3,y)\}$ 即为最小割，它的
容量 $C(V_1,\overline{V}_1) = 14$，于是，网络 N 是最大流为 14.

图　15.8

图　15.9

§15.3　应用（中国邮递员问题）

　　一个邮递员每次投递邮件都要走遍他所负责投递区域内的每条街道，完成投递任务后回到
邮局.试问，他应怎样选择线路使他所走的总路程最短？这就是我国学者管梅谷教授于 1960 年首
先提出并进行研究的"中国邮递员问题"（Chinese postman problem）.

　　在现实生活中，有许多问题，如城市里的洒水车、扫雪车、垃圾清扫车和参观展览车等最佳行
走线路问题都可归结为"中国邮递员问题".

　　我们可以将邮递员所负责的投递区域看作一个连通的加权有向图 $\langle D,A\rangle$，其中 D 的顶点视
为街道的交叉口，街道（单向）视为边，权视为街道的长度（正实数）.经过 $\langle D,A\rangle$ 中每条边至少一
次的有向闭链称为邮路（post-tour）.具有最小权的邮路称为最优邮路（optimal post-tour）.解中国邮
递员问题就是在连通的加正权有向图 $\langle D,A\rangle$ 中找出一条最优邮路.

习　　题

1.证明：对网络 N 中的任意一个流 f 和 $S \subseteq V(N)$，均有

$$\sum_{v \in S}[f(v,V) - f(V,v)] = f(S,\overline{S}) - f(\overline{S},S)$$

2.设 $(S,\overline{S})$ 和 $(T,\overline{T})$ 都是网络 N 中的最小割，求证：$(S \cup T, \overline{S \cup T})$ 和 $(S \cap T, \overline{S \cap T})$ 也都是 N 中
的最小割.

3. 在图 15.10 所示的网络 N 中:

(1) 求 N 的所有割;

(2) 求最小割的容量.

4. 证明推论 15.1.1.

5. 对于图 15.11(a) 和图 15.11(b), 确定所有可能流以

及最大流.

图 15.10

6. 求图 15.12 所示网络的最大流.

7. 证明:若在网络 N 中不存在有向 (x,y)-通路. 则最大流的值和最小割的容量都是零.

8. 证明:标记过程停止的充要条件是 $f_{x,y} \geq C'(K_{\min})$.

(a)　　　　　　　　　　　　(b)

图 15.11

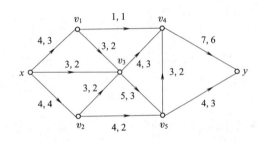

图 15.12

第 16 章

排列和组合的一般计数方法

排列与组合是初等代数中的重要内容,它对于解决许多实际问题,以及进一步学习其他数学知识都有着重要作用.

§16.1　两个基本的计数法则

加法法则和乘法法则是两个基本的计数法则。

【加法法则】

若在第 1 个集合中有 r_1 个元素,在第 2 个集合中有 r_2 个元素,$\cdots$,在第 m 个集合中有 r_m 个元素,且这 m 个集合是互不相交的,则从 m 个集合中选取一个元素的方法数为 $r_1 + r_2 + \cdots + r_m$.

【乘法法则】

假设一个过程能分为 m 个相继(有序)的阶段.第 1 个阶段中有 r_1 个结果,第 2 个阶段中有 r_2 个结果,$\cdots$,第 m 阶段中有 r_m 个结果,且这些结果彼此不同,则总的过程有 $r_1 r_2 \cdots r_m$ 个不同的结果.

【例 16.1】　假设从长沙向北走有 10 条道路;向南走有 12 条道路;向东走有 8 条道路;向西走有 6 条道路,则离开长沙的道路共有 $10 + 12 + 8 + 6 = 36$ 条.

【例 16.2】　如果从广州到长沙有 3 条路可以走,从长沙到北京有 5 条路可以走,则从广州经长沙到北京共有 $3 \times 5 = 15$ 条路可以走.

有时,需要将加法法则和乘法法则结合起来运用.

【例 16.3】　有 6 本不同的中文书,5 本不同的英文书,7 本不同的日文书.试问有多少种方式从中挑选两本不同语种的书?

解　由乘法法则,若选取一本中文书和一本英文书,则共有 $6 \times 5 = 30$ 种方式;若选取一本中文书和一本日文书,则共有 $6 \times 7 = 42$ 种方式;若选取一本英文书和一本日文书,则共有 $5 \times 7 = 35$ 种方式.这三种选取类型是互不相同的,故根据加法法则,一共有 $30 + 42 + 35 = 107$ 种方式.

在解决实际问题时,要注意运用以上两个法则的条件.例如,小于 10 的正偶数共有 4 个,即 2,4,6,8;小于 10 的素数共有 4 个,即 2,3,5,7.但是,小于 10 的正偶数或素数的个数是 7 个而不 8 个,即 2,3,4,5,6,7,8,这说明在这种情况下不能使用加法法则.其原因是正偶数集合与素数集合的交集不为空.

§16.2 基本排列组合的计数方法

定义 16.2.1 设 r 为正整数，S 是 n 个元素的集合. 从 S 中取出 r 个元素按次序排列称为 S 的一个 r 排列(permutation)，不同的排列总数称为排列数，记作 P_n^r 或者 $P(n,r)$. 若 $r=n$，则称之为 S 的全排列(totally permutation)，简称为 S 的排列.

显然，当 $r>n$ 时，$P_n^r=0$，且 $P_n^1=n$.

定理 16.2.1 对于正整数 n 和 $r(\leqslant n)$，恒有

$$P_n^r=n(n-1)\cdots(n-r+1)$$

证明 从 n 个不同的元素中选取第 1 个元素的方法有 n 种. 当第 1 个元素选好后，只能从剩下的 $n-1$ 个元素中选取第 2 个元素，共有 $n-1$ 种方法，…. 最后 1 个元素只能从剩下的 $n-(r-1)$ 个元素中选取. 共有 $n-(r-1)=n-r+1$ 种方法. 由乘法法则，不同的选取方法是 $n(n-1)\cdots(n-r+1)$.

为简单起见，记

$$n!=n\cdot(n-1)\cdot\cdots\cdot2\cdot1$$

且规定 $0!=1$，则有

$$P_n^r=\frac{n!}{(n-r)!}$$

【例 16.4】 假设从长沙至北京的铁路线上共有 50 个需要停靠的大小车站，问要为这条线准备多少种不同的车票.

解 因为每张车票都标明起点站和终点站的站名，所以同样两个站之间就有 2 种不同的车票. 从 50 个车站的站名中取出两个车站名，分起点和终点排列起来的不同种数，就是需要准备不同的车票的数目，于是，由定理 16.2.1，该数目为 $50\times49=2\,450$.

如果将集合的元素排成一个环，则排列数将会减少. 例如，排列 1 342 与 3 421 是不同的两个排列，但首尾相接成环时，就是同一个排列了.

定理 16.2.2 一个 n 元集合 S 的环形 r 排列数是

$$N=\frac{P_n^r}{r}=\frac{n!}{r(n-r)!}$$

证明 把 S 的所有 r 排列分成若干组，使得同组的任何两个 r 排列均是同一个环排列. 易知，每组中恰含有 r 个这样的 r 排列. 所以 S 的环形 r 排列数 $N=P_n^r/r$.

【例 16.5】 有 21 粒小珠，每粒有一种不同的颜色，问能做成多少串项链.

解 一串项链中由在一个环上排列的 21 粒小珠组成，这种环排列有 $20!/20=19!$ 种，但同一个项链的顺时钟和反时钟环排列没什么区别，故项链数为 $19!/2$.

定义 16.2.2 从 n 元集合 S 中无序中选取的 r 个元素称为 S 的一个 r 组合(combination). 不同组合的总数称为组合数，记为 C_n^r 或 $\binom{n}{r}$. 当 $n\geqslant0$ 时，规定 $C_n^0=1$.

当 $r>n$ 时，规定 $C_n^r=0$.

定理 16.2.3 对一切 $r\leqslant n$，有

$$C_n^r=P_n^r/r!=\frac{n!}{r!\,(n-r)!}$$

证明　先从 n 个元素中选出 r 个元素,有 C_n^r 种选法.对于每一种选法,将选出的 r 个元素排列起来,有 $r!$ 种排列方法.每一种排列就对应于 n 元集合的一个 r 排列.由乘法法则

$$\mathrm{P}_n^r = r!\,\mathrm{C}_n^r.$$

故

$$\mathrm{C}_n^r = \frac{\mathrm{P}_n^r}{r!} = \frac{n!}{r!\,(n-r)!}.$$

【例 16.6】　在平面上给定 25 个点,其中任意 3 点均不共线,过 2 点可以作一条直线,以 3 个点顶点可作一个三角形.问这样的直线和三角形有多少个.

解
$$直线数\ L = \mathrm{C}_{25}^2 = \frac{25!}{2!\,23!} = 300$$

$$三角形数\ T = \mathrm{C}_{25}^3 = \frac{25!}{3!\,22!} = 2\,300$$

定理 16.2.4　设 S 为 n 元集合,则 S 的所有不同的子集数目是

$$2^n = \mathrm{C}_n^0 + \mathrm{C}_n^1 + \cdots + \mathrm{C}_n^n$$

证明　对于 $r = 0, 1, \cdots, n$,S 的每个有 r 个元素的子集就是 S 的一个 r 组合,而 C_n^r 就是 S 的具有 r 个元素的不同子集数目.由加法法则,S 的所有不同的子集数目是

$$\mathrm{C}_n^0 + \mathrm{C}_n^1 + \cdots + \mathrm{C}_n^n$$

另外,在构成 S 的某个子集时,S 的每个元素要么属于该子集,要么不属于该子集.根据乘法法则,n 个元素的选法是 2^n,即 S 的所有不同的子集有 2^n 个.

§16.3　可重复排列组合的计数方法

我们知道,集合中的元素是相互可区别的,为解决可重复排列组合的计数问题,首先引入多重集的概念.

多重集是元素可以重复出现的集合,将某个元素 a_i 出现的次数 $n_i\,(n_i = 0, 1, \cdots, \infty)$ 称为 a_i 的重复度.如果多重集 S 中含 k 个不同的元素 $a_1, a_2, \cdots, a_k$,则将 S 记为

$$\{n_1 a_1, n_2 a_2, \cdots, n_k a_k\}$$

例如,$S = \{2a, 3b, 1c\}$ 表示 S 有 2 个 a,3 个 b 和 1 个 c.

定义 16.3.1　设多重集 $S = \{n_1 a_1, n_2 a_2, \cdots, n_k a_k\}$,从 S 中有序地选取 r 个元素,其中 a_i 至多出现 n_i 次($n_i = \infty$ 时,表示 a_i 可以出现任意多数),这种选取称为 S 的一个 r 排列(r-permutation),当 $r = n_1 + n_2 + \cdots + n_k$ 时称为 S 的一个全排列,简称 S 的一个排列.

例如,对 $S = \{3a, 2b, 1c\}$,$abaa, abcb$ 均是 S 的 4 排列,而 $abaacb$ 则是 S 的一个全排列.

定理 16.3.1　设多重集 $S = \{\infty a_1, \infty a_2, \cdots, \infty a_k\}$,则 ∞a_1 的 r 排列数是 k^r.

证明　在构造 S 的一个 r 排列时,第 1 位有 k 种选法,第 2 位也有 k 种选法,$\cdots$,第 k 位仍有 k 种选法,并且排列中每一位的选取都不依赖于前面各位的选取.由乘法法则,不同的选法数是 k^r.

【例 16.7】　有 4 种挂历,每种数量不限,现在要送 3 幅挂历给 3 位朋友,问有多少种方法.

解　将 4 种挂历分别记为 a_1, a_2, a_3, a_4.所求的方法数 N 就是多重集 $S = \{\infty a_1, \infty a_2, \infty a_3, \infty a_4\}$ 的 3 排列数.由定理 16.3.1,$N = 4^3 = 64$.

定理 16.3.2　设多重集 $S = \{n_1 a_1, n_2 a_2, \cdots, n_k a_k\}$ 且 $n = n_1 + n_2 + \cdots + n_k$,则 S 的排列数为

$$\frac{n!}{n_1!\,n_2!\cdots n_k!}$$

简记为 $\binom{n}{n_1 n_2 \cdots n_k}$.

证明　因为 S 中有 n_1 个 a_1,在排列中要占 n_1 个位置,这些位置的选法是 $\mathrm{C}_n^{n_1}$ 种,在剩下的 $n-n_1$ 个位置中选取 n_2 个 a_2,选法是 $\mathrm{C}_{n-n_1}^{n_2}$ 种,如此类推,由乘法法则,S 的排列数为

$$
\begin{aligned}
N &= \mathrm{C}_n^{n_1} \cdot \mathrm{C}_{n-n_1}^{n_2} \cdot \cdots \cdot \mathrm{C}_{n-n_1-n_{k-1}}^{n_k} \\
&= \frac{n!}{n_1!\,(n-n_1)!} \cdot \frac{(n-n_1)!}{n_2!\,(n-n_1-n_2)!} \cdot \cdots \cdot \frac{(n-n_1-\cdots-n_{k-1})!}{n_k!\,0!} \\
&= \frac{n!}{n_1!\,n_2!\,\cdots n_k!}
\end{aligned}
$$

【例 16.8】　用 2 面红旗、3 面绿旗依次悬挂在一根旗杆上,问可以组成多少种不同的标志.

解　所求的计数相当于多重集 $\{2\,红旗,3\,绿旗\}$ 的排列数 N,由定义 16.3.2 有

$$N = \frac{5!}{2!\,3!} = 10$$

定义 16.3.2　设 $S = \{n_1 a_1, n_2 a_2, \cdots, n_k a_k\}$,$S$ 的 r 个元素的子多重集称为 S 的 r 组合(r-combination).

例如,设 $S = \{3a, 1b, 2c\}$,则 $\{a,a,a\}$,$\{a,b,c\}$,$\{b,c,c\}$ 以及 $\{a,a,c\}$ 都是 S 的 3 组合.

定理 16.3.3　设多重集 $S = \{\infty\,a_1, \infty\,a_2, \cdots, \infty\,a_k\}$,于是,$S$ 的 r 组合数是 C_{k+r-1}^r.

证明　S 的任何一个 r 组合都具有如下的形式

$$\{x_1 a_1, x_2 a_2, \cdots, x_k a_k\}$$

其中 $x_1, x_2, \cdots, x_k$ 是满足方程

$$x_1 + x_2 + \cdots + x_k = r \tag{16.1}$$

的任意非负整数.反之,对于每一组满足方程(16.1)的排负整数解 $x_1, x_2, \cdots, x_k$,$\{x_1 a_1, x_2 a_2, \cdots, x_k a_k\}$ 就是 S 的一个 r 组合.

因此多重集 S 的 r 组合就等于方程(16.1)的排负整数解的个数.下面证明这种解的个数就等于多重集 $T = \{(k-1) \cdot 0, r \cdot 1\}$ 的排列数.

给定 T 的一个排列.在这个排列中,$k-1$ 个 0 把 r 个 1 分成 k 组.从左往右看,第 1 组中 1 的个数记为 x_1,第 2 组中 1 的个数记为 x_2,$\cdots$,第 k 组中 1 的个数记为 x_k,如此所得到的 $x_1, x_2, \cdots, x_k$ 都是非负数,且其和为 r.反之,给定方程 $x_1 + x_2 + \cdots + x_k = r$ 的一组非负整数解 $x_1, x_2, \cdots, x_k$,可以如下构造排列:

$$\underbrace{1\cdots\cdots1}_{x_1\,个1}0\,1\underbrace{\cdots\cdots1}_{x_2\,个1}0\,1\,0\,1\underbrace{\cdots\cdots1}_{x_k\,个1}$$

这就是多重集 T 的一个全排列.由定理 16.3.2,T 的排列数

$$N = \frac{(k-1+r)!}{(k-1)!\,r!} = \mathrm{C}_{k+r-1}^r$$

推论 16.3.1　设多重集 $S = \{n_1 a_1, n_2 a_2, \cdots, n_k a_k\}$,且对一切 $i = 1, 2, \cdots, k$,有 $n_i \geqslant r$,则 S 的 r 组合数是 C_{k+r-1}^r.

推论 16.3.2　设多重集 $S = \{\infty\,a_1, \infty\,a_2, \cdots, \infty\,a_k\}$,$r \geqslant k$,则 S 中每个元素至少取一个 r 组合数 C_{r-1}^{k-1}.

证明　任取一个所求的 r 组合,从中拿走元素 $a_1, a_2, \cdots, a_k$,就得到 S 的一个 $(r-k)$ 组合,反

之,任取一个 S 的 $(r-k)$ 组合,加入元素 $a_1,a_2,\cdots,a_k$,就得到所求的组合.所以 S 中每个元素至少取一个的 r 组合数就是 S 的 $(r-k)$ 组合数.由定理 16.3.2,有 $N = C_{k+(r-k)-1}^{r-k} = C_{r-1}^{r-k} = C_{r-1}^{k-1}$.

【例 16.9】 从一堆红球、蓝球和白球中选取 10 个球,共有多少种取法? 如果要求每种颜色的球至少有一个,又有多少种取法?

解 将这三种球记为 a_1,a_2,a_3.则第一种安排相当于多重集 $S = \{\infty \cdot a_1, \infty \cdot a_2, \infty \cdot a_3\}$ 的 10 组合问题,由定理 16.3.3 得

$$N_1 = C_{3+10-1}^{10} = C_{12}^{10} = C_{12}^2 = 66$$

而第二种安排相当于 S 的每种元素至少取 1 个的组合问题.由推论 16.3.2 得

$$N_2 = C_{10-1}^{3-1} = C_9^2 = 36$$

习　题

1.用字母 a,b,c,d,e,f 来形成 3 个字母的一个序列,满足以下条件的方式各有多少种?

(1)允许字母重复;

(2)不允许任何字母重复;

(3)含字母 e 的序列不允许重复;

(4)含字母 e 的序列允许重复.

2.由数字 1,2,3,4,5 构成一个 3 位数 a,满足下列条件的方法各有多少种?

(1) a 是一个偶数;

(2) a 可以被 5 整除;

(3) $a > 300$.

3.设 A,B,C 是三个城市.从 A 到 B 可以乘飞机、火车,也可以乘船;从 B 到 C 可以乘飞机和火车;从 A 不经过 B 到 C 可以乘飞机和火车.问:

(1)从 A 到 C 可以有多少种不同的方法?

(2)从 A 到 C,最后又回到 A 有多少种方法?

4.在 5 天内安排 3 门课程的考试.

(1)若每天只允许考 1 门课程,有多少种方法?

(2)若不限于每天考试的课程门数,有多少种方法?

5.排列 26 个字母,使得 a 和 b 之间正好有 7 个字母,问有多少种排列法.

6.10 个男孩与 5 个女孩站成一排.如果没有两个女孩相邻,问有多少种方法.

7.10 个男孩与 5 个女孩站成一个圆圈.如果没有两个女孩相邻,问有多少种方法.

8.从 $1,2,\cdots,300$ 之中任取 3 个数,使得它们的和能被 3 整除,问有多少种方法.

9.证明:对一切 $r \leqslant n$,有 $C_n^r = C_n^{n-r}$.

10.6 个字母 b,a,c,a,c,a 有多少种排列?

11.由 5 个字母 a 和 8 个字母 b 能组成多少个非空字母排列?

12.由 0,1,2 三个数字可组成多少个 n 位数字串?

13.设有 5 种明信片,每种张数不限,现分别寄给 2 个朋友,若给每个朋友只寄 1 张明信片,有

几种方法? 若给每个朋友寄 1 张明信片,但每个朋友得到的明信片都不相同,有几种方法? 若给每个朋友寄 2 张不同的明信片,不同的人可以得到相同的明信片,有几种方法?

14. 有相同的红球 4 个,蓝球 3 个,白球 3 个. 如果将它们排成一条直线,则有多少方法? 如果是排成一个圆圈,又有多少种方法?

15. 求多重集 $S = \{3 \cdot a, 4 \cdot b, 2 \cdot c\}$ 中所有元素构成的排列数,要求同类字母的全体不能相邻. 例如,排列 $abbbbcaac$,$baaabbccb$ 等是不允许的.

第 17 章

容 斥 原 理

容斥原理又称包含－排斥原理. 它是常用的计数工具之一,可以看作加法法则的推广. 容斥原理利用集合的运算,来计算满足一定条件的有限个元素的数目.

§17.1 容斥原理概述

定理 17.1.1(容斥原理,including-excluding principle) 设 S 是事物的有限集合. $p_1, p_2, \cdots, p_m$ 是 S 中的事物可能具有的 m 种性质, $A_1, A_2, \cdots, A_m$ 分别表示具有性质 $p_1, p_2, \cdots, p_m$ 的 S 的子集. 于是

(1)(逐步淘汰公式)S 中不具有 $p_1, p_2, \cdots, p_m$ 的任何性质的事物个数为

$$|\bar{A}_1 \cap \bar{A}_2 \cap \cdots \cap \bar{A}_m| = |S| - \sum |A_i| + \sum |A_i \cap A_j| - \sum |A_i \cap A_j \cap A_k| +$$
$$(-1)^m |A_1 \cap A_2 \cap \cdots \cap A_m| \tag{17.1}$$

其中各和式分别取遍 $\{1, 2, \cdots, m\}$ 的所有 1 组合,2 组合,$\cdots$,m 组合.

(2)(容斥公式)S 中至少含有性质 $p_1, p_2, \cdots, p_m$ 之一的事物个数为

$$|A_1 \cup A_2 \cup \cdots \cup A_m| = \sum |A_i| - \sum |A_i \cap A_j| + \sum |A_i \cap A_j \cap A_k| - \cdots +$$
$$(-1)^{m+1} |A_1 \cap A_2 \cap \cdots \cap A_m| \tag{17.2}$$

其中各和式含义同式(17.1).

证明 (1)只需证明对任意一个 $x \in S$,它对式(17.1)的左右两端参加计数的值都相等即可.

(i)若 x 不具有 $p_1, p_2, \cdots, p_m$ 中任何性质,即 $x \in \bar{A}_1 \cap \bar{A}_2 \cap \cdots \cap \bar{A}_m$. 显然它对左边的参加计数为 1. 而 $x \in S$,所以它对右边的 $|S|$ 项参加计数为 1. 又因为 $x \notin A_i$,$i = 1, 2, \cdots, m$,所以它对 $\sum |A_i|, \sum |A_i \cap A_j|, \cdots$ 和式的计数均为 0,这样

$$1 = 1 - 0 + 0 - \cdots 0 \pm 0$$

此说明 x 对式(17.1)的左右两边的计数相等.

(ii)若 x 恰具有 $k(1 \leq k \leq m)$ 种性质. 不妨设 x 恰具有 $p_1, p_2, \cdots, p_k$. 显然,x 对公式左边的计数为 0.

对于公式右边,S 对 $|S|$ 的计数为 1. 又因 $x \in A_1 \cap A_2 \cap \cdots \cap A_k$,因而对和式;

$\sum |A_i|$ 项,x 参加计数 k 次,每次计数为 1;

$\sum|A_i\cap A_j|$ 项,设 $\{i,j\}$ 是 $\{1,2,\cdots,m\}$ 的任何一个 2 组合. 显然,每当 $\{i,j\}$ 是 $\{1,2,\cdots,k\}$ 的 2 组合时,x 参加计数为 1,其余情况计数为 0,而这样的 2 组合个数为 C_k^2,于是 x 对 $\sum|A_i\cap A_j|$ 项的计数为 C_k^2. 其余类推. 注意到,对于多于 k 个集合的交的那些项,x 对其和式的计数均为 0. 从而 x 对公式右边的计数之和为

$$C_k^0-C_k^1+C_k^2-C_k^3+\cdots+(-1)^kC_k^k+(-1)^{k+1}C_k^{k+1}+\cdots+(-1)^mC_k^m=$$
$$C_k^0-C_k^1+C_k^2-C_k^3+\cdots+(-1)_kC_k^k=0\quad(利用二项公式)$$

总之,式(17.1)成立.

(2)因为

$$|A_1\cup A_2\cup\cdots\cup A_m|=|S|-|\overline{A_1\cup A_2\cup\cdots\cup A_m}|=|S|-|\overline{A}_1\cap\overline{A}_2\cap\cdots\cap\overline{A}_m|$$

将式(17.1)代入上式,即可得到式(17.2).

【例 17.1】　求 1 到 1 000 之间(含 1 和 1 000)不能被 4,6 或 7 整除的整数个数.

解　设 A_1,A_2,A_3 分别表示 1 到 1 000 之间能被 4,6,7 整除的整数之集合. 于是,问题变成求 $|\overline{A}_1\cap\overline{A}_2\cap\overline{A}_3|$. 利用逐步淘汰公式,先分别求

$$\sum|A_i|=\left[\frac{1\,000}{4}\right]+\left[\frac{1\,000}{6}\right]+\left[\frac{1\,000}{7}\right]=250+166+142=558$$

其中 $\left[\frac{a}{b}\right]$ 表示对 $\frac{a}{b}$ 取整,下同.

$$\sum|A_i\cap A_j|=|A_1\cap A_2|+|A_1\cap A_3|+|A_2\cap A_3|$$
$$=\left[\frac{1\,000}{[4,6]}\right]+\left[\frac{1\,000}{[4,7]}\right]+\left[\frac{1\,000}{[6,7]}\right]=83+35+23=141$$

其中 $[a,b]$ 表示 a 与 b 的最小公倍数.

$$\sum|A_i\cap A_j\cap A_k|=|A_1\cap A_2\cap A_3|=\left[\frac{1\,000}{[4,6]}\right]=\left[\frac{1\,000}{84}\right]=11$$

代入式(17.1)得

$$|\overline{A}_1\cap\overline{A}_2\cap\overline{A}_3|=1\,000-\sum|A_i|+\sum|A_i\cap A_j|-\sum|A_i\cap A_j\cap A_k|$$
$$=1\,000-558+141-11=572$$

【例 17.2】　求 1 和 250 之间(含 1 和 250)能被 2,3,5 中任何一个整除的整数个数.

解　设 A_1,A_2,A_3,分别表示 1 到 250 之间能被 2,3,5 整除的整数之集合. 于是,问题变成求 $|A_1\cup A_2\cup A_3|$. 利用容斥公式,先分别求

$$\sum|A_i|=|A_1|+|A_2|+|A_3|=\left[\frac{250}{2}\right]+\left[\frac{250}{3}\right]+\left[\frac{250}{5}\right]=125+83+50=258$$

$$\sum|A_i\cap A_j|=|A_1\cap A_2|+|A_1\cap A_3|+|A_2\cap A_3|$$
$$=\left[\frac{250}{2\times3}\right]+\left[\frac{250}{2\times5}\right]+\left[\frac{250}{3\times5}\right]=41+25+16=82$$

$$\sum|A_i\cap A_j\cap A_k|=|A_1\cap A_2\cap A_3|=\left[\frac{250}{2\times3\times5}\right]=8$$

代入式(17.2)得

$$|A_1\cup A_2\cup A_3|=\sum|A_i|-\sum|A_i\cap A_j|+\sum|A_i\cap A_j\cap A_k|=258-82+8=184$$

§17.2　有禁止位的排列

在所讨论的问题中,如果性质 $p_1,p_2,\cdots,p_m$ 是对称的,即具有 k 个性质的事物个数不依赖于这个 k 性质的选取,总是等于同一个数值,则称这个值为公共数,记为 $N(K)$. 例如,假设 $A_1,A_2,\cdots,A_m$ 分别表示具有性质 $p_1,p_2,\cdots,p_m$ 的有限集合,$S=A_1\cup A_2\cup\cdots\cup A_m$,且 $p_1,p_2,\cdots,p_m$ 是对称的,于是

$$N(2)=|A_1\cap A_2|=|A_1\cap A_3|=\cdots=|A_{m-1}\cap A_m|$$

$$N(3)=|A_1\cap A_2\cap A_3|=|A_1\cap A_2\cap A_4|=\cdots=|A_{m-2}\cap A_{m-1}\cap A_m|$$

另外,若记

$$N(0)=|\bar{A}_1\cap\bar{A}_2\cap\cdots\cap\bar{A}_m|$$

$$N(1)=|A_1|=|A_2|=\cdots=|A_m|$$

$$N=|S|$$

则式(17.1)可写成

$$N(0)=N-N(1)C_m^1+N(2)C_m^2-N(3)C_m^3+\cdots+(-1)^m N(m)C_m^m \qquad (17.3)$$

称此公式为对称筛公式.

定义 17.2.1　设集合 $S=\{1,2,\cdots,n\}$. 如果 S 的排列 $i_1,i_2,\cdots,i_m$ 满足 $i\neq 1,i\neq 2,\cdots,i\neq n$,则称该排列是 S 的一个错置. S 的所有错置个数记作 D_n.

例如,设 $S=\{1,2,3,4\}$,则 2143,3124 都是 S 的一个错置. 但 1342,3241 均不是 S 的错置.

定理 17.2.1　对于 $n\geq 1$

$$D_n=n!\left[1-\frac{1}{1!}+\frac{1}{2!}-\frac{1}{3!}+\cdots+(-1)^n\frac{1}{n!}\right]=n!\sum_{i=0}^{n}(-1)^i\frac{1}{i!} \qquad (17.4)$$

证明　设 $p_1,p_2,\cdots,p_n$ 分别是 $S=\{1,2,\cdots,n\}$ 的排列中 1 在第 1 位,2 在第 2 位,$\cdots$,n 在第 n 位上的性质. 显然这些性质是对称的,各公共数为

$$N(0)=D_n,N(1)=(n-1)!,N(2)=(n-1)!,\cdots,N(n)=0!=1,N=n!$$

代入对称筛公式得

$$D_n=n!-(n-1)!C_n^1+(n-2)!C_n^2-(n-3)!C_n^3+\cdots+(-1)^n 0!C_n^n$$

$$=n!-\frac{n!}{1!}+\frac{n!}{2!}-\frac{n!}{3!}+\cdots+(-1)^n\frac{n!}{n!}$$

$$=n!\left[1-\frac{1}{1!}+\frac{1}{2!}-\frac{1}{3!}+\cdots+(-1)^n\frac{1}{n!}\right]$$

$$=n!\sum_{i=0}^{n}(-1)^i\frac{1}{i!}$$

【例 17.3】 n 个人参加一个晚会,每人寄存一顶帽子,会后各人随便戴其中一项,求:

(1)没有任何人戴上自己原来的帽子的概率.

(2)至少有一个人戴上自己原来的帽子的概率.

解　(1)因为人和帽子都是有区别的,每个人随便地戴一顶帽子相当于 n 顶帽子的一个重排. 这些重排的个数为 $n!$. 而没有一个人戴上自己原来的帽子的恰是错置,错置为 D_n. 因为没有任何人戴上自己原来的帽子的概率是

$$D_n/n! \ = n!\left[1 - \frac{n!}{1!} + \frac{n!}{2!} - \frac{n!}{3!} + \cdots + (-1)^n \frac{1}{n!}\right]\bigg/n!$$

$$= 1 - \frac{1}{1!} + \frac{1}{2!} - \frac{1}{3!} + \cdots + (-1)^n \frac{1}{n!} \approx \frac{1}{e} \approx 37\%$$

（2）至少有一个戴上自己原来的帽子的概率是

$$1 - \frac{1}{e} \approx 63\%$$

定义 17.2.2 设集合 $S = \{1, 2, \cdots, n\}$，如果 S 的一个排列的任何两个相邻位置上不出现 i，$i+1(i=1,2,\cdots,n-1)$ 的模式，则称这个排列是 S 的一个相邻禁位排列. S 的所有相邻禁位排列的个数记为 Q_n.

例如，设 $S = \{1,2,3,4\}$，则 1324，1432 都是相邻禁位排列；而 1243，1423 都不是相邻禁位排列.

定理 17.2.2 对任何 $n \geqslant 1$，都有

$$Q_n = n! - (n-1)!C_{n-1}^1 + (n-2)!C_{n-1}^2 - (n-3)!C_{n-1}^3 + \cdots + (-1)^{n-1}1!C_{n-1}^{n-1}$$

$$= \sum_{i=0}^{n-1} (-1)^i (n-i)!C_{n-1}^i \qquad (17.5)$$

证明 设 $A_1, A_2, \cdots, A_{n-1}$，分别表示 $S = \{1, 2, \cdots, n\}$ 的含有 $12, 23, \cdots, (n-1)n$ 的排列的集合.

易知，$|A_1| = (n-1)!$，这是因为当 12 在排列中出现时，可把 1，2 合起来看作一个数，和其他 $n-2$ 个数作排列. 同理，$|A_1| = |A_3| = \cdots = |A_{n-1}| = (n-1)!$.

类似地，$|A_1 \cap A_2| = |A_1 \cap A_3| = \cdots = |A_{n-2} \cap A_{n-1}| = (n-2)!$

如此分析可知，$A_1, A_2, \cdots, A_{n-1}$ 这 $n-1$ 个集合所具有的性质是对称的，各公共数为

$$N(1) = (n-1)!$$

$$N(2) = (n-2)!$$

$$\cdots\cdots$$

$$N(n-1) = 1!$$

而 $N(0) = Q_n$，$N = n!$，代入对筛公式得

$$Q_n = n! - (n-1)!C_{n-1}^1 + (n-2)!C_{n-1}^2 - (n-3)!C_{n-1}^3 + \cdots + (-1)^{n-1}1!C_{n-1}^{n-1}$$

【例 17.4】 5 个小学生放学回家排队. 假设每个学生只能看到他（她）前面的一个同学（第一位除外）. 问有多少种变换除形的方法，使得每个学生不再看到他（她）当初看到的那个同学？

解 将这 5 个学生按初始队形顺序地编号为 $1, 2, \cdots, 5$. 于是，问题等价于求 $\{1, 2, \cdots, 5\}$ 的排列中没有 $12, 23, \cdots$ 形式出现的排列数. 所以，变换除形的方法共有 Q_5 种. 即

$$Q_5 = 5! - 4!C_4^1 + 3!C_4^2 - 2!C_4^3 + 1!C_4^4$$

$$= 120 - 24 \times 4 + 6 \times 6 - 2 \times 4 + 1 \times 1 = 120 - 96 + 36 - 8 + 1 = 53$$

定理 17.2.3 对任何自然数 n，有

（1）$D_n = (n-1)(D_{n-2} + D_{n-1})$；

（2）$D_n = nD_{n-1} + (-1)^n$.

证明 （1）因为 D_n 表示 $S = \{1, 2, \cdots, n\}$ 的排列中，数 i 不排在第 i 位的排列个数. 下面计算这些排列的个数.

设 S 的一个错置排列为

$$a_1 a_2 \cdots a_i \cdots a_n$$

因为 $a_1 \neq 1$，所以 a_1 可取 $2,3,\cdots,n$ 这 $n-1$ 个数中的任意一个. 因此 a_1 共有 $n-1$ 种取法. 当 $a_1 = i (2 \leqslant i \leqslant n)$ 时，又可分成下列两种情况.

(i) $a_i = 1$. 这时，$a_1 = i, a_i = 1$ 已定，剩下 $n-2$ 个数作排列，而且每个数都不能在它的自然位置上. 由 D_n 的定义，这样的排列数为 D_{n-2}.

(ii) $a_i \neq 1$. 这时，$a_1 = i$ 已定，而 a_i 又不能等于 1，这相当于把 1 "看成" i，对 $\{2,3,\cdots,i,\cdots,n\}$ 这 $n-1$ 个数作错置，所以这样的排列个数为 D_{n-1}.

根据加法法则，得

$$D_n = (n-1)(D_{n-2} + D_{n-1})$$

(2) 因为 $D_0 = 1, D_1 = 0$ (表示 $\{1\}$ 无法错置)，由 (1)，有

$$D_n = (n-1)(D_{n-2} + D_{n-1}) = (n-1)D_{n-2} + nD_{n-1} - D_{n-1}$$

所以

$$D_n - nD_{n-1} = -[D_{n-1} - (n-1)D_{n-2}],$$

依此得

$$D_{n-1} - (n-1)D_{n-2} = -[D_{n-1} - (n-2)D_{n-3}]$$

如此下去，有

$$D_n - nD_{n-1} = -[D_{n-1} - (n-1)D_{n-2}] = (-1)^2[D_{n-2} - (n-2)D_{n-3}] = \cdots$$
$$= (-1)^{n-1}[D_1 - (n-1)/D_0] = (-1)^{n-1}(0-1) = (-1)^n$$

整理得

$$D_n = nD_{n-1} + (-1)^n$$

习　题

1. 某年级有 100 个学生，其中 40 个学生学英语，40 个学生学俄语，40 个学生学日语. 若分别有 21 个学生学习上述三种语言中的任何两种语言，有 10 个学生学习所有三种语言. 问不学任何语言的学生有多少个？

2. 有多少个小于 70 且与 70 互素的正整数？

3. 在由 7 个数字位组成的三进制序列中，0,1,2 都出现的数字共有多少？

4. 某班级有学生 25 人，其中有 14 人会西班牙语，12 人会法语，6 人会法语和西班牙语，5 人会德语和西班牙语，还有 2 人这三种语言都会说，而 6 个会德语的人都会说另一种语言. 求不会以上三种语言的人数.

5. 求 $S = \{1,2,\cdots,8\}$ 的没有偶整数在它的自然位置上，即 i 不在第 i 位置上的排列个数，$i = 2,4,6,8$.

6. 求 $S = \{1,2,\cdots,8\}$ 的恰有 4 个整数在其自然位置上的排列个数.

7. 试用组合推理解释等式 $n! = D_n C_n^0 + D_{n-1} C_n^1 + \cdots D_1 C_n^{n-1} + D_0 C_n^n$.

8. 试证：D_n 是一个偶数当且仅当 n 是一个奇数.

9. n 个人参加一晚会，每人寄存一顶帽子和一把雨伞，会后各人任取一顶帽子和一把雨伞，有多少种可能使得没有人能拿回他原来的任何一件物品？

第 18 章

递推关系与生成函数

在组合数学中,递推关系和生成函数是解决计数问题的两个有密切联系的重要工具.

本章主要论述两方面的问题:一是递推关系式的建立及求解;二是若干高级计数.

§18.1 递推关系及其解法

定义 18.1.1 给定一个数的序列 $H(0),H(1),\cdots,H(n),\cdots$,将 $H(n)$ 和若干 $H(i)(0\leqslant i<n)$ 联系起来的等式称为一个递推关系(recurrence relation).

定义 18.1.2 递推关系

$$H(n)+a_1H(n-1)+a_2H(n-2)+\cdots+a_kH(n-k)=0 \tag{18.1}$$

称为常系数线性齐次递推关系,其中 $n\geqslant k,a_i(i=1,2,\cdots,k)$ 是常数,且 $a_k\neq 0$;而方程

$$x^k+a_1x^{k-1}+a_2x^{k-2}+\cdots+a_k=0 \tag{18.2}$$

称为式(18.1)的特征方程.

设 $q_1,q_2,\cdots,q_k$ 是式(18.1)的特征方程的根.

(1)若 $q_i\neq q_j,i\neq j$,则

$$H(n)=C_1q_1^n+C_2q_2^n+\cdots+C_kq_k^n$$

是式(18.1)的通解,其中 $C_i=(i=1,2,\cdots,k)$ 是任意常数;

(2)若 q_i 是 r_i 重根,$i=1,2,\cdots,t$,则其通解为

$$H(n)=(C_{11}+C_{12}n+\cdots+C_{1r_1}n_1^{r-1})q_1^n+$$
$$(C_{21}+C_{22}n+\cdots+C_{2r_2}n_2^{r-1})q_2^n+\cdots+$$
$$(C_{t1}+C_{t2}n+\cdots+C_{tr1}n_t^{r-1}q_t^n)$$

其中 $C_{11},C_{12},\cdots,C_{1r_1};C_{21},C_{22},\cdots,C_{2r_2};C_{t1},C_{12},\cdots,C_{tr_1}$ 为任意常数.

【例 18.1】 解下列递推关系.

(1) $\begin{cases} H(n)=4H(n-1)-4H(n-2), & n\geqslant 2 \\ H(0)=0,H(1)=1 \end{cases}$

(2) $\begin{cases} H(n)=H(n-1)+9H(n-2)-9H(n-3), & n\geqslant 3 \\ H(0)=0,H(1)=1,H(2)=2 \end{cases}$

解 (1)特征方程 $x^2-4x+4=0$.解此方程得 $x_1=x_2=2$,所以 $H(n)=(C_1+C_2n)\cdot 2^n$,代入初值得 $C_1=0,(C_1+C_2)\cdot 2=1$

解得 $C_1 = 0, C_1 = 1/2$. 从而得

$$H(n) = \frac{1}{2}n \cdot 2^n = n \cdot 2^{n-1}$$

（2）特征方程 $x^3 - x^2 - 9x + 9 = 0$.

解得 $x_1 = 1, x_2 = 3, x_3 = -3$, 所以

$$H(n) = C_1 + C_2 \cdot 3^n + C_3 \cdot (-3)^n$$

代入初值得

$$\begin{cases} C_1 + C_2 + C_3 = 0 \\ C_1 + 3C_2 - 3C_3 = 1 \\ C_1 + 9C_2 + 9C_3 = 2 \end{cases}$$

解得 $C_1 = -\dfrac{1}{4}, C_2 = \dfrac{1}{3}, C_3 = -\dfrac{1}{12}$, 从而

$$H(n) = -\frac{1}{4} + \frac{1}{3} \cdot 3^n - \frac{1}{12} \cdot (-3)^n = -\frac{1}{4} + 3^{n-1} - \frac{1}{4} \cdot (-3)^n$$

也可以利用 $H(n)$ 的定义来求解递推关系.

【例 18.2】 解下列递推关系.

（1）$\begin{cases} H(n) = (n+2)H(n-1), & n \geq 1 \\ H(0) = 2 \end{cases}$

（2）$\begin{cases} H(n) = H(n-1) - n + 3, & n \geq 1 \\ H(0) = 2 \end{cases}$

解 （1）由 $H(n)$ 的定义, 有

$$H(n) = (n+2)H(n-1) = (n+2)(n+1)H(n-2) = \cdots = (n+2) \cdot (n+1) \cdots 3 \cdot H(0)$$
$$= (n+2) \cdot (n+1) \cdots 3 \cdot 2 = (n+2)!$$

（2）$H(n) = H(n-1) - n + 3 = H(n-2) - (n-1) - n + 3 + 3 = \cdots$

$$= H(n-n) - [n - (n-1)] - \cdots - (n-1) - n + 3 + \cdots + 3 + 3$$
$$= H(0) - [1 + 2 + \cdots + (n-1) + n] + 3n$$
$$= -\frac{n(n+1)}{2} + 3n + 2$$

下面通过实例来讨论递推关系的建立及求解. 实际问题的满足要求的递推关系目前还没有固定的程式可循, 主要是通过分析问题中对应于前后几个变元的函数值之间的关系得出.

【例 18.3】 兔子问题（Fibonacci 数列, 即斐波那契数列）.

在一年开始之际买来一对新兔子放入栏中, 已知每月每对中的母兔生出一对新的性别不同的兔子, 满两个月后的每对新兔子也生出一对兔子, 问一年以后栏中有多少对兔子.

解 设第 n 个月初时栏中的兔子 F_n 对. 可将 F_n 分成两部分, 一部分是 $n-1$ 个月初时已经在围栏中的兔子, 有 F_{n-1} 对; 另一部分是第 n 个月初出生的小兔, 有 F_{n-2} 对, 于是有

$$F_n = F_{n-1} + F_{n-2}, \quad n \geq 3 \tag{18.3}$$

显然, $F_1 = 1, F_2 = 1$. 按题意, 要求 F_{13}, 可将初始值 $F_1 = F_2 = 1$ 逐步进行迭代, 最后求出 $F_{13} = 233$.

对于式（18.3）的一般解 F_n, 可以用求特征根的方法求得:

$$F_n = \frac{1}{\sqrt{5}}\left[\left(\frac{1+\sqrt{5}}{2}\right)^n - \left(\frac{1-\sqrt{5}}{2}\right)^n\right], \quad n \geq 0$$

F_n 称为第 n 个斐波那契数,它在数学上十分重要,很多计数问题都将归结为求 Fibonacci 数.

【例 18.4】 集合 $\{1,2,3,\cdots,n\}$ 的一个子集称为交替的,如果将该子集的元素按递增次序列出时,它们是奇、偶、奇、偶……交替序列.例如,$\{3,4,7,10\}$,$\{1,4,5\}$ 都是交替的.空集也看作交替的.但 $\{2,3,4,5\}$,$\{1,3,4\}$ 就不是交替的.

设 $f(n)$ 表示交替子集的数目.试证:

$$f(n) = f(n-1) + f(n-2)$$

证明　显然 $f(1) = 2$,其交替子集为 $\{1\}$,$\varnothing$;$f(2) = 3$,其交替子集为 $\varnothing$,$\{1\}$,$\{1,2\}$.

将 $\{1,2,3,\cdots,n\}$ 的所有子集分为两部分,一部分为 $\{1,2,3,\cdots,n-1\}$ 的所有子集,另一部分是由 $\{1,2,3,\cdots,n-1\}$ 的每一个子集加进元素 n 以后得到的子集.第一部分的交替子集数目为 $f(n-1)$,第二部分中的交替子集正好同 $\{1,2,\cdots,n-2\}$ 的交替子集是对应的.事实上,定义 $\{1,2,3,\cdots,n-2\}$ 的交替子集到第二部分中的交替子集之间映射 g 如下:

$$g(\varnothing) = \begin{cases} \{n\}, & n \text{ 为奇数} \\ \{n-1,n\}, & n \text{ 为偶数} \end{cases}$$

$$g(S) = g(\{i_1, i_2, \cdots, i_k\})$$

$$= \begin{cases} S \cup \{n\}, & n \text{ 为奇数但 } i_k \text{ 为偶数} \\ S \cup \{n-1,n\}, & n \text{ 为奇数但 } i_k \text{ 为奇数} \\ S \cup \{n-1,n\}, & n \text{ 为偶数但 } i_k \text{ 为偶数} \\ S \cup \{n\}, & n \text{ 为偶数但 } i_k \text{ 为奇数} \end{cases}$$

显然 g 是单射,又对第二部分中的任何一个交替子集 $S' = \{j_1, j_2, \cdots, j_{r-1}, j_r\}$,$j_1 < j_2 < \cdots < j_{r-1} < j_r$.由 S' 对应的 $\{1,2,\cdots,n-2\}$ 中的交替子集,若 $j_{r-1} < n-1$,则 $S = S' - \{j_r\}$ 就是与 S' 对应的 $\{1,2,\cdots,n-2\}$ 中的交替子集,即 g 是满射,故 g 是双射,从而第二部分中的交替子集数为 $f(n-2)$.由加法法则得

$$f(n) = f(n-1) + f(n-2)$$

§18.2　生成函数

生成函数是可重复排列和组合问题中处理特殊问题的一个方便的工具.

定义 18.2.1　设 $a_0, a_1, a_2, \cdots, a_n, \cdots$ 是一个序列.作幂级数

$$f(x) = a_0 + a_1 x^1 + a_2 x^2 + \cdots + a_n x^n + \cdots$$

称 $f(x)$ 为序列 $a_0, a_1, a_2, \cdots, a_n, \cdots$ 的生成函数(generating function).

生成函数只是一种形式幂级数,其中 x^i 仅看作 a_i 的指示符,$i = 0,1,2,\cdots$.

例如,$1 + 2x + 2^2 x^2 + \cdots + 2^n x^n + \cdots$ 就是 $a_0 = 1$,$a_1 = 2$,$a_2 = 2^2$,$\cdots$,$a_n = 2^n$,$\cdots$ 的生成函数.

【例 18.5】 确定下列数列的一般生成函数.

(1) $1, -1, 1, \cdots, (-1)^n, \cdots$;

(2) $\dfrac{1}{0!}, \dfrac{(-1)}{1!}, \dfrac{1}{2!}, \cdots, (-1)^n \dfrac{1}{n!}, \cdots$;

(3)$1,2,3,\cdots,(n+1),\cdots$.

解 (1)$f(x)=1-x+x^2-x^3+\cdots+(-1)^n x^n=\dfrac{1}{1+x}$;

(2)$f(x)=\dfrac{1}{0!}-\dfrac{1}{1!}+\dfrac{1}{2!}x^2-\dfrac{1}{3!}x^3+\cdots+(-1)^n\dfrac{1}{n!}x^n+\cdots=e^{-x}$;

(3)$f(x)=1+2x+3x^2+\cdots+nx^{n-1}+\cdots$.

注意到

$$\frac{1}{1-x}=1+x+x^2+x^3+\cdots x^n+\cdots$$

上式两边对 x 微分得

$$\frac{1}{(1-x)^2}=1+2x+3x^2+\cdots+nx^{n-1}+\cdots$$

于是

$$f(x)=\frac{1}{(1-x)^2}$$

定义 18.2.2 设 $\{a_k\},\{b_k\},\{c_k\}$ 是已知的序列,它们的生成函数分别为 $A(x),B(x),C(x)$.

(1)若 $b_k=\alpha a_k,\alpha$ 为常数,则 $B(x)=\alpha A(x)$ 称为 $A(x)$ 的常数倍.

(2)若 $c_k=a_k+b_k$,则 $C(x)=A(x)+B(x)$ 称为 $A(x)$ 与 $B(x)$ 的和.

(3)若 $c_k=\sum_{i=0}^{k}a_i\cdot b_{k-i}$,则 $C(x)=A(x)B(x)$ 称为 $A(x)$ 与 $B(x)$ 的乘积.

【例 18.6】 设 $S=\{\infty a_1,\infty a_2,\cdots,\infty a_k\}$,$b_r$ 为 S 的 r 组合数,试确定 b_r 的生成函数,并由此求出 b_r.

解 考虑下面 k 个形式幂级数的乘积

$$(1+x+x^2+\cdots+x^n+\cdots)(1+x+x^2+\cdots+x^n+\cdots)\cdots(1+x+x^2+\cdots+x^n+\cdots)$$

它的展开式中每一项 x^r 有如下形式

$$x^{r_1}x^{r_2}\cdots x^{r_k}=x^r,\quad r_1+r_2+\cdots+r_k=r$$

其中 $x^{r_1}x^{r_2}\cdots x^{r_k}$ 分别取自上面 k 个幂级乘积的第一个,第二个,$\cdots$,第 k 个因子. 如果将第一个因子与 a_1 对应;第二个因子与 a_2 对应;$\cdots\cdots$,第 k 个因子与 a_k 对应. 把第 i 个因子中取出项 x^{r_i} 理解成 a_i 被取了 r_i 次,由于 $r_1+r_2+\cdots+r_k=r$,所以,x^r 的系数表示 S 的 r 的组合 b_r,因而序列 $\{b_r\}$ 的生成函数为

$$f(x)=(1+x+x^2+\cdots+x^n+\cdots)^k$$

而

$$1+x+x^2+\cdots+x^n+\cdots=\frac{1}{1-x}$$

所以

$$f(x)=\frac{1}{(1-x)^k}=1+kx+\frac{k(k+1)}{2!}x^2+\cdots+\frac{k(k+1)\cdots(k+r-1)}{r!}x^r+\cdots$$

从而 $$b_r=\frac{k(k+1)\cdots(k+r-1)}{r!}=\frac{(r+k-1)!}{r!(k-1)!}=C_{k+r-1}^{r}$$

这正好与定理 16.3.3 的结果一致.

【例 18.7】 设 $S = \{\infty \cdot a_1, \infty \cdot a_2, \cdots, \infty \cdot a_k\}$，$b_r$ 是 S 的 r 组合数，在这些 r 组合中，S 的每一个元素出现偶数次，试确定序列 $\{b_r\}$ 的生成数，并由此求出 b_r.

解 令 $\{b_r\}$ 的生成函数是 $f(x)$，类似于例 18.6，有

$$f(x) = (1 + x^2 + x^4 + \cdots + x^{2r} + \cdots)^k$$

而 $1 + x^2 + x^4 + \cdots + x^{2r} + \cdots = \dfrac{1}{1-x^2}$，所以

$$f(x) = \frac{1}{(1-x^2)^k} = 1 + kx^2 + \frac{k(k+1)}{2!}x^4 + \cdots + \frac{k(k+1)\cdots(k+r-1)}{r!}x^{2r} + \cdots$$

从而有

$$b_{2r} = C_{k+r-1}^r$$

显然 $b_{2r-1} = 0, r = 1, 2, 3, \cdots$.

【例 18.8】 设口袋中有白球 5 个，红球 3 个，黑球 2 个，每次从中取 5 个球，问有多少种不同的取法？

解 问题等价于求多重集 $S = \{5 \cdot 白\ 3 \cdot 红\ 2 \cdot 黑\}$ 的 5 组合数.

设 S 的 r 组合数为 a_r，由序列 $\{a_r\}$ 的生成函数为

$$f(x) = (1 + x + x^2 + x^3 + x^4 + x^5)(1 + x + x^2 + x^3)(1 + x + x^2)$$
$$= 1 + 3x + 6x^2 + 9x^3 + 11x^4 + 12x^5 + 11x^6 + 9x^7 + 6x^8 + 3x^9 + x^{10}$$

由 x^5 的系数为 12 知，每次取 5 个球的不同取法有 12 种.

习　题

1. 解下列递推关系.

(1) $\begin{cases} H(n) = H(n-1) + n^3, & n \geq 1 \\ H(0) = 0 \end{cases}$

(2) $\begin{cases} H(0) + 5H(n-1) + 6H(n-2) = 0, & n \geq 2 \\ H(0) = 0, H(1) = 1 \end{cases}$

2. 证明下列各等式（其中 F_n 表示第 n 个 Fibonacci 数）.

(1) $F_1 + F_2 + \cdots + F_n = F_{n+2} - 1$；

(2) $F_1 + F_3 + \cdots + F_{2n-1} = F_{2n}$；

(3) $F_2 + F_4 + \cdots + F_{2n} = F_{2n+1} - 1$.

3. 有 n 级台阶，某人从下向上走，若每次只能跨一级或两级，问他从地面走到第 n 级有多少种不同的方法.

4. 有多少个长度为 n 的 0 与 1 的序列，其中既不含子序列 010，也不含子序列 101？

5. 设 $f(n, k)$ 是从集合 $\{1, 2, \cdots, n\}$ 中能够选择的没有两个连续整数的 k 个元素的子集之数目.

(1) 试建立 $f(n, k)$ 的递推关系；

(2) 利用 (1) 证明 $f(n, k) = C_{n-k+1}^k$.

6. 设 $S = \{\infty a_1, \infty a_2, \infty a_3, \infty a_4\}$，$b_r$ 是具有下列附加条件的 S 的 r 组合数，试确定序列 $\{b_r\}$ 的一般生成函数.

（1）每一个 a_i 出现奇数次；

（2）每一个 a_i 出现 3 的倍数次；

（3）每一个 a_i 至少出现 10 次.

7. 设口袋中放着 12 个球，其中 3 个红球，3 个白球，6 个黑球. 从中取出 r 个球，问有多少种不同的取法.

8. 设有 1 g 重的砝码一枚，3 g 重的砝码 3 枚，7 g 重的砝码 2 枚. 用这 6 枚砝码能称哪几种质量的物体？

9. 把正整数 8 写成三个非负整数 n_1, n_2, n_3 的和，要求 $n_1 \leqslant 3, n_2 \leqslant 3, n_3 \leqslant 6$. 问有多少种不同的写法.

第3篇

代数结构与初等数论

在初等代数中,计算的对象是数,其运算有加、减、乘、除.随着科学的不断发展,计算的对象在不断扩展.例如,在高等代数中,可以对向量、矩阵等进行运算;在集合论中,可以对集合、矩阵等进行运算;在集合论中,可以对集合、关系和映射等进行运算,如此等等,这些都可分别看作在某个集合上定义了若干运算.这种带有运算的集合称为代数系统,其主要特点是集合中的元素可以代表任何一个数学对象,而定义在集合之上的运算是封闭的,即集合中的任何两个元素,经运算后其结果仍在该集合中.

对这种代数系统的研究,形成了近代数学的一个分支——近世代数(或抽象代数)的主要内容.

本篇包含第19~22章,主要论述近世代数中的基本代数结构(algebraic structure)——群、环、域,以及与计算机科学密切相关的系统——布尔代数.作为与群、环、域联系较密切的知识,首先论述数论(number theory)中整数的一些最基本内容,数论是计算机密码学的重要基础.

第 19 章

整　数

　　整数(integer)是数论中最基本的研究对象.本章主要论述初等整数论中的一些基本知识,一方面为下一章做准备,另一方面,这些内容与计算机密码学有密切的关系.本章中出现的数,除非特别指明,都是整数,另外,用 **Z** 表示整数集合,用小写英文字母表示整数,用 ab 表示 a 与 b 的乘积.

§19.1　整　除　性

　　定义 19.1.1　设 $a,b\in\mathbf{Z}$,若存在 $c\in\mathbf{Z}$,使得

$$a = cb \tag{19.1}$$

则称 b 是 a 的约数(factor)或因数,a 是 b 的倍数,并称 b 整除 a,或者 a 被 b 整除,记为 $b\mid a$.若对任意的 $c\in\mathbf{Z}$,式(19.1)均不成立,则记为 $b\nmid a$.

　　定义 19.1.2　设 $b\mid a$,若 $b\neq\pm a$ 且 $b\neq\pm 1$,则称 b 为 a 的真约数(proper factor).

　　定义 19.1.3　设 $d\mid a,d\mid b$,称 d 是 a 和 b 的公因数(common factor),记为 $d=(a,b)$.

　　例如,$3=(6,9),4=(8,12),2=(8,12)$.

　　下面是关于整除的基本定理.

　　定理 19.1.1　设 $a,b\in\mathbf{Z},b\neq 0$.于是,存在唯一的 $q,r\in\mathbf{Z}$,使得

$$a = qb + r,\quad 0\leqslant r < |b|$$

　　证明　存在性.将 $|b|$ 的倍数由小到大顺序列出:

$$\cdots,-3|b|,-2|b|,-|b|,0,|b|,2|b|,3|b|,\cdots$$

用 a 与之比较,于是:

(1)若 $a=q'|b|$,则令 $r=0$,进而:

(i)若 $b>0$,则令 $q=q'$,从而 $a=qb$;

(ii)若 $b<0$,则令 $q=-q'$,从而 $a=q'(-b)=(-q)\cdot(-b)=qb$.

(2)若 a 满足

$$q'|b| < a < (q'+1)|b|$$
$$0 < a - q'|b| < |b|$$

令

$$r = a - q'|b|$$

即

$$0 < r < |b|$$

于是
$$a = q'|b| + r$$

（ⅰ）若 $b > 0$ 则令 $q = q'$，从而　　　$a = qb + r, \quad 0 < r < b$

（ⅱ）若 $b < 0$，则令 $q = -q'$，从而

$$a = q'(-b) + r = (-q) \cdot (-b) + r = qb + r, \quad 0 < r < |b|$$

唯一性．设有 $a = qb + r$ 和 $a = q'b + r', 0 \leqslant r, r' < |b|$．于是，$r' - r = (q - q')b$，从而 $|r' - r| = |q - q'| \cdot |b|$．因为 $0 \leqslant r, r' < |b|$，所以 $|r' - r| < |b|$，即 $0 \leqslant |q - q'| \cdot |b| < |b|$．于是，必有 $|q - q'| = 0$，即 $q = q'$，从而 $r = r'$．

由整除的定义，我们有：

性质 1　设 $a \in \mathbf{Z}$，于是

（1）$\pm 1 | a$（± 1 整除任意整数）；

（2）$a | 0$（任意整数整除零）；

（3）$a | a$（任意整数整除自身，特别 $0 | 0$）.

性质 2　设 $a, b, c \in \mathbf{Z}$，于是：

（1）若 $a | b, b | c$，则 $a | c$（传递性）.

（2）若 $a | b$，则 $ac | bc$（保序性）.

（3）若 $a | b$，则 $a | bc$.

（4）若 $a | b, a | c$，则对任意 $p, q \in \mathbf{Z}$，有 $a | (pb \pm qc)$.

因为 $a | b, a | c$，所以有 $d, e \in \mathbf{Z}$，使 $b = da, c = ea$，从而 $pb \pm qc = (pd \pm qe)a$．但 $pd \pm qe$ 是整数，故 $a | (pb \pm qc)$.

（5）若 $a | b_i, b_i \in \mathbf{Z}, i = 1, 2, \cdots, n$，则 $a | \sum\limits_{i=1}^{n} e_i b_i$，其中，$e_i \in \mathbf{Z}, i = 1, 2, \cdots, n$.

由（3）（4）即知（5）成立．

（6）若在一个等式中，除某项外，其余各项都是 a 的倍数，则此项也是 a 的倍数，即若 $\sum\limits_{i=1}^{m} b_i = \sum\limits_{j=1}^{n} c_j, c_j, b_i, c_i \in \mathbf{Z}, i = 1, 2, \cdots, m, i = 1, 2, \cdots, n$．且 $a | b_1, \cdots, a | b_{i-1}, a | b_{i+1}, \cdots, a | b_m, a | c_j, j = 1, 2, \cdots, n$．则有 $a | b_i, 1 \leqslant i \leqslant m$.

证明　因为 $\sum\limits_{i=1}^{m} b_i = \sum\limits_{j=1}^{n} c_j$，所以 $b_i = \sum\limits_{j=1}^{n} c_i - \sum\limits_{\substack{k=1 \\ k \neq i}}^{m} b_k$，又由假设及（5）知，$a | \sum\limits_{j=1}^{n} c_j, a | \sum\limits_{\substack{k=1 \\ k \neq i}}^{m} b_k$，

再由（4）知，$a | \sum\limits_{j=1}^{n} c_j - \sum\limits_{\substack{k=1 \\ k \neq i}}^{m} b_k$，即 $a | b_i, 1 \leqslant i \leqslant m$.

（7）若 $a | b, b | a$，则 $b = \pm a$.

因为 $a | b, b | a$，所以有 $d, e \in \mathbf{Z}$，使

$$b = da \tag{19.2}$$

$$a = eb \tag{19.3}$$

（ⅰ）若 $a = b = 0, b = \pm a$.

（ⅱ）若 $a \neq 0$，则由式（19.2）和式（19.3），有

$$a = e(da) = (ed)a$$

消去 a 得

$$ed = 1$$

因此，$e = d = \pm 1$，故

$$b = \pm a$$

(iii) 若 $b \neq 0$，则同理可证得 $b = \pm a$.

(8) 设 $a = qb + c$，于是，a, b 的公因数就是 b, c 的公因数，反之亦然.

事实上，设 d 是 a, b 的公因数，则由 $a = qb + c$ 及 (6) 知，$d \mid c$，于是 d 也是 b, c 的公因数.

反之，设 e 是 b, c 的公因数，同理可得 $e \mid a$，故 e 也是 a, b 的公因数.

今后用 $\{(a, b)\}$ 表示 a, b 的所有公因数组成的集合.

定义 19.1.4　设 $d = (a, b)$. 若对任何 $e = (a, b)$，都有 $e \mid d$，则称 d 是 a, b 的最大公因数（maximal common factor），记为

$$d = \gcd(a, b)$$

由此定以及性质 2 之 (7) 知，任意两个整数最大公因数是存在的，并且除符号外是唯一的.

又显然，若 $b \mid a$，则 $b = \gcd(a, b)$，若 $a \mid b$，则 $a = \gcd(a, b)$.

现在设 $a \nmid b$ 且 $b \nmid a$，讨论 $\gcd(a, b)$ 的存在性.

由于 $a \mid 0, b \mid 0$，故 $a \neq 0, b \neq 0$. 作下列各式：

$$a = q_1 b + r_1 \qquad （用 b 除 a 余 r_1）$$
$$b = q_2 r_1 + r_2 \qquad （用 r_1 除 b 余 r_2）$$
$$r_1 = q_3 r_2 + r_3 \qquad （用 r_2 除 r_1 余 r_3）$$
$$\cdots\cdots$$
$$r_{k-2} = q_k r_{k-1} + r_k \qquad （用 r_{k-1} 除 r_{k-2} 余 r_k）$$
$$\cdots\cdots$$

因 $b > r_1 > r_2 > \cdots > r_k \cdots$，所以必有

$$r_{n-2} = q_n r_{n-1} + r_n \qquad （用 r_{n-1} 除 r_{n-2} 余 r_n）$$
$$r_{n-1} = q_{n+1} r_n \qquad （r_n 除 r_{n-1}）$$

由性质 2 之 (8) 及 $a = q_1 b + r_1$ 知

$$\{(a, b)\} = \{(b, r_1)\}$$

又由 (8) 及 $b = q_2 r_1 + r_2$ 知

$$\{(b, r_1)\} = \{(r_1, r_2)\}$$

$\cdots\cdots$

由 (8) 及 $r_{n-2} = q_n r_{n-1} + r_n$ 知

$$\{(r_{n-2}, r_{n-1})\} = \{(r_{n-1}, r_n)\}$$

最后，由 $r_{n-1} = q_{n+1} r_n$ 知 $r_n \mid r_{n-1}$，于是

$$
\begin{aligned}
r_n &= \gcd(r_{n-1}, r_n) \\
&= \gcd(r_{n-2}, r_{n-1}) \\
&\cdots\cdots \\
&= \gcd(r_1, r_2) \\
&= \gcd(b, r_1)
\end{aligned}
$$

$$= \gcd(a,b)$$

综上所述,我们有:

定理 19.1.2 对任意 $a,b \in \mathbf{Z}, a \neq 0$ 或 $b \neq 0$,有 $d \in \mathbf{Z}$,使 $d = \gcd(a,b)$.

此定理的证明中所提供的求最大公因数的方法称为辗转相除法或欧几里得算法.

下面的定理给出了两个整数与它们的最大公因数的关系式.

定理 19.1.3 设 $d = \gcd(a,b)$,于是,存在 $s,t \in \mathbf{Z}$,使 $d = sa + tb$.

证明 (1)若 $a \mid b$,则有 $d = \gcd(a,b) = a$,于是,可令 $s = 1, t = 0$,满足 $d = 1 \cdot a + 0 \cdot b$.

(2)若 $b \mid a$,则类似于(1),有 $d = 0 \cdot a + 1 \cdot b$.

(3)若 $a \nmid b$ 且 $b \nmid a$,则由定理 19.1.2 的证明过程,有

$$\binom{a}{b} = \begin{pmatrix} q_1 & 1 \\ 1 & 0 \end{pmatrix} \binom{b}{r_1}$$

$$\binom{b}{r_1} = \begin{pmatrix} q_2 & 1 \\ 1 & 0 \end{pmatrix} \binom{r_1}{r_2}$$

$$\cdots\cdots$$

$$\binom{r_{k-2}}{r_{k-1}} = \begin{pmatrix} q_k & 1 \\ 1 & 0 \end{pmatrix} \binom{r_{k-1}}{r_k}$$

于是

$$\binom{a}{b} = \begin{pmatrix} q_1 & 1 \\ 1 & 0 \end{pmatrix} \begin{pmatrix} q_2 & 1 \\ 1 & 0 \end{pmatrix} \cdots \begin{pmatrix} q_k & 1 \\ 1 & 0 \end{pmatrix} \binom{r_{k-1}}{r_k}$$

令

$$\begin{pmatrix} T_k & V_k \\ S_k & U_k \end{pmatrix} = \begin{pmatrix} q_1 & 1 \\ 1 & 0 \end{pmatrix} \begin{pmatrix} q_2 & 1 \\ 1 & 0 \end{pmatrix} \cdots \begin{pmatrix} q_k & 1 \\ 1 & 0 \end{pmatrix}$$

则

$$\binom{a}{b} = \begin{pmatrix} T_k & V_k \\ S_k & U_k \end{pmatrix} \binom{r_{k-1}}{r_k}$$

显然

$$\begin{vmatrix} q_1 & 1 \\ 1 & 0 \end{vmatrix} = \begin{vmatrix} q_2 & 1 \\ 1 & 0 \end{vmatrix} = \begin{vmatrix} q_k & 1 \\ 1 & 0 \end{vmatrix} = -1$$

从而

$$\begin{vmatrix} T_k & V_k \\ S_k & U_k \end{vmatrix} = (-1)^k$$

于是

$$\begin{pmatrix} T_k & V_k \\ S_k & U_k \end{pmatrix}^{-1} = \begin{pmatrix} \dfrac{U_k}{(-1)^k} & \dfrac{-V_k}{(-1)^k} \\ \dfrac{-S_k}{(-1)^k} & \dfrac{T_k}{(-1)^k} \end{pmatrix} = \begin{pmatrix} (-1)^k U_k & (-1)^{k-1} V_k \\ (-1)^{k-1} S_k & (-1)^k T_k \end{pmatrix}$$

因此
$$\begin{pmatrix} r_{k-1} \\ r_k \end{pmatrix} = \begin{pmatrix} T_k & V_k \\ S_k & U_k \end{pmatrix}^{-1} \begin{pmatrix} a \\ b \end{pmatrix} = \begin{pmatrix} (-1)^k U_k & (-1)^{k-1} V_k \\ (-1)^{k-1} S_k & (-1)^k T_k \end{pmatrix} \begin{pmatrix} a \\ b \end{pmatrix}$$

解得
$$r_k = (-1)^{k-1} S_k a + (-1)^k T_k b$$

若取 $k = n$，则由于 $r_n = \gcd(a, b)$，故得
$$d = \gcd(a, b) = (-1)^{n-1} S_n a + (-1)^n T_n b$$

再令 $S = (-1)^{n-1} S_n, t = (-1)^n T_n$，最后得
$$d = sa + tb$$

【例 19.1】 试证：若一数的末尾两位数是 4（或 25）的倍数，则此数也是 4（或 25）的倍数.

证明 设此数为 a（n 位），且
$$a = a_{n-1} a_{n-2} \cdots a_2 a_1 a_0$$
$$a_i \in \{0, 1, \cdots, 9\}, \quad i = 0, 1, \cdots, n-1$$

于是
$$a = a_{n-1} a_{n-2} \cdots a_2 \times 100 + a_1 a_0$$
$$= a_{n-1} a_{n-2} \times a_2 \times 4 \times 25 + a_1 a_0$$

因 $a_1 a_0$ 是 4（或 25）的倍数，故由性质 2 之（4）知，a 也是 4（或 25）的倍数.

【例 19.2】 一个自然数 a 的各位数码之和是 9 的倍数，当且仅当此数也是 9 的倍数.

证明 设 $a = a_{n-1} a_{n-2} \cdots a_2 a_1 a_0$. 于是
$$a = a_{n-1} \times 10^{n-1} + a_{n-2} \times 10^{n-2} + \cdots + a_2 10^2 + a_1 \times 10^1 + a_0$$
$$= a_{n-1} \times (\underbrace{9 \cdots 9}_{n-1} + 1) + a_{n-2} \times (\underbrace{9 \cdots 9}_{n-2} + 1) + \cdots + a_2 \times (99 + 1) + a_1 \times (9 + 1) 1 + a_0$$
$$= 9 \times (a_{n-1} q_{n-1} + a_{n-2} q_{n-2} + \cdots + a_2 q_2 + a_1 q_1) + (a_{n-1} + a_{n-2} + \cdots + a_2 + a_1 + a_0)$$

因此，由性质 2 之（6）知，$9 \mid (a_{n-1} + a_{n-2} + \cdots + a_2 + a_1 + a_0)$.

§19.2 素因数分解

定义 19.2.1 设 $a, b \in \mathbf{Z}$，若 $\gcd(a, b) = 1$，则说 a 和 b 互素或互质（coprime）.

由定义可知，± 1 和任意整数互素.

定理 19.2.1 若 a 和 b 互素，而 $a \mid bc$，则必有 $a \mid c$.

证明 因为 a, b 互素，故有 $s, t \in \mathbf{Z}$，使 $1 = sa + tb$，从而 $c = sac + tbc$.

又因 $a \mid bc$ 且 $a \mid a$，故 $a \mid c$.

定理 19.2.2 若 b 和 $a_1, a_2, \cdots, a_n$ 都互素，则 b 和 $\prod\limits_{i=1}^{n} a_i = a_1 a_2 \cdots a_n$ 互素.

证明 由假设，存在 $s_i, t_i \in \mathbf{Z}$，使得
$$s_i b + t_i a_i = 1, \quad i = 1, 2, \cdots, n$$

将这个 n 个式子乘起来，右边为 1，左边共 2^n 项，其中恰有一项含 $a_1 a_2 \cdots a_n$，而其他项均含 b，故可写成
$$Sb + Ta_1 a_2 \cdots a_n = 1 \tag{19.4}$$

其中 $S, T \in \mathbf{Z}$.

设 d 是 b 和 $a_1 a_2 \cdots a_n$ 的最大公因数, 于是, $d \mid b, d \mid a_1 a_2 \cdots a_n$. 由式 (19.4) 及性质 2 之 (4) 即知, d 必整除 1, 故 $d = 1$, 即

$$\gcd(b, a_1 a_2 \cdots a_n) = 1$$

从而 b 和 $a_1 a_2 \cdots a_n$ 互素.

定理 19.2.3　若 $m_1, m_2, \cdots, m_k$ 两两互素, 且都整除 a, 则 $m_1 m_2 \cdots m_k \mid a$.

证明　假设对某个 $i, 1 \leqslant i < k$, 有

$$m_1 m_2, \cdots, m_i \mid a \tag{19.5}$$

下证

$$m_1 m_2 \cdots m_i m_{i+1} \mid a \tag{19.6}$$

由式 (19.5) 知, 存在 q, 使得

$$a = m_1 m_2 \cdots m_i q \tag{19.7}$$

因 $m_1, m_2, \cdots, m_i, m_{i+1}$ 两两互素, 也即 m_{i+1} 与 $m_1, m_2, \cdots, m_i$ 均互素, 所以, 由定理 19.2.2 知, m_{i+1} 与 $m_1 m_2 \cdots m_i$ 互素, 又因 $m_{i+1} \mid a$, 故由定理 19.2.1 知 $m_{i+1} \mid q$.

于是, 存在 $s \in \mathbf{Z}$, 使得 $q = s m_{i+1}$, 将此式代入式 (19.6), 有

$$a = m_1 m_2 \cdots m_i m_{i+1} s$$

故

$$m_1 m_2 \cdots m_i m_{i+1} \mid a$$

即式 (19.6) 得证.

由于 $m_1 \mid a$, 故由上面所证, $m_1 m_2 \mid a$, 如此下去, 有 $m_1 m_2 m_3 \mid a, \cdots, m_1 m_2 m_3 \cdots m_k \mid a$.

定义 19.2.2　设 $p \in \mathbf{N}$ 且 $p \geqslant 2$. 若 p 的正约数只有 1 及它自己, 则称 p 为素数或质数 (prime), 否则称为合数 (composite number).

例如 $2, 3, 5, 7, 11, \cdots$ 都是素数, 而 $4, 6, 8, 10, \cdots$ 都是合数. 偶数中 2 是素数, 其余都是合数; 而素数中也只有 2 是偶数, 其余都是奇数.

由定义易知, 任何合数 a 至少有一个素数 $p, p < a$.

定理 19.2.4　素数 p 和 a 互素当且仅当 $p \mid a$.

证明　设 p 和 a 互素. 若 $p \mid a$, 则显然有 $\gcd(p, a) = p > 1$, 此与 $\gcd(p, a) = 1$ 矛盾. 故 $p \nmid a$. 反之, 设 $p \nmid a$, 于是 $\gcd(p, a) \neq p$, 而 p 是素数, 故 $\gcd(p, a) = 1$. 因此 p 与 a 互素.

定理 19.2.5　若素数 p 整除 $a_1 a_2 \cdots a_n$, 则存在 $a_i, 1 \leqslant i \leqslant n$, 使得 $p \mid a_i$.

证明　(反证法) 若对任意 i, 有 $p \nmid a_i, i = 1, 2, \cdots, n$. 则由定理 19.2.4 知, p 和 a_i 互素, $i = 1, 2, \cdots, n$. 由定理 19.2.3 知, p 和 $a_1 a_2 \cdots a_n$ 互素, 再由定理 19.2.4 知, $p \nmid a_1 a_2 \cdots a_n$, 此为矛盾, 故结论成立.

下面是关于整数的算术基本定理, 其中素数在整除性理论中起着重要作用.

定理 19.2.6(算术基本定理)　任意大于 1 的正整数 a 除因数的顺序外, 可唯一地分解为素因数的乘积, 即

$$a = p_1 p_2 \cdots p_r, \quad p_i \text{ 是素数}, i = 1, 2, \cdots, r$$

如果

$$a = q_1 q_2 \cdots q_s \quad p_j \text{ 是素数}, i = 1, 2, \cdots, s$$

则 $\{p_1, p_2, \cdots, p_s\} = \{q_1, q_2, \cdots, q_s\}$.

证明 若 a 是素数,则令 $a=p_1$,结论成立. 若 a 是合数,则令 p_1 是 a 的最小素因数,于是,$a=p_1 a_1,1<a_1<a$. 若 a_1 是素数,则令 $a_1=p_2$,结论成立. 若 a_1 是合数,则令 p_2 是 a_1 的最小素因数,于是 $a=p_2 a_2$,从而,$a=p_1 p_2 a_2$,如此继续进行,由于 $a>a_1>a_2>\cdots$,所以,经过有限次后. 必有

$$a=p_1 p_2 \cdots p_r, \quad p_i \text{ 是素数},i=1,2,\cdots,r.$$

下面对 r 用归纳法证明分解的唯一性.

当 $r=1$ 时,$a=q_1 q_2 \cdots q_s$,因 p_1 是素数,所以必有 $s=1$,因此 $\{p_1\}=\{q_1\}$.

假设 $r-1$ 时成立.

因为 $a=p_1 p_2 \cdots p_r=q_1 q_2 \cdots q_s$,所以 $p_1 \mid q_1 q_2 \cdots q_s$. 由定理 19.2.5 知,$p_1$ 整除 $a=q_1 q_2,\cdots,q_s$ 中的某一数,不妨设 $p_1 \mid q_1$,于是 $p_1=q_1$,从而有 $p_2 \cdots p_r=q_2 \cdots q_s$.

由归纳假设有 $\{p_2,\cdots,p_r\}=\{q_2,\cdots,q_s\}$,又因 $p_1=q_1$,故

$$\{p_1,p_2,\cdots,p_r\}=\{q_1,q_2,\cdots,q_s\}$$

定理证毕.

例如,$12=2 \cdot 3 \cdot 2=2 \cdot 2 \cdot 3$.

如果将 a 的素因数中相同的素数归在一起,则有

$$a=p_1^{r_1} p_2^{r_2} \cdots p_k^{r_k}$$

其中 $p_1,p_2,\cdots,p_k$ 是互异素数. 这种表示式称为 a 的标准分解式.

例如,$5775=3 \cdot 5^2 \cdot 7 \cdot 11$

定理 19.2.7 素数有无穷多个.

证明 设 p 是任一素数. 令 $a=p!+1$,设 q 是 a 的素因数,即 $q \mid p!+1$. 易证 $q \nmid p!$,从而 $q>p$. 这说明对任给的素数,还有比它大的素数,故素数有无穷多个.

§19.3 同　余

定义 19.3.1 设 $a,b,m \in \mathbf{Z},m \neq 0$,若 $m \mid (a-b)$,则说 a 与 b 模 m 同余(congruence),记为 $a \equiv b(\bmod m)$. 否则,说 a 与 b 模 m 不同余,记为 $a \not\equiv b(\bmod n)$

例如,$16 \equiv 23(\bmod 7),31 \not\equiv 9(\bmod 10)$.

关于模 m,一般总设 m 为正整数.

定理 19.3.1 设

$$a=q_1 m+r_1, \quad 0 \leqslant r_1<m \tag{19.8}$$

$$b=q_2 m+r_2, \quad 0 \leqslant r_2<m \tag{19.9}$$

于是,$a \equiv b(\bmod m)$ 当且仅当 $r_1=r_2$.

证明 由式(19.8)和式(19.9)知

$$a-b=(q_1-q_2)m+(r_1-r_2) \tag{19.10}$$

$a \equiv b(\bmod m)$,则由同余定义知 $m \mid (a-b)$. 于是由式(19.10)知 $m \mid (r_1-r_2)$. 但 $|r_1-r_2|<m$,因此 $|r_1-r_2|=0$,即 $r_1=r_2$.

反之,若 $r_1=r_2$,则由式(19.10)知,$m \mid (a-b)$,故 $a \equiv b(\bmod m)$.

由此定理知,a 与 b 模 m 同余,当且仅当 m 除 a,b 所得的余数相同.

同余作为两个整数之间的一种二元关系,具有很多性质.

性质 1　同余关系是等价关系:

(1)自反性:对任意 $a \in \mathbf{Z}$,有 $a \equiv a(\bmod m)$;

(2)对称性:若 $a \equiv b(\bmod m)$,则 $b \equiv a(\bmod m)$;

(3)传递性:若 $a \equiv b(\bmod m)$,则 $b \equiv c(\bmod m)$,则 $a \equiv c(\bmod m)$.

以上(1)~(3)由定义可以立即推得

性质 2　若 $a \equiv b(\bmod m)$,$c \equiv d(\bmod m)$,则

$$(a \pm c) \equiv (b \pm d)(\bmod m), \quad ac \equiv bd(\bmod m).$$

证明　由假设,有 $r,s \in \mathbf{Z}$,使 $a - b = rm$,$c - d = sm$,于是 $(a \pm c) - (b \pm d) = (r \pm s)m$,从而 $(a \pm c) \equiv (b \pm d)(\bmod m)$.

又 $ac = (b + rm)(d + sm) = bd + rdm + bsm + rsm^2 = bd + (rd + bs + rsm)m$.于是 $ac - bd = (rd + bs + rsm)m$,从而 $ac \equiv bd(\bmod m)$.

性质 2 说明,同余式可以像普通等式一样进行移项,例如,由 $a + b \equiv c(\bmod m)$,可推出 $a \equiv c - b(\bmod m)$,因为由自反性有 $b \equiv b(\bmod m)$.同理,由 $a \equiv b(\bmod m)$ 可推出 $ac \equiv bc(\bmod m)$.

普通等式两边可以用同一非零数来除,但同余不一定如此.例如,$5 \equiv 10(\bmod 5)$,且 $5 \neq 0$,但不能推得 $1 \equiv 2(\bmod 5)$.

性质 3　若 $c \neq 0$ 且 $ac \equiv bc(\bmod mc)$,则 $a \equiv b(\bmod m)$.

证明　由假设有 q,使得 $ac - bc = qmc$,于是 $a - b = qm$,因而 $a \equiv b(\bmod m)$.

性质 4　若 c 和 m 互素,则由 $ac \equiv bc(\bmod m)$ 可推出 $a \equiv b(\bmod m)$.

证明　由假设,有 $m \mid (a - b)c$,但 m 与 c 互素,因此 $m \mid (a - b)$,即 $a \equiv b(\bmod m)$.

性质 5　设 p 是素数.若 $c \not\equiv 0(\bmod p)$,而 $ac \equiv bc(\bmod p)$,则 $a \equiv b(\bmod p)$.

证明　因为 $c \not\equiv 0(\bmod p)$,$ac \equiv bc(\bmod p)$,则 $p \nmid c$,而 p 又是素数,故 p 与 c 互素,于是,由性质 4 知 $a \equiv b(\bmod p)$.

应用同余式的性质,可以简单地处理某些整除问题.

【例 19.3】　令 $A = 2\,000^n + 855^n - 572^n - 302^n$,试证明:对任意自然数 n,$1\,981 \mid A$.

证明　$1\,981 = 7 \times 283$,并且 7 和 283 互素,因为

$$2\,000 \equiv 5(\bmod 7)$$
$$855 \equiv 1(\bmod 7)$$
$$572 \equiv 5(\bmod 7)$$
$$302 \equiv 1(\bmod 7)$$

所以　　　　　　$A = 2\,000^n + 855^n - 572^n - 302^n \equiv 5^n + 1^n - 5^n - 1^n(\bmod 7)$

$$\equiv 0(\bmod 7)$$

即 $A \equiv 0(\bmod 7)$,也即 $7 \mid A$.

又因为

$$2\,000 \equiv 19(\bmod 283)$$
$$855 \equiv 6(\bmod 283)$$
$$572 \equiv 6(\bmod 283)$$
$$302 \equiv 19(\bmod 283)$$

所以　　　　　　$A = 2\,000^n + 855^n - 572^n - 302^n$

$$19^n + 6^n - 6^n - 19^n (\bmod 283) \equiv 0 (\bmod 283)$$

即 $A \equiv 0 (\bmod 283)$，也即 $283 \mid A$．由定理 19.2.3 即知 $7 \times 283 \mid A$，即 $1\,981 \mid A$．

类似于普通等式的一元一次方程，有

定理 19.3.2 若 a 和 m 互素，则方程 $ax \equiv b (\bmod m)$ 在同余意义下恰有一个解．

证明 因为 a 和 m 互素，所以存在 $s, t \in \mathbf{Z}$，使得 $as + mt = 1$，于是 $asb + mtb = b$，从而

$$asb \equiv b (\bmod m)$$

令 $x = sb$，则有 $ax \equiv b (\bmod m)$．

若另有 $ay \equiv b (\bmod m)$，则由同余的性质 $ax \equiv ay (\bmod m)$，又因 a 与 m 互素，因此 $x \equiv y (\bmod m)$．

推论 19.3.1 设 p 为素数．若 $a \not\equiv 0 (\bmod p)$，则方程 $ax \equiv b (\bmod p)$ 在同余意义下恰有一个解．

【例 19.4】 解同余方程 $3x \equiv 8 (\bmod 7)$．

解 显然，3 与 7 互素．将它们表示为倍数代数和，有

$$3 \cdot 5 - 7 \cdot 2 = 1$$

再由定理 19.3.2，得解 $x = 5 \times 8 = 40$．

§19.4 孙子定理与 Euler 函数

形如

$$\begin{cases} x \equiv a_1 \ (\bmod \ m_1) \\ \cdots\cdots \\ x \equiv a_k \ (\bmod \ m_k) \end{cases} \tag{19.11}$$

的一组同余式称为一次同余方程组，简称同余方程组．

关于式（19.11）的解，我国早在 5 世纪就有著名的孙子定理，国外称该定理为中国剩余定理．

定理 19.4.1（孙子定理） 若 $m_1, m_2, \cdots, m_k$ 两两互素，则同余方程组（19.11）对于模 $m = m_1 \cdots m_k$ 有唯一解：

$$x \equiv \frac{m}{m_1} c_1 a_1 + \frac{m}{m_2} c_2 a_2 + \cdots + \frac{m}{m_k} c_k a_k (\bmod m)$$

其中 $\dfrac{m}{m_i} c_i \equiv 1 (\bmod m_i), i = 1, 2, \cdots, k$．

证明 因为 $m_1, m_2, \cdots, m_k$ 两两互素，所以，由定理 19.2.2 知，$\dfrac{m}{m_i}$ 与 m_i 互素．从而方程

$$\frac{m}{m_i} x \equiv 1 (\bmod m_i)$$

同余意义下有唯一 c_i，满足

$$\frac{m}{m_i} c_i \equiv 1 (\bmod m_i), \quad i = 1, 2, \cdots, k.$$

令

$$\alpha = \frac{m}{m_1} c_1 a_1 + \frac{m}{m_2} c_2 a_2 + \cdots + \frac{m}{m_k} c_k a_k$$

于是，注意到 $\dfrac{m}{m_i} c_i \equiv 0 (\bmod m_j), i \neq j$，有

$$\alpha \equiv a_i (\mathrm{mod}\ m_i), \quad i = 1, 2, \cdots, k.$$

故 $x \equiv \alpha (\mathrm{mod}\ m)$ 是方程组(19.11)的解.

若 $\beta \equiv a_i (\mathrm{mod}\ m_i)$ 也是方程组(19.11)的解,则有

$$\alpha - \beta \equiv 0 (\mathrm{mod}\ m_i)$$

即 $\alpha \equiv \beta (\mathrm{mod}\ m_i), i = 1, 2, \cdots, k.$ 由于 $m_1, m_2, \cdots, m_k$ 两两互素,所以由定理 19.2.3 知

$$\alpha \equiv \beta (\mathrm{mod}\ m)$$

这说明,在同余的意义下,对模 m,方程组(19.11)只有唯一解.

【例 19.5】 (孙子算经)今有物不知其数,三三数之剩二,五五数之剩三,七七数之剩二,问物几何?

解 由题意,需解同余方程组

$$\begin{cases} x \equiv 2\ (\mathrm{mod}\ 3) \\ x \equiv 3\ (\mathrm{mod}\ 5) \\ x \equiv 2\ (\mathrm{mod}\ 7) \end{cases}$$

令 $m_1 = 3, m_2 = 5, m_3 = 7, m = m_1 m_2 m_3 = 105.$ 先分别解同余方程.

$$\frac{m}{m_i} c_i \equiv 1 (\mathrm{mod}\ m_i), \quad i = 1, 2, 3$$

即解

$$35 c_1 \equiv 1 (\mathrm{mod}\ 3), \quad 21 c_2 \equiv 1 (\mathrm{mod}\ 5), \quad 15 c_3 \equiv 1 (\mathrm{mod}\ 7)$$

解得

$$c_1 \equiv 2 (\mathrm{mod}\ 3), \quad c_2 \equiv 1 (\mathrm{mod}\ 5), \quad c_3 \equiv 1 (\mathrm{mod}\ 7)$$

于是,所求解为

$$x = 35 \cdot 2 \cdot 2 + 21 \cdot 1 \cdot 3 + 15 \cdot 1 \cdot 2 = 233$$
$$\equiv 23 (\mathrm{mod}\ 105)$$

【例 19.6】 解同余方程组

$$\begin{cases} 2x \equiv 1\ (\mathrm{mod}\ 5) \\ 3x \equiv 4\ (\mathrm{mod}\ 7) \end{cases} \tag{19.12}$$

解 先将式(19.12)化成式(19.11)的形式.

由 $2x \equiv 1 (\mathrm{mod}\ 5)$ 解得 $x \equiv 3 (\mathrm{mod}\ 5)$;由 $3x \equiv 4 (\mathrm{mod}\ 7)$ 解得 $x \equiv 6 (\mathrm{mod}\ 7)$. 于是式(19.12)化为

$$\begin{cases} x \equiv 3\ (\mathrm{mod}\ 5) \\ x \equiv 6\ (\mathrm{mod}\ 7) \end{cases} \tag{19.13}$$

可以用孙子定理中的方法解式(19.13),也可以如下求解.

由同余的定义,可令 $x = 3 + 5y$,于是有 $3 + 5y \equiv 6 (\mathrm{mod}\ 7)$,即 $5y \equiv 3 (\mathrm{mod}\ 7)$,解得

$$y \equiv 2 (\mathrm{mod}\ 7)$$

故所求解为

$$x = 3 + 5y \equiv 3 + 5 \cdot 2 \equiv 13 (\mathrm{mod}\ 35)$$

由于模 m 同余关系是一个等价关系,因此可按此类关系将整数集 **Z** 划分为 m 个等价类,称为模 m 的同余类,即

$$\mathbf{Z} = [0]_m \cup [1]_m \cup \cdots \cup [m-1]_m, \quad m > 0$$

其中 $[i]_m = \{a \mid a \equiv i (\mathrm{mod}\ m)\}$,且 $[i]_m \cap [j]_m = \varnothing, i \neq j, i, j = 0, 1, \cdots, m-1$

定义 19.4.1　称 $a_0,a_1,\cdots,a_{m-1}$ 为模 m 的完全剩余系,简称完全剩余系(complete system of residues),其中 $a_i\in[i]_m,i=0,1,\cdots,m-1$.

由定义知,$m>1$ 时模 m 完全剩余系有无限多个,例如,$0,1,2$ 和 $0,1,-1$ 都是模 3 的完全剩余系.

显然,在模 m 的完全剩余系 $a_0,a_1,\cdots,a_{m-1}$ 中,有的 a_i 与 m 互素,有的则不然.

定义 19.4.2　设 $a_0,a_1,\cdots,a_{n-1}$ 是一组模 m 的完全剩余系,其中所有与 m 互素的元素称之为模 m 的简化剩余系(reduce system of residues).

例如,对于模 $m=6$ 而言,$0,1,2,3,4,5$ 是模 6 的完全剩余系,而 $1,5$ 则是模 6 的简化剩余系;又 $6,7,8,9,10,11$ 也是模 6 的完全剩余系,而 $7,11$ 则是模 6 的简化剩余系.

命题 19.4.1　设 $a,m\in\mathbf{Z},m>0$,于是 a 与 m 互素当且仅当 a 所在同余类中所有数均与 m 互素.

证明　设 $a\in[i]_m$.若 a 与 m 互素,则存在 $s,t\in\mathbf{Z}$,使得 $sa+tm=1$.任取 $b\in[i]_m$,则 $a\equiv b(\bmod m)$,于是有 $r\in\mathbf{Z}$,使 $a-b=rm$,即 $a=rm+b$,从而 $sb+(t+sr)m=1$,故 b 与 m 互素.

反之,任取 $b\in[i]_m$,若 b 与 m 互素,则存在 $p,q\in\mathbf{Z}$,使得 $pb+qm=1$.因 $a\equiv b(\bmod m)$,所以存在 $r\in\mathbf{Z}$,使得 $a-b=rm$,即 $b\equiv a-rm$.于是 $pa+(q-pr)m=1$,故 b 与 m 互素.

此命题说明,模 m 的简化剩余系中元素的个数与所取的完全剩余系无关,仅由 m 唯一决定.

定义 19.4.3　设 $n\in\mathbf{N},n>0$.所有不大于 n 并且与 n 互素的正整数的个数称为 Euler 函数,记为 $\varphi(n)$.

例如,$\varphi(1)=1,\varphi(2)=1,\varphi(3)=2,\varphi(4)=2,\varphi(5)=4,\varphi(6)=2,\cdots$.

显然,若 p 是素数,则 $\varphi(p)=p-1$.

下面通过讨论简化剩余系数的性质,来得出求 $\varphi(n)$ 的一般计算公式.

定理 19.4.2　k 个整数 $a_1,a_2,\cdots,a_k$ 是模 m 的简单化剩余系的充分必要条件是:

(1) $k=\varphi(m)$;

(2) $a_i\not\equiv a_j(\bmod m),i\neq j$;

(3) a_i 与 m 互素,$i=1,2,\cdots,k$.

证明　由定义知,必要性成立.

充分性.因为 $a_i\not\equiv a_j(\bmod m)$,所以 $a_1,a_2,\cdots,a_k$ 各属于不同的同余类;再由 $k=\varphi(m)$ 及 a_i 与 m 互素知,$a_1,a_2,\cdots,a_k$ 是模 m 的完全剩余系中所有与 m 互素数,因此它也模 m 的简化剩余系.

定理 19.4.3　设 $a_1,a_2,\cdots,a_{\varphi(m)}$ 是模 m 的简化剩余系,且 a 与 m 互素,于是 $aa_1,aa_2,\cdots,aa_{(\varphi m)}$ 也是模 m 的简化剩余系.

证明　由假设及定理 19.4.2 知,$a_i\not\equiv a_j(\bmod m)$.又因 a 与 m 互素,所以 $aa_i\not\equiv aa_j(\bmod m),i\neq j$.再因 a_i 与 m 互素,故得 aa_i 与 m 互素,$i=1,2,\cdots,\varphi(m)$.于是由定理 19.4.2 知,$aa_1,aa_2,\cdots,aa_{(\varphi m)}$ 是模 m 的简化剩余系.

利用简化剩余系的性质,不难证明数论中一个广泛应用的重要定理.

定理 19.4.4(Euler 定理)　若 a 与 m 互素,则

$$a^{\varphi(m)}\equiv 1(\bmod m)$$

证明　设 $r_1,r_2,\cdots,r_{\varphi(m)}$ 是模 m 的简化剩余系.因为 a 与 m 互素,故由定理 19.4.3 知,$ar_1,ar_2,\cdots,ar_{\varphi(m)}$ 是模 m 的简化剩余系.于是 $r_1,r_2,\cdots,r_{\varphi(m)}$ 中任意一个数必恰与 $ar_1,ar_2,\cdots,ar_{\varphi(m)}$ 中某

一个数模 m 同余. 即

$$r_1 \equiv ar_{i_1} (\bmod m)$$

$$r_2 \equiv ar_{i_2} (\bmod m)$$

$$\cdots\cdots$$

$$r_{\varphi(m)} \equiv ar_{\varphi(m)} (\bmod m)$$

从而有

$$r_1 r_2 \cdots r_{\varphi(m)} \equiv a^{\varphi(m)} r_{i_1} r_{i_2} \cdots r_{\varphi(m)} (\bmod m)$$

又因 $r_1 r_2 \cdots r_{\varphi(m)}$ 均与 m 互素, 故由上式得

$$a^{\varphi(m)} \equiv 1 (\bmod m)$$

推论 19.4.1(Fermat 小定理)　若 p 为素数, 且 $p \nmid a$, 则 $a^{p-1} \equiv 1 (\bmod p)$.

【例 19.7】　计算 $1\,984^{2\,000} \equiv ?$（$\bmod 29$）

解　$1\,984^{2\,000} \equiv (68 \times 29 + 12)^{2\,000} \equiv 12^{28 \times 71 + 12} (\bmod 29)$

$$\equiv (12^2)^6 (\bmod 29)$$

$$\equiv 144^6 (\bmod 29)$$

$$\equiv (-1)^6 (\bmod 29)$$

$$\equiv 1 (\bmod 29)$$

定理 19.4.5　若 a 与 b 互素, 则

$$\varphi(ab) = \varphi(a)\varphi(b) \tag{19.14}$$

证明　设 $x_1, x_2, \cdots, x_{\varphi(a)}; y_1, y_2, \cdots, y_{\varphi(b)}$ 分别是模 a 和 b 的简化剩余系. 考虑以下 $\varphi(a)\varphi(b)$ 个数:

$$bx_i + ay_j, \quad i = 1, 2, \cdots, \varphi(a), j = 1, 2, \cdots, \varphi(b) \tag{19.15}$$

下面证明, 式(19.15)就是模 ab 的简化剩余系. 从而式(19.14)成立.

先证式(19.15)中的任意两数模 ab 不同余. 如果有 $bx_i + ay_j \equiv bx_r + ay_s (\bmod ab)$, 则必有 $bx_i + ay_j \equiv bx_r + ay_s (\bmod a)$, 从而 $bx_i \equiv bx_r (\bmod a)$; 又因 a 与 b 互素, 故 $x_i \equiv x_r (\bmod a)$. 但 x_i 和 x_r 同在 a 的简化剩余系中, 于是必有 $x_i = x_r$. 从而 $i = r$. 同理可证 $j = s$. 这说明, 若 $bx_i + ay_j \equiv bx_r + ay_s (\bmod ab)$, 则必有 $bx_i + ay_j = bx_r + ay_s$. 故式(19.15)中的数模 ab 互不同余.

再证式(19.15)中每一个数均与 ab 互素. 因为 x_i 与 a 互素, 且 b 与 a 互素, 所以 bx_i 与 a 互素, 从而 $bx_i + ay_i$ 与 a 互素. 同理可证 $bx_i + ay_i$ 与 b 互素. 于是 $bx_i + ay_i$ 与 ab 互素. 从而式(19.15)中每一数与 ab 互素.

最后证任意与 ab 互素的数必与式(19.15)中某个数模 ab 同余. 设 w 与 ab 互素. 因为 a 与 b 互素, 所以有 $bx_0 + ay_0 = 1$, 于是, 两边同乘以 w, 并令 $x = x_0 w, y = y_0 w$, 则有 $w = bx + ay$. 易知 w 与 a 互素, 即 $bx + ay$ 与 a 互素, 从而 bx 与 a 互素, 因此 x 与 a 互素. 于是 $x \equiv x_i (\bmod a), 1 \leqslant i \leqslant \varphi(a)$; 同理有 $y \equiv y_i (\bmod b), 1 \leqslant i \leqslant \varphi(b)$. 故得 $bx \equiv bx_i (\bmod ab), ay \equiv ay_i (\bmod ab)$, 这样就有

$$w = bx + ay \equiv bx_i + ay_i (\bmod ab)$$

综上所述, 由定理 19.4.2 知, 式(19.15)是模 ab 的简化剩余系.

定理 19.4.6　设 $n = p_1^{r_1} p_2^{r_2} \cdots p_k^{r_k}$ 是 n 的素因数分解式, $p_1, p_2, \cdots, p_k$ 是 k 个互异的素数. 于是

$$\varphi(n) = n\left(1 - \frac{1}{p_1}\right)\left(1 - \frac{1}{p_2}\right)\cdots\left(1 - \frac{1}{p_k}\right)$$

证明　先设 p^r 为素数而求 $\varphi(p^r)$. 易知, 在模 p^r 的完全剩余系中, 与 p^r 不互素的数只有那些 p

的倍数，即

$$p,2p,\cdots,p^{r-1}p$$

共 p^{r-1} 个，而其余 $p^r - p^{r-1} = p^r \left(1 - \dfrac{1}{p}\right)$ 个都与 p^r 互素。因此，$\varphi(p^r) = p^r \left(1 - \dfrac{1}{p}\right)$。

对于 $n = p_1^{r_1} p_2^{r_2} \cdots p_k^{r_k}$，由定理 19.2.2 容易证明 $p_1^{r_1}, p_2^{r_2}, \cdots, p_k^{r_k}$ 两两互素。于是，反复使用定理 19.4.5 就有

$$\begin{aligned}
\varphi(n) &= \varphi(p_1^{r_1}) \varphi(p_2^{r_2}) \cdots \varphi(p_k^{r_k}) \\
&= p_1^{r_1} \left(1 - \frac{1}{p_1}\right) p_2^{r_2} \left(1 - \frac{1}{p_2}\right) \cdots p_k^{r_k} \left(1 - \frac{1}{p_k}\right) \\
&= p_1^{r_1} p_2^{r_2} \cdots p_k^{r_k} \left(1 - \frac{1}{p_1}\right) \left(1 - \frac{1}{p_2}\right) \cdots \left(1 - \frac{1}{p_k}\right) \\
&= n \left(1 - \frac{1}{p_1}\right) \left(1 - \frac{1}{p_2}\right) \cdots \left(1 - \frac{1}{p_k}\right)
\end{aligned}$$

例如，$\varphi(100) = \varphi(2^2 \cdot 5^2) = (2^2 \cdot 5^2) \left(1 - \dfrac{1}{2}\right) \left(1 - \dfrac{1}{5}\right) = 40$。

§19.5　数论在计算机密码学中的应用

人类已经进入信息社会。如何对信息资源进行安全的保护和管理，是人们所面临的重要课题。采用密码技术是保护信息安全的主要手段之一。研究密码技术的密码学在古代就已经出现，计算机的出现，使古老的密码技术从外交和军事领域走向公开。

密码学包括密码编码学和密码分析学。密码体制的设计是密码编码学的主要内容，而密码体制的破译则是密码分析学的主要内容。密码编码技术和密码分析技术是相互依存、相互支持、密不可分的两个方面。

加密过程可表示为 $c = E(m,d)$，其中 m 为明文，d 为加密密钥，E 为加密算法，c 为密文；解密过程可表示为 $m = D(c,d')$，其中 D 为解密算法，d' 为解密密钥，E 和 D 可以相同，也可以不同。

从密码体制方面而言，有对称密钥密码体制（传统体制）和非对称密钥密码体制（公开钥密码体制）。

本节主要介绍数论在公开钥密码中的应用。

在公开密钥密码中，比较有代表性的密码有 RSA 密码、ElGamal 密码。

19.5.1　RSA 密码

RSA 密码是 1978 年美国三位密码学者 R. L. Rivest、A. Shamir 和 L. M. Adleman 提出的基于大合数因子分解困难性的公开密钥密码，简称为 RSA 密码。RSA 密码已成为目前应用最广泛的公开密钥密码之一。

1. RSA 密码的加解密算法

（1）随机选取两个大素数 p 和 q，且保密。

（2）令 $n = pq$，将 n 公开。

（3）计算 n 的欧拉函数 $\Phi(n) = (p-1)(q-1)$，$\Phi(n)$ 保密。

（4）选取加密密钥 d，使得 $gcd(d, \Phi(n)) = 1$ 且 $d \in [\max(p, q) + 1, n - 1]$.

（5）根据 $ed = 1 \bmod \varphi(n)$，求出 e，e 为公开密钥.

（6）加密运算：$C = M^e \bmod n$.

（7）解密运算：$M = C^d \bmod n$.

【例 19.8】　在 RSA 方法中，令 $p = 5$，$q = 7$，取 $d = 11$，试计算公开密钥 e 并加密 $M = 2$，并验证之.

解　$n = pq = 35$，$\varphi(n) = (p - 1)(q - 1) = 24$，$ed = 1 \bmod (\varphi(n))$，可以求得 $e = 11$. 于是 $C = M^e \bmod n = 2^{11} \bmod 35 = 18$，$M = C^d \bmod n = 18^{11} \bmod 35 = 2$.

由于在 RSA 算法中要用到 $ed = 1 \bmod \Phi(n)$，即当 e 已知的时候，求出 e^{-1}. 具体的求法可以用扩展的欧几里得算法.

Euclid$[m, b]$ 函数如下：

（1）$[A_1, A_2, A_3] \leftarrow [1, 0, m]$；$[B_1, B_2, B_3] \leftarrow [0, 1, b]$；

（2）if $B_3 = 0$　return　$A_3 = \gcd[m, b]$；no inverse（无逆元）

（3）if $B_3 = 1$　return　$B_3 = \gcd[m, b]$；$B_2 = b^{-1} \bmod m$

（4）$Q = \left\lfloor \dfrac{A_3}{B_3} \right\rfloor$

（5）$[T_1, T_2, T_3] \leftarrow [A_1 - Q \times B_1, A_2 - Q \times B_2, A_3 - Q \times B_3]$；

（6）$[A_1, A_2, A_3] \leftarrow [B_1, B_2, B_3]$；

（7）$[B_1, B_2, B_3] \leftarrow [T_1, T_2, T_3]$

（8）goto 2

【例 19.9】　试求 $550x = 1 \bmod 1\,759$ 中的 x.

解　列表 9.1.

表　9.1

Q	A_1	A_2	A_3	B_1	B_2	B_3
—	1	0	1 759	0	1	550
3	0	1	550	1	− 3	109
5	1	− 3	109	− 5	16	5
21	− 5	16	5	106	− 339	4
1	106	− 339	4	− 111	355	1

所以 $x = 355$.

由于在 RSA 算法中要用到 $x^y \bmod n$ 的情形，可以用下面的公式求得.

（1）$[(a \bmod n) + (b \bmod n)] \bmod n = (a + b) \bmod n$.

（2）$[(a \bmod n) - (b \bmod n)] \bmod n = (a - b) \bmod n$.

（3）$[(a \bmod n) \times (b \bmod n)] \bmod n = (a \times b) \bmod n$.

上述公式的证明留作习题.

下面举例说明公式的运用.

【例 19.10】 求 $11^7 \bmod 13$.

解 $11^2 \bmod 13 = 121 \bmod 13 = 4$,

$11^4 \bmod 13 = (11^2)^2 \bmod 13 = 4 \times 4 \bmod 13 = 3 \bmod 13$.

$11^7 \bmod 13 = (11 \times 11^4 \times 11^2) \bmod 13 = (11 \times 4 \times 3) \bmod 13 = 2 \bmod 13$.

19.5.2　ElGamal 密码

ElGamal 密码是除 RSA 密码之外的最具代表性的公开密钥密码. ElGamal 密码的安全性是建立在离散对数困难之上的.

（1）离散对数问题.

设 p 为素数, 如存在一个正整数 α, 使得 $\alpha, \alpha^2, \alpha^3, \cdots, \alpha^{p-1}$ 关于模 p 互不同余, 则称 α 为模 p 的本原元. 显然, 如果 α 为模 p 的本原元, 则对于任意 $i \in \{1, 2, 3, \cdots, p-1\}$, 一定存在一个正整数 k, 使得 $i \equiv \alpha^k \bmod p$.

设 p 为素数 α, α 为模 p 的本原元, α 的幂乘运算为 $Y \equiv \alpha^X \bmod p, 1 \leq X \leq p-1$, 则称 X 为以 α 为底的模 p 的对数, 求解对数 X 的运算为 $X \equiv \log_\alpha Y, 1 \leq X \leq p-1$. 由于上述运算是定义在模 p 有限域上的, 所以称为离散对数运算. 从 X 计算 Y 是容易的, 至多需要 $2 \times \log_2 p$ 次乘法运算. 可是, 由 Y 计算 X 就非常困难, 利用现在最好的方法, 将至少需要 $p^{\frac{1}{2}}$ 次以上的运算, 如果 p 足够大, 求解离散对数问题是相当困难的, 这便是著名的离散对数问题.

（2）ElGamal 密码加解密过程.

随机选择一个大素数 p, 且要求 $p-1$ 有大素数因子. 再选择一个模 p 的本原元 α, 将 p 和 α 公开.

①密钥生成. 用户随机选择一个整数 d 作为自己的私人密钥, $1 \leq d \leq p-2$, 计算 $y \equiv \alpha^d \bmod p$, 取 y 为自己的公开加密密钥. 由公开密钥 y 计算私钥 d, 必须求解离散对数, 这是非常困难的.

②加密. 将明文 $M(0 \leq M \leq p-1)$ 加密成密文的过程如下:

随机选择一个整数 $k, 1 \leq k \leq p-2$.

计算 $U = y^k \bmod p$

$\quad C_1 = \alpha^k \bmod p$

$\quad C_2 = UM \bmod p$

取 (C_1, C_2) 作为密文.

③解密. 解密过程如下:

计算 $V = C_1^d \bmod p$

计算 $M = C_2 V^{-1} \bmod p$.

【例 19.11】 设 $p = 2\,579$, 取 $\alpha = 2$, 私人密钥 $d = 765$, 计算出公开密钥 $y = 2^{765} \bmod 2\,579 = 949$, 设明文 $M = 1\,299$, 随机数 $k = 853$, 则 $C_1 = 2^{853} \bmod 2\,579 = 435$, $C_2 = 1\,299 \times 949^{853} \bmod 2\,579 = 2\,396$, 所以密文为 $(C_1, C_2) = (435, 2\,396)$, 解密时计算 $M = 2\,396 \times [(435)^{765}]^{-1} \bmod 2\,579 = 1\,299$.

<h2 style="text-align:center">习　题</h2>

1. 请推导出定理 19.1.3 中计算 S_k 和 T_k 的递推公式.

2. 求 1 331 和 5 709 的最大公因数,并表示为它们的倍数之和.

3. 求证:任意奇数的平方减 1 必是 8 的倍数.

4. 试证:若一个数的奇数位上的数码之和与偶数位上的数码之和两者之差是 11 的倍数,则此数也是 11 的倍数.

5. 试证:将一个 n 位数 a,任意颠倒其各位数字,所得之数 b 与 a 之差 c 是 9 的倍数.

6. 试证:任意整数 $a > 1$,至少有一个素约数.

7. 设 a 是合数,q 是 a 的最小正约数,试证:$q \leqslant \sqrt{a}$.

8. 试证:形如 $4n - 1$ 的素数有无穷多个.

9. 证明:若 $3 \mid (a^2 + b^2)$,则 $3 \mid a, 3 \mid b$.

10. 设 $n > 2$,试证:n 与 $n!$ 之间至少有一个素数.

11. 设素数 $p \geqslant 5$,求证:$p^2 \equiv 1 \pmod{24}$

12. 解同余方程 $35x \equiv 1 \pmod{97}$.

13. 设 p 为素数,求证:$(a + b)^p \equiv a^p + b^p \pmod{p}$.

14. 试证明:正整数 n 是 3 的倍数必要而且只要 n 的各位数码之和是 3 的倍数.

15. 试找出正整数 n 能被 7 整除的必要充分条件.

16. 解同余方程组
$$\begin{cases} x \equiv 1 \pmod{4} \\ x \equiv 3 \pmod{5} \\ x \equiv 2 \pmod{7} \end{cases}$$

17. 解同余方程组
$$\begin{cases} 5x \equiv 7 \pmod{11} \\ 6x + 9 \equiv 0 \pmod{19} \end{cases}$$

18. 求 $13^{1956} \equiv ? \pmod{60}$.

19. 证明:若 $n > 2$,则 $\varphi(n)$ 为偶数.

20. 设 $n = md, n \geqslant 1$,试证:在模 n 的完全剩系 $1, 2, \cdots, n$ 中,满足 $\gcd(x, n) = d$ 的 x 共有 $\varphi(m)$ 个.

21. 证明:若正整数 n 的所有正约数为 $d_1, d_2, \cdots, d_{T(n)}$,则 $n = \sum_{i=1}^{T(n)} \varphi(d_i)$.

22. 设 d 是满足 $a^x \equiv 1 \pmod{m}$ 的所有正整数 x 中的最小数,证明:$d \mid x$.

23. 设 $a^{m-1} \equiv 1 \pmod{m}$ 并且对 $m - 1$ 的任意真约数 $n, a^n \not\equiv 1 \pmod{m}$.试证:$m$ 是素数.

24. 在 RSA 方法中,令 $p = 3, q = 11$,取 $d = 11$,试计算出加密密钥.设每个明码文区组只含一个字符,使用的代码为 A = 01, B = 02, $\cdots$, Z = 26.试加密明码文 SUZANNE,并进行验算.

25. 请给出破解 RSA 密码的步骤.

26. 设 $p = 2\,357$,取 $\alpha = 2$,私人密钥 $d = 1\,751$,计算出公开密钥 $y = 2^{1757} \bmod 2\,357 = ?$,设明文 $M = 2\,035$,随机数 $k = 1\,520$,试计算 C_1 和 C_2,并解密 M.

第 20 章

群

群是由一个非空集合与一个定义在该集合上的二元运算所组成的基本而重要的代数系统, 本章将论述群、子群、同态、正规子群、商群等基本概念, 讨论它们的基本性质.

§20.1 群 的 概 念

定义 20.1.1 设 G 是一个非空集合, 在该集合上有一个二元运算 "·". 如果该运算满足:

(1) 对任意 $a, b \in G$, 有 $a \cdot b \in G$; (封闭性)

(2) 对任意 $a, b, c \in G$, 有 $(a \cdot b) \cdot c = a \cdot (b \cdot c)$; (结合性)

(3) 存在 $e \in G$, 使得对任意 $a \in G$, 有 $e \cdot a = a \cdot e = a$; (存在单位元)

(4) 对任意 $a \in G$, 存在 $a^{-1} \in G$, 使得 $a \cdot a^{-1} = a^{-1}a = e$. (存在逆元)

则称 G 为一个群 (group), 其中 e 称为 G 的单位元 (identity element), a^{-1} 称为 a 的逆元 (inverse element).

由于群只有一种运算, 因此, 为简便起见, 在不致混淆的情况下, 将 $a \cdot b$ 写成 ab, 并把此运算称为乘法.

【例 20.1】 设 $G = \{a\}$, 乘法规则是

$$aa = a$$

于是, G 是一个群, 称为单位元群, 这是因为:

(1) $aa = a \in G$;

(2) $(aa)a = aa = a(aa)$;

(3) 由 (1) 知, G 中的单位元即是 $e = a$;

(4) 由 (1) 知, a 的逆元就是 a, 即 $a^{-1} = a$.

【例 20.2】 设 G 是全体整数的集合, 于是, G 对于普通加法构成一个群, 这是因为,

(1) 对任意 $m, n \in G$, 有 $m + n \in G$;

(2) 对任意 $m, n, l \in G$, 有 $(m + n) + l = m + (n + l)$;

(3) 存在单位元 $0 \in G$, 使对任意 $m \in G$, 有 $0 + m = m + 0 = m$;

(4) 对任意 $m \in G$, 使得 $m + (-m) = (-m) + m = 0$.

【例 20.3】 设 $G = \{1, 2, 3, \cdots\}$, 则 G 对于普通乘法不构成群. 因为若 G 是群, 则 G 的单位元必是 1, 但当 $a \in G$ 且 $a > 1$ 时, G 中不存在 a 的逆元.

对于一个群 G, 若 G 是有限集, 则称 G 为有限群 (finite group), 否则称为无限群 (infinite group),

若 $|G| = n$，则称 G 为 n 阶群. 例如，例 20.1 中的 G 是一个有限群，而例 20.2 中的 G 则是无限群.

由于群对乘法运算满足结合律，因此，

$$a_1 a_2 \cdots a_n, \quad n \geqslant 3$$

是有意义的，计算时可以任意加括号而求其结果，从而，也可能将 n 个相同的元素 a 作乘法运算，n 个 a 的连乘所得的积称为 a 的 n 次方幂，记为 a^n. 规定 $a^0 = e; a^{-n} = (a^n)^{-1}$，容易验证

$$a^m a^n = a^{m+n} \quad （第一指数律）$$
$$(a^m)^n = a^{mn} \quad （第二指数律）$$

若群 G 的乘法还满足交换律，即对任意 $a, b \in G$，有

$$ab = ba$$

则称 G 为 Abel 群或交换群(commutative group).

对于交换群 G，有

$$(ab)^m = a^m b^m \quad a, b \in G \quad （第三指数律）$$

定理 20.1.1　任何群的单位元是唯一的；群中每个元素的逆元也是唯一的.

证明　设 G 是群，e 是单位元，于是，对任意 $a \in G$，有

$$ae = ea = a \tag{20.1}$$

若另有 e' 满足，对任意 $a \in G$，有

$$ae' = e'a = a \tag{20.2}$$

则由 a 的任意性，分别在式(20.1)和式(20.2)中令 $a = e'$ 和 $a = e$，有

$$e' = ee' = e$$

故 $e = e'$.

设 $a \in G$，则存在 $a^{-1} \in G$，使

$$aa^{-1} = a^{-1}a = e$$

使 $b \in G$ 也满足

$$ab = ba = e$$

则

$$b = be = b(aa^{-1}) = (ba)a^{-1} = ea^{-1} = a^{-1}$$

故 $b = a^{-1}$.

定理 20.1.2　群定义中的条件(3)和(4)可减弱为

(3′) G 中有左单位元 e，使对任意 $a \in G$，有 $ea = a$；

(4′) 对任意 $a \in G$，有左逆元 $a^{-1} \in G$，使 $a^{-1}a = e$.

证明　先证 a 的左逆元 a^{-1} 也是其右逆元，即 $aa^{-1} = e$.

因为 $a^{-1} \in G$，所以由(4′)知，存在 $b \in G$，使 $ba^{-1} = e$，于是

$$(ba^{-1})(aa^{-1}) = e(aa^{-1})$$

从而

$$b(a^{-1}a)a^{-1} = aa^{-1}$$

即

$$b(ea^{-1}) = aa^{-1}$$

也即

$$ba^{-1} = aa^{-1}$$

因此，得

$$e = aa^{-1}$$

这说明,由$(4')$可推出(4).

再证 e 也是 G 的右单位元,对任意 $a \in G$,因为

$$ae = a(a^{-1}a) = (aa^{-1})a = ea = a$$

所以,e 是 a 的右单位元,这说明,由$(3')$可推出(3).

定理 20.1.3 群定义中(3)、(4)等价于可除条件(divisibility condition):对任意 a、$b \in G$,均有 $x, y \in G$,使 $xa = b, ay = b$.

证明 设 G 是群,对任意 $a, b \in G$,令

$$x = ba^{-1}, y = a^{-1}b$$

则有 $xa = (ba^{-1})a = b(a^{-1}a) = be = b$,即 $xa = b$;以及

$$ay = a(a^{-1}b) = (a^{-1}a)b = eb = b$$

即 $ay = b$.

反之,设可除条件成立,任取 $c \in G$,由假设有 $x \in G$ 满足 $xc = c$.令 $x = e \in G$.又对任意 $a \in G$,由假设又有 $y \in G$,使 $cy = a$,于是

$$ea = ecy = cy = a$$

即 e 是 G 的左单位元,由定理 20.1.2 知,e 就是 G 的单位元.

再证 G 中每个元素均有逆元,设 $a \in G$,由假设有 $x \in G$,使 $xa = e$,令 $x = a^{-1}$,即 a^{-1} 是 a 的左逆元.又由定理 20.1.2 知,a^{-1} 就是 a 的逆元.

设 G 是群,$a, b, c \in G$,若 $ab = ac$ 或 $ba = ca$,则用 a^{-1} 左乘 $ab = ac$ 的两端,右乘 $ba = ca$ 的两端,就有 $b = c$,这说明群的运算是满足消去律的.

定理 20.1.4 设 G 是有限集,于是,群 G 定义中的(3)、(4)可以用消去律代替.

证明 设 $G = \{a_1, a_2, \cdots, a_n\}$,$a \in G$.由群定义的$(1)$知

$$\{aa_1, aa_2, \cdots, aa_n\} \subseteq G$$

又由消去律知,当 $i \neq j$ 时,$aa_i \neq aa_j$,因此,

$$G = \{aa_1, aa_2, \cdots, aa_n\}$$

于是,G 中任意元 b 均可以写成

$$b = aa_i$$

的形式,即 $x = a_i$ 是方程 $ax = b$ 在 G 中的解.

同理可证,$b = xa$ 在 G 中也有解.因此,可除条件成立.故由定理 20.1.3 知本定理成立.

对于有限集上定义的二元运算,可用一个二维表格来表示其运算法则,称为乘法表,将有限群的乘法表称为群表.

例如,设 $G = \{e, a, b\}$,其运算法则为

$$ee = e, \quad ea = ae = a, \quad eb = be = b$$
$$aa = b, \quad bb = a, \quad ab = ba = e$$

则 G 的群表见表 20.1.

表 20.1

	e	a	b
e	e	a	b
a	a	b	e
b	b	e	a

由群的运算满足消去律可知,任何群表中不同的两行(列)对应元素均不相同,而且每个元素在群表中的每行(列)恰好出现一次.这个性质可以作为构成有限群的必要条件,但不是充分的.

§20.2 子　　群

定义 20.2.1 设 G 是一个群,H 是 G 的非空子集.如果 H 对 G 的运算构成一个群,则称 H 是 G 的子群(subgroup),记为 $H \leqslant G$.

显然,任何群 G 至少有两个子群,即 $H = \{e\}$ 以及 $H = G$,称它们为 G 的平凡子群(trivial subset).

例如,所有整数构成的集合 $\mathbf{Z}$,对于普通加法作成一个群,称为加法群(additive group),$\mathbf{Z}$ 的子集——由偶整数组成的集合 E 对于加法作成加法群 $\mathbf{Z}$ 的子群.

定理 20.2.1 设 G 是群,$H \leqslant G$,于是 H 的单位元就是 G 的单位元 e;H 中 a 的逆元也就是 a 在 G 中的逆元.

证明 设 e' 是 H 的单位元.于是对任意 $a \in H \subseteq G$,有 $e'a = a = ea$,即 $e'a = ea$,由消去律知,$e' = e$.又设 $a \in H$,a 的逆元为 b,则有 $ab = e = aa^{-1}$,于是 $b = a^{-1}$.

定理 20.2.2 设 G 是一个群,H 是 G 的非空有限子集.于是,若 H 对 G 的乘法运算是封闭的,则 H 必是 G 的子群.

证明 由 $H \subseteq G$ 知,H 关于 G 的运算满足结合律.

任取 $a \in H$,由运算在 H 中的封闭性知,$a, a^2, a^3, \cdots$ 都在 H 中,但由于 H 是有限集,所以必存在正整数 i, j,不妨设 $i < j$,使得

$$a^i = a^j, \quad i < j$$

于是有

$$a^i = a^i a^{j-i}$$

因 $a \in H \subseteq G$ 且 $i > 0$,故由消去律得

$$a = aa^{j-i} = a^{j-i}a$$

这说明 a^{j-i} 是 H 的单位元.

下证 a 的逆元在 H 中.

若 $j - i > 1$,则由 $a^{j-i} = aa^{j-i-1}$ 知,a 的逆元 $a^{j-i-1} \in H$;

若 $j - i = 1$,则 $a = a^{j-i}$ 是单位元,此时,a 以自身为逆元.

总之,由群的定义,H 是群,故 H 是 G 的子群.

当群 G 的子集 H 是无限集时,我们有如下判别条件.

定理 20.2.3 设 G 是群,H 是 G 的非空子集.如果对任何 $a, b \in H$ 有 $ab^{-1} \in H$,则 H 是 G 的子群.

证明 (1)由 H 非空,必有 $a \in H \subseteq G$,再由假设,$e = aa^{-1} \in H$,故 G 中的单位元 e 也在 H 中.

(2)对任意 $a \in H$,因 $e \in H$,故由假设有

$$a^{-1} = ea^{-1} \in H$$

即 H 中元素的逆元均在 H 中.

(3)对任意 $a, b \in H$,由(2)知,$b^{-1} \in H$,又 $(b^{-1})^{-1} = b$,因此,由假设有

$$ab = a(b^{-1})^{-1} \in H$$

即 G 的运算在 H 中封闭.

（4）由于 $H \subseteq G$，因此，G 的运算在 H 中也满足结合律.

以上说明，H 是 G 的子群.

【例 20.4】 设 H 和 K 都是 G 的子群，证明：$H \cap K$ 也是 G 的子群.

证明 由假设知，$e \in H \cap K$，故 $H \cap K$ 非空. 任取 $a,b \in H \cap K$，因 H,K 是 G 的子群，所以，$b^{-1} \in H, b^{-1} \in K$，于是，$ab^{-1} \in H$ 且 $ab^{-1} \in K$，从而 $ab^{-1} \in H \cap K$，由定理 20.2.3 知，$H \cap K$ 是 G 的子群.

由例 20.4 不难证明，群 G 的任意多个子群的交集仍是 G 的子群. 但 G 的两个子集之并集不一定是 G 的子群.

定理 20.2.4 设 G 是群，$a \in G$，令

$$H = \{ a^n \mid n \in \mathbf{Z} \}$$

于是，H 是 G 的子群，记为 $H = (a)$，并称 H 为由 a 生成的子群.

证明 因为 $e = a^0 \in H$，所以 H 非空，任取 $a^s (a^t)^{-1} = a^s a^{-t} = a^{s-t} \in H$.

故由定理 20.2.3 知，$H = (a)$ 是 G 的子集.

定义 20.2.2 设 G 是一个群，若有 $a \in G$，使得

$$(a) = G$$

则称 G 是由 a 生成的循环群（cyclic group），a 称为 G 的一个生成元（generator）.

由定义知，循环群中的每一个元素都能表示为生成元的方幂.

显然，循环群是交换群.

循环群在群中是构造最简单的，也是最基本的，下面讨论循环群的构造.

设 G 是群，$a \in G$，考虑 (a) 的所有元素：

$$\cdots, a^{-3}, a^{-2}, a^{-1}, a^0, a^1, a^2, a^3, \cdots \qquad (20.3)$$

其中 $a^0 = e$. 关于式（20.3）中的元素有两种情形：

（i）所有元素互不相等，即 $s \neq t$ 时 $a^s \neq a^t$，称 a 的周期（或阶）为无穷大，并称 (a) 是无限循环群.

（ii）存在整数 s,t，不妨设 $s < t$，使得 $a^s = a^t$，于是，$a^{t-s} = a^0 = e, t - s > 0$，若 n 是使 $a^n = e$ 成立的最小正整数，则称 a 的周期（或阶）为 n，并称 (a) 为 n 阶循环群.

定理 20.2.5 若群 G 中元素 a 的周期为 n，则：

（1）$e, a, a^2, a^3, \cdots, a^{n-1}$ 为 n 个互不相同的元素；

（2）$a^m = e$ 当且仅当 $n \mid m$；

（3）$a^s = a^t$ 当且仅当 $n \mid (s-t)$.

证明 先证（2）. 设

$$m = qn + r, \quad 0 \leq r < n$$

于是 $$a^m = a^{qn} a^r = (a^n)^q a^r = e^q a^r = ea^r = a^r$$

因为 $0 \leq r < n$，所以由周期的定义知，$a^r = e$ 当且仅当 $r = 0$. 当且仅当 $n \mid m$，故 $a^m = e$ 当且仅当 $n \mid m$.

又由（2）知，$a^s = a^t$，当且仅当 $a^{s-t} = e$ 当且仅当 $n \mid (s-t)$，故 $a^s = a^t$，当且仅当 $n \mid (s-t)$，于是，（3）得证，最后，由（3）知（1）成立.

【例 20.5】 整数集 $\mathbf{Z}$ 对加法形成的加法群中，1 和 −1 都是 $\mathbf{Z}$ 的生成元，即

$$\mathbf{Z} = (1) = (-1)$$

而且，这两个生成元的周期均为无穷大. 因此，$\mathbf{Z}$ 对于加法来说是一个无限环群.

【例 20.6】 设群 $G=\{e,a,b,c\}$ 的群表见表 20.2.

表 20.2

	e	a	b	c
e	e	a	b	c
a	a	e	c	b
b	b	c	a	e
c	c	b	e	a

从群表可知,$b^2=a,b^3=c,b^4=e.$ 另外,$c^2=a,c^3=b,c^4=e.$ 于是,$G=(b)=(c)$,即 G 是循环群,b 和 c 是它的两个生成元.

定理 20.2.6 循环群的子群仍是循环群.

证明 设循环群 $G=(a)$,H 是 G 的子群.不妨设 H 是 G 的非平凡子群.于是,必存在 $a^m\in H$,其中 $m>0$.因为若 $m<0$,则 a^m 的逆元 $a^{-m}\in H$,此时 $-m>0$.

令 a^m 是 H 中关于 a 的最小正幂.下证 $H=(a^m)$.

任取 $a^s\in H.$ 设 $s=tm+r,0\leq r<m$,于是

$$a^r=a^{s-tm}=a^s(a^m)^{-t}\in H$$

由 $0\leq r<m$,知 $r=0.$ 因此

$$a^s=(a^m)^t$$

故 H 中的每个元素都能表成 a^m 的方幂,即

$$H=(a^m)$$

定理 20.2.7 无限循环群有无限个子群,而且除单位元群 $\{e\}$ 是一阶循环群外,所有子群均是无限循环群;n 阶循环群的子群的个数等于 n 的正因数的个数.

证明 设 $G=(a)$,H 是 G 的子群,于是由定理 20.2.6,H 可写成 $H=(a^m)$,其中 m 是 H 中的 a 的最小正幂.

(i)设 G 是无限循环群,则 a 的周期为无穷大,从而 a^m 的周期为无穷大.于是 H 由以下无穷多个元素组成:

$$\cdots,a^{-3m},a^{-2m},a^{-m},(a^m)^0=e,\quad a^m,a^{2m},a^{3m},\cdots$$

因此,H 是无限循环群.

任取 $a^i\in G,i=1,2,3,\cdots$,由定理 20.2.4 知

$$H_1=(a^1)=G,$$

$$H_2=(a^2)=\cdots,a^{-6},a^{-4},a^{-2},a^0,a^2,a^4,a^6,\cdots$$

$$H_3=(a^3)=\cdots,a^{-9},a^{-6},a^{-3},a^0,a^3,a^6,a^9,\cdots$$

都是 G 的无限循环子集,而且由于 a 的周期为无穷大,因此,$H_i\neq H_j,i\neq j,i,j=1,2,3,\cdots$,故 G 有无穷多个无限循环子群.

(ii)设 G 为 n 阶循环群,则 a 的周期为 n,因为 m 是 $H=(a^m)$ 中 a 的最小正幂,又 $a^n=e\in H$,$n>0$,所以,$m\leq n.$ 令 $n=qm+t,0\leq t<m$,于是,$e=a^n=a^{qm}\cdot a^t$,从而 $a^t=(a^{-m})^q\in H$,但 $0\leq t<m$,故必有

$t=0$，因此，$n=qm, q \geqslant 1$，于是得知 a^m 的周期为 q，由定理 20.2.5 知，H 由以下 q 个互异的元素组成：

$$a^m, a^{2m}, \cdots, a^{(q-1)m}, a^{qm}=e$$

即 $H=(a^m)$ 是一个 q 阶有限群. 下证 G 中只有一个 q 阶子群 $H=(a^m), n=mq$.

设 G 另有一个 q 阶子群 $H'=(a^{m'})$，其中 m' 是 H' 中 a 的最小正幂. 于是，从上面的证明可知，$n=m'q$，因此 $m'q=mq$，即 $m'=m$. 故 $a^{m'}=a^m$，即 $H'=H$.

以上说明，对于 n 的任意一个因子 $q, q \geqslant 1$，$(a^{n/q})$ 就是 (a) 的唯一的一个 q 阶子群. 因此，n 阶循环的子群的个数等于 n 的正因数一个.

例如，已知对于加法来说，整数集 **Z** 是一个无限循环群. **Z** 的子群中，除了单位元群 $\{0\}$ 以外，其余都是无限循环子群，如 **Z**, 2**Z**, 3**Z**, $\cdots$, n**Z**, $\cdots$, 其中

$$n\mathbf{Z}=\{nm \mid m \in \mathbf{Z}\}=\{\cdots, -3n, -2n, -n, 0, n, 2n, 3n, \cdots\}, \quad n \geqslant 1$$

又如，对 12 阶循环群 $G=(a)=\{e, a, a^2, a^3, \cdots, a^{11}\}$，12 的正因数有 $1, 2, 3, 4, 6, 12$，于是 G 的子群有

$$(a^{\frac{12}{1}})=(e)=\{e\} \quad (1 \text{ 阶子群})$$

$$(a^{\frac{12}{2}})=(a^6)=\{e, a^6\} \quad (2 \text{ 阶子群})$$

$$(a^{\frac{12}{3}})=(a^4)=\{e, a^4, a^8\} \quad (3 \text{ 阶子群})$$

$$(a^{\frac{12}{4}})=(a^3)=\{e, a^3, a^6, a^9\} \quad (4 \text{ 阶子群})$$

$$(a^{\frac{12}{6}})=(a^2)=\{e, a^2, a^4, a^6, a^8, a^{10}\} \quad (6 \text{ 阶子群})$$

$$(a^{\frac{12}{12}})=(a)=G \quad (12 \text{ 阶子群})$$

定理 20.2.8 设群 $G=(a)$，于是：

(i) 若 a 的周期为无穷大，则 G 的生成元只有 a 和 a^{-1}.

(ii) 若 a 的周期为 n，则 a^t 是 G 的生成元当且仅当 t 与 n 互素.

于是 n 阶循环群共有 $\varphi(n)$ 个生成元，其中 $\varphi(n)$ 是 Euler 函数.

证明 (i) 因 $G=(a)$，所以 a 是 G 的生成元. 又因为

$$(a^{-1})=\{\cdots, (a^{-1})^{-2}, (a^{-1})^{-1}, (a^{-1})^0, (a^{-1})^1, (a^{-1})^2, \cdots\}$$
$$=\{\cdots, (a^{-2}), (a^{-1}), (a^0), (a^1), (a^2), \cdots\}=G$$

故 a^{-1} 也是 G 的生成元.

设 b 也是 G 的生成元，即 $G=(b)=\{\cdots, (b^{-2}), (b^{-1}), (b^0), (b^1), (b^2), \cdots\}$，由 $G=(a)=(b), a, b \in G$ 知，存在整数 s, t，使得 $b=a^s, a=b^t$，于是

$$a=b^t=(a^s)^t=a^{st}$$

由于 a 的周期为无穷大，因此，必有 $st=1$. 故 $s=\pm 1$. 从而 $b=a$ 或者 $b=a^{-1}$.

(ii) 设 a 的周期为 n，若 a^t 是 G 的生成元，则有 $G=(a)=(a^t)$ 与(i)相似地有整数 m，使得

$$a=(a^t)^m=a^{tm}$$

由定理 20.2.5 知，$n \mid (tm-1)$，即 $tm-1=nq$，也即 $tm-nq=1$，这说明 t 与 n 互素.

反之，若 t 与 n 互素，则存在整数 u, v，使得 $tu+nv=1$，于是 $(a^t)^u=a^{1-nv}=a(a^n)^{-v}=a$. 这说明 a 可以表示为 a^t 的方幂，从而 $G=(a)$ 中的任何元素也都能表示成 a^t 的方幂，即 a^t 是 G 的一个生成元，故 G 共有 $\varphi(n)$ 个生成元.

例如,循环 $G = (a) = \{e, a, a^2, a^3, \cdots, a^{11}\}$,因 a 的周期为 12,而 $\varphi(12) = 4$,因此,G 中共有 4 个生成元:a, a^5, a^7 和 a^{11}.

*§ 20.3　置　换　群

定义 20.3.1　设 M 是一个非空有限集,$|M| = n$,M 到 M 的一个双射 σ 称为 M 上的一个 n 元置换,简称为置换(permutation).

为简单起见,常设 $M = \{1, 2, \cdots, n\}$,将 M 上的一个 n 元置换 σ 表示成

$$\sigma = \begin{pmatrix} 1 & 2 & \cdots & n \\ \sigma(1) & \sigma(2) & \cdots & \sigma(n) \end{pmatrix}$$

由于 σ 是一个双射,因此,$\sigma(1), \sigma(2), \cdots, \sigma(n)$ 是 $1, 2, \cdots, n$ 的一个排列. 容易知道,n 元集合 M 上一共有 $n!$ 个 n 元置换,一般用 S_n 表示由这个 $n!$ 个置换所作成的集合.

【例 20.7】　$n = 3$ 时,一共 6 个 3 元置换:

$$\sigma_1 = \begin{pmatrix} 1 & 2 & 3 \\ 1 & 2 & 3 \end{pmatrix}, \quad \sigma_2 = \begin{pmatrix} 1 & 2 & 3 \\ 1 & 3 & 2 \end{pmatrix}, \quad \sigma_3 = \begin{pmatrix} 1 & 2 & 3 \\ 3 & 2 & 1 \end{pmatrix}$$

$$\sigma_4 = \begin{pmatrix} 1 & 2 & 3 \\ 2 & 1 & 3 \end{pmatrix}, \quad \sigma_5 = \begin{pmatrix} 1 & 2 & 3 \\ 2 & 3 & 1 \end{pmatrix}, \quad \sigma_6 = \begin{pmatrix} 1 & 2 & 3 \\ 3 & 1 & 2 \end{pmatrix}$$

于是,$S_3 = \{\sigma_1, \sigma_2, \sigma_3, \sigma_4, \sigma_5, \sigma_6\}$.

可以定义 S_n 上的乘法运算为:对任意 $\sigma, \tau \in S_n$ 以及 $i \in M$,$\sigma\tau(i) = \sigma(\tau(i))$. 显然 $\sigma\tau$ 仍是 M 上的 n 元置换,即乘法满足封闭性.

例如,设

$$\sigma = \begin{pmatrix} 1 & 2 & 3 & 4 \\ 2 & 1 & 3 & 4 \end{pmatrix}, \quad \tau = \begin{pmatrix} 1 & 2 & 3 & 4 \\ 3 & 2 & 4 & 1 \end{pmatrix}$$

$$\sigma\tau = \begin{pmatrix} 1 & 2 & 3 & 4 \\ \sigma\tau(1) & \sigma\tau(2) & \sigma\tau(3) & \sigma\tau(4) \end{pmatrix}$$

$$= \begin{pmatrix} 1 & 2 & 3 & 4 \\ \sigma(3) & \sigma(2) & \sigma(4) & \sigma(1) \end{pmatrix}$$

$$= \begin{pmatrix} 1 & 2 & 3 & 4 \\ 3 & 1 & 4 & 2 \end{pmatrix}$$

而

$$\tau\sigma = \begin{pmatrix} 1 & 2 & 3 & 4 \\ \tau\sigma(1) & \tau\sigma(2) & \tau\sigma(3) & \tau\sigma(4) \end{pmatrix}$$

$$= \begin{pmatrix} 1 & 2 & 3 & 4 \\ \tau(2) & \sigma(1) & \sigma(3) & \sigma(4) \end{pmatrix} = \begin{pmatrix} 1 & 2 & 3 & 4 \\ 2 & 3 & 4 & 1 \end{pmatrix}$$

这说明,置换的乘法运算不满足交换律.

置换的乘法运算有以下性质:

(1)满足结合律 $(\sigma\tau)\rho = \sigma(\tau\rho)$,对任意 $\sigma, \tau, \rho \in S_n$. 这是因为,对任意 $i \in M$,有

$$(\sigma\tau)\rho(i) = (\sigma\tau)(\rho(i)) = \sigma(\tau(\rho(i)))$$

$$\sigma(\tau\rho)(i) = \sigma(\tau\rho(i)) = \sigma(\tau(\rho(i)))$$

因此，$(\sigma\tau)\rho = \sigma(\tau\rho)$.

（2）n 元恒等置换

$$e = \begin{pmatrix} 1 & 2 & \cdots & n \\ 1 & 2 & \cdots & n \end{pmatrix}$$

是 S_n 的单位元，即 $e\sigma = \sigma e = \sigma$，对任意 $\sigma \in S_n$.

这是因为，对任意 $i \in M$，有 $e(i) = i$，因此，

$$e\sigma(i) = e(\sigma(i)) = \sigma(i)$$
$$\sigma e(i) = \sigma(e(i)) = \sigma(i)$$

故 $e\sigma = \sigma e = \sigma$.

（3）对任意 $\sigma \in S_n$，存在 $\sigma^{-1} \in S_n$，使得

$$\sigma\sigma^{-1} = \sigma^{-1}\sigma = e \quad （恒等置换）$$

事实上，对任意 $\in S_n$，令 σ 的逆映射为 σ^{-1}，则对任意 $i \in M$，有

$$\sigma^{-1}\sigma(i) = \sigma^{-1}(\sigma(i)) = i$$
$$\sigma\sigma^{-1}(i) = \sigma(\sigma^{-1}(i)) = i$$

因此，$\sigma\sigma^{-1} = \sigma^{-1}\sigma = e$.

由以上讨论，有：

定理 20.3.1 n 元集合 M 上的全体 n 元置换所组成的集合 S_n 对置换的乘法作成一个阶为 $n!$ 的群.

S_n 称为 n 元对称群（symmetric group）.

【例 20.8】 $S_2 = \{\sigma_1, \sigma_2\}$ 是一个 2 阶变换对称群，其中

$$\sigma_1 = e = \begin{pmatrix} 1 & 2 \\ 1 & 2 \end{pmatrix}, \quad \sigma_2 = \begin{pmatrix} 1 & 2 \\ 2 & 1 \end{pmatrix}$$

【例 20.9】 $S_2 = \{\sigma_1, \sigma_2, \cdots, \sigma_6\}$ 是一个 6 阶非交换对称群，其中 σ_i 同例 20.7 中所定义，$i = 1, 2, \cdots, 6, \sigma_1 = e$.

对称群是一类很重要的有限群. 历史上研究群首先是从研究对称群开始的.

定义 20.3.2 对称群 S_n 的子群统称为置换群（permutation group）.

为了讨论置换群，首先讨论置换的另一种表示法——轮换表示法.

由例 20.7 知道，在 S_3 中，σ_6 将 1 映射到 3. 3 映射到 2，2 映射到 1，于是，可以将 σ_6 表示成 (132)；又 σ_2 将 1 保持不变，将 2 映射到 3，3 映射到 2，于是，可以将 σ_2 表示 $(1)(23)$，或简单地表示成 (23). 一般地，我们有：

定义 20.3.3 设 $M = \{1, 2, \cdots, n\}$，σ 是 M 上的一个置换，若存在 $r(1 < r \leqslant n)$ 使得

$$\begin{cases} \sigma(i_j) = i_{j+1}, & j = 1, 2, \cdots, r-1 \\ \sigma(i_r) = i_1 \\ \sigma(i_s) = i_s, & s = r+1, r+2, \cdots, n \end{cases}$$

则称 σ 为一个轮换（cyclic permutation），记为 $\sigma = (i_1 \quad i_2 \quad \cdots \quad i_r)$；$r$ 称为该轮换的长度（length），记为 $|\sigma| = r$.

特别地，用 (1) 表示恒等置换 e.

由定义知，若 $\sigma = (i_1 \quad i_2 \quad \cdots \quad i_r)$，则

$$\sigma = (i_2 \quad i_3 \quad \cdots \quad i_r \quad i_1) = \cdots = (i_j \quad i_{j+1} \quad \cdots \quad i_r \quad i_1 \quad i_2 \quad \cdots \quad i_{j-1}), \quad 1 < j < r$$

长度为 2 的轮换称为对换,例如

$$\sigma = \begin{pmatrix} 1 & 2 & 3 & 4 & 5 \\ 1 & 3 & 2 & 4 & 5 \end{pmatrix} = (2 \quad 3)$$

定义 20.3.4　设 $\sigma = (i_1 \quad i_2 \quad \cdots \quad i_r), \tau = (j_1 \quad j_2 \quad \cdots \quad j_s)$ 是 M 的两个轮换. 若

$$(i_1 \quad i_2 \quad \cdots \quad i_r) \cap (j_1 \quad j_2 \quad \cdots \quad j_s) = \varnothing$$

则称 σ 和 τ 不相交(disjoint).

前面讲过,置换的乘法不满足交换律,即存在 σ, τ,使 $\sigma\tau \neq \tau\sigma$,但有:

命题 20.3.1　若 σ 和 τ 是 M 上的两个不相交的轮换,则 $\sigma\tau = \tau\sigma$.

证明　设 $\sigma = (i_1 \quad i_2 \quad \cdots \quad i_r), \tau = (j_1 \quad j_2 \quad \cdots \quad j_s)$,且 σ 与 τ 不相交,任取 $k \in M$.

(1) 若 $k \in \{i_1, i_2, \cdots, i_r\}$,且 $k \notin \{j_1, j_2, \cdots, j_s\}$,不妨设 $k = i_t, 1 \leqslant t \leqslant r$,于是

$$\sigma\tau(k) = \sigma\tau(i_t) = \sigma(i_t) = i_{t+1}$$
$$\tau\sigma(k) = \tau\sigma(i_t) = \tau(i_{t+1}) = i_{t+1}$$

当 $t = r$ 时,$i_{t+1} = i_1$,故有 $\sigma\tau(k) = \tau\sigma(k)$.

(2) 若 $k \in \{j_1, j_2, \cdots, j_s\}$,则类似地有

$$\sigma\tau(k) = \tau\sigma(k)$$

(3) 若 $k \notin \{i_1, i_2, \cdots, i_r\}$ 且 $k \notin \{j_1, \cdots, j_s\}$,则

$$\sigma\tau(k) = \sigma(k) = k$$
$$\tau\sigma(k) = \tau(k) = k$$

综上所述,$\sigma\tau(k) = \tau\sigma(k)$. 故 $\sigma\tau = \tau\sigma$.

设置换

$$\sigma = \begin{pmatrix} 1 & 2 & 3 & 4 & 5 \\ 3 & 5 & 4 & 1 & 2 \end{pmatrix}$$

如何将 σ 表示成轮换? 显然,由定义 σ 不能表示成一个轮换,可以首先将 σ 写成两个置换的乘积,即

$$\sigma = \begin{pmatrix} 1 & 2 & 3 & 4 & 5 \\ 3 & 2 & 4 & 1 & 5 \end{pmatrix}\begin{pmatrix} 1 & 2 & 3 & 4 & 5 \\ 1 & 5 & 3 & 4 & 2 \end{pmatrix}$$

再按轮换的定义,得

$$\sigma = (1 \quad 3 \quad 4)(2 \quad 5) = (2 \quad 5)(1 \quad 3 \quad 4)$$

一般地,有:

命题 20.3.2　任何置换 σ 可表示成一些互不相交的轮换的乘积,而且除轮换的次序外,表示法是唯一的.

证明　设 σ 是 M 上的一个置换,$|M| = n$,先证 σ 可写成不相交的轮换之乘积.

任取 $i_1 \in M$. 若 $\sigma(i_1) = i_1$,则令 $\sigma_1 = (i_1)$;若 $\sigma(i_1) = i_2, \sigma(i_2) = i_3, \cdots$. 由于 M 有限,且 σ 是双射,故必存在 $i_r \in M, 1 < r \leqslant n$ 使得 $\sigma(i_{r-1}) = i_r, \sigma(i_r) = i_r$. 于是得到轮换 $\sigma_1 = (i_1 \quad i_2 \quad \cdots \quad i_r)$.

若 $r = n$,则显然 $\sigma = \sigma_1\sigma_2$,否则必有 $j_1 \notin \{i_1, i_2, \cdots, i_r\}, 1 < j_r \leqslant n$. 类似地,又可得到一个轮换 $\sigma_2 = (j_1 \quad j_2 \quad \cdots \quad j_s)$. 因为 σ 是双射,所以 σ_1 与 σ_2 不相交.

若 $r + s = n$,则 $\sigma = \sigma_1\sigma_2$,否则如上又可得到一个轮换. 如此下去,由于 M 有限,最后必得

$$\sigma = \sigma_1\sigma_2\cdots\sigma_m = (i_1 \quad i_2 \quad \cdots \quad i_r)(j_1 \quad j_2 \quad \cdots \quad j_s)\cdots(k_1 \quad k_2 \quad \cdots \quad k_t) \tag{20.4}$$

即 σ 表示成了互不相交的轮换之乘积.

再证除轮换次序外，表示法唯一.

设 $\qquad \sigma = \sigma_1\sigma_2\cdots\sigma_m = (i_{1'}' \quad i_{2'}' \quad \cdots \quad i_{r'}')(j_{1'}' \quad j_{2'}' \quad \cdots \quad j_{s'}')\cdots(k_{1'}' \quad k_{2'}' \quad \cdots \quad k_{t'}') \tag{20.5}$

其中 $\sigma_1', \sigma_2', \cdots, \sigma_{m'}'$ 互不相交.

任取式(20.4)中的某个轮换，如 $\sigma_1 = (i_1 \quad i_2 \quad \cdots \quad i_r)$，则 i_1 必出现在式(20.5)中的某个轮换之内，如 $\sigma_1' = (i_{1'}' \quad i_{2'}' \quad \cdots \quad i_{1'}')$，于是 $i_2 = \sigma(i_1) = \sigma(i_{1'}') = i_{2'}'$，$i_3 = \sigma(i_2) = \sigma(i_{2'}') = i_{3'}'$，$\cdots$，依此类推，故 $\sigma_1 = \sigma_1'$. 这说明式(20.4)中的任意轮换必出现在式(20.5)中. 同理可证式(20.5)中的任意轮换必出现在式(20.4)中，于是式(20.4)和式(20.5)一样，只是排列的次序不同.

设 $\sigma = (i_1 \quad i_2 \quad \cdots \quad i_r)$ 是一个轮换，不难验证

$$(i_1 \quad i_2 \quad \cdots \quad i_r) = (i_1 \quad i_r)(i_1 \quad i_{r-1})\cdots(i_1 \quad i_3)(i_1 \quad i_2) = (i_1 \quad i_2)(i_2 \quad i_3)\cdots(i_{r-1} \quad i_r)$$
$$\tag{20.6}$$

于是有：

命题 20.3.3　任何置换均可表示成一些对换的乘积，但表示法不唯一.

例如，

$$\sigma = \begin{pmatrix} 1 & 2 & 3 & 4 & 5 \\ 2 & 3 & 1 & 5 & 4 \end{pmatrix} = (1 \quad 2 \quad 3)(4 \quad 5) = (1 \quad 3)(1 \quad 2)(4 \quad 5)$$
$$= (1 \quad 2)(2 \quad 3)(4 \quad 5) = (1 \quad 2)(1 \quad 3)(4 \quad 5)(1 \quad 3)(2 \quad 3)$$

尽管这种表示不唯一，但有：

命题 20.3.4　将 n 元置换 σ 表示成对换的乘积之后，其对换个数奇偶性由 σ 唯一决定.

证明　设 σ 是一个 n 元置换，且

$$\sigma = \sigma_1\sigma_2\cdots\sigma_r$$

其中 $\sigma_1, \sigma_2, \cdots, \sigma_r$ 互不相交，$\sum\limits_{i=1}^{r} |\sigma_i| = \sum\limits_{i=1}^{r} l_i = n$，于是 $\sum\limits_{i=1}^{r} (l_i - 1) = n - r$.

若 $n-r$ 为奇数，则称 σ 为奇置换，否则称为偶置换，由命题 20.3.2 及式(20.6)可知，σ 可表示成 $\sum\limits_{i=1}^{r} (l_1 - 1) = n - r$ 个对换的乘积，于是奇置换要表示为奇数个对换之乘积，偶置换可表示为偶数个置换的乘积. 下面证明奇置换只能表示为奇数个对换之乘积，偶置换只能表示为偶数个置换之乘积.

首先定义一个 n 元置换 σ 的符号 $\mathrm{sgn}(\sigma)$ 如下：

$$\mathrm{sgn}(\sigma) = (-1)^{n-r}$$

其中 $\sigma = \sigma_1\sigma_2\cdots\sigma_r$，而 $\sigma_1, \sigma_2, \cdots, \sigma_r$ 为互不相交的轮换，且 $\sum\limits_{i=1}^{r} |\sigma_i| = n$. 进而证明，对任意两个 n 元置换 σ 和 τ，有

$$\mathrm{sgn}(\sigma\tau) = \mathrm{sgn}(\sigma)\mathrm{sgn}(\tau) \tag{20.7}$$

事实上，设 σ, τ 可分别表示成 r 个和 h 个互不相交的轮换之乘积. 于是 σ, τ 还分别表示成 $n-r$ 和 $n-h$ 个对换之乘积. 不妨设

$$\sigma = (i_1 \quad i_2)(i_3 \quad i_4)\cdots(i_s \quad i_t)$$

其中 $i_1, i_2, i_3, i_4, \cdots, i_s, i_t$ 中可以有相同的元素.

用对换 $(i_s i_t)$ 左乘置换 τ，若将 τ 的 h 个不相交的轮换适当调整次序，则有以下两种情形：

(1)若 $\tau = (i_s \quad j_1 \quad \cdots \quad j_l)(i_t \quad k_1 \quad \cdots \quad k_m)\cdots$，则

$$(i_s \quad i_t)\tau = (i_s \quad j_1 \quad \cdots \quad j_l \quad i_t \quad k_1 \quad \cdots \quad k_m)\cdots \tag{20.8}$$

因为 $\mathrm{sgn}(\tau) = (-1)^{n-h}$，而 $(i_s \quad i_t)\tau$ 恰比 τ 少一个轮换，所以

$$\mathrm{sgn}((i_s \quad i_t)\tau) = (-1)^{n-h+1} = (-1)\mathrm{sgn}(\tau).$$

(2)若 $\tau = (i_s \quad j_1 \quad \cdots \quad j_l \quad i_t \quad k_1 \quad \cdots \quad k_m)\cdots$，则

$$(i_s \quad i_t)\tau = (i_s \quad j_1 \quad \cdots \quad j_l)(i_t \quad k_1 \quad \cdots \quad k_m)\cdots \tag{20.9}$$

从而也有

$$\mathrm{sgn}((i_s \quad i_t)\tau) = (-1)\mathrm{sgn}(\tau).$$

总之，用一个对换乘 τ 则使 $\mathrm{sgn}(\tau)$ 变号；又因 σ 乘 τ 则将 $\mathrm{sgn}(\tau)$ 变号 $n-r$ 次，即

$$\mathrm{sgn}(\sigma\tau) = (-1)^{n-r}\mathrm{sgn}(\tau)$$

于是式(20.7)得证.

由式(20.7)可知，σ 和 τ 的奇偶性与其乘积 $\sigma\tau$ 的奇偶性的关系如下：

$$偶 \times 偶 = 偶，\quad 奇 \times 奇 = 偶$$
$$奇 \times 偶 = 奇，\quad 偶 \times 奇 = 奇$$

再因为对换是奇置换，所以奇数个对换之乘积是奇置换，偶数个对换之乘积是偶置换，从而，奇置换只能表示成奇数个对换之乘积，偶置换只能表示成偶数个置换之乘积.

命题 20.3.5 设 M 是非空有限集，$|M| = n > 1$，于是，M 的 $n!$ 个 n 元置换中，奇置换的个数和偶置换的个数相等，都等于 $\dfrac{n!}{2}$.

证明 设 $\tau_1, \tau_2, \cdots, \tau_m$ 为 M 的所有偶置换，在 $n > 1$，故存在一个对换 ρ，使得 $\rho\tau_1, \rho\tau_2, \cdots, \rho\tau_m$ 为 M 的 m 个奇置换，又易知，当 $i \neq j$ 时，$\rho\tau_i \neq \rho\tau_j, 1 \leq i, j \leq m$，否则将导致 $\tau_i = \tau_j(i \neq j)$ 矛盾，这说明 M 的奇置换不少于偶置换，若 σ 为 M 的任意一个奇置换，则 $\rho^{-1}\sigma, 1 \leq i \leq m$，从而 $\sigma = \rho\tau$. 这说明 M 的任意一个奇置换必在式(20.9)中，即式(20.9)就是 M 的所有奇置换，故 M 的奇置换不多于偶置换，两者数目相等，各占置总数 $n!$ 的一半，即各为 $\dfrac{n!}{2}$.

显然，恒等置换是偶置换，因而，偶置换的逆元素也是偶置换，奇置换的逆元素也是奇置换. 于是，有：

定理 20.3.2 设 S_n 为 n 元对称群，$n > 1$，令

$$A_n = \{\sigma_i \in S_n \mid \sigma_i 为偶置换\}$$

则 A_n 是 S_n 的子群，称为 n 元交错群或交代群，其阶为 $\dfrac{n!}{2}$.

【**例 20.10**】 设 $G = \{e, (123), (132)\}$，则 G 是一个 3 元置换群，而且是 3 元交错群，即 A_3，其阶为 3.

【**例 20.11**】 设 $K = \{e, (12)(34), (13)(24), (14)(23)\}$，则 K 是一个 4 阶的 4 元置换群，称为 Klein 4 元群，它是 S_4 的子群.

【**例 20.12**】 设 $G = \{e, (12), (34), (12)(34), (13)(24), (14)(23), (1\,234), (1\,423)\}$，则 G 是一个 8 阶的 4 元置换群，S_4 的子群.

置换群的计算在代数学中占有很重要的地位，对一个给定的 n，找出对称 S_n 的所有子群（置换群）是置换理论中一个重要的问题，对于 $n \leq 11, S_n$ 的所有子群已全部找出；而当 $n > 11$ 时，只能找出一些具有特殊性质的置换群.

§20.4 陪集与 Lagrange 定理

我们知道,可以按某种等价关系将一个非空集合划分成一些互不相交的子集(等价类)之并集,对于一个群 G,可以用 G 的两个非空子群 H 进行划分.

定义 20.4.1 设 A,B 是群 G 的两个非空子集,集合

$$AB = \{ab \mid a \in A, b \in B\}$$

称为 A 与 B 的乘积(product).

特别地,当 $A = \{a\}$,即 A 中含一个元素时,AB 简记为 aB;同样当 $B = \{b\}$ 时,AB 简记为 Ab.

由定义不难验证 $(AB)C = A(BC)$,其中 A,B,C 是群 G 的子群.

定义 20.4.2 设 H 是群 G 的子群,$a \in G$,集合 $aH(Ha)$ 称为由 a 确定的 H 在 G 中的左(右)陪集(coset),简称为 H 的左(右)陪集,a 称为 $aH(Ha)$ 的代表元素.

【例 20.13】 在整数加群 $\mathbf{Z}$ 中,所有 5 的倍数组成 $\mathbf{Z}$ 的一个群

$$5\mathbf{Z} = \{\cdots, -15, -10, -5, 0, 5, 10, 15, \cdots\}$$

于是对加法而言,以 2 为代表元素的 $5\mathbf{Z}$ 的 $\mathbf{Z}$ 中的左陪集为

$$2 + 5\mathbf{Z} = \{\cdots, -13, -8, -3, 2, 7, 12, 17, \cdots\}$$
$$= \{x \mid x \equiv 2 \pmod 5, x \in \mathbf{Z}\}$$
$$= [2]_5$$

即 $2 + 5\mathbf{Z}$ 是一切被 5 除余数为 2 的整数所组成的 $\mathbf{Z}$ 的子集,当然,它已不是 $\mathbf{Z}$ 的子群了.

下面讨论左陪集的一些性质,设 H 是群 G 的子群.

性质 1 aH 的元素与 H 的元素一样多.

证明 作 H 到 aH 的映射 φ 如下:

$$\varphi(x) = ax, \text{对任意 } x \in H$$

显然,φ 是一个双射,故 aH 的元素与 H 的元素一样多.

性质 2 $aH = H$ 当且仅当 $a \in H$.

证明 设 $aH = H$,因为 H 是 G 的子群,所以 $a = ae \in aH = H$,故 $a \in H$.

反之,设 $a \in H$,任取 $b \in aH$,则有 $h \in H$,使 $b = ah$,但 $ah \in H$,在此 $b \in H$,这说明 $aH \subseteq H$. 又任取 $b \in H$,因 H 是群,且 $a \in H$,所以 $ax = b$ 在 H 中有唯一解 $x \in H$,于是 $b \in aH$,这说明 $H \subseteq aH$. 总之,有 $aH = H$.

性质 3 若 $b \in aH$,则 $aH = bH$.

证明 因为 $b \in aH$,所以有 $h \in H$,使 $b = ah$,于是 $bH = (ah)H = a(hH)$. 又由性质 2 知,$hH = H$,故 $bH = aH$.

性质 4 $bH = aH$ 当且仅当 $a^{-1}b \in H, a, b \in G$.

证明 设 $a^{-1}b \in H$,则有 $h \in H$,使 $a^{-1}b = h$,从而 $b = ah \in aH$,由性质 3 知,$bH = aH$.

反之,设 $bH = aH$,因为 $b \in aH$,所以有 $h \in H$ 使 $ah = b$,从而 $h = a^{-1}b \in H$.

性质 5 任意两个左陪集 aH 和 bH 或者相等,或者不相交.

证明 若 $aH \cap bH \neq \varnothing$,则有 $c \in bH$,于是由性质 3,得 $aH = cH$ 且 $bH = cH$,故 $aH = bH$.

从以上证明过程可看出,左陪集的这些性质对右陪集同样成立.

设 H 是群 G 的子群,取 $a_1 = e \in G$,则 $H = a_1 H$ 是 H 在 G 中的一个左陪集;若 $a_1 \subset G$,则又在 G

中取 $a_2 \notin a_1 H$，由性质 3 ~ 性质 5 知 $a_1 H \cap a_2 H = \varnothing$；若 $a_1 H \cup a_2 H \subset G$，则再在 G 中取 $a_3 \notin a_1 H \cup a_2 H$，于是 $a_3 H \cap a_i H = \varnothing, i = 1, 2$. 如此下去，有

$$G = a_1 H \cup a_2 H \cup \cdots \cup a_n H \cup \cdots \tag{20.10}$$

其中 $a_i H \cap a_j H = \varnothing, i \neq j, i, j = 1, 2, \cdots$. 称式（20.10）为 G 对 H 的（左）陪集的分解式.

定义 20.4.3 群 G 对其子群 H 的（左）陪集的分解式中（左）陪集的个数称为 H 在 G 中的指数（index），记为 $|G:H|$ 或者 $(G:H)$.

由定义知，$|G:H|$ 可以是有穷也可以是无穷. 当 G 是有限群时，$|G:H|$ 必是有穷的；当 G 是无限群时，$|G:H|$ 是有穷还是无穷与 H 有关.

例如，$|\mathbf{Z}:n\mathbf{Z}| = n, n\mathbf{Z} = \{\cdots, -3n, -2n, -n, 0, n, 2n, 3n, \cdots\}$. 于是
$$\mathbf{Z} = n\mathbf{Z} \cup (1 + n\mathbf{Z}) \cup (2 + n\mathbf{Z}) \cup \cdots \cup ((n-1) + n\mathbf{Z})$$

又如，设 Q 是全体有理数对加法形成的加群，H 是所有偶数形成的 Q 的子群，于是，$|Q:H|$ 是无穷的. 这是因为 $\frac{1}{2}$ 恰好在 H 的左陪集 $\frac{1}{2^i} + H$ 中，$i = 0, 1, 2, \cdots$. 因此由性质 5 知，$\frac{1}{2^i} + H$ 是互不相交的左陪集，$i = 0, 1, 2, \cdots$.

当 G 是有限群时，我们有下面关于子群的阶的重要定理.

定理 20.4.1（Lagrange 定理） 有限群 G 的子群 H 的阶是 G 的阶的因数，且
$$|G| = |G:H||H|$$

证明 设 G 对 H 的陪集分解式为
$$G = a_1 H \cup a_2 H \cup \cdots \cup a_m H$$

由性质 1 知，$|a_i H| = |H|, i = 1, 2, \cdots, m$. 又 $a_i H \cap a_j H = \varnothing, i \neq j$. 于是
$$|G| = \sum_{i=1}^{m} |a_i H| = \sum_{i=1}^{m} |H| = m|H| = |G:H||H|$$

由此定理，即可得出一些有用的推论.

推论 20.4.1 设 G 为有限群，$|G| = n$. 于是，对任意 $a \in G, a$ 的周期必为 n 的因数，且 $a^n = e$.

证明 设 $a \in G$ 的周期为 m，于是 $H = (a)$ 是 G 的一个 m 阶（循环）子群. 由 Lagrange 定理，有 $m \mid n$. 令 $n = qm$，于是
$$a^n = a^{qm} = (a^m)^q = e^q = e$$

故 $a^n = e$.

推论 20.4.2 任何素数阶的群只有平凡子群.

推论 20.4.3 素数阶的群必是循环群.

若 G 是交换群，则对 G 的子群 H 及 $a \in G$，有
$$aH = Ha \tag{20.11}$$

若 G 不是交换群，则式（20.11）不一定成立.

定义 20.4.4 设 H 是群 G 的子群，若对任意 $a \in G$，有
$$aH = Ha$$

则称 H 为 G 的正规子群（normal subgroup）或不变子群（invariant subgroup），记为 $H \lhd G$.

例如，对称群 S_3 的子群 $H_1 = \{e, (123), (132)\}$ 是 S_3 的正规子群；但子群 $H_2 = \{e, (12)\}$，$H_3 = \{e, (13)\}$，$H_4 = \{e, (23)\}$ 都不是 S_3 的正规子群.

显然，群 G 的平凡子群是 G 的正规子群.

定理 20.4.2　H 是群 G 的正规子群当且仅当对任意 $a \in G$，有

$$aHa^{-1} \subseteq H$$

证明　设 H 是群 G 的正规子群，于是对任意 $a \in G$，有

$$aH = Ha$$

从而对任意 $h \in H$，必有 h' 使得

$$ah = h'a$$

即 $aha^{-1} = h' \in H.$ 由 h 的任意性知

$$aHa^{-1} \subseteq H$$

反之，设对任意 $a \in G$，有

$$aHa^{-1} \subseteq H$$

于是，对 $a^{-1} \in G$ 也有

$$a^{-1}H(a^{-1})^{-1} \subseteq H$$

即 $a^{-1}Ha \subseteq H.$ 上式两边左乘 a，右乘 a^{-1}，得 $H \subseteq aHa^{-1}$，因此 $aHa^{-1} = H$，从而得

$$aH = Ha$$

故 H 是 G 的正规子群.

【例 20.14】　交错群 A_n 是 S_n 的正规子群.

证明　任取置换 $\sigma \in S_n.$ 因为奇（偶）置换的逆元素也是奇（偶）置换，又奇偶不同的两个置换之乘积为奇置换；奇偶相同的两个置换之乘积为偶置换，因此 $\sigma A_n \sigma_{-1}$ 中都是偶置换，即

$$\sigma A_n \sigma^{-1} \subseteq A_n$$

故由定理 20.4.2 知，A_n 是 S_n 的正规子群.

§20.5　同态与同构

我们知道，映射是两个集合之间的一种特殊的二元关系，而代数系统又是一个带运算的特殊集合.因此，在讨论两个代数系统之间的结构关系时，自然需要讨论与运算有联系的映射.

定义 20.5.1　设 A 和 B 分别是两个带二元运算的代数系统.σ 是一个 A 到 B 的映射.如果对任意的 $x, y \in A$，有

$$\sigma(xy) = \sigma(x)\sigma(y)$$

则称 σ 是 A 到 B 的同态（homomorphism），$\sigma(A)$ 称为 A 的同态像（homomorphism image），其中

$$\sigma(A) = \{b \mid b \in B \text{ 且存在 } a \in A, \text{ 使 } \sigma(a) = b\} \subseteq B$$

特别地，若 $\sigma(A) = B$，即 σ 是满射，则称 A 与 B 同态，记为 $A \overset{\sigma}{\sim} B$ 或 $A \sim B$.

【例 20.15】　设整数 $\mathbf{Z}$ 上定义了普通乘法运算，集合 $S = \{-1, 0, 1\}$ 上的乘法运算表见表 20.3.

表　20.3

因数	-1	0	1
-1	1	0	-1
0	0	0	0
1	-1	0	1

今定义映射 $\sigma:\mathbf{Z}{\rightarrow}S$ 如下：

$$\sigma(m) = \begin{cases} 1, & m > 0 \\ 0, & m = 0 \\ -1, & m < 0 \end{cases}$$

不难验证，对任意 $x,y \in \mathbf{Z}$，有

$$\sigma(xy) = \sigma(x)\sigma(y)$$

于是，σ 是 Z 到 S 的同态映射，而且 $\mathbf{Z} \stackrel{\sigma}{\cong} S$.

在例 20.15 中，注意到 $\mathbf{Z}$ 是一个无限集，S 是一个仅含三个元素的有限集，它们之间的同态说明，如果要研究 $\mathbf{Z}$ 中两个数相乘后的符号特征，则可以用 S 中元素的运算结果来描述，也即可以将 $\mathbf{Z}$ 中的所有正整数"浓缩"成一个元素 1；所有负整数"浓缩"成一个元素 -1；而 0 则作为特殊的一类，仍用 0 表示. 这样，$\mathbf{Z}$ 中任何两数相乘的符号等于它们各自被"浓缩"的元素运算的结果：若结果为 1，则表示这两个数相乘得正数；若结果为 -1，则表示这两个数相乘得负数；若结果为 0，则表示这两个数相乘得零，即两个数中至少有一个为 0.

以上说明，同态是研究两个代数系统之间的结构关系的重要工具.

定义 20.5.2 设 σ 是 A 到 B 的同态. 若 σ 是双射，则称 σ 为 A 到 B 的同构(isomorphim)，并记为 $A \stackrel{\sigma}{\cong} B$ 或 $A \cong B$.

【例 20.16】 在实数集 $\mathbf{R}$ 上定义普通加法运算，在正实数集 $\mathbf{R}_+$ 上定义乘法运算，并规定映射 $\sigma:\mathbf{R} \rightarrow \mathbf{R}_+$ 如下：

$$\sigma(x) = e^x, \quad x \in \mathbf{R}$$

显然，σ 是 $\mathbf{R}$ 到 $\mathbf{R}_+$ 的双射，并且对任意 $x,y \in \mathbf{R}$，有

$$\sigma(x+y) = e^{x+y} = e^x \cdot e^y = \sigma(x)\sigma(y)$$

于是，σ 是 $\mathbf{R}$ 到 $\mathbf{R}_+$ 的一个同构映射，$\mathbf{R} \stackrel{\sigma}{\cong} \mathbf{R}_+$.

不难验证，代数系统之间的同构关系 $\cong$ 是一个等价关系.

定义 20.5.3 设 σ 是 A 到 B 的同态，若 $B \subseteq A$，则称 σ 为 A 的自同态(endomorphism). 特别地，A 到 A 的同构称为 A 的自同构(automorphism).

下面将代数系统具体到群，来讨论同态及同构的一些基本性质.

定理 20.5.1 设 G 是一个群，H 是一个代数系统，σ 是 G 到 H 的同态，则 G 的同态像 $G' = \sigma(G)$ 是一个群. G' 的单位元为 $\sigma(e)$，e 是 G 的单位元；$\sigma(a)$ 的逆元就是 $\sigma(a^{-1})$，$a \in G$.

证明 因为 G 是群，所以 G 非空，从而 G' 非空.

先证 G' 对乘法封闭，任取 $a',b' \in G'$，则有 $a,b \in G$，使 $\sigma(a)=a',\sigma(b)=b'$. 由 σ 的同态性得

$$a'b' = \sigma(a)\sigma(b) = \sigma(ab)$$

因此，$a'b' \in G'$. 故封闭性成立.

再证 G' 中结合律成立，设 $a',b',c' \in G'$，则有 $a,b,c \in G$，使 $\sigma(a)=a',\sigma(b)=b',\sigma(c)=c'$，由于 G 是群，所以 $(ab)c=a(bc)$. 于是，由 σ 的同态性得

$$(a'b')c' = (\sigma(a)\sigma(b))\sigma(c) = \sigma(ab)\sigma(c) = \sigma((ab)c) = \sigma(a(bc))$$
$$= \sigma(a)\sigma(bc) = \sigma(a)(\sigma(b)\sigma(c)) = a'(b'c')$$

故 $(a'b')c' = a'(b'c')$.

现证 G' 有单位元 $\sigma(e)$，其中 e 是 G 的单位元，任取 $a' \in G'$，则有 $a \in G$，使 $\sigma(a)=a'$，由 σ 的同态性得

$$\sigma(e)a' = \sigma(e)\sigma(a) = \sigma(ea) = \sigma(a) = a'$$
$$\sigma(e)a' = a'.$$

同理可得 $a'\sigma(e) = a'$.

再证 G' 中的任意元有逆元. 任取 $a' \in G'$，则有 $a \in G$，使 $\sigma(a) = a'$，由 σ 的同态性得

$$\sigma(a^{-1})a' = \sigma(a^{-1})\sigma(a) = \sigma(a^{-1}a) = \sigma(e)$$

即 $\sigma(a^{-1})a' = \sigma(e)$. 同理可得 $a'\sigma(a^{-1}) = \sigma(e)$. 因此，$a'$ 在 G' 中有逆元 $\sigma(a^{-1})$，其中 $\sigma(a) = a'$.

总之，由群的定义知，G' 是一个群.

我们知道，若 $G \overset{\sigma}{\sim} G'$，则对任意 $a' \in G'$，至少有一个 $a \in G$，使得 $\sigma(a) = a'$，记

$$I(a') = \{a \in G \mid \sigma(a) = a'\}$$

称集合 $I(a')$ 为 a' 的像源(source of image). 于是，G' 可以看作 G 的浓缩或缩影.

定义 20.5.4　设群 $G \sim G'$，e' 是 G' 的单位元，e' 的像源称为 σ 的核(kernel)，记为 $\mathrm{Ker}(\sigma)$，即

$$\mathrm{Ker}(\sigma) = \{a \in G \mid \sigma(a) = e'\}$$

定理 20.5.2(第一同态定理)　设 G 是群，$G \overset{\sigma}{\sim} G'$，于是：

(1) σ 的核 $\mathrm{Ker}(\sigma)$ 是 G 的正规子群；

(2) G' 中任意元素 a' 的像源是 $\mathrm{Ker}(\sigma)$ 在 G 中的一个陪集，并且 G' 中的元素与 $\mathrm{Ker}(\sigma)$ 在 G 中的陪集一一对应.

证明　记 $K = \mathrm{Ker}(\sigma)$.

(1) 先证 K 是 G 的子群，由 K 是 σ 的核知，$e \in K$，故 K 非空，任取 $a, b \in K$. 由定义有

$$\sigma(a) = \sigma(b) = e'$$

于是，由 σ 的同态性及定理 20.5.1 有

$$\sigma(ab^{-1}) = \sigma(a)\sigma(b^{-1}) = \sigma(a)(\sigma(b))^{-1} = e'(e')^{-1} = e'$$

这说明 $ab^{-1} \in K$，故 K 是 G 的子群.

再证 K 是正规子群，任取 $a \in G$，由于

$$\sigma(aKa^{-1}) = \sigma(a)\sigma(K)\sigma(a^{-1}) = \sigma(a)e'\sigma(a^{-1}) = \sigma(a)\sigma(a^{-1}) = \sigma(a)(\sigma(a))^{-1} = e'$$

因此 $aKa^{-1} \subseteq K$，故 K 是 G 的正规子群.

(2) 任取 $a' \in G'$. 设 $I(a')$ 是 a' 的像源，下证

$$I(a') = aK$$

其中 $\sigma(a) = a'$.

设 $b \in I(a')$，则 $\sigma(b) = a'$，于是

$$\sigma(a^{-1}b) = \sigma(a^{-1})\sigma(b) = (\sigma(a))^{-1}\sigma(b) = a'^{-1}a' = e'$$

故 $a^{-1}b \in K$，从而 $b \in aK$. 这说明 $I(a') \subseteq aK$.

反之，设 $b \in aK$，则有 $k \in K$ 使 $b = ak$，于是

$$\sigma(b) = \sigma(ak) = \sigma(a)\sigma(k) = a'e' = a'$$

即 $b \in I(a')$. 这说明 $aK \subseteq I(a')$.

总之有 $I(a') = aK$.

最后证 G' 的元素与 K 在 G 中的陪集一一对应.

设 $a', b' \in G'$，$a' \neq b'$，它们分别对应陪集 aK 和 bK，$\sigma(a) = a'$，$\sigma(b) = b'$. 由陪集的性质以及上面所证知，$aK \neq bK$ 当且仅当 $b \notin aK$ 当且仅当 $b \notin I(a')$ 当且仅当 $\sigma(b) \neq a'$ 当且仅当 $b' \neq a'$. 故 G' 的元素与 K 在 G 中的陪集一一对应.

此定理说明,通过群 G 的同态 σ,可以找到 G 的一个正规子群 K(同态核).现在反过来问,若已知 H 是群 G 的一个正规子群,是否存在群 G' 及同态 σ,使得 $G \sim G'$,而且 H 就是 σ 的核?下面的定理回答了此问题.

定理 20.5.3(第二同态定理) 设 H 是群 G 的正规子群.于是,H 的所有陪集作成一个群 $\overline{G}$,而且 $G \overset{\sigma}{\sim} \overline{G}$.其中 $\sigma(a) = aH, a \in G, \sigma$ 的核为 H.称 σ 为自然同态(natural homomorphism),称 $\overline{G}$ 为 G 对于 H 的商群(quotient group),记为 G/H.

证明 令
$$\overline{G} = \{ aH \mid a \in G \}$$

先证 $\overline{G}$ 对陪集的乘法封闭.任取 $A, B \in \overline{G}$,不妨设 $A = aH, B = bH$.因为 H 是正规子群,所以
$$AB = (aH)(bH) = abHH = abH$$

故 $AB \in \overline{G}$.

再证 $G \overset{\sigma}{\sim} \overline{G}$.由定义,$\sigma$ 是 G 到 $\overline{G}$ 的映射,而且对任意 $a, b \in G$,有
$$\sigma(ab) = abH = abHH = aHbH = \sigma(a)\sigma(b)$$

又显然 σ 是满射,故 $G \overset{\sigma}{\sim} \overline{G}$.

由定理 20.5.1 知,$\overline{G}$ 是群.

下证 σ 的核就是 H,即 $\mathrm{Ker}(\sigma) = H$.显然,H 就是 $\overline{G}$ 的单位元,于是
$$\mathrm{Ker}(\sigma) = \{ a \in G \mid \sigma(a) = H \} = \{ a \in G \mid aH = H \} = \{ a \in G \mid a \in H \}$$
$$= \{ a \in G \cap H \} = \{ a \mid a \in H \} = H$$

综合以上两个定理,我们有:

定理 20.5.4(第三同态定理) 设 G 是群,$G \overset{\sigma}{\sim} G', \mathrm{Ker}(\sigma) = K$,则
$$G' \cong G/K$$

证明 由定理 20.5.2 知,G' 的元素与 G/K 一一对应,不妨设 τ 是 G' 到 G/K 的一个双射,而且对任意 $a', b' \in G'$,有
$$\tau(a') = aK, \quad \tau(b') = bK$$

其中 $a' = \sigma(a), b' = \sigma(b)$,于是
$$\tau(a'b') = abK = aKbK = \tau(a')\tau(b')$$

这说明 $G' \cong G/K$.

此定理又称为同态基本定理.该定理说明群 G 的任何缩影和 G 的一个商群是同构的,也就是说,在同构映射下,对应元素在各自的运算元下有着相同的关系.因此,如果抽象地研究一个群,即不考虑群的元素是什么,也不考虑群中的运算是如何定义的,那么同构的群可以不加区别.

例如,设 $\mathbf{Z}$ 为整数加法群,$m\mathbf{Z}$ 为 m 的所有倍数构成的 $\mathbf{Z}$ 的子群,于是 $m\mathbf{Z}$ 的陪集就是模 m 的同余类.由定理 20.5.3,这些同余类按加法作成一个群,即 $\mathbf{Z}$ 对于 $m\mathbf{Z}$ 的商群 $\mathbf{Z}/m\mathbf{Z}$.

显然,$1 + m\mathbf{Z}$ 是一个生成元.因此,该商群是一个 m 阶加法循环群.

我们知道,若群 $G \overset{\sigma}{\sim} G'$,且 H 是 G 的子群,则由定理 20.5.1 知,$H' = \sigma(H)$ 也是 G' 的子群,又设 H' 是 G' 的子群,令
$$H = \{ a \mid \sigma(a) \in H' \} \subseteq G$$

称 H 为 H' 的像源.试问:H 是 G 的子群吗?我们有:

命题20.5.1 设群 $G \stackrel{\sigma}{\sim} G'$，若 H' 是 G' 的子群，则 H' 的像源 H 也是 G 的子群，并且 $\sigma(H) = H'$.

证明 因为 H' 也是 G' 的子群，所以 H 非空.

任取 $a, b \in H$，则 $\sigma(a), \sigma(b) \in H'$，又因 H' 是子群，故 $\sigma(ab^{-1}) = \sigma(a)ab^{-1} = \sigma(a)(\sigma(b))^{-1} \in H'$，从而 $ab^{-1} \in H$，这说明 H 是 G 的子群.

至于 $\sigma(H) = H'$ 是显然成立的.

此命题说明，G' 中子群不比 G 中子群多.

反之，设 H 是群 G 的子群，试问：$\sigma(H)$ 的像源还是 H 吗？我们有：

命题20.5.2 设群 $G \stackrel{\sigma}{\sim} G'$，$K$ 是同态核，H 是 G 的子群，$\overline{H}$ 是 $\sigma(H)$ 的像源，于是 $\overline{H} = HK$.

证明 任取 $a \in H, k \in K$，因为

$$\sigma(ak) = \sigma(a)\sigma(k) = \sigma(a)$$

所以 $\sigma(HK) = \sigma(H)$. 故 $HK \subseteq \overline{H}$.

反之，设 $a \in \overline{H}$，则 $\sigma(a) \in \sigma(H)$，而 $\sigma(H)$ 是 H 的同态像，故必有 $h \in H$，使 $\sigma(h) = \sigma(a)$. 从而，$\sigma(e) = (\sigma(h))^{-1}\sigma(a) = \sigma(h^{-1}a)$. 这说明 $h^{-1}a \in K$，即 $a \in HK$，故 $\overline{H} \subseteq HK$.

总之 $\overline{H} \subseteq HK$.

注意到 $e \in K$，故 $H \subseteq HK$. 当 $K \subseteq H$ 时，显然有 $HK = H$，此时说明 G 与 K 之间的子群不比 G' 的子群多；当 $K \not\subseteq H$ 时，则 $\sigma(H)$ 的像源 HK 就真包含 H.

综合以上两个命题，我们有：

定理20.5.5 设 $G \stackrel{\sigma}{\sim} G'$，$K$ 是同态核，于是，G 与 K 之间的子群和 G' 的子群一一对应：大群对大群，小群对小群，正规子群对应正规子群.

证明 由命题20.5.1和命题20.5.2知，G 与 K 之间的子群同 G' 与 $\{e'\}$ 之间的子群一一对应：G 对应 $\sigma(G) = G'$；K 对应 $\sigma(K) = \{e'\}$；$H(K \subseteq H \subseteq G)$ 对应 $\sigma(H) = H'(\{e'\} \subseteq H' \subseteq G')$. 又因为 $a'H'a'^{-1} \subseteq H'$，其中 $\sigma(a) = a'$，$\sigma(H) = H'$，因此，正规子群对应正规子群.

【**例20.17**】 设 $G = S_4, H = \{e, (12)(34), (13)(24), (14)(23)\}$，已知 H 是 G 的正规子群，求商群 G/H，并且证明 $G/H \cong S_3$.

解 由定义，G 对 H 的商群 G/H 是由 H 的所有陪集按陪集的乘法所构成的集合，再由 G 对 H 的陪集分解，得

$$G/H = \{H, (12)H, (13)H, (23)H, (123)H, (132)H\}$$

而 $S_3 = \{e, (12), (13), (23), (123), (132)\}$，作映射 $\sigma: S_3 \to G/H$ 如下：

$$\sigma(a) = aH, \quad a \in S_3$$

显然，σ 是双射，且对任意 $a, b \in S_3$，由 H 的正规性，$\sigma(ab) = abH = abHH = aHbH = \sigma(a)\sigma(b)$ 故 $G/H \stackrel{\sigma}{\cong} S_3$.

§20.6 群在计算机科学与技术中的应用

设 $X = \{1, 2, 3, \cdots, n\}$，$G$ 是 X 上的一个置换群，任取 $g \in G$ 和 $x \in X$，称 $g(x)$ 为群元素 g 对 x 的作用，并称 G 作用在集合 X 上，X 称为目标集. 可以把置换群对目标集作用的概念推广到一般群上.

定义20.6.1 设 G 是一个群，Ω 是一个集合. 若对任给的 $g \in G$ 都对应 Ω 上的一个 1-1 映射 $\bar{g}: \Omega \to \Omega$ 满足：

（1）对单位元素 $e \in G$ 和任意 $x \in \Omega$，有 $\bar{e}(x) = x$；

（2）对任意 $g_1, g_2 \in G$，有 $\overline{g_1 g_2}(x) = \bar{g_1}(\bar{g_2}(x))$．

则称 G 作用于 Ω 上，并简记为 $\bar{g}(x)$．在不致混淆下，进一步简记为 $g(x)$．

【例20.18】 （1）设 G 是一个群，$\Omega = G$，定义 $g \in G$ 对 $x \in \Omega$ 的作用为 $g(x) = gx$．易知，它满足定义 20.6.1 的条件，可将其称为 G 对它本身的左平移作用．

（2）设 G 是一个群，$\Omega = G$．定义 $g \in G$ 对 $x \in \Omega$ 的作用为 $g(x) = gxg^{-1}$．显然这是 Ω 上的一个 1-1 映射，$e(x) = exe^{-1} = x$，满足定义 20.6.1 中的条件（1），且对任意 $g_1, g_2 \in G$，有

$$g_1 g_2(x) = g_1 g_2 x (g_1 g_2)^{-1} = g_1 (g_2 x g_2^{-1}) g_1^{-1} = g_1 (g_2(x))$$

故满足定义 20.6.1 中的条件（2）．

（3）设 G 是一个群，Ω 为 G 的全体子群的集合．定义 $g \in G$ 对 $H \in \Omega$ 的作用为 $g(H) = gHg^{-1}$，于是，由

$$g(H_1) = g(H_2) \Rightarrow gH_1 g^{-1} = gH_2 g^{-1} \Rightarrow H_1 = H_2$$

知 g 是 Ω 上的单射，又显然 g 是满射．故 g 是 Ω 上的一个 1-1 映射，用类似于（2）的方法容易证明它满足定义 20.6.1 中的条件（1）和（2）．

定义 20.6.2 设 X 为目标集，群 G 作用于 X 上，$a \in X$．于是集合

$$\Omega_a = \{ g(a) \mid g \in G \}$$

称为 X 在 G 作用下的轨道（orbit），a 称为轨道的代表元（representative element）．

由轨道的定义，可得以下性质：

（1）若在 X 上定义二元关系 ~ 为：

$$a \sim b \Leftrightarrow \text{存在 } g \in G，\text{使得 } g(a) = b$$

则 ~ 是 X 上的一个等价关系，且每一个等价类就是一个轨道 Ω_a；

（2）$b \in \Omega_a \Leftrightarrow \Omega_a = \Omega_b$，即轨道上的任一元素都是代表元；

（3）$\{\Omega_a \mid a \in X\}$ 构成 X 的一个划分，因而有

$$|X| = \sum_{a \in x} |\Omega_a|$$

其中和式是对轨道的代表元求和．

可以看到，目标集 X 在群 G 的作用下被划分为轨道的并，反过来，可用轨道来研究群 G 的结构，并解决轨道长度与轨道数的问题．

设 $g \in G$，$a \in X$，若 $g(a) = a$，则称 a 为 g 的一个不动点（fixed point）．以 a 为不动点的所有群元素的集合记为

$$G_a = \{ g \mid g \in G, g(a) = a \}$$

任给 $g_1, g_2 \in G_a$，有 $g_1(a) = a, g_2(a) = a$，及 $g_2^{-1}(a) = a$，因而 $g_1 g_2^{-1}(a) = g_1(a) = a$，即 $g_1 g_2^{-1} \in G_a$，所以 G_a 是 G 的子群．

定义 20.6.3 设群 G 作用于集合 X 上，$a \in X$，于是，子群

$$G_a = \{ g \mid g \in G, g(a) = a \}$$

称为 a 的稳定子群（stable subgroup），记为 Stab G_a．

关于稳定子群及其和轨道的关系有以下性质：

性质1 轨道公式：$|\Omega_a| = [G : G_a]$；

性质2 由轨道公式和 Lagrange 定理可得

$$|G| = |\Omega_a \cdot G_a|$$

$$|X| = \sum_{a \in X} [G : G_a]$$

其中和式是对轨道的代表元求和.

利用性质 2,可以确定某个置换群 G 的元素个数. 由于 G_a 是 G 的子群,元数比 G 的元数少,容易确定,例如在确定某个几何体的旋转群时,保持某点 a 不动的旋转比较容易确定,如果 G_a 也可确定,则 $|G|$ 就可求出.

伯恩赛德(Burnside)引理 设有限群 G 作用于有限集合 X 上,则 X 在 G 作用下的轨道数目为

$$N = \frac{1}{|G|} \sum_{g \in G} \chi(g)$$

其中 $\chi(g)$ 为元素 g 在 X 上的不动点数目,和式是对每一个群元素求和.

利用伯恩赛德引理,可解决许多工程技术中的实际问题. 例如,**开关线路的计数问题**.

一个具有两种状态的电子元件称为一个开关,它可由普通的一个开关或联动开关组成,每一个开关的状态由一个开关变量来表示. 例如,用 A 表示一个开关变量,用 $0,1$ 表示一个开关的两种状态,则开关变量 A 的取值是 0 或 1.

由若干开关 $A_1, A_2, \cdots, A_n$ 组成的一个线路称为开关线路(switching circuit),一个开关线路也有两种状态,接通用 1 表示,断开用 0 表示,它的状态由各个开关 $A_i (i = 1, 2, \cdots, n)$ 的状态决定,因而可用一个函数 $f(A_1, A_2, \cdots, A_n)$ 来表示,f 的取值是 0 或 1,称 f 为开关函数(switching function),每一个开关线路对应一个开关函数.

设 $S = \{0, 1\}$,则开关函数是 $S \times S \times \cdots \times S$ 到 S 的一个映射,不难得出:k 个开关变量的开关函数共有 2^{2^k}. 例如,当 $k = 2$ 时,共有 16 个开关函数,见表 20.4.

表 20.4

开关		开关函数 $f(A_1, A_2)$															
A_1	A_2	f_1	f_2	f_3	f_4	f_5	f_6	f_7	f_8	f_9	f_{10}	f_{11}	f_{12}	f_{13}	f_{14}	f_{15}	f_{16}
0	0	0	0	0	0	0	0	0	0	1	1	1	1	1	1	1	1
0	1	0	0	0	0	1	1	1	1	0	0	0	0	1	1	1	1
1	0	0	0	1	1	0	0	1	1	0	0	1	1	0	0	1	1
1	1	0	1	0	1	0	1	0	1	0	1	0	1	0	1	0	1

但是,不同的开关函数可能对应于相同的开关线路. 因此,我们的问题是由 n 个开关可组成多少种本质上不同的开关线路?

设 $X = \{A_1, A_2, \cdots, A_n\}$,$G = S_n$ 是 X 上的对称群,令 $\Omega = \{f_1, f_2, \cdots, f_m\}$,$m = 2^{2^n}$ 是 X 上的所有开关函数的集合,定义 $\sigma \in G$ 对 $f \in \Omega$ 的作用为 $\sigma(f) = f\sigma$. 对任何 $A_i \in X$,有 $\sigma(f)(A_i) = f(\sigma(A_i))$,于是,由 $\sigma(f_1) = \sigma(f_2)$ 可得 $f_1 = f_2$,故 G 是作用在 Ω 上的置换群. f_1 和 f_2 对应于本质上相同的开关线路的充分必要条件是它们在 G 的作用下在同轨道上,因此,我们有:

本质上不同的开关线路的数目 = 在 G 作用下的轨道数

下面用一个具体的例子来说明用 Burnside 引理解决上述问题的计算方法.

【例 20.19】 求 $n = 3$ 的开关线路的数目.

解 $G = S_3$. 首先来看如何计算 G 中元素 g 的不动点数 $\chi(g)$.

例如,要求 $g_1 = (12)$ 的不动点数 $\chi(g_1)$,即满足 $g_1(f) = f$ 的开关函数数目,这时要求 f 附加以下条件:

$$f(0,1,A_3) = f(1,0,A_3)$$

共有 6 个函数值 $f(0,0,0), f(0,0,1), f(0,1,0), f(0,1,1), f(1,1,0), f(1,1,1)$. 可任意取数值,因而共有 2^6 个函数在 g_1 的作用下不动,所以 $\chi(g_1) = 2^6$,类似可求得其他元素的不动点数,列表计算见表 20.5.

表 20.5

元素类型	$\chi(g)$	此类元素个数	每类元素的不动点数
1^3 型	$2^{2^3} = 256$	1	256
$1^1 2^1$ 型	$2^6 = 64$	3	192
3^1 型	$2^4 = 16$	2	32
合计		$\lvert G \rvert = 6$	$\sum \chi(g) = 480$

因此

$$N = \frac{1}{\lvert G \rvert} \sum_{g \in G} X(g) = \frac{480}{6} = 80$$

即共有 80 种开关线路.

习 题

1. 设 G 是群,$a, b \in G$. 试证:$(a^{-1})^{-1} = a$,$(ab)^{-1} = b^{-1} a^{-1}$.

2. 试举一个只有两元素的群.

3. 设 $A = \{1, 2, 3, 4\}$ 的乘法表见表 20.6.

表 20.6

因数	1	2	3	4
1	2	1	4	3
2	4	2	3	1
3	1	3	2	4
4	3	4	1	2

问:A 是否成为群? 若不是群,结合律是否成立? A 有无单位元?

4. 设 G 是群. 试证:若对任何 $a, b \in G$,均有 $a^3 b^3 = (ab)^3$,$a^4 b^4 = (ab)^4$,$a^5 b^5 = (ab)^5$,则 G 是交换群.

5. 设 G 是群. 试证:若对任何 $a \in G$,有 $a^{-1} = a$,则 G 是交换群.

6. 设 G 是群,$\lvert G \rvert = 2n$,n 是正整数. 试证:存在 $a \in G, a \neq e$,使 $aa = e$.

7. 试证:1 阶群、2 阶群、3 阶群和 4 阶群都是交换群,并构造一个不是交换群的 6 阶群.

8. 设 G 是群,$a, b \in G$,试证:

(1) $a, a^{-1}, b^{-1}ab$ 有相同的周期;

(2) ab 与 ba 有相同的周期.

9. 设 G 是群,令
$$Z(G) = \{a \in G \mid ax = xa, \text{对任意 } x \in G\}$$
试证:$Z(G)$ 是 G 的子群.$Z(G)$ 称为 G 的中心,$Z(G)$ 的元素称为 G 的中心元素.

10. 设 G 是一个群,$a,b \in G$ 且 $ab = ba$,a 和 b 的周期分别为 m 和 n,m 与 n 互素,证明:ab 的周期等于 mn.

11. 设 a 是群 G 的一个元素,其周期为 n,H 是 G 的子群,试证:如果 $a^m \in H$,且 n 与 m 互素,则 $a \in H$.

12. 设 G 是群,$a,b \in G$ 且 $ab = ba$,a 和 b 的周期分别为 s 和 t.试证:若 $(a) \cap (b) = \{e\}$,则 ab 的周期等于 s 与 t 的最小公倍数.

13. 设 G 是一个群,$a,b \in G$ 且 $ab = ba$,a 和 b 的周期为素数 p,且 $a \notin (b)$.试证:$(a) \cap (b) = \{e\}$.

14. 写出 S_3 的群表.

15. 证明:任何对换都是一个奇置换,又恒等置换是偶置换.

16. 设 n 元置换 $\sigma = \sigma_1 \sigma_2 \cdots \sigma_r$,其中 $\sigma_1 \sigma_2 \cdots \sigma_r$ 互不相交,且 $|\sigma_i| = l_i$,$i = 1, 2, \cdots, r$.试证:σ 的周期(即满足 $\sigma^n = e$ 的最小正整数 n)等于 $l_1, l_2, \cdots, l_r$ 的最小公倍数.

17. 设 $\sigma = \begin{pmatrix} 1 & 2 & 3 & 4 & 5 & 6 \\ 5 & 6 & 3 & 1 & 4 & 2 \end{pmatrix}$, $\tau = \begin{pmatrix} 1 & 2 & 3 & 4 & 5 & 6 \\ 3 & 4 & 6 & 2 & 5 & 1 \end{pmatrix}$ 是 S_6 的两个置换.

(1) 写出 σ, τ 的轮换表示,并求出 σ 和 τ 的周期.

(2) 计算 $\sigma\tau, \tau\sigma, \sigma^{-1}, \sigma^2, \sigma^3, \tau^{-1}\sigma\tau$.

18. 试找出 S_3 的所有子群.

19. 设 $G_1 = \{e, (14), (23), (12)(34), (13)(24), (14)(23), (1243), (1342)\}$
    $G_2 = \{e, (13), (24), (12)(34), (13)(24), (14)(23), (1234), (1432)\}$
试判断 G_1 和 G_2 是否是 S_4 的子群,并说明理由.

20. 设 A 和 B 是群 G 的子群,试证:AB 是 G 的子群当且仅当 $AB = BA$.

21. 设 H 是群 G 的子群,$|G:H| = 2$.试证:H 是 G 的正规子群.

22. 求 A_4 对子群 $K = \{e, (12)(34), (13)(24), (14)(23)\}$ 的左陪集分解.K 称为 Klein 四元群.

23. 证明:Klein 四元群是 A_4 的正规子群.

24. 设 H 是群 G 的子群.试证:H 在 G 中的所有左陪集中恰有个子群,即 $eH = H$.

25. 设 G 是有限群,K 是 G 的子群,H 是 K 的子群.试证:$|G:H| = |G:K| \cdot |K:H|$.

26. 设 p 是素数,试证:p^m 阶群中必含一个 p 阶子群,其中 m 是正整数.

27. 设 G 是群,$G \overset{\sigma}{\sim} G'$,$G' \overset{\tau}{\sim} G''$.试证:$G \overset{\tau\sigma}{\sim} G''$.

28. 设 G 是群,$a \in G$,映射 $\sigma: G \to G$ 定义如下:
$$\sigma(x) = axa^{-1}, \quad x \in G$$
试证:σ 是 G 到 G 的一个自同构.

29. 证明:循环群的同态像必是循环群.

30. 设群 $G \overset{\sigma}{\sim} G'$,$K'$ 是 σ 的核,H 是 G 的正规子群,并且 $K \subseteq H$,$H' = \sigma(H)$.试证:
$$G/H \cong G'/H' \quad (\text{第一同构定理})$$

31. 设 H 和 K 都是群 G 的正规子群,$H \supseteq K$.由第一同构定理证明:$G/H \cong \dfrac{G/K}{H/K}$.

32. 设 K 是群 G 的正规子群,H 是 G 的任意子群,试证:
$$HK/K \cong H/H \cap K \quad (\text{第二同构定理})$$

第 21 章

环 与 域

在第 20 章我们已经知道,群是只有一种二元运算的代数系统. 这一章,我们论述有两种二元运算的代数系统——环与域.

§21.1　环 与 子 环

定义 21.1.1　设 R 是一个非空集合,其中定义了加法和乘法两种封闭运算. 如果对任意 $a,b,c \in R$,有:

(1) $a + b = b + a$;

(2) $a + (b + c) = (a + b) + c$;

(3) 存在元素 $0 \in R$,使 $a + 0 = a$,称 0 为零元;

(4) 存在元素 $-a \in R$,使 $a + (-a) = 0$,称 $-a$ 为 a 的负元;

(5) $a(bc) = (ab)c$;

(6) $a(b + c) = ab + ac, (a + b)c = ac + bc$;

则称 R 是一个环(ring).

由定义知,环 R 是这样一个代数系统:对于加法,R 构成的一个交换群;对于乘法,R 满足结合律,而且乘法对加法满足分配律(乘法不一定满足交换律,故分配律有两个).

【例 21.1】　整数集 $\mathbf{Z}$、有理数集 $\mathbf{Q}$、实数集 $\mathbf{R}$ 以及复数集 $\mathbf{C}$ 对于普通加法和乘法作成相应的环,其中 $\mathbf{Z}$ 称为整数环.

【例 21.2】　设 S 为集合,则幂集 $\rho(S)$ 对于集合的对称差运算 $\oplus$ 和交运算 $\cap$ 作成一个环,称为 S 的子集环.

【例 21.3】　所有实数 n 阶方阵作成的集合,对于矩阵的加法和乘法构成一个环.

在环中,将加法与乘法结合起来讨论,有:

定理 21.1.1　设 R 是环,则对任意的 $a,b,c \in R$,有:

(1) $0a = a0 = 0$;

(2) $a(-b) = (-a)b = -(ab)$;

(3) $(-a)(-b) = ab$;

(4) $a(b - c) = ab - ac$,其中 $-ac$ 是 $-(ac)$ 简写的;

(5) $(b - c)a = ba - ca$,其中 $-ca$ 是 $-(ca)$ 简写的.

其中 0 是加法群 R 的单位元,即零元;$a - b$ 是 $a + (-b)$ 的简写.

证明 （1）因为 $0a = (0+0)a = 0a = 0$，所以，由消去律得 $0a = 0$；同理可得 $a0 = 0$.

（2）因为 $a(-b) + ab = a((-b)+b) = a0 = 0$，所以，$a(-b)$ 与 ab 互为逆元，故 $a(-b) = -(ab)$；同理可得 $(-a)b = -(ab)$.

（3）因为 $a(-b) + (-a)(-b) = [a+(-a)](-b) = 0(-b) = 0$

并且 $$a(-b) + ab = a[(-b)+b] = a0 = 0$$

比较两式得 $a(-b) + (-a)(-b) = a(-b) + ab$，再由消去律得 $(-a)(-b) = ab$.

（4）$a(b-c) = a[b+(-c)] = ab + a(-c) = ab + [-(ac)] = ab - (ac)$.

（5）仿（4）之证明可得 $(a-b)c = ac - bc$.

用数学归纳法，不难将分配律推广如下：

$$a(b_1 + \cdots + b_n) = ab_1 + \cdots + ab_n$$

$$(a_1 + \cdots + a_m)b = a_1 b + \cdots + a_m b$$

$$(a_1 + \cdots + a_m)(b_1 + \cdots + b_n) = \sum_{\substack{i+j=2 \\ 1 \leqslant i \leqslant m \\ 1 \leqslant j \leqslant n}}^{m+n} a_i b_j$$

设 R 是环，$a, b \in R$，对任意正整数 m，令

$$ma = a + \cdots + a = \sum_{i=1}^{m+n} a$$

$$mb = b + \cdots + b = \sum_{i=1}^{m+n} b$$

则 $a(mb) = (ma)b = m(ab) = mab$.

而对于乘法，有：

$$a^{m+n} = a^m a^n \quad （第一指数律）$$

$$(a^m)^n = a^{mn} \quad （第二指数律）$$

根据 R 中乘法的性质，可分别定义一些特殊的环.

定义 21.1.2（交换环） 设 R 是环. 若 R 的乘法满足交换律：$ab = ba$，$a, b \in R$，则称 R 是一个交换环（commutative ring）.

比如，例 21.1 和例 21.2 中的环都是交换环，而例 21.3 中的环则不是交换环.

显然，在交换环 R 中，对任意 $a, b \in R$，$n \geqslant 1$

$$(ab)^n = a^n b^n \quad （第三指数律）$$

而且由数学归纳法可以证明二项式定理：

$$(a+b)^n = a^n + na^{n-1}b + \frac{n(n-1)}{2}a^{n-2}b^2 + \cdots + b^n$$

定义 21.1.3（含幺环） 设 R 是环，$|R| > 1$. 若存在元素 $1 \in R$，使得对任意 $a \in R$，$1a = a1 = a$，则称 R 是含幺环（ring with an identity），其中 1 称为幺元（identity）.

比如，例 21.1 中的环都是含幺环，其中幺元为整数 1，例 21.2 中 S 的子集环也是含幺环，幺元为 n 阶单位方阵.

定义 21.1.4（无零因子环） 设 R 是环. 如果对任意 $a, b \in R$，由 $a \neq 0$，$b \neq 0$ 必有 $ab \neq 0$，则称 R 为无零因子环（ring without zero divisor）.

所谓环 R 的零因子即是满足 $a \neq 0$，$b \neq 0$ 但 $ab = 0$ 的元素 $a, b \in R$.

比如，例 21.1 中的环都是无零因子环；在例 21.2 中，若 S 的非空且 $|S| > 1$，则 S 的子集环含

零因子,例如,令 $n=2$,则因为

$$\begin{pmatrix} 0 & 1 \\ 0 & 1 \end{pmatrix}\begin{pmatrix} 1 & 1 \\ 0 & 0 \end{pmatrix} = \begin{pmatrix} 0 & 0 \\ 0 & 0 \end{pmatrix}$$

故 $\begin{pmatrix} 0 & 1 \\ 0 & 1 \end{pmatrix}\begin{pmatrix} 1 & 1 \\ 0 & 0 \end{pmatrix}$ 都是零因子.

如何判定环 R 有无零因子? 我们有:

命题 21.1.1 环 R 无零因子,当且仅当 R 中的乘法满足消去律.

证明 设 R 无零因子.若 $ab=ac$,且 $a\neq0$,则 $a(b-c)=0$,而 R 无零因子 $a\neq0$,故必有 $b-c=0$,即 $b=c$;若 $ac=bc$ 且 $c\neq0$,则同理可证 $a=b$.故消去律成立.

反之,设消去律成立.假设 $a\neq0$,$b\neq0$.若 $ab=0$,则有 $ab=a0$,由 $a\neq0$ 及消去律即得 $b=0$,矛盾.故 $ab\neq0$.从而 R 中无零因子.

无零因子环又称消去环.

定义 21.1.5 含幺无零因子的交换环,称为整环(integral ring).

例 21.1 中的环都是整环.

定义 21.1.6 设 R 是环.如果 $R-\{0\}$ 对乘法作成一个群,则称 R 为体(sfield).如果体 R 对乘法可交换,则称 R 为域(field).

例如,所有有理数、所有实数、所有复数分别作成的环都是域.但所有整数作成的环都是域,因为 $Z-\{0\}$ 不是群.

这说明,整环不一定是域,但反过来有:

定理 21.1.2 域必是整环.

证明 只需证域中无零因子,而由命题 21.1.1,只需证域对乘法满足消去律.设 R 是域,$a,b,c\in R$,若 $ab=ac,a\neq0,b=1b=(a^{-1}a)b=a^{-1}(ab)=a^{-1}(ac)=(a^{-1}a)c=1c=c$ 即 $b=c$.因此,消去律成立.故域必是整环.

定理 21.1.3 有限整环必是域.

证明 设 R 是有限整环.由域之定义,只需证 $R-\{0\}$ 中的元素都有逆元.任取 $a\in R,a\neq0$.则由 R 的有限性及消去律知 $Ra=R$.

又因 $1\in R$,所以存在 $b\in R$,使 $ba=1$.再由乘法的可交换性知 $ab=ba=1$,即 b 是 a 的逆元.故结论成立.

定义 21.1.7 设 R 是环,S 是 R 的非空子集.如果 S 对于 R 中的加法和乘法也作成一个环,则 S 称为 R 的子环(subring),R 称为 S 的扩环(extention ring).

类似地,可定义体的子体、域的子域.

定理 21.1.4 S 是环 R 的子环,必要而且只要:

(1)S 是 R 的非空子集;

(2)若 $a,b\in S$,则 $a-b\in S$;

(3)若 $a,b\in S$,则 $ab\in S$.

证明 必要性显然成立.

充分性.由(1)和(2)知,S 是 R 的加法子群,由(3)知,乘法时 S 具封闭性.又因 $S\subseteq R$,所以乘法结合律和乘法对加法的分配律在 S 中均成立.故 S 是 R 的子环.

我们知道,群 G 的子群 H 的单位元就是 G 的单位元. 对于 R 的子环 S 而言,S 的零元显然就是 R 的零元;若 R 是含幺环,则 S 不一定含幺元. 例如,整数环含幺元 1,所有偶数作成整数环的一个子环,但无幺元. 即便 S 有幺元,也不一定与扩环 R 的幺元一致. 例如,任意域 F 上的所有 $n(n>1)$ 阶方阵作成的环 R,其幺元为单位方阵.

$$I_n = \begin{pmatrix} 1 & 0 & 0 & \cdots & 0 \\ 0 & 1 & 0 & \cdots & 0 \\ \vdots & \vdots & \vdots & & \vdots \\ 0 & 0 & 0 & \cdots & 1 \end{pmatrix}$$

又易知,所有形如

$$\begin{pmatrix} a & 0 & \cdots & 0 \\ 0 & 0 & \cdots & 0 \\ \vdots & \vdots & & \vdots \\ 0 & 0 & \cdots & 0 \end{pmatrix}, \quad a \in F$$

的 n 阶方阵作成 R 的一个子环,其幺元为

$$\begin{pmatrix} 1 & 0 & \cdots & 0 \\ 0 & 0 & \cdots & 0 \\ \vdots & \vdots & & \vdots \\ 0 & 0 & \cdots & 0 \end{pmatrix} \neq I_n$$

§21.2　环　同　态

作为代数系统,像群一样,环与环之间的结构关系可以通过同态(同构)来反映. 类似于正规子群,本节将定义理想,类似于商群,将定义剩余环.

定义 21.2.1　设 R 是一个环. N 是 R 的非空子集. 如果:

(1) 对任意 $a,b \in N$,有 $a - b \in N$;

(2) 对任意 $a \in N,x \in R$,有 $ax \in N,xa \in N$.

则称 N 为 R 的理想(ideal).

由定义易知,理想一定是子环,但反之不一定.

若 R 是环,则 R 是自身的理想,称为单位理想;$\{0\}$ 也是 R 的理想,称为零理想.

【例 21.4】　设 R 是含幺交换环,$a \in R$,令

$$aR = \{ar \mid r \in R\}$$

则 aR 是 R 的理想,且 $a \in aR$. 称这种理想为由 a 生成的主理想,记为 (a).

显然,$(0) = \{0\}$,$(1) = R$,而 $(a) = aR$ 可以说是包含 a 的所有"倍元素"的子环. 例如,在整数环 $\mathbf{Z}$ 中,$(m) = m\mathbf{Z}$ 就是 m 的所有倍数作成的理想,且是由 m 生成的主理想.

【例 21.5】　在由系数是整数的多项式构成的环 $\mathbf{Z}[x]$ 中,令 N 是常数项为偶数的所有多项式之集合. 于是,N 是 $\mathbf{Z}[x]$ 的理想,但不是主理想.

证明　由定义易证 N 是 $\mathbf{Z}[x]$ 的一个理想. 若 N 是主理想,则有 $f(x) \in \mathbf{Z}[x]$,使 $N = f(x)\mathbf{Z}[x]$. 因为 $2 \in N$,所以有 $g(x) \in \mathbf{Z}[x]$,使 $2 = f(x)g(x)$,从而 $f(x)$ 与 $g(x)$ 均是零次多项式. 不妨设

$f(x) = m \in \mathbf{Z}$. 又因为 $x \in N$, 所以有 $h(x) \in \mathbf{Z}[x]$. 使 $x = f(x)h(x)$. 由 $f(x) = m$ 知 $h(x)$ 必为一次多项式. 不妨设 $h(x) = ax + b$, 于是 $x = m(ax + b)$. 比较 x 的系数得 $ma = 1$. 因此, $m = \pm 1$, 但 $m = f(x) = f(x)1 \in f(x)\mathbf{Z}[x] = N$, 即 $m \in N$, 这说明 N 包含 1 或 -1, 此与 N 的定义矛盾. 故 N 不是主理想.

由于环 R 的理想 N 是 R 的加法正规子群, 因此可将 R 分解为 N 的陪集. N 的一个陪集称为 N 的一个剩余类, 记包含 $a \in R$ 的陪集为 $a + N$.

定义 21.2.2 设 N 是环 R 的理想, $a, b \in R$. 如果 $a - b = n \in N$, 或 $a = b + n, n \in N$, 则称 a 与 b 模 N 同余 (congruent), 记为 $a \equiv b \bmod N$.

命题 21.2.1 设 N 是环 R 的理想, $a, b \in R$. 于是, a 和 b 在 N 的同一个剩余类, 当且仅当 $a \equiv b \bmod N$.

证明 设 a 和 b 在 N 的一个形如 $c + N$ 的剩余类中, 则存在 $n_1, n_2 \in N$, 使 $a = c + n'$. 于是, 有 $b = c + n' - n$, 显然 $n' - n \in N$ 故 a 和 b 在 N 的同一个剩余类中.

显然, 上述同余关系是一个等价关系.

定理 21.2.1 设 N 是环 R 的理想. 对任意 $a, b, c, d \in R$. 若 $a \equiv b, c \equiv d$, 则:

(1) $a \pm c \equiv b \pm d$ (加法同态性);

(2) $ac \equiv bd$ (乘法同态性).

证明 因为 $a \equiv b, c \equiv d$, 所以存在 $n_1, n_2 \in N$, 使得 $a = b + n_1, c = d + n_2$, 于是 $a \pm c \equiv (b \pm d) + (n_1 + n_2), n_1 \pm n_2 \in N$, 而且 $ac = bd + bn_2 + n_1 d + n_1 n_1$. 由于 N 是理想, 所以 $bn_2 \in N, n_1 d \in n, n_1 n_2 \in N$. 从而 $bn_1 + n_d + n_1 n_2 \in N$. 综上所述, 有 $a + c \equiv b \pm d, ac \equiv bd$.

定义 21.2.3 设 R 是环, S 是有加法和乘法的代数系统. σ 是 R 到 S 的一个映射. 若对任意 $a, b \in R$, 有

$$\sigma(a + b) = \sigma(a) + \sigma(b)$$
$$\sigma(ab) = \sigma(a)\sigma(b)$$

则称 σ 是环 R 到 S 的一个同态; $\sigma(R) \subseteq S$ 称为 R 的同态像. 特别地, 若 σ 是满射, 则称 R 与 S 同态记为 $R \overset{\sigma}{\sim} S$; 若 σ 是双射, 则称 R 与 S 同构, 记为 $R \overset{\sigma}{\cong} S$.

定理 21.2.2 设 R 是环, S 的有加法和乘法的代数系统. 若 σ 是 R 到 S 的同态映射, 则 $R' = \sigma(R)$ 也是一个环. 其中 $\sigma(0)$ 就是 R' 的零 $0'$; 对任意 $a \in R$, $-\sigma(a) = \sigma(-a)$; 若 R 有幺元 1, 且 $1R'1 > 1$, 则 R' 也有幺元 $1' = \sigma(1)$; 若 $a \in R$ 有逆元, 则 $\sigma(a)$ 在 R' 中的逆元 $\sigma(a)^{-1} = \sigma(a^{-1})$.

证明 仿照定理 20.5.1 的证明即知结论成立.

定义 21.2.4 设 R 是环, 且 $R \overset{\sigma}{\sim} R'$. 令 R' 中零元 $0'$ 的像源为 $k = \{a \in R | \sigma(a) = 0'\}$ 称为 K 为 σ 的核.

定理 21.2.3 设环 $R \overset{\sigma}{\sim} R'$. 于是, σ 的核 N 是 R 的一个理想. 并且, 对任意 $a' \in R'$, a' 的像源

$$I(a') = \{a \in R | \sigma(a) = a'\}$$

对应 N 的一个剩余类, 且这种对应是一一对应的.

证明 由假设知, N 非空, 任取 $a, b \in N, x \in R$, 有 $\sigma(a - b) = \sigma(a) - \sigma(b) = 0' - 0'$, 故 $a - b \in N$. 又 $\sigma(ax) = \sigma(a)\sigma(x) = 0'\sigma(x) = 0'$, 故 $ax \in N$. 同理可证 $xa \in N$.

总之任取 $a' \in R$, 设 $\sigma(a) = a'$, 且包含 a 的剩余类为 $a + N$. 下证 $I(a') = a + N$.

设 $b \in a + N$, 则有 $n \in N$, 使 $b = a + n$, 于是

$$\sigma(b) = \sigma(a+n) = \sigma(a) + \sigma(n) = a' + 0' = a'$$

这说明 $b \in I(a')$. 故 $a + N \subseteq I(a')$.

反之，设 $b \in I(a')$，则有 $\sigma(b) = a'$，但 $\sigma(a) = a'$，所以 $\sigma(b-a) = \sigma(b) - \sigma(a) = a' - a' = 0'$. 于是 $b - a \in N$，即 $b \equiv a \bmod N$. 从而由命题 21.2.1 知 $b \in a + N$，故 $I(a') \subseteq a + N$.

总之，a' 的像源对应着 N 的一个剩余类. 仿定理 20.5.2 的证明可知这种对应是一一对应的.

现在讨论定理 21.2.3 的反面. 即对于环 R 的任意理想 N，是否有一个环 R'，而且有一个 R 到 R' 的满同态 σ，使 N 恰好就是 σ 的核呢？回答是肯定的.

由于环 R 对加法而言是一个群，因此，若 N 是 R 的理想，则模 N 的所有剩余类按照剩余类的加法 $\oplus$ 作成的一个加法群，即 R 对 N 的商群 R/N. 其中 $(a+N) \oplus (b+N) = (a+b) + N, a, b \in R$. 由定理 21.2.1 之 (1) 易知，此加法 $\oplus$ 与剩余类中元素的选取无关. 事实上，设 $c \in a+N, d \in b+N$，则 $a \equiv c, b \equiv d$，. 于是 $a+b \equiv c+d$，即 $c+d \in (a+b) + N$.

为了使 R/N 成为一个环，定义剩余类的乘法 $\odot$ 如下：

$$(a+N) \odot (b+N) = ab + N$$

由定理 21.2.1 之 (2) 易知，剩余类的乘法与其中元素的选取无关. 事实上，任取 $c \in a+N, d \in b+N$，则 $a \equiv c, b \equiv d$，于是，$ab \equiv cd$，即 $cd \in ab + N$.

定理 21.2.4 按剩余类的加法 $\oplus$ 和乘法 $\odot$，环 R 对于理想 N 的所有剩余类的集合 R/N 是一个环. 若规定 $\sigma(a) = a + N, a \in R$，则 $R \cong R/N$，其中 σ 的核即是 N.

证明 显然，σ 是 R 到 R/N 的满射. 而且对任意 $a, b \in R$，有

$$\sigma(a+b) = (a+b) + N = (a+N) \oplus (b+N)$$
$$= \sigma(a) \oplus \sigma(b)$$
$$\sigma(ab) = ab + N = (a+N) \odot (b+N)$$
$$= \sigma(a) \odot \sigma(b)$$

因此，由定理 21.2.2 知 R/N 是一个环.

又因为 R/N 的零元素显然是 N. 而 $a \in N$ 当且仅当 $a + N = N$ 当且仅当 $\sigma(a) = N$. 故 N 是 σ 的核.

称 R/N 为 R 对 N 的剩余环 (residue class ring).

【例 21.6】 若取整数环 $\mathbf{Z}$ 主理想 (4). 则剩余环 $\mathbf{Z}/(4)$ 由以下四个元素组成：

$$0 + (4) = [0]_4$$
$$1 + (4) = [1]_4$$
$$2 + (4) = [2]_4$$
$$3 + (4) = [3]_4$$

定理 21.2.5 设 R 是环，且 $R \overset{\sigma}{\cong} R'$，其核为 N，于是，$R' \cong R/N$.

证明 任取 $a' \in R'$. 定义 R' 到 R/N 的映射 τ 如下：

$$\tau(a') = a + N, \quad \sigma(a) = a'$$

由定理 21.2.3 知，τ 是双射，下证 τ 的同态性. 任取 $a', b' \in R'$. 设 $\tau(a') = a + N, \tau(b') = b + N$，其中 $\sigma(a) = a', \sigma(b) = b'$. 由于 $\sigma(a+b) = \sigma(a) + \sigma(b) = a' + b', \sigma(ab) = \sigma(a)\sigma(b) = a'b'$，所以有

$$\tau(a'+b')=(a+b)+N=(a+N)+(b+N)=\tau(a')+\tau(b')$$
$$\tau(a'b')=ab+N=(a+N)(b+N)=\tau(a')\tau(b')$$

故
$$R'\stackrel{\sigma}{\cong}R/N$$

此定理说明:若把 R 的同态环看作 R 的缩影,则只需取 R 的所有理想 N 而作 R/N. 这样便可找到 R 的所有可能的缩影.

完全和群论中的结论相对应,有:

定理 21.2.6 设环 $R\sim R'$,其核为 N. 于是,R 与 N 之间的子环和 R' 的子环一一对应,大环对应大环,小环对应小环,理想对应理想.

【**例 21.7**】 已知整数集 $\mathbf{Z}$ 在普通加法和乘法下作成一个环. 令 $m\in\mathbf{Z},m>0$,在 $\mathbf{Z}_m=\{[0]_m,[1]_m,\cdots,[m-1]_m\}$ 中规定加法 $\oplus$ 和乘法 $\otimes$ 如下:
$$[x]_m\oplus[y]_m=[x+y]_m$$
$$[x]_m\otimes[y]_m=[xy]_m$$

注意到 $[x]_m=[y]_m$ 当且仅当 $x\equiv y(\bmod\ m)$,得知运算 $\oplus$ 和 $\otimes$ 是 $\mathbf{Z}_m$ 中封闭运算.

现定义 $\mathbf{Z}$ 到 $\mathbf{Z}_m$ 的映射为:$\sigma(x)=[x]_m,x\in\mathbf{Z}$,不难验证,$\mathbf{Z}\stackrel{\sigma}{\sim}\mathbf{Z}_m$,其核 $N=m\mathbf{Z}=\{mn\mid n\in\mathbf{Z}\}$. 于是,$\mathbf{Z}$ 与 $\mathbf{Z}_m$ 对应,N 与 $\{[0]_m\}$ 对应. 对任何 $\mathbf{Z}_m$ 的子环 $\{[a_0]_m,[a_1]_m,\cdots,[a_{r-1}]_m\}$,与之对应的 $\mathbf{Z}$ 与 N 之间的子环为
$$[a_0]_m\cup[a_1]_m\cup\cdots\cup[a_{r-1}]_m$$

定义 21.2.5 一个环 R 称为单纯环(simplicial ring),如果 R 除 R 自己和 (0) 外没有别的理想. 环 R 的一个理想 N 说是一个极大理想(maximal ideal),如果 $N\subset R$,且 R 与 N 之间没有别的理想.

【**例 21.8**】 设 p 为素数,则 $(p)\subset K$. 于是,存在 $q\in K$,使得 $q\in(p)$. 这说明 $p\nmid q$. 从而 p 与 q 互素,即存在 $s,t\in\mathbf{Z}$,使得 $sp+tq=1$. 由假设有 $p,q\in K$,于是 $1=s\cdot p+t\cdot q\in K$,即 $1\in K$. 任取 $x\in\mathbf{Z}$,有 $x=x\cdot 1\in K$. 故 $\cdot K=\mathbf{Z}$. 这就证明了 (p) 与 $\mathbf{Z}$ 之间无任何理想,即 (p) 是极大理想.

利用单纯环的概念,可得:

定理 21.2.7 设 N 是环 R 的理想,且. 于是,N 是 R 的极大理想当且仅当 R/N 是单纯环.

证明 由定理 21.2.4 知,$R\sim R/N$. 又由定理 21.2.6 知,R 与 N 之间无理想当且仅当 R/N 与 $\{N\}$ 之间无理想当且仅当 R/N 是单纯环. 故结论成立.

定理 21.2.8 任意含幺交换单纯环 R 必是域.

证明 只需证明 R 中任意非零元有逆.

设 $a\in R,a\neq 0$,考虑 $(a)=aR$. 因为 $a\neq 0$ 且 $a\in aR$,所以 $aR\neq\{0\}$. 又因为 R 是单纯环,因此 $aR=R$. 再由 $1\in R$ 知,有 $b\in R$ 使 $ab=1$,即 a 在 R 中有逆元 b. 故 R 是一个域.

反之,我们有:

定理 21.2.9 任意域 F 必是含幺交换单纯环.

(证明略)

【**例 21.9**】 设 p 为素数,于是 $\mathbf{Z}_p=\{[0]_p,[1]_p,\cdots,[p-1]_p\}$ 是一个域.

证明 已知 $\mathbf{Z}$ 是一个含幺交换环,由例 21.7 知 $\mathbf{Z}\sim\mathbf{Z}_p$. 故 $\mathbf{Z}_p$ 也是一个含幺交换环. 又由例 21.8 知,(p) 是 $\mathbf{Z}$ 的极大理想. 从而由定理 21.2.7 知 $\mathbf{Z}/(p)$ 是单纯环. 但 $\mathbf{Z}/(p)=\mathbf{Z}_p$. 即 $\mathbf{Z}_p$ 是

一个含幺交换单纯环. 故由定理 21.2.8 知, $\mathbf{Z}_p$ 是一个域.

还可以证明, 若 $\mathbf{Z}_m$ 是一个域, 则 m 必为素数(习题 12).

§21.3   域的特征和素域

域是一个交换体. 例如, 有理数集 $\mathbf{Q}$、实数集 $\mathbf{R}$ 和复数集 $\mathbf{C}$ 对数的加法和乘法都作成一个域.

在域中, 常将 ab^{-1} 写成 $\dfrac{a}{b}$ 或 $a/b, b \neq 0$. 以下暂用 e 表示域的幺元.

定义 21.3.1   设 F 是一个域, 若存在正整数 n, 使得 $ne = 0$, 且对任何 $m(0 < m < n), me \neq 0$, 则称域 F 的特征(characteristic)为 n; 若不存在这样的 n, 则称域 F 的特征为 0.

【**例 21.10**】   有理数域、实数域、复数域的特征均为 0.

【**例 21.11**】   设 p 为素数, 则 $\mathbf{Z}_p = \{[0]_p, [1]_p, \cdots, [P-1]_p\}$ 是一个域(见例 21.9), 并且特征为 p. 这是因为, 按照 $\mathbf{Z}_p$ 中元素的乘法规定, 其幺元为 $[1]_p, p[1]_p = [P]_p = [0]_p$, 而对任何 $m(0 < m < p), m[1]_p = [m]_p \neq [0]_p$.

定理 21.3.1   任何域的特征或者为 0, 或者为素数.

证明   设域 F 的特征为 $p \geq 0$. 若 $p \neq 0$ 且 p 不是素数, 则有 $p = mn, 1 < m, n < p$. 于是 $(me)(ne) = (mn)e = pe = 0$. 但域中无零因子, 所以必有 $me = 0$ 或者 $ne = 0$. 这与 p 是 F 的特征相矛盾. 故定理成立.

下面讨论任何域所包含的最小子域.

设 F 是一个域, 今定义一个整数环 $\mathbf{Z}$ 到 F 的映射 σ 如下:

$$\sigma(n) = ne, \quad n \in \mathbf{Z}$$

于是, 对任意 $m, n \in \mathbf{Z}$, 有

$$\sigma(m+n) = (m+n)e = me + ne = \sigma(m) + \sigma(n)$$

$$\sigma(mn) = (mn)e = (me)(ne) = \sigma(m)\sigma(n)$$

这说明 σ 是 $\mathbf{Z}$ 到 F 的一个同态. 设 $\mathbf{Z}$ 到的同态核, 即

$$N = \{m \in \mathbf{Z} \mid \sigma(m) = me = 0'\}$$

设 F 的特征为 p, 易知同态像 $\mathbf{Z}' = \sigma(\mathbf{Z})$ 为

$$\mathbf{Z}' = \{ne \mid n \in \mathbf{Z}\} \subseteq F$$

于是, $\mathbf{Z} \overset{\sigma}{\sim} \mathbf{Z}'$, 此时, 同态核 $N = p\mathbf{Z}$, 由定理 21.2.5 可知, $\mathbf{Z}' \cong \mathbf{Z}/p\mathbf{Z}$.

(1) 若 p 为素数, 则由例 21.9 知, $\mathbf{Z}/p\mathbf{Z} = \mathbf{Z}_p$ 是一个域. 因此, $\mathbf{Z}'$ 是 F 的子域. 但 F 的任意子域必含幺元 e 及其 $ne, n \in \mathbf{Z}$, 即 F 的任意子域必包含 $\mathbf{Z}'$, 故 $\mathbf{Z}'$ 是 F 的最小子域.

(2) 若 $p = 0$, 则 $p\mathbf{Z} = \{0\}$, 于是 $\mathbf{Z}' \cong \mathbf{Z}$. 但 $\mathbf{Z}$ 不是域. 这说明 $\mathbf{Z}'$ 还不是 F 的子域. 现在把 σ 扩大为有理数域 $\mathbf{Q}$ 到 F 的同态映射, 需要补充定义:

$$\sigma\left(\frac{m}{n}\right) = \frac{me}{ne} \tag{21.1}$$

其中 $n \neq 0$.

显然, 若 $\dfrac{h}{k} = \dfrac{m}{n}$, 则 $hn = km$, 因此 $(he)(ne) = (ke)(me)$, 从而 $\dfrac{he}{ke} = \dfrac{me}{ne}$. 这说明由式(21.1)所定义的 $\dfrac{m}{n}$ 的映射由 $\dfrac{m}{n}$ 唯一确定. 此外, 容易验证

$$\sigma\left(\frac{m}{n} + \frac{h}{k}\right) = \sigma\left(\frac{m}{n}\right) + \sigma\left(\frac{h}{k}\right)$$

$$\sigma\left(\frac{m}{n} \frac{h}{k}\right) = \sigma\left(\frac{m}{n}\right)\sigma\left(\frac{h}{k}\right)$$

这说明 σ 是 Q 与 F 的同态映射. 又由式(21.1),有

$$\sigma = (n) = \sigma\left(\frac{n}{1}\right) = \frac{ne}{e} = (ne)e^{-1} = ne$$

这说明式(21.1)所规定的 σ 是原来所规定的 $\mathbf{Z}$ 到 F 的同态映射的扩大. 令 Q 在 σ 下的映像 $\sigma(Q)$ 为

$$R_0 = \left\{\frac{me}{ne} \mid m, n \in \mathbf{Z}, n \neq 0\right\} \subseteq F$$

不难验证,σ 是 Q 是 R_0 的一个双射. 因此,σ 是 Q 到 R_0 的一个同构映射,即 $Q \cong R_0$. 但 F 的任意子域都要包含 e, e 的整数倍 ne,以及商 $\frac{me}{ne}, n \neq 0$,即 F 的任意子域必包含 R_0. 所以,F 包含与 Q 同构的 R_0 为其最小子域.

由于 R_0 与 Q 同构,所以可以利用有理数的习惯表示法,将域 F 中的幺元 e 用 1 表示,ne 用整数 n 表示. 特别地,在特征为 0 的情况下,将 $\frac{me}{ne}$ 表示成 m/n,于是,特征为 0 的域便包含有理数域 $\mathbf{Q}$ 为最小域;在特征为素数 p 的情况下,用模 p 同余的整数表示 R_p 的同一个元素,于是,R_p 的 p 个元素便可以简单地写成 $0, 1, \cdots, p-1$.

综上所述,我们有:

定理 21.3.2 特征为 p 的任意域 F 包含 R_p 为其最小子域,称 R_p 为最小域或素域(prime field).

设 K 是域 F 的子域. 于是,K 的幺元就是 F 的幺元,因此,K 的特征与 F 的特征一致. 这说明任意域的特征与它的子域是一致的. 由定理21.3.2知,若 F 的特征为 p,则 F 包含的素域与 $R_p = \{0, 1, \cdots, p-1\}$ 同构.

定理 21.3.3 设 F 是特征为 p 的域,$|F| > 1$. 于是,对任意 $a \in F, a \neq 0, n \in \mathbf{Z}$.

(1)若 $p = 0$,则 $na = 0$ 当且仅当 $n = 0$;

(2)若 p 为素数,则 $na = 0$ 当且仅当 $n \equiv 0 \pmod{p}$.

证明 (1)设 $na = 0$,则 $ne = n(aa^{-1}) = (na)a^{-1} = 0$. 因此,$n = 0$;反之,若 $n = 0$,则 $na = 0$.

(2)首先 $pa = p(ea) = (pe)a = 0$. 令 $n = qp + r, 0 \leq r < p$. 若 $na = 0$,则有 $qpa + ra = 0$,推得 $ra = 0$. 从而 $r = 0$,故 $n \equiv 0 \pmod{p}$. 反之,若 $n \equiv 0 \pmod{p}$,则显然有 $na = 0$.

此定理说明,域 F 的任意非零元在加法群中的周期与幺元在加法群中的周期一致.

普通代数中的有理数、实数或复数,它们都是特征为 0 的域中的元素,它们的运算我们已经很熟悉了. 但在特征是素数 p 的域中,有些运算方法与普通的不同.

定理 21.3.4 设域 F 的特征是素数 $p, a, b \in F$,则

$$(a \pm b)^p = a^p \pm b^p$$

证明 由二项式定理,有

$$(a+b)^p = a^p + C_p^1 a^{p-1} b + \cdots + C_p^{p-1} ab^{p-1} + b^p$$

其中

$$C_p^i = \frac{p(p-1)\cdots(p-i+1)}{i!}, \quad 1 \le i \le p-1$$

但 C_p^i 是整数,而其中的 p 又不能消去,因此,$C_p^i \equiv 0 \pmod{p}$. 于是,由定理 21.3.3 知

$$C_p^i a^{p-i} b^i = 0, \quad i = 1, 2, \cdots, p-1$$

故

$$(a+b)^p = a^p + b^p \tag{21.2}$$

令 $c = a - b$,则由式(21.2)有 $a^p = (c+b)^p = c^p + b^p = (a-b)^p + b^p$,因此 $(a-b)^p = a^p - b^p$.

【例 21.12】 在 R_{17} 中 $\frac{2}{3}$ 等于什么元素?

解 因为在 R_{17} 中,$3 \times 6 \equiv 1 \pmod{17}$,所以,$3^{-1} = 6$. 故

$$\frac{2}{3} = 2 \times 3^{-1} = 2 \times 6 = 12$$

【例 21.13】 在 R_5 中,$\sqrt{-1}$ 等于什么?

解 因为在 R_5 中,$-1 = 4$,又 $2^2 = 3^2 = 4$,所以,$\sqrt{-1} = \sqrt{4} = 2$ 或 3.

*§21.4 有 限 域

元素数有限的域称为有限域(finite field)或 Calois(伽罗瓦)域,否则称为无限域(infinite field). 例如,当 p 为素数时,$R_p = \{0, 1, \cdots, p-1\}$ 对模 p 的加法和乘法运算作成一个有限域,记为 $GF(p)$.

显然,有限域的特征不能为 0,否则,F 包含有理数域 $\mathbf{Q}$ 为最小域.

本节主要讨论有限域的构造.

定义 21.4.1 设 F 是一个域,形如

$$a_0 + a_1 x + \cdots + a_n x^n \tag{21.3}$$

的表达式,称为 F 上关于 x 的多项式,其中元素 x 是一个抽象的符号,n 是任意非负整数,$a_0, a_1, \cdots, a_n \in F$. 若 $a_n \ne 0$,则称 n 为多项式(21.3)的次,而称 a_n 为式(21.3)的首项系数,$a_n = 1$ 的多项式为首 1 多项式. 特别地,0 称为 $-\infty$ 次多项式,其中 0 和 1 分别是 F 的零元和幺元.

常将式(21.3)简记为 $\sum_{i=0}^n a_i x^i$,两个多项式 $\sum_{i=0}^n a_i x^i$ 和 $\sum_{i=0}^m b_i x^i$ 称为相等,当且仅当 $m = n$,且 $a_i = b_i, i = 0, 1, \cdots, n$.

用 $F[x]$ 表示域 F 上 x 的多项式的全体组成的集合,即

$$F[x] = \left\{ \sum_{i=0}^n a_i x^i \;\middle|\; a_i \in F, n \ge 0, i = 0, 1, \cdots, n \right\}$$

有时,用 $f(x), g(x)$ 等代表任何一个 x 的多项式,多项式 $f(x)$ 的次记为 $\partial(f(x))$.

定义 21.4.2 设 F 是域,在 $F[x]$ 上定义多项式的加法 $\oplus$ 和乘法 $\odot$ 如下:对任意 $f(x) = \sum_{i=0}^n a_i x^i \in F[x]$,$g(x) = \sum_{i=0}^m b_i x^i \in F[x]$,有

$$f(x) \oplus g(x) = \sum_{i=0}^M (a_i + b_i) x^i$$

$$f(x) \odot g(x) = \sum_{i=0}^{m+n} \left(\sum_{j=0}^i (a_j + b_{i-j}) \right) x^i$$

其中 $M = \max\{m, n\}$,$i > n$ 时,$a_i = 0$;$i > m$ 时,$b_i = 0$.

不难验证，$F[x]$ 对于 $\oplus$ 和 $\odot$ 作成一个环，称为多项式环（polynomial ring）. 为方便，有时也将多项式环中运算 $\oplus$ 用 $+$ 表示，运算 $\odot$ 用 $\cdot$ 表示.

定理 21.4.1 设 $f(x),g(x) \in F[x],g(x) \neq 0$,于是,存在唯一的 $q(x),r(x) \in F[x]$,使得
$$f(x) = q(x)g(x) + r(x) \tag{21.4}$$
其中 $\partial(r(x)) < \partial(g(x))$,$q(x)$ 称为商式,$r(x)$ 称为余式.

证明 存在性.

若 $\partial(f(x)) < \partial(g(x))$,则令 $q(x) = 0$,$r(x) = f(x)$,式（21.4）即成立；

若 $\partial(f(x)) \geqslant \partial(g(x))$,则由 $g(x) \neq 0$ 知,$\partial(f(x)) \geqslant 0$. 下面对 $\partial(f(x))$ 作归纳证明. 设 $f(x) = \sum_{i=0}^{n} a_i x^i,g(x) = \sum_{i=0}^{m} b_i x^i$.

（i）当 $\partial(f(x)) = 0$,即 $f(x) = a_0$ 时,$g(x) = b_0$,令 $q(x) = a_0 b_0^{-1}$,$r(x) = 0$,则式（21.4）成立.

（ii）设 $\partial(f(x)) = n - 1 \geqslant 0$ 时,式（21.4）成立.

（iii）当 $\partial(f(x)) = n > 1$ 时,令
$$f_1(x) = f(x) = a_n b_m^{-1} x^{n-m} g(x)$$
则 $\partial(f(x)) \leqslant n - 1$. 由归纳假设,存在 $q_1(x),r_1(x)$,使得
$$f_1(x) = q_1(x)g(x) + r_1(x)$$
其中 $\partial(r_1(x)) < \partial(g(x))$,于是
$$\begin{aligned} f(x) &= f_1(x) + a_n b_m^{-1} x^{n-m} g(x) \\ &= q_1(x)g(x) + r_1(x) + a_n b_m^{-1} x^{n-m} g(x) \\ &= (a_n b_m^{-1} x^{n-m} g(x) + q_1(x))g(x) + r_1(x) \end{aligned}$$

唯一性. 设 $f(x) = q(x)g(x) + r(x) = q'(x)g(x) + r'(x)$,其中
$$\partial(r(x)) < \partial(g(x)),\partial(r'(x)) < \partial(g'(x))$$
于是
$$(q(x) - q'(x))g(x) = r'(x) - r(x)$$

显然 $\partial(r'(x) - r(x)) < \partial(g(x))$. 故必有 $q(x) - q'(x) = 0$,即 $q(x) = q'(x)$,从而 $r'(x) = r(x)$.

【例 21.14】 考虑域 $R_3 = \{0,1,2\}$ 上的多项式
$$f(x) = 1 + 2x + 2x^2 + x^4 + 2x^5$$
$$g(x) = 1 + x^2$$
求 $f(x)$ 被 $g(x)$ 除的商式和余式.

解 按 R_3 中的模 3 加法和乘法,有

$$
\begin{array}{r}
2x^3 + x^2 + x + 1 \\
x^2+1\overline{\smash{\big)}\ 2x^5 + x^4 + 2x^2 + 2x + 1} \\
\underline{2x^5 + 2x^3 } \\
x^4 + x^3 + 2x^2 + 2x + 1 \\
\underline{x^4 + x^2 } \\
x^3 + x^2 + 2x + 1 \\
\underline{x^3 + x } \\
x^2 + x + 1 \\
\underline{x^2 + 1} \\
x
\end{array}
$$

故 $q = 2x^3 + x^2 + x + 1, r(x) = x$.

类似于整数之间的整除等概念，我们有：

定义 21.4.3 设 $f(x), g(x) \in F[x]$.

（1）若存在 $q(x) \in F[x]$，使 $f(x) = q(x)g(x)$，则称 $g(x)$ 是 $f(x)$ 的因式（factor），$f(x)$ 是 $g(x)$ 的倍式（multiple）；并称 $g(x)$ 整除 $f(x)$，记为 $g(x) | f(x)$，否则，记为 $g(x) \nmid f(x)$.

（2）设 $f(x)$ 和 $g(x)$ 不全为 0. 若 $h(x)$ 是满足 $h(x) | f(x)$ 和 $h(x) | g(x)$ 的次数最高的首 1 多项式，则称 $h(x)$ 为 $f(x)$ 和 $g(x)$ 的最高公因式，记为 $(f(x), g(x))$. 若 $(f(x), g(x)) = 1$，则称 $f(x)$ 与 $g(x)$ 互素（mutually prime）.

（3）设 $f(x) \neq 0, g(x) \neq 0$，若 $h(x)$ 是满足 $f(x) | h(x), g(x) | h(x)$ 的次数最低首 1 多项式，则称 $h(x)$ 为 $f(x)$ 和 $g(x)$ 的最低公倍式（least common multiple），记为 $[f(x), g(x)]$.

（4）若 $f(x) = h(x)g(x)$，其中 $\partial(h(x)) \geqslant 1$ 且 $\partial(g(x)) \geqslant 1$，则称 $f(x)$ 为可约多项式（reducible polynomial）. 否则称为不可约多项式（inreducible polynomial）.

易知，每个一次多项式都是不可约的. 又设 $x^2 + 1 \in F[x]$，若 F 是实数域，则 $x^2 + 1$ 是不可约多项式；若 F 是复数域，则 $x^2 + 1 = (x + i)(x - i)$，故是可约多项式.

定义 21.4.4 设 E 是域 F 的扩域. $f(x) \in F[x], a \in E$, $f(x)$ 在 a 上的值定义为用 a 代替 $f(x)$ 中的所有 x 而得到的 E 中的元素，记为 $f(a)$. 若 $f(a) = 0$，则称 a 为 $f(x)$ 在 E 中的根.

例如，$f(x) = x^2 + 1$ 是有理数 $\mathbf{Q}$ 上的多项式，它在 $\mathbf{Q}$ 中无根，在（$\mathbf{Q}$ 的扩域）实数域 $\mathbf{R}$ 中也无根，但它在（$\mathbf{R}$ 的扩域，也是 $\mathbf{Q}$ 的扩域）复数域中的根为 i 和 $-$ i.

由定理 21.4.1，我们有：

定理 21.4.2 设 E 是域 F 的扩域，$f(x) \in F[x], a \in E$. 于是，a 是 $f(x)$ 在 E 中的根，当且仅当 $(x - a) | f(x)$.

类似于素域 $R_p = \{0, 1, \cdots, p - 1\}$，可以对 $F[x]$ 中的不可约多项式 $p(x)$ 构成一个域 $F[x]_{p(x)}$.

定义 21.4.5 设 $p(x) \in F[x]$ 是 n 次不可约多项式. 令

$$F[x]_{p(x)} = \left\{ \sum_{i=0}^{n-1} a_i x^i \mid a_i \in F, i = 0, 1, \cdots, n - 1 \right\}$$

在 $F[x]_{p(x)}$ 上定义二元运算 $\oplus$ 和 $\odot$ 如下：对任意 $f(x), g(x) \in F[x]_{p(x)}$，有

$$f(x) \oplus g(x) = f(x) + g(x)$$
$$f(x) \otimes g(x) = (f(x)g(x))_{p(x)}$$

其中 $(f(x))_{p(x)}$ 表示 $f(x)$ 除以 $p(x)$ 的余式.

定理 21.4.3 设 F 是有限域，于是 $F[x]_{p(x)}$ 对于 $\oplus$ 和 $\odot$ 作成一个域，当且仅当 $p(x)$ 是 F 上的不可约多项式.

证明 显然，$F[x]_{p(x)}$ 是有限可交换环，由 21.1 节的定理 21.1.3 知，有限整环必是域，而 $F[x]_{p(x)}$ 是有限整环当且仅当 $F[x]_{p(x)}$ 中无零因子. 故只需证明 $F[x]_{p(x)}$ 中无零因子当且仅当 $p(x)$ 是 F 上的不可约多项式.

设 $F[x]_{p(x)}$ 中无零因子. 若 $p(x)$ 是 F 上的可约多项式，则有非零次多项式 $f(x)$ 和 $g(x)$，使得

$$p(x) = f(x)g(x)$$

于是 $f(x) \odot g(x) = (f(x)g(x))_{p(x)} = (p(x))_{p(x)} = 0$

这说明 $f(x)$ 和 $g(x)$ 是 $F[x]_{p(x)}$ 中的零因子，矛盾.

另一方面,设 $p(x)$ 是 F 上的 n 次不可约多项式.

若 $F[x]_{p(x)}$ 中有零因子 $f(x),g(x)\neq0$,使得

$$f(x)\circledast g(x)=0$$

则存在 $h(x)\in F[x]$,使得

$$f(x)g(x)=h(x)p(x) \tag{21.5}$$

显然 $\partial(h(x))\geq1$,否则,与 $p(x)$ 不可约矛盾.

设

$$(f(x),h(x))=q_1(x)$$
$$(g(x),h(x))=q_2(x)$$

于是,$\partial(q_1(x))\leq\partial(f(x)),\partial(q_2(x))\leq\partial(g(x))$. 若 $\partial(q_1(x))=\partial(f(x))$ 且 $\partial(q_2(x))=\partial(g(x))$,则必有 $\partial(h(x))\geq\partial(f(x))$ 且 $\partial(h(x))\geq\partial(g(x))$,从而

$$\partial(h(x)p(x))=\partial(h(x))+\partial(p(x))\geq\partial(f(x))+n>\partial(f(x))+(n-1)$$
$$\geq\partial(f(x))+\partial(g(x))=\partial(f(x)g(x))$$

此与式(21.5)矛盾,故不妨设 $(f(x),h(x))=q(x)$ 且 $\partial(q(x))<\partial(f(x))$. 于是有

$$f'(x),h'(x)\in F[x]$$

使得

$$f(x)=f'(x)q(x) \tag{21.6}$$
$$h(x)=h'(x)q(x) \tag{21.7}$$

其中 $\partial(f'(x))\geq1$.

因为 $q(x)$ 是 $f(x)$ 和 $h(x)$ 的最高公因式,所以存在 $a(x),b(x)\in F[x]$,使得

$$a(x)f(x)+b(x)h(x)=q(x) \tag{21.8}$$

由式(21.6)~式(21.8)得

$$a(x)f'(x)+b(x)h'(x)=1$$

这说明 $f'(x)$ 与 $h'(x)$ 互素. 又由式(21.5)~式(21.7)得

$$g(x)f'(x)=h'(x)p(x)$$

从而 $f'(x)\mid h'(x)p(x)$,但 $f'(x)$ 与 $h'(x)$ 互素,故

$$f'(x)\mid p(x)$$

而且 $\partial(f'(x))\geq1$. 这说明 $p(x)$ 是可约的,矛盾.

总之,定理成立.

容易验证,F 是 $F[x]_{p(x)}$ 的子域,此外,若 $p(x)$ 是一次多项式,则 $F[x]_{p(x)}=F$;若 $p(x)=p_0+p_1x+\cdots+p_nx^n$ 是 F 上的 $n(n\geq2)$ 次不可约多项式,则

$$0=(p(x))_{p(x)}=(p_0+p_1x+\cdots+p_nx^n)_{p(x)}$$
$$=p_0\oplus p_1\odot x\oplus\cdots\oplus p_n\odot x\odot x\odot\cdots\odot x$$

这说明 x 是 F 上不可约多项式 $p(x)$ 在 $F[x]_{p(x)}$ 中的根. 因此,又称 $F[x]_{p(x)}$ 是添加 $p(x)$ 的根到 F 上面得到的域.

【例 21.15】　给定域 $F=\{0,1\}$ 上的多项式 $p(x)=x^2+x+1$. 因 $p(0)=p(1)=1$,故 $p(x)$ 是 F 上的不可约多项式. 但 $(p(x))_{p(x)}=0$,且由 $p(x)=x(x+1)+1$ 知 $(p(x+1))_{p(x)}=((x+1)x+1)_{p(x)}=(p(x))_{p(x)}=0$. 因此 $F[x]_{p(x)}=\{0,1,x,x+1\}$,$F[x]_{p(x)}$ 是 F 的扩域,其中 x 和 $x+1$ 均为 $p(x)$ 在 $F[x]_{p(x)}$ 中的根.

由定理 21.4.3 知,要构造一个域 $F[x]_{p(x)}$,首先得确定 F 上的不可约多项式 $p(x)$,那么如何判断 $p(x)$ 是不可约的呢? 可以用类似于判定素数的方法进行.

若 $p(x)$ 是可约的 n 次多项式,则有

$$p(x) = f(x)g(x)$$

其中 $\partial(f(x)) \leqslant \left\lfloor \dfrac{n}{2} \right\rfloor$ 或者 $\partial(g(x)) \leqslant \left\lfloor \dfrac{n}{2} \right\rfloor$. 因此,如果所有次数不高于 $\left\lfloor \dfrac{n}{2} \right\rfloor$ 的不可多约多项式都不是 $p(x)$ 的因式. 则 $p(x)$ 就是一个不可约多项式.

【例 21.16】 设域 $F = \{0,1\}$,则

(1) F 上的一次不可约多项多有: $x, x+1$;

(2) F 上的二次可约多项式有: $x^2, x(x+1) = x^2+x, (x+1)^2 = x^2+1$,从而二次不可约多项式为 x^2+x+1.

由上节可知,有限域的特征为素数 p. 有限域的元素个数也与特征 p 有关.

定理 21.4.4 每个有限域的阶(即元素个数)必为素数幂.

证明 设限域 F 的特征为 p,则 F 包含 p 阶素域 F_1.

若 $F = F_1$,则定理得证. 否则,有 $x_1 \in F - F_1$. 令 $F_2 = \{a_1 + a_2 x_1 \mid a_1 a_2 \in F_1\}$,由 $|F_1| = p$ 知 $|F_2| \leqslant p^2$. 下证 $|F_2| = p^2$.

若 $|F_2| < p^2$,则存在 $a_1, a_2, b_1, b_2 \in F_1, a_1 \neq b_1$ 或 $a_2 \neq b_2$,使得 $a_1 + a_2 x_1 = b_1 + b_2 x_1$,即 $(a_2 - b_2)x_1 = b_1 - a_1$. 若 $a_2 \neq b_2$,则 $x_1 = (a_1 - b_2)^{-1}(b_1 - a_2) \in F_1$,矛盾. 因此,$a_2 = b_2$,从而 $a_1 = b_1$,矛盾. 故 $|F_2| = p^2$.

若 $F = F_2$,则定理得证,否则存在 $x_2 \in F - F_2$,令 $F_3 = \{a_1 + a_2 x_1 + a_3 x_2 \mid a_1, a_2, a_3 \in F_1\}$. 易知 $F_2 \subseteq F_3 \subseteq F$. 仿上可记为 $|F_3| = p^3$. 由于 F 有限,故必有 $F_n = F$,且 $|F_n| = p^n$.

§21.5 有限域的结构

上节中,我们通过多项式环 $F[x]$ 及不可约多项式 $p(x)$ 构造了一个域 $F[x]_{p(x)}$,并证明了任何有限域 F 的元素的个数必为 p^n 的形式,其中 p 为 F 的特征,本节讨论有限域的结构. 以下总设 p 为素数.

定理 21.5.1 域 F 上的 n 次多项式在 F 中至多有 n 个根.

证明 对 n 进行归纳证明.

(1) 0 次多项式是 F 中的非零元素,在 F 中没有根.

(2) 设 F 上的所有 n 次多项式在 F 中至多只有 n 个根.

(3) 设 $f(x)$ 是 F 上的 $n+1$ 次多项式.

若 $f(x)$ 在 F 中没有根,则定理成立;若 $f(x)$ 在 F 中有根 a,则存在 $g(x) \in F[x]$,使得

$$f(x) = (x-a)g(x)$$

并且 $\partial(g(x)) = n$. 由归纳假设,$g(x)$ 在 F 中至多只有 n 个根. 故 $f(x)$ 在 F 中只有 $n+1$ 个根.

定理 21.5.2 p^n 阶域 F 中每个元素都是多项式 $x^{p^n} - x$ 的根.

证明 显然,0 是 $x^{p^n} - x$ 的根. 由于 $F - \{0\}$ 对乘法成群,且其阶为 $p^n - 1$,故每个元素 $a \in F - \{0\}$ 的周期都整除 $p^n - 1$. 因此,$a^{p^n - 1} = 1$,即 $a^{p^n} - a = 0$.

定理 21.5.3　任意有限域的乘法群是循环群,其生成元称为域的本原元(primitive element).

证明　设 F 为 p^n 阶域,乘法群 $F-\{0\}$.中元素的最大周期为 m,则 $m \leqslant p^n-1$.因为 $F-\{0\}$ 是交换群,所以,对任意 $a \in F-\{0\}$,a 的周期是 m 的因子,从而 $a^m=1$,即 x^m-1 在 F 中有 p^n-1 个根,但至多只有 m 个根,故 $p^n-1 \leqslant m$,于是 $m=p^n-1$.

这说明 $F-\{0\}$ 是循环群.

【例 21.17】　给定域 $F=\{0,1\}$ 上的多项式 $p(x)=x^3+x^2+1$,易知 $p(x)$ 是 F 上的不可约多项式,于是 $F[x]_{p(x)}$ 是一个 8 阶域,其元素为 $0,1,x,x+1,x^2,x^2+1,x^2+x,x^2+x+1$. 令 $a=x$,则 $a=x,a^2=x^2,a^3=x^2+1,a^4=x^2+x+1,a^5=x+1,a^6=x^2+x,a^7=1$,因此,$x$ 是 $F[x]_{p(x)}$ 的本原元.

定理 21.5.4　设 $f(x)$ 是 p 阶域 F 上的多项式,则 $(f(x))^p=f(x^p)$.

证明　对 $\partial(f(x))$ 进行归纳证明.

(1) $f(x)=a_0$ 时,$(f(x))^p=a_0^p=f(x^p)$.

(2) 设对所有 n 次多项式,结论成立.

(3) 设 $f(x)$ 为 $n+1$ 次多项式 $\sum\limits_{i=0}^{n+1} a_i x^i$,则

$$(f(x))^p = \left(\sum_{i=0}^{n} a_i x^i + a_{n+1} x^{n+1} \right)^p = \left(\sum_{i=0}^{n} a_i x^i \right)^p + (a_{n+1} x^{n+1})^p$$
$$= \sum_{i=0}^{n} a_i (x^p)^i + a_{n+1} (x^p)^{n+1} = f(x^p)$$

定义 21.5.1　设域 F 的特征为 p,$a \in F$,F 的最小子域上的以 a 为根的次数最低的首 1 多项式称为 a 的最小多项式(minimal polynomial),记为 $M_a(x)$.

定理 21.5.5　有限域 F 的每个元素 a 都有唯一的最小多项式 $M_a(x)$,且 $M_a(x)$ 是 F 的最小子域上的不可约多项式.

证明　存在性.设域 F 的阶为 p^n,$a \in F$,则由定理 21.5.2,a 是 $x^{p^n}-x$ 的根.故 $M_a(x)$ 是存在的.

唯一性.设 $f(x)$ 和 $g(x)$ 都是 a 的最小多项式.显然,a 也是 $f(x)-g(x)$ 的根.但 $\partial(f(x)-g(x))<\partial(f(x))$.设 $f(x)-g(x)$ 的首项系数为 c,则 $c^{-1}(f(x)-g(x))$ 是比 $f(x)$ 次数更低的 a 的最小多项式,矛盾,故 $f(x)=g(x)$.

不可约性.$M_a(x)$ 是 F 的最小子域上的可约多项式.则有 $f(x)$ 和 $g(x)$ 使 $M_a(x)=f(x)g(x)$,其中 $\partial(f(x)) \geqslant 1$,$(g(x)) \geqslant 1$.于是 $f(a)g(a)=M_a(x)=0$.从而 $f(a)=0$ 或者 $g(a)=0$.此与 $M_a(x)$ 是 a 的最小多项式矛盾,故 $M_a(x)$ 不可约.

【例 21.18】　设域 $F=\{0,1\}$,$p(x)=x^2+x+1$.求 $F[x]_{p(x)}$ 中每个元素所对应的最小多项式.

解　由例 21.15 知,$F[x]_{p(x)}=\{0,1,x,x+1\}$.

(1) 显然,$M_0(x)=x$;

(2) 因为 $1+1=0$,所以 $M_1(x)=x+1$;

(3) 因为 $(x^2+x+1)_{p(x)}=0$,所以,$M_x(x)=M_{x+1}(x)=x^2+x+1$.

定理 21.5.6　设 F 是特征为 p 的有限域,a 是 F 的最小子域上的多项式 $f(x)$ 的根.则

$$M_a(x) \mid f(x).$$

证明　设 F 的最小子域为 F_p 由定理 21.4.1,存在 $q(x),r(x) \in F_p[x]$,使得

$$f(x) = q(x)M_a(x) + r(x)$$

其中 $\partial(r(x)) < \partial(M_a(x))$. 因为 $f(a) = M_a(a) = 0$, 所以 $r(a) = 0$. 于是必有 $r(x) = 0$. 故 $M_a(x) \mid f(x)$.

定理 21.5.7 设 $f(x)$ 是 p 阶域 F 上的 n 次不可约多项式. $g(x)$ 是 F 上的次数大于 n 的不可约多项式, 于是

$$f(x) \mid x^{p^n} - x \text{ 且 } g(x) \nmid x^{p^n} - x$$

证明 因为 $F[x]_{f(x)}$ 是 F 的 p^n 阶扩域, 所以, 由定理 21.5.2 知, $x \in F[x]_{f(x)}$ 是 $x^{p^n} - x$ 的根, 又由 $f(x)$ 的假设知 $f(x)$ 是 x 的最小多项式, 故由定理 21.5.6 知, $f(x) \mid x^{p^n} - x$.

设 $\partial(g(x)) = m > n$. 若 $g(x) \mid x^{p^n} - x$, 即 $(x^{p^n} - x)_{g(x)} = 0$, 则 $(x^{p^n})_{g(x)} = x$.

任取 $h(x) \in F[x]_{g(x)}$, 由定理 21.5.4 知

$$(h(x))^{p^n} = (h(x))_{g(x)}^{p^n} = (h(x^{p^n}))_{g(x)} = ((h(x^{p^n}))_{g(x)})_{g(x)} = (h(x))_{g(x)} = h(x)$$

因此, $(h(x))^{p^n} - h(x) = 0$, 从而 $h(x)$ 是 $x^{p^n} - x$ 在 $F[x]_{g(x)}$ 中的根, 但这样的 $h(x)$ 共有 $p^m \, (p^m > p^n)$ 个, 此与定理 21.5.1 矛盾. 故 $g(x) \nmid x^{p^n} - x$.

定理 21.5.8 设 F 是特征为 p 的有限域, $a \in F$, $\partial(M_a(x)) = n$. 于是, $a^{p^n} = a$, 并且对任意 $m \, (0 < m < n)$, $a^{p^m} \neq a$.

证明 设 F_p 为 F 的最小子域, 于是 $M_a(x)$ 是 F_p 上的 n 次不可约多项式, 从而由定理 21.5.7 知, $M_a(x) \mid x^{p^n} - x$. 故 a 也是 $x^{p^n} - x$ 的根, 即 $a^{p^n} = a$.

对任意 $m \, (0 < m < n)$, 设

$$x^{p^m} - x = q(x)M_a(x) + r(x)$$

其中 $q(x), r(x) \in F[x]$, 且 $\partial(r(x)) < n$.

若 $a^{p^m} = a$, 则 $r(a) = 0$, 从而 $r(x) = 0$, 于是, $M_a(x) \mid x^{p^m} - x$, 此与定理 21.5.7 矛盾, 故 $a^{p^m} \neq a$.

定理 21.5.9 设 F 为 p 阶域, $f(x)$ 是 F 上的 n 次不可约多项式, a 是 $f(x)$ 在 $F[x]_{f(x)}$ 中的根, 则 $f(x)$ 在 $F[x]_{f(x)}$ 中有 n 个不同的根: $a, a^p, a^{p^2}, \cdots, a^{p^{n-1}}$.

证明 由定理 21.5.4 知 $(f(x))^p = f(x^p)$. 于是, 若 a 是 $f(x)$ 在 $F[x]_{f(x)}$ 中的根, 则 $f(a)^p = (f(a))^p = 0$, 即 a^p 也是 $f(x)$ 的根, 由此及定理 21.5.1 知, $a, a^p, \cdots, a^{p^{n-1}}$ 是 $f(x)$ 在 $F[x]_{f(x)}$ 中的所有根. 下证它们互不相同.

若 $a^{p^i} = a^{p^j}$, $0 \leq i < j \leq n - 1$, 则

$$(a^{p^{j-i}} - a)^{p^i} = (a^{p^i})^{p^i} - a^{p^i} = a^{p^j} - a^{p^i} = 0$$

由于域中无零因子, 故必有 $a^{p^{j-i}} - a = 0$, 即 $a^{p^{j-i}} = a$. 但 $0 < j - i < n$, 而 a 的最小多项次数为 n. 此与定理 21.5.8 矛盾.

定理 21.5.10 设 $x^m - 1$ 和 $x^n - 1$ 是域 F 上的两个多项式, 于是, $x^m - 1 \mid x^n - 1$ 当且仅当 $m \mid n$.

证明 设 $m \mid n$, 即 $n = qm$, 则

$$x^n - 1 = (x^m - 1)(x^{(q-1)m} + x^{(q-2)m} + \cdots + x^m + 1)$$

因此 $x^m - 1 \mid x^n - 1$.

反之, 设 $x^m - 1 \mid x^n - 1$. 令 $n = qm + r$, $0 \leq r < m$, 则

$$x^n - 1 = x^{qm+r} - 1 = x^r(x^{qm} - 1) + (x^r - 1)$$

由于 $x^m - 1 \mid x^n - 1$ 且 $x^m - 1 \mid x^{qm} - 1$, 所有必有

$$x^m - 1 \mid x^r - 1$$

但 $0 \leqslant r < m$，故必有 $r = 0$，从而 $m \mid n$．

定理 21.5.11 p 阶域 F 上的多项式 $x^{p^n} - x$ 没有重因式，即不存在 F 上不可约多项式 $g(x)$，使得 $(g(x))^2 \mid x^{p^n} - x$．并且，若 $f(x)$ 是 F 的 m 次不可约多项式，则 $f(x) \mid x^{p^n} - x$ 当且仅当 $m \mid n$．

证明 设 $x^{p^n} - x = h(x)(g(x))^2$，其中 $h(x), g(x) \in F[x]$，且 $g(x)$ 是 F 上的不可约多项式，由于 x 表示任何文字，因此，可以对上式两边求 x 的导函数，得

$$p^n x^{p^n - 1} - 1 = h'(x)(g(x))^2 + 2h(x)g(x)g'(x)$$

其中 $h'(x)$ 和 $g'(x)$ 分别是 $h(x)$ 和 $g(x)$ 对 x 的导函数．

设 a 是 $g(x)$ 在 $F[x]_{g(x)}$ 上的根，则 $p^n a^{p^n - 1} - 1 = 0$，即 $p^n a^{p^n - 1} = 1$，但 $F[x]_{g(x)}$ 的特征为 p，所以 $p^n x^{p^n - 1} = 0$，矛盾．故 $x^{p^n} - x$ 无重因式．

又设 $m \mid n$，则由定理 21.5.10 知，$p^m - 1 \mid p^n - 1$．从而 $x^{p^m - 1} - 1 \mid x^{p^n - 1} - 1$，进而 $x^{p^m} - x \mid x^{p^n} - x$．再由定理 21.5.7 知，$f(x) \mid x^{p^m} - x$．故 $f(x) \mid x^{p^n} - x$．

反之，$f(x) \mid x^{p^n} - x$．令 $n = qm + r, 0 \leqslant r < m$．设 a 是 $f(x)$ 在 $F[x]_{f(x)}$ 中的根，则 a 也是 $x^{p^n} - x$ 的根，而且由定理 21.5.7 知，a 又是 $x^{p^m} - x$ 的根，于是 $a^{p^n} = a$ 且 $a^{p^m} = a$，从而 $a = a^{p^n} = a^{p^{qm+r}} = (a^{p^{qm}})^{p^r} = a^{p^r}$．再由定理 21.5.8 知 $r = 0$．故 $m \mid n$．

下面计算素域上任意次的不可约首 1 多项式的数目．

定理 21.5.12 设 $N_p(m)$ 表示 p 阶域 F 上的 m 次不可约首 1 多项式的数目，则

$$p^n = \sum_{m \mid n} m \cdot N_p(m) \quad （对 n 的所有因子求和）$$

证明 由定理 21.5.11 知

$$x^{p^n} - x = \prod_{m \mid n} \left(\prod_{i=1}^{N_p(m)} f_{m_i} \right)$$

其中，$f_{m_1}(x), f_{m_2}(x), \cdots, f_{m_k}(x)(k = N_p(m))$ 是所有不同的 m 次不可约首 1 多项式，显然，x^{p^n} 只能由这些多项式的首项相乘得到．所以

$$p^n = \sum_{m \mid n} m \cdot N_p(m)$$

利用此定理，可以递推地计算出素域上任意次的不可约首 1 多项式的数目．

【例 21.19】 对 $m = 1, 2, 3, 4, 5$．计算 $N_2(m)$ 如下：

$$N_2(1) = 2;$$

$$N_2(2) = (2^2 - N_2(1))/2 = 1;$$

$$N_2(3) = (2^3 - N_2(1))/3 = 2;$$

$$N_2(4) = (2^4 - N_2(1) - 2N_2(2))/4 = 3;$$

$$N_2(5) = (2^5 - N_2(1))/5 = 6;$$

我们知道，任何有限域的阶都是某个素数的幂．反过来，我们有：

定理 21.5.13 对任意素数 p 和正整数 n，存在 p^n 阶域．

证明 若能证明对任意素数 p 和正整数 n，$N_p(n) > 0$，则由定理 21.5.12 知，存在 p 阶素域 F 上的 n 次不可约多项式 $f(x)$，于是，$F[x]_{f(x)}$ 即为 p^n 阶域．

显然，$N_p(1) = p > 0$，而且由定理 21.5.12 知，对任意正整数 m 有 n．

$$mN_p(m) \leqslant p^m$$

设 $n \geqslant 2$. 因为 n 的任意真因子 $m \leqslant \left[\dfrac{n}{2}\right]$, 所以

$$N_p(n) = \left(p^n - \sum_{m|n, m \neq n} m \cdot N_p(m)\right)/n \geqslant \left(p^n - \sum_{m=1}^{[n/2]} p^m\right)/n$$

$$= \left(p^n - \frac{p^{[n/2]+1} - p}{p-1}\right)\bigg/n \geqslant (p^n - p^{[n/2]+1} + p)/n$$

显然, $n \geqslant [n/2] + 1$, 故 $p^n - p^{[n/2]+1} \geqslant 0$, 于是

$$N_p(n) \geqslant p/n > 0$$

定理 21.5.14 同阶有限域必同构.

证明 设 F 和 F' 是两个 p^n 阶域. F 和 F' 的最小子域分别为 $R_p = \{0, 1, \cdots, p-1\}$ 和 $R_p' = \{0', 1', \cdots, (p-1)'\}$, 定义 $\sigma: R_p \to R_p'$ 为 $\sigma(i) = i'$. 显然 $R_p \overset{\sigma}{\cong} R_p'$.

设 R_p 上的 m 次多项式 $f(x)$ 是 F 的一个本原元 ξ 的最小多项式, 令

$$F_0 = \{a_0 + a_1\xi + \cdots + a_{m-1}\xi^{m-1} \mid a_0, a_1, \cdots, a_{m-1} \in R_p\}$$

显然 $F_0 \subseteq F$. 设

$$x^i = q_i(x)f(x) + r_i(x)$$

其中 $\partial(r_i(x)) < m$, $i = 0, 1, \cdots, p^n - 2$. 于是有 $r_i(\zeta) \in F_0$, $i = 0, 1, \cdots, p^n - 2$. 但 $F = \{0, \zeta^0, \zeta^1, \cdots, \zeta^{p^n-2}\}$, 且 $0 \in F_0$, 因此 $F = F_0$, 故 $m = n$. 不妨设

$$f(x) = f_0 + f_1 x + \cdots + f_{n-1} x^{n-1} + 1 x^n$$

并令

$$g(x) = f_0' + f_1' x + \cdots f_{n-1}' x^{n-1} + 1' x^n$$

其中 $1' = \sigma(1)$, $f_i' = \sigma(f_i)$, $i = 0, 1, \cdots, n-1$. 于是, $g(x)$ 是 R_p' 上的 n 次不可约多项式, 由定理 21.5.7 $g(x) \mid x^{p^n} - x$. 又由定理 21.5.2, F' 中的 p^n 个元素都是 $x^{p^n} - x$ 的根, 因此, $g(x)$ 在 F' 中有根, 设 ζ' 是 $g(x)$ 在 F' 中的一个根. 于是 $g(x)$ 是 ζ' 的最小多项式.

现定义 $\varphi: F \to F'$ 如下, 对任意 $\sum\limits_{i=0}^{n-1} a_i \zeta^i \in F$, $\varphi\left(\sum\limits_{i=0}^{n-1} a_i \zeta^i\right) = \sum\limits_{i=0}^{n-1} a_i' \zeta'$, 其中 $a_i = \sigma(a_i)$.

由于 σ 是双射, 所以, 容易验证 φ 也是一个映射, 此外, 对任意 $\sum\limits_{i=0}^{n-1} a_i \zeta^i \in F$ 和 $\sum\limits_{i=0}^{n-1} b_i \zeta^i \in F$, 有

$$\varphi\left(\sum_{i=0}^{n-1} a_i \zeta^i + \sum_{i=0}^{n-1} b_i \zeta^i\right) = \varphi\left(\sum_{i=0}^{n-1} (a_i + b_i)\zeta^i\right) = \sum_{i=0}^{n-1} ((a_i + b_i)'\zeta'^i) = \sum_{i=0}^{n-1} a_i'\zeta'^i + \sum_{i=0}^{n-1} b_i'\zeta'^i$$

$$= \varphi\left(\sum_{i=0}^{n-1} a_i \zeta^i\right) + \varphi\left(\sum_{i=0}^{n-1} b_i \zeta^i\right)$$

设

$$\varphi\left(\left(\sum_{i=0}^{n-1} a_i \zeta^i\right)\left(\sum_{i=0}^{n-1} b_i' \zeta^i\right)\right) = \sum_{i=0}^{k} (q_i x^i)f(x) + \sum_{i=0}^{n-1} c_i x^i$$

$$\left(\sum_{i=0}^{n-1} a_i' \zeta'^i\right)\left(\sum_{i=0}^{n-1} b_i' \zeta'^i\right) = \left(\sum_{i=0}^{k} q_i x^i\right)g(x) + \sum_{i=0}^{n-1} c_i' x^i$$

于是

$$\varphi\left(\left(\sum_{i=0}^{n-1} a_i \zeta^i\right)\left(\sum_{i=0}^{n-1} b_i \zeta^i\right)\right) = \varphi\left(\sum_{i=0}^{n-1} c_i x^i\right) = \sum_{i=0}^{n-1} c_i' \zeta'^i = \left(\sum_{i=0}^{n-1} a_i' \zeta'^i\right)\left(\sum_{i=0}^{n-1} b_i' \zeta'^i\right)$$

$$= \varphi\left(\sum_{i=0}^{n-1} a_i \zeta^i\right)\varphi\left(\sum_{i=0}^{n-1} b_i \zeta^i\right)$$

这说明 φ 是 F 到 F' 的同态.

如果 $\sum_{i=0}^{n-1} a_i' \zeta'^i = \sum_{i=0}^{n-1} b_i' \zeta'^i$，则因为 $g(x)$ 是 ζ' 的（n 次）最小多项式，所以 $a_i' = b_i'$，从而 $a_i = b_i$，$i = 0,1,\cdots,n-1$.

故 $\sum_{i=0}^{n-1} a_i \zeta'^i = \sum_{i=0}^{n-1} b_i' \zeta'^i$，这说明 φ 是单射. 显然，φ 是满射.

总之，$F \overset{\sigma}{\cong} F'$.

§21.6 纠 错 码

我们知道，在计算机中和数据通信中，经常需要将二进制数字信号进行传递，这种传递的距离近则几米、几毫米，远则超过几千公里. 在传递信息过程中，由于存在着各种干扰，可能会使二进制信号产生失真现象，即在传递过程中二进制信号 0 可能会变成 1，1 可能会变成 0. 图 21.1 是一个二进制信号传递的简单模型，它有一个发送端和一个接收端，二进制信号串 $X = x_1 x_2 \cdots x_n$ 从发送端发出经传输介质而至接收端，由于存在着干扰对传输介质的影响，因而接收端收到的二进制信号串 $X' = x_1' x_2' \cdots x_n'$ 中的 x_i' 可能不一定就与 x_i 相等，从而产生了二进制信号的传递错误.

图 21.1

由于在计算机中和数据通信系统中的信号传递非常频繁与广泛，因此，如何防止传输错误变得相当重要. 要解决这个问题可以有不同的途径. 人们所想到的第一个途径是提高设备的干扰能力和信号的抗干扰能力. 但是，从物理角度去提高抗干扰能力并不能完全消除错误的出现. 第二个途径就是下面所要讨论的采用纠错码（error correcting code）的方法以提高抗干扰能力. 这种纠错码的方法是从编码上下功夫，使得二进制数码在传递过程中一旦出错，在接收端的纠错码装置就能立刻发现错误，并将其纠正. 由于这种方法简单易行，因此目前在计算机中和数据通信系统中被广泛采用，采用这种方法后，二进制信号传递模型就可以变为图 21.2 所示的模型了.

图 21.2

从图 21.2 可以看到，当二进制信号串从发送端发出时，需按规定转换成具有抗干扰能力的纠错码，然后才能发出去，在接收端，当接收到二进制信号串后立即对收到的纠错码进行检查，查验在途中是否失真，如失真则进行纠正.

这个模型的一个典型实现，就是在远程数据传输系统中具有纠错能力的数据传输装置，如图 21.3 所示.

图 21.3

从图 21.3 可以看出，二进制信号发生器发生信号（二进制信号发出器可以是计算机，或者是由人为控制的某些装置如终端），经差错控制器形成纠错码，然后经调制器使二进制信号变成适宜于信道传播的电信号，这种信号经过信道传输至接收端，首先通过解调器将其还原为原来的二进制信号，再经差错控制器检验经信道传输后是否产生失真，并采取措施进行纠正，经纠正后的二进制信号送入二进制信号接收器，从而完成整个传输过程。二进制信号接收器可以是计算机，或其他接收装置如终端等。

为什么纠错码具有发现并纠正错误的能力呢？纠错码又是按什么样的原理去编的？为了说明这些问题，我们首先介绍一些基本概念。

定义 21.6.1　由 0 和 1 组成的串称为字（word），一些字的集合称为码（code），码中的字称为码字（code word）。不在码中的字称为废码（invalid word）。码中的每个二进制信号 0 或 1 称为码元（code letter）。

设有长度为 2 的字，它们一共可有 $2^2 = 4$ 个，它们所组成的字集 $S_2 = \{00, 01, 10, 11\}$。当选取编码为 S_2 时，这种编码不具有抗干扰能力，因为当 S_2 中的一个字如 10 在传递过程中其第一个码元 1 变为 0 因而整个字成为 00 时，由于 00 也是 S_2 中的字，故不能发现传递中是否出错。但是，当选取 S_2 的一个集如 $C_2 = \{00, 11\}$ 作为编码就会发生另一种完全不同的情况，因为此时 01 或 01 均为废码，而当 11 在传递过程中第一个码元由 1 变为 0，即整个字成为 01 时，由于 01 是废码，因而可以发现传递过程中出现了错误。对 00 也有同样的情况。但是，这种编码有一个缺点，即它只能发现错误而不能纠正错误，因此还需要选择另一种能纠错的编码。现在考虑长度为 3 的字，它们一共可有 $2^3 = 8$ 个，在它们所组成的字集 $S_3 = \{000, 001, 010, 011, 100, 101, 110, 111\}$ 中选取编码 $C_3 = \{001, 110\}$。利用此编码不仅能够发现错误而且能纠正错误。因为码字 001 出现错误后将变为 000, 011, 101，而码字 110 出现错误后将变为 111, 100, 010。因此，如果码字 001 在传递过程中任何一个码元出现了错误，整个码字只会变为 101、011 或 000，但是都可知其原码为 001。对于码字 110 也有类似情况。故对编码 C_3，不仅能发现错误而且能纠正错误。当然，上述编码还有一个缺点，就是它只能发现并纠正单个错误，当错误超过两个码元时，它就既不能发现错误又无法纠正了。

21.6.1　纠错码的纠错能力

前面我们已经看出按 C_2 编码仅能发现错误，按编码 C_3 可以现并纠正单个错误，可以看出，不同的编码具有不同纠错能力，可是，编码方式与纠错能力之间到底有什么联系呢？为此，需对其作较为详细的研究。

设 S_n 是长度为 n 字集，即
$$S_n = \{x_1 x_2 \cdots x_n \mid x_i = 0 \text{ 或 } x_i = 1, i = 1, 2, \cdots, n\},$$
在 S_n 上定义二元运算 $*$：任意的 $X, Y \in S_n$，$X = x_1 x_2 \cdots x_n$，$Y = y_1 y_2 \cdots y_n$，有
$$Z = X * Y = z_1 z_2 \cdots z_n$$
其中 $z_i = x_i +_2 y_i (i = 1, 2, \cdots, n)$，而运算符 $+_2$ 为模 2 加运算，称运算 $*$ 为按位加。

显然，$(S_n; *)$ 是一个代数系统，且运算 $*$ 满足结合律，它的单位元是 $00 \cdots 0 \in S_n$，每个元素的逆元都是它自身。因此，$(S_n; *)$ 是 一个群。

定义 21.6.2　设 C 是 S_n 的任一非空子集。如若 $(C; *)$ 是群，即 C 是 S_n 的子群，则称码 C 是群码（group code）。

定义 21.6.3 设 $X = x_1 x_2 \cdots x_n$ 和 $Y = y_1 y_2 \cdots y_n$ 是 S_n 中的两个元素,称

$$H(X,Y) = \sum_{i=1}^{n} (x_i +_2 y_i)$$

为 X 与 Y 的汉明距离(Hamming distance).

从定义 21.6.3 可以看出,X 与 Y 的汉明距离是 X 和 Y 中对应位码元不同的个数. 设 S_3 中两个码字为 000 和 011,这两个码字的汉明距离是 2,而 000 和 111 的汉明距离是 3. 我们有以下结论:

(1) $H(X,X) = 0$;

(2) $H(X,Y) = H(Y,X)$;

(3) $H(X,Y) + H(Y,Z) \geqslant H(X,Z)$.

定义 21.6.4 一个码 C 中所有不同码字的汉明距离的极小值称为码 C 的最小距离(minimum distance),记为 $d_{\min}(C)$. 即

$$d_{\min}(C) = \mathop{\min}_{\substack{X \neq Y}} _{X,\ Y \in C} (H(X,Y))$$

例如,$d_{\min}(S_2) = d_{\min}(S_3) = 1, d_{\min}(C_2) = 2, d_{\min}(C_3) = 3$.

利用编码 C 的最小距离,可以刻画编码方式与纠错能力的关系. 我们有:

(1) 一个码 C 能检查出不超过 k 个错误的充分必要条件是 $d_{\min}(C) \geqslant k+1$;

(2) 一个码 C 能纠正 k 个错误的充分必要条件是 $d_{\min}(C) \geqslant 2k+1$.

对 $C_2 = \{00, 11\}$,因 $d_{\min}(C_2) = 2 = 1 + 1$,故 C_2 可以检查出单个错误;对 $C_3 = \{000, 111\}$,因 $d_{\min}(C_3) = 3 = 2 \times 1 + 1$,故 C_3 可以纠正单个错误;而 S_2, S_3 分别包含了长度为 2,3 的所有码,因而 $d_{\min}(S_2) = d_{\min}(S_3) = 1$,从而 S_2, S_3 既不能检查错误也不能纠正错误. 从这里也可以看出,一个编码如果包含了某长度的所有码,则此编码一定无抗干扰能力.

下面考察一种称为奇偶校验码(parity code)的编码. 我们知道,编码 $S_2 = \{00, 01, 10, 11\}$ 无抗干扰能力,但可以在每个码字后增加一位(叫奇偶校验位),这一位的设置是这样安排的,它使每个码字所含 1 的个数为偶数,按这种方法编码后就变为

$$S_2' = \{000, 011, 101, 110\}.$$

而它的最小距离 $d_{\min}(S_2') = 2$,故由结论(1)知,它可查出单个错误,而事实也是如此,当传递过程中发生单个错误而码字就变为含有奇数个 1 的废码.

类似地,增加奇数校验位使码字所含 1 的个数为奇数时也可得到相同的结果.

可以将这个结果推广到 S_n 中去,不管 n 多大,只要增加一个奇偶校验位总可能查出一个错误. 这种奇偶校验码在计算机中是使用得很普遍的一种纠错码,它的优点是所付出的代价较小(只增加一位附加的奇偶校验位),而且这种码的生成与检查也很简单. 它的缺点是不能纠正错误.

21.6.2 纠错码的选择

我们知道 S_2 无纠错能力,但在 S_2 中选取 C_2 后,C_2 具有纠正单错的能力. 同样,S_3 无纠错能力,但在 S_3 中选取 C_3 后,C_3 具有纠正单错的能力. 由此可以看出,如何从一些编码中选取一些码字组成新码,使其具有一定的纠错能力,是一个很重要的课题.

在计算机中经常使用的一种编码称为汉明码(Hamming code),它是 1950 年由汉明提出来的,

这种编码能发现并纠正一个错误.

【例 21.20】 设有编码 S_4，S_4 中每个码字为 $a_1a_2a_3a_4$，若增加三位校验位 a_5，a_6，a_7，从而使它成为长度为 7 的码字 $a_1a_2a_3a_4a_5a_6a_7$. 其中校验位 a_5，a_6，a_7 应满足下列方程：

$$a_1 +_2 a_2 +_2 a_3 +_2 a_5 = 0 \qquad \text{①}$$
$$a_1 +_2 a_2 +_2 a_4 +_2 a_6 = 0 \qquad \text{②}$$
$$a_1 +_2 a_3 +_2 a_4 +_2 a_7 = 0 \qquad \text{③}$$

也就是说要满足

$$a_5 = a_1 +_2 a_2 +_2 a_3$$
$$a_6 = a_1 +_2 a_2 +_2 a_4$$
$$a_7 = a_1 +_2 a_3 +_2 a_4$$

因此，a_1，a_2，a_3，a_4 一旦确定，则校验 a_5，a_6，a_7 可根据上述方程唯一确定. 这样，由 S_4 就可以得到一个长度为 7 的编码 C，见表 21.1.

表 21.1

a_1	a_2	a_3	a_4	a_5	a_6	a_7	a_1	a_2	a_3	a_4	a_5	a_6	a_7
0	0	0	0	0	0	0	1	0	0	0	1	1	1
0	0	0	1	0	1	1	1	0	0	1	1	0	0
0	0	1	0	1	0	1	1	0	1	0	0	1	0
0	0	1	1	1	1	0	1	0	1	1	0	0	1
0	1	0	0	1	1	0	1	1	0	0	0	0	1
0	1	0	1	1	0	1	1	1	0	1	0	1	0
0	1	1	0	0	1	1	1	1	1	0	1	0	0
0	1	1	1	0	0	0	1	1	1	1	1	1	1

这种编码 C 能发现一个错误，并能纠正一个错误. 因为如果 C 中码字发生单错，则上述三个方程必定至少有一个等式不满足；当 C 中码字发生单错后，不同的字位错误可使方程中不同的等式不成立，方程中三个等式的八种组合可对应的 $a_1 \sim a_7$ 七个码元每个码的错误以及正确无误的码字. 为讨论方便起见，在此建立三个谓词：

$$P_1(a_1,a_2,\cdots,a_7): a_1 +_2 a_2 +_2 a_3 +_2 a_5 = 0$$
$$P_2(a_1,a_2,\cdots,a_7): a_1 +_2 a_2 +_2 a_4 +_2 a_6 = 0$$
$$P_3(a_1,a_2,\cdots,a_7): a_1 +_2 a_3 +_2 a_4 +_2 a_7 = 0$$

这三个谓词的真假与对应等式是否成立相一致.

建立三个 S_1，S_2，S_3 集合分别对应 P_1，P_2，P_3，令

$$S_1 = \{a_1,a_2,a_3,a_5\}$$
$$S_2 = \{a_1,a_2,a_4,a_6\}$$
$$S_3 = \{a_1,a_3,a_4,a_7\}$$

显然，S_i 是使 P_i 为假的所有出错字的集合，可构成下面七个非空集合：

$$\{a_1\} = S_1 \cap S_2 \cap S_3, \quad \{a_2\} = S_1 \cap S_2 \cap \overline{S_3}$$

$$\{a_3\} = S_1 \cap \overline{S_2} \cap S_3, \quad \{a_4\} = \overline{S_1} \cap S_2 \cap S_3$$

$$\{a_5\} = S_1 \cap \overline{S_2} \cap \overline{S_3}, \quad \{a_6\} = \overline{S_1} \cap S_2 \cap \overline{S_3}, \quad \{a_7\} = \overline{S_1} \cap \overline{S_2} \cap S_3$$

从这七个集合可以决定出错位. 例如, $\{a_4\} = \overline{S_1} \cap S_2 \cap S_3$, 即表示 a_4 出错, 则必有 P_1 为真, P_2, P_3 为假, 反之亦然; 如此类推, 可得到表 21.2 所示的纠错对照表, 从表中可看出这种编码 C 能纠正一个错误.

表 21.2

P_1	P_2	P_3	出错码元
1	1	1	无
1	1	0	a_7
1	0	1	a_6
1	0	0	a_4
0	1	1	a_5
0	1	0	a_3
0	0	1	a_2
0	0	0	a_1

我们将这个例子加以抽象, 首先将方程①、②、③表示为矩阵形式:

$$H \cdot X^{\mathrm{T}} = \mathbf{0'}^{\mathrm{T}},$$

其中

$$H = \begin{pmatrix} 1 & 1 & 1 & 0 & 1 & 0 & 0 \\ 1 & 1 & 0 & 1 & 0 & 1 & 0 \\ 1 & 0 & 1 & 1 & 0 & 0 & 1 \end{pmatrix}$$

$X = (a_1, a_2, a_3, a_4, a_5, a_6, a_7)$, $\mathbf{0'} = (0,0,0)$, $X^{\mathrm{T}}, \mathbf{0'}^{\mathrm{T}}$ 分别是 $X, \mathbf{0'}$ 的转置矩阵, 这里加法运算为 $+_2$.

从这里可以看出, 一个编码可由矩阵 H 确定, 而它的纠错能力可由 H 的特性决定, 下面讨论矩阵 H.

定义 21.6.5 一个码字 X 所含 1 的个数称为此码字的重量(weight), 记为 $W(X)$.

例如, 码字 0001001 的重量为 2, 码字 10000000 的重量为 1, 码字 $00\cdots 0$ 的重量为 0, 通常将 $00\cdots 0$ 记为 $\mathbf{0'}$. 利用码字的重量, 我们有如下结论:

(1) 设有码 C, 对任意 $X, Y \in C$, 有 $H(X, Y) = H(X * Y, \mathbf{0'}) = W(X * Y)$;

(2) 群码 C 中非零码字的最小重量等于此码字的最小距离, 即

$$\min_{\substack{Z \in C \\ z \neq 0}} W(Z) = d_{\min}(C);$$

(3) 设 H 是 k 行 n 列矩阵, $X = (x_1, x_2, \cdots, x_n)$, 并设集合

$$G = \{X \mid H \cdot X^{\mathrm{T}} = \mathbf{0'}^{\mathrm{T}}\}, \text{这里加法运算为 } +_2.$$

于是, $(G; *)$ 是群, 即 G 是群码.

易知, 汉明码是群码.

定义 21.6.6 群码 $G = \{X \mid H \cdot X^{\mathrm{T}} = \mathbf{0'}^{\mathrm{T}}\}$ 称为由 H 生成的群码, 而 G 中的每一个码字, 称为由 H 生成的码字, 矩阵 H 为一致校验矩阵(uniform check matrix).

现在介绍矩阵向量的概念,设矩阵 H 为

$$H = \begin{pmatrix} h_{11} & h_{12} & \cdots & h_{1n} \\ h_{21} & h_{22} & \cdots & h_{2n} \\ \vdots & \vdots & & \vdots \\ h_{n1} & h_{n2} & \cdots & h_{nn} \end{pmatrix}$$

令

$$h_i = \begin{pmatrix} h_{1i} \\ h_{2i} \\ \vdots \\ h_{ni} \end{pmatrix}, i = 1, 2, \cdots, n$$

此时 H 可记为

$$H = (h_1, h_2, \cdots, h_n)$$

而 h_i 称为矩阵 H 的第 i 个列向量(column vector).

对 H 的列向量 h_i, h_j,定义 $h_i * h_j$ 为

$$h_i * h_j = \begin{pmatrix} h_{1i} & +_2 & h_{1j} \\ h_{2i} & +_2 & h_{2j} \\ & \vdots & \\ h_{ni} & +_2 & h_{nj} \end{pmatrix}$$

这里也将运算 $*$ 称为按位加,我们有如下结论:

(1)一致校验矩阵 H 生成一个重量为 p 的码字的充分必要条件是在 H 中存在 p 个列向量,它们的按位加为 $\mathbf{0}'$.

(2)由 H 生成的群码最小距离等于 H 中列向量按位加为 $\mathbf{0}'$ 的列向量数.

这个结论建立了最小距离与列向量数之间的联系. 我们从前面的结论可知:一个码的纠错能力由其最小距离决定. 这个结论也告诉我们:一个群码的纠错能力可由其一致校验矩阵 H 中列向量按位加 $\mathbf{0}'$ 的最小列向量数决定. 故只要选取适当的 H 就可使其生成的码达到预定的纠错能力.

对于前面所述的汉明码,它的一致校验矩阵 H 中没有零列向量,且各列向量之间均互不相同,但它的第二、三、四列向量的按位加为 $\mathbf{0}'$,由此结论可知这个码的最小距离为3,而且可知此群码必能纠正单个错误.

将上述汉明码推广到一般情况,码 C 每一码字 X 的信息位 $x_1x_2 \cdots x_m$,及附加校验位 $x_{m+1}x_{m+2} \cdots x_{m+k}$ 组成,其形式为

$$X = x_1 x_2 \cdots x_m x_{m+1} x_{m+2} \cdots x_{m+k}$$

X 中信息位与校验位之间的关系为

$$x_{m+i} = q_{i1}x_1 +_2 q_{i2}x_2 +_2 \cdots +_2 q_{im}x_m \quad (i = 1, 2, \cdots, k)$$

而 $q_{ij} \in \{0, 1\} (i = 1, 2, \cdots, k; j = 1, 2, \cdots, m)$,作矩阵 H 为

$$H = (Q_{k \times m} I_{k \times k})$$

其中

$$Q = \begin{pmatrix} q_{11} & q_{12} & \cdots & q_{1m} \\ q_{21} & q_{22} & \cdots & q_{2m} \\ \vdots & \vdots & & \vdots \\ q_{k1} & q_{k2} & \cdots & q_{nm} \end{pmatrix}, I = \begin{pmatrix} 1 & 0 & \cdots & 0 \\ 0 & 1 & \cdots & 0 \\ \vdots & \vdots & & \vdots \\ 0 & 0 & \cdots & 1 \end{pmatrix}_{k \times k}$$

码 C 中任一码字均满足方程:

$$H \cdot X^{\mathrm{T}} = 0'^{\mathrm{T}},$$

令 $n = m + k$,我们称这种码为 (n, m) 码.

要使码 C 能纠正单个错误,由前面的结论知,只要对 H 做适当的赋值,使得 H 的列向量均不相同且无零列向量,这样可保证 C 的最小距离大于 2,即要求 H 中的 Q 的列向量均不为 $0'$、不出现 I 中的 k 个列向量且互不相同.

由于 Q 的列向量是 k 维的,因此可有 2^k 个不同的列向量,而供 Q 选择的列向量是这 2^k 个列向量中除去 I 中的 k 个列向量及零列向量以外的所有 $2^k - k - 1$ 个列向量. 从而可在这个列向量中任选 m 个列向量组成 Q,故 m 与 k 之间必须满足

$$m \leqslant 2^k - k - 1,$$

或

$$2^k \geqslant m + k + 1 = n + 1,$$

或

$$k \geqslant \log_2(n + 1).$$

因此,只要码 C 中校验位位数 k 满足 $k \geqslant \log_2(n + 1)$,总可以在 $2^k - k - 1$ 个列向量中任选 m 个组成 Q,而使 C 具有纠正单个错误的能力.

从这里也可以看出如何组织具有一定要求的纠错能力的纠错码.

【例 21.21】 设 $n = 7, k \geqslant \log_2(n + 1) = \log_2 8 = 3$,取 $k = 3$,于是 $m = 4$. 所以一致校验矩阵 H 中 Q 应有四个列向量. 而 $2^k - k - 1 = 2^3 - 3 - 1 = 4$,故 Q 可由四个列向量唯一确定,它们是

$$\begin{pmatrix} 0 \\ 1 \\ 1 \end{pmatrix}, \quad \begin{pmatrix} 1 \\ 0 \\ 1 \end{pmatrix}, \quad \begin{pmatrix} 1 \\ 1 \\ 0 \end{pmatrix}, \quad \begin{pmatrix} 1 \\ 1 \\ 1 \end{pmatrix}$$

因而

$$H = \begin{pmatrix} 1 & 1 & 1 & 0 & 1 & 0 & 0 \\ 1 & 1 & 0 & 1 & 0 & 1 & 0 \\ 1 & 0 & 1 & 1 & 0 & 0 & 1 \end{pmatrix}$$

此 H 即为上述汉明码.

【例 21.22】 设 $n = 9, k \geqslant \log_2(n + 1) = \log_2 10 > 3$,如取 $k = 4$,则 $m = 5$,所以一致校验矩阵 H 中 Q 应有五个列向量,而 $2^k - k - 1 = 2^4 - 3 - 1 = 11$. 所以,$Q$ 有 $C_{11}^5 = 462$ 种组成方法. 故下列 H 所生成的群码均至少可纠正单个错误.

$$H = \begin{pmatrix} 0 & 1 & 1 & 1 & 1 & 1 & 0 & 0 & 0 \\ 1 & 0 & 1 & 0 & 1 & 0 & 1 & 0 & 0 \\ 1 & 0 & 0 & 1 & 1 & 0 & 0 & 1 & 0 \\ 0 & 1 & 0 & 1 & 0 & 0 & 0 & 0 & 1 \end{pmatrix}$$

$$H = \begin{pmatrix} 0 & 1 & 0 & 1 & 0 & 1 & 0 & 0 & 0 \\ 0 & 1 & 1 & 1 & 1 & 0 & 1 & 0 & 0 \\ 1 & 0 & 1 & 1 & 1 & 0 & 0 & 1 & 0 \\ 1 & 0 & 0 & 0 & 1 & 0 & 0 & 0 & 1 \end{pmatrix}$$

由此可知一码字长为五位可附加四位校验位,而校验位的值可按上述给定的 H 生成,从而构成一个长为九位的纠错码,而这个码至少可纠正单个错误.

21.6.3 群码的校正

从上面的两个部分我们知道了如何设计一个纠错码以及如何发现错误,并指出错误码的确切位置,而这一部分主要研究一个简便的方法去纠正错误,这个方法称为查表译码法（decode of table look up）

设有一汉明码 C,它的字长为 n,其信息位长为 m,校验位长为 k. 我们知道 $(S_n;*)$ 是群,而 $(C;*)$ 是它的子群. 设有 $X \in C$,X 在传递过程中第 i 位发生了错误而变成 X'. 设重量为 1 的所有码字为 $e_1 = 100\cdots0, e_2 = 010\cdots0, \cdots, e_n = 00\cdots01$,而此时有 $X' * e_i = X$,或 $X * e_i = X'$. 由 X' 恢复为 X 的一个办法是首先列出所有的 X 可能出现单错的码字,即对所有 $X \in C$ 和 $e_i(i=1,2,\cdots,n)$ 列出

$$X' * e_i = X$$

将它们组成一张表.

其次,当出现单错时 X 变为 X',此时用 X' 查表,查到 X' 后再用公式

$$X' * e_i = X$$

将其恢复为 X,从而完成纠正单错的功能.

上述纠正单错的思想在具体实现时是这样安排的:

（1）我们知道 $e_i \in S_n$ 但 $e_i \notin C$,这是因为 $W(e_i) = 1$,而 C 可纠正单错,故对任一 $X \in C$,有 $W(X) = 3$,故有 ,$e_i \notin C$.

（2）因 $e_i \notin C$,故可以构造群 $(S_n;*)$ 的子群 $(C;*)$ 关于 e_i 的右陪集 $e_i C$,这种右陪集共有 n 个,它们是 $e_1 C, e_2 C, \cdots, e_n C$.

（3）因有 $C \subset S_n$,故在 S_n 内还可以构造集合 C.

（4）由拉格朗日定理可知 C 在 S_n 中的右陪集个数为

$$|S_n| / |C| = 2^{n-m} = 2^k$$

我们知道 $2^k \geqslant n+1$,故当 $2^k = n+1$ 时,上述的 n 个右陪集互不相交且完全覆盖 S_n. 而当 $2^k > n+1$ 时,则尚需继续构造右陪集,构造的个数为 $2^k - (n+1) = p$ 个. 构造的方法是选取一个 $z_1 \in S_n$ 使 $z_1 \notin C$,且 $z_1 \notin e_i C (i=1,2,\cdots,n)$,从而构造右陪集 $z_1 C$. 再选取 $z_2 \in S_n$ 使 $z_2 \notin C, z_2 \notin e_i C (i=1, 2,\cdots,n)$,且 $z_2 \notin z_1 C$,从而构造右陪集 $z_2 C$. 按照此方法可构造 p 个右陪集,它们是 $z_1 C, z_2 C, \cdots, z_p C$. 而右陪集 $e_i C (i=1,2,\cdots,n), z_i C (i=1,2,\cdots,p)$ 及 C 共 2^k 个,它们互不相交且完全覆盖 S_n.

（5）C 中共有 2^m 个元素,故按上述方法构成的每个右陪集的元素个数也为 2^m 个,设 C 中元素为 $c_1, c_2, \cdots, c_m$,则其右陪集的元素分别为

$$e_i * c_1, e_i * c_2, \cdots, e_i * c_m \quad (i=1,2,\cdots,n)$$
$$z_i * c_1, z_i * c_2, \cdots, z_i * c_m \quad (i=1,2,\cdots,p)$$

（6）我们按下列方式构造一张表,这个表称为译码表（docode table）,见表 21.3.

表 21.3

C	c_1（零码字）	c_2	$\cdots$	c_m
$e_1 * C$	$e_1 * c_1$	$e_1 * c_2$	$\cdots$	$e_1 * c_m$
$e_2 * C$	$e_2 * c_1$	$e_2 * c_2$	$\cdots$	$e_2 * c_m$
$\cdots$	$\cdots$	$\cdots$	$\cdots$	$\cdots$

C	c_1(零码字)	c_2	$\cdots$	c_m
$e_n * C$	$e_n * c_1$	$e_n * c_2$	$\cdots$	$e_n * c_m$
$z_1 * C$	$z_1 * c_1$	$z_1 * c_2$	$\cdots$	$z_1 * c_m$
$z_2 * C$	$z_2 * c_1$	$z_2 * c_2$	$\cdots$	$z_2 * c_m$
$\cdots$	$\cdots$	$\cdots$	$\cdots$	$\cdots$
$z_p * C$	$z_p * c_1$	$z_p * c_2$	$\cdots$	$z_p * c_m$

(7)我们可按译码表校正单错.设有 $X \in C$ 经传递后出现单错变为 X',经查表,X' 在表中第 i 行第 j 列,此时可将 X' 校正为 c_j 在表第 j 列之首行.而 X' 的错码位为 i,其 i 中 e_i 为第 i 行之首位;$e_i * c_1 = e_i$(因 c_1 为零码字),这就是查表译码法.

下面用例子来说明查表译码法的具体应用.

【例 21.23】 设 $n = 6, m = 3$,一致校验矩阵为

$$H = \begin{pmatrix} 1 & 1 & 0 & 1 & 0 & 0 \\ 1 & 0 & 1 & 0 & 1 & 0 \\ 1 & 1 & 1 & 0 & 0 & 1 \end{pmatrix},$$

其校验可从下列方程获得:

$$a_4 = a_1 * a_2$$
$$a_5 = a_1 * a_3$$
$$a_6 = a_1 * a_2 * a_3$$

H 的列向量无零而互不相同,且 $h_1 * h_2 * h_3 = 0'$,故 H 所生成的群码 C 可以纠正单错.H 生成的 C 为

$$\{000000,001011,010101,011110,100111,101100,110010,111001\}$$

它的译码表见表 21.4.

表 21.4

C	000000	001011	010101	011110	100111	101100	110010	111101
$e_1 * C$	100000	101011	110101	111110	000111	001100	010010	011001
$e_2 * C$	010000	011011	000101	001110	110111	111100	100010	101001
$e_3 * C$	001000	000011	011101	010110	101111	100100	111010	110001
$e_4 * C$	000100	001111	010001	011010	100011	101000	110110	111101
$e_5 * C$	000010	001001	010111	011100	100101	101110	110000	111011
$e_6 * C$	000001	001010	010100	011111	100110	101101	110011	111000
$z * C$	000110	001101	010011	011000	100001	101010	110100	111111

设有某一 $X' = 011100$,在译码表中找到这个码字,它在第五行第四列,它的正确码字第四列的 C 行,即为 011110,而它的出错位为第五位,其 e_5 在第五行的首列,即为 000010.

§21.7 多项式编码方法及其实现

设信息码的长度为 k,纠错码的长度为 n,要设计一种 (n, k)-码.

设要传送的信息码为 $b_0 b_1 b_2 \cdots b_{k-1}$.

令

$$m(x) = b_0 + b_1 x + b_2 x^2 \cdots b_{k-1} x^{k-1} \in Z_2[x]$$

称为信息码多项式,其中 Z_2 是整数模 2 的剩余类环, $Z_2[X]$ 是 Z_2 上的多项式环.

又设纠错码为 $a_0 a_1 a_2 \cdots a_{n-1}$.

令

$$v(x) = a_0 + a_1 x + a_2 x^2 \cdots a_{n-1} x^{n-1} \in Z_2[x]$$

称为纠错码多项式.

下面给出一种方法,将每一个信息码多项式按一定规则得到对应的纠错码多项式,从而把每一个信息码变为纠错码.

首先任选一个 $n-k$ 次多项式 $p(x) \in Z_2[x]$,作为生成多项式.设 $m(x)$ 是信息码多项式,用 $p(x)$ 除 $x^{n-k} m(x)$ 所得的余式为 $r(x)$,即

$$x^{n-k} - m(x) = q(x)p(x) + r(x), (r(x)) < n-k.$$

令

$$v(x) = r(x) + x^{n-k} m(x),$$

则 $p(x) | v(x)$, $v(x)$ 就作为纠错码多项式,它的系数就是纠错码,这样,把每一个信息码通过以上的多项式运算变为纠错码.

【例 21.24】 设计一个 (7,3) 纠错码.

首先选定一个 $n-k=4$ 次多项式作为生成多项式.

例如,生成多项式 $p(x) = 1 + x^2 + x^3 + x^4$.

$$信息码 = 101.$$

信息码多项式

$$m(x) = 1 + x^2$$

$$x^4 m(x) = x^4 + x^6$$

$$r(x) = 1 + x$$

纠错码多项式

$$v(x) = 1 + x + x^4 + x^6.$$

$$纠错码 = \underbrace{1100}_{校验位} \underbrace{101}_{信息位}$$

对每一信息码都作以上计算求得对应的纠错码. 接收者收到纠错码后,先写出收到的纠错码多项式 $v(x)$,然后检验 $p(x)$ 能否整除 $v(x)$,若 $p(x) | v(x)$,则此信息无错,否则信息有错.

【例 21.25】 设生成多项式 $p(x) = 1 + x^2 + x^3 + x^4$,检验以下两个纠错码是否有错.

(1) 1011011;

(2) 1100101.

解 只需作多项式除法:

$$
\begin{array}{r}
x^2 + 1 \\
x^4+x^3+x^2+1 \overline{\smash{\big)}\ x^6 + x^5 + \quad\ x^3 + x^2 + 1} \\
\underline{x^6 + x^5 + x^4 + \quad\ x^2} \\
x^4 + x^3 \qquad\quad + 1 \\
\underline{x^4 + x^3 + x^2 + 1} \\
x^2
\end{array}
$$

故纠错码(1)有错,类似地可知纠错码(2)无错.

【例 21.26】　设生成多项式 $p(x)=1+x+x^3$,编出所有的(6,3)-码.

解　用上述方法可求出所有的(6,3)-码,见表 21.5.

表　21.5

信息码	纠错码	
	校验位	信息位
000	000	000
100	110	100
010	011	010
001	111	001
110	101	110
101	001	101
011	100	011
111	010	111

需要指出的是,当收到的纠错码多项式 $v(x)$ 不能被 $p(x)$ 整除时,则此纠错码必有错.但若有 $p(x)\mid v(x)$,这时收到的纠错码并非一定无错,也有可能错误位数多而检查不了.例如,在例 21.26 的(6,3)-码中,如有传送时同时产生三位误差,则可能由这一个纠错码变成另一纠错码,但这种发生多位错误的概率很小.

读者可能会想,用这种编码方法所需的计算工作量和操作工作量会大大增加,实在太不方便了.可设计一种专门的线路,无须作任何多项式的运算,操作员发报时也只需打作码就可以了,线路会自动转换成由 $p(x)$ 生成的纠错码,接收时也有专门线路自动检验是否有错,下面举例说明.

【例 21.27】　设 $p(x)=1+x+x^3$,可设计一个发送线路,如图 21.4 所示.

符号:

$\oplus$:模 2 加法器.

X^i:单位延时器——将输入的信息延迟一个单位时间再输出.

OR:或门——$0+0=0,0+1=1,1+0=1,1+1=1$.

编码线路如图 21.4 所示.

操作步骤:

(1)开关 K 接通 1,并打入信息码.

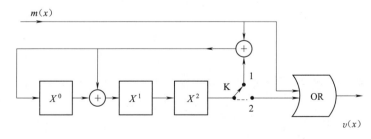

图　21.4

（2）输完信息码后将 K 拨向 2.

对于此例,详细步骤见表21.6.

表 21.6

步骤	待输入的信息码	寄存器状态 $X^0 X^1 X^2$	输出的纠错码
0	0 1 1	0 0 0	0
1	0 1	1 1 0	1
2	0	1 0 1	1 1
3		1 0 0	0 1 1
4		0 1 0	0 0 1 1
5	K 倒向 2	0 0 1	0 0 0 1 1
6		0 0 0	$\underbrace{1\ 0\ 0}_{\text{校验位}}\ \underbrace{0\ 1\ 1}_{\text{信息位}}$

对于此例,可设计一个接收时的检错线路如图21.5所示,设接收到的信息为100110.

图 21.5

检错过程见表21.7.

表 21.7

步骤	接收到的等待检错的纠错码	寄存器内容 $X^0 X^1 X^2$
0	1 0 0 1 1 0	0 0 0
1	1 0 0 1 1	0 0 0
2	1 0 0 1	1 0 0
3	1 0 0	1 1 0
4	1 0	0 1 1
5	1	1 1 1
6	—	0 0 1

由于最后信息接收完后寄存器内的数码不全为 0,所以 $p(x)$ 不整除 $v(x)$,故有错.

习　题

1.设实数集 **R** 中的加法是普通的加法,乘法定义如下:

$$a \times b = |a|b, \quad a,b \in \mathbf{R}$$

试问 **R** 是否构成环.

2.设整数集 **Z** 中的加法是普通数的加法,乘法定义为 $ab=0, a,b \in \mathbf{Z}$,试问 **Z** 是环吗?

3.已知实数集 **R** 对于普通加法和乘法是一个含幺环,对任意 $a,b \in \mathbf{R}$,定义

$$a \oplus b = a + b - 1$$
$$a \otimes b = a + b - ab$$

试证:$\mathbf{R}$ 对运算 $\oplus$ 和 $\otimes$ 也形成一个含幺环.

4. 一个环 R,如果对乘法来说,每个元素 $a \in R$ 均满足 $aa = a$,则称 R 为布尔环.试证:

(1)集合 S 的子集环是布尔环;

(2)布尔环的每个元素是都以自己为负元;

(3)布尔环必为交换环;

(4)$|R| > 2$ 的布尔环不可能是整环.

5. 试证:若 R 是环,且对加法而言,R 是循环群,则 R 是交换环.

6. 设 R 和 R' 是两个环,定义 R 到 R' 的映射 σ 如下:

$$\sigma(a) = 0', \quad a \in R$$

其中 $0'$ 是 R' 的零元,试证明 σ 是 R 到 R' 的同态映射(称为零同态).

7. 设 $A = \left\{ \begin{pmatrix} a & b \\ 0 & c \end{pmatrix} \middle| a, b, c \in \mathbf{Z} \right\}$,已知 A 关于矩阵加法和乘法构成环,令

$$S = \left\{ \begin{pmatrix} 0 & 0 \\ 0 & d \end{pmatrix} \middle| d \in \mathbf{Z} \right\}$$

(1)试证:S 是 A 的子环;

(2)给出 A 到 S 的一个同态映射 σ;

(3)求同态核 $\mathrm{Ker}(\sigma)$.

8. 找出 $\mathbf{Z}$ 到 $\mathbf{Z}$ 的一切环同态映射,并给出每一个同态的核.

9. 设 R 是一个体,且 $R \overset{\sigma}{\sim} R'$.求证:$R' = \{0'\}$ 或者 $R' \overset{\sigma}{\cong} R$.

10. 设 $R \overset{\sigma}{\sim} R'$.$N'$ 是 R' 的理想.求证:N' 的像源 $N = \{a \in R \mid \sigma(a) \in N'\}$ 是 R 的理想,并且 $R/N \cong R'/N'$.

11. 试证:定理 21.2.9.

12. 求证:若 Z_m 是一个域,则 m 必为素数.

13. 在 R_7 中,利用公式 $\dfrac{-b \pm \sqrt{b^2 - 4ac}}{2a}$ 解二次方程 $x^2 - x + 5 = 0$.

14. 在 $\mathbf{R}_7$ 中求矩阵 $\begin{pmatrix} 2 & 3 \\ 1 & 4 \end{pmatrix}$ 之逆.

15. 试证:R_2 上的四个矩阵

$$\begin{pmatrix} 0 & 0 \\ 0 & 0 \end{pmatrix}, \quad \begin{pmatrix} 1 & 0 \\ 0 & 1 \end{pmatrix}, \quad \begin{pmatrix} 1 & 1 \\ 1 & 0 \end{pmatrix}, \quad \begin{pmatrix} 0 & 1 \\ 1 & 1 \end{pmatrix}$$

在矩阵的加法和乘法下作成一个域.

16. R_{29} 中有无 $\sqrt{-1}$?

17. 设域 F 的特征为 $p > 0$,求证:

$$(a \pm b)^{p^n} = a^{p^n} \pm b^{p^n}, a, b \in F$$
$$(a_1 + a_2 + \cdots + a_n)^p = a_1^p + a_2^p + \cdots + a_n^p, a_i \in F.$$

18. 求证:若 p^n 阶域有 p^m 阶子域,则 $m \mid n$.

19. 求证：x^2+1 是域 $F=\{0,1,2\}$ 上不可约多项式.

20. 域 $F=\{0,1\}$ 上多项式 x^4+x^2+1 是可约多项式吗？

21. 试找出域 $F=\{0,1,2\}$ 上的所有不可约的二次多项式.

22. 设域 $F=\{0,1\}$，试构造 $F[x]_{x^3+x^2+1}$ 的运算表，求出它的一个本原元，并将每个非零元素表示成本原元的幂.

23. 求 $N_2(6),N_2(7),N_2(8)$ 和 $N_3(6)$.

24. 设域 $F=\{0,1\}$，试求出 $F[x]_{x^4+x+1}$ 中每个元素的最小多项式.

25. 设域 F 的特征为 $p>0$. 定义 $\sigma:F\to F$ 为 $\sigma(a)=a^p$，证明 σ 是 F 的自同态.

26. 设 a 是 16 阶域的本原元，试将 15 个非零元素分为若干组，使每组中的元素有相同的最小多项式.

27. 写出 $p(x)=1+x^2+x^3$ 生成的所有 $(6,3)$-码.

28. 检验下列收到的信息是否有错，生成多项式为 $p(x)=1+x^2+x^3+x^4$.

(1) 10011011；

(2) 01110010；

(3) 10110101.

第 22 章

格与布尔代数

设 S 是一个集合, $\rho(S)$ 是 S 的幂集. 于是, $\langle \rho(S), \cup, \cap \rangle$ 可以看作一个代数系统, 称为集合代数; 又设 P 是所有命题的集合, 于是 $\langle P, \vee, \wedge \rangle$ 也可以看作一个代数系统, 称为命题代数.

不难验证, 在集合代数和命题代数中, 都满足幂等律、交换律、结合律、分配律和吸收律等. 能否对一个抽象的代数等具体的代数系统进行研究, 而这种代数系统具有像集合代数、命题代数等具体的代数所具有的一些最基本的性质? 回答是肯定的. 这种抽象的代数系统就是格和布尔代数, 而后者又可看作一种特殊的格.

本章将论述格和布尔代数的基本性质, 它们在计算机科学中有着重要的应用.

§22.1 格 的 定 义

定义 22.1.1 设 $\langle L, \leqslant \rangle$ 是一个偏序集. 如果对任意 $a, b \in L$, $\{a, b\}$ 在 L 中都有最大下界和最小上界, 则称 $\langle L, \leqslant \rangle$ 是一个格(lattice).

常将 $\{a, b\}$ 的最大下界记为 $\inf\{a, b\}$, 最小上界记为 $\sup\{a, b\}$.

由定义知, 全序都是格. 但并非所有偏序集都是格. 例如, 由图 22.1 中的 Hasse 图所表示的偏序集可以看出, (a), (b), (c) 是格, 而 (d), (e), (f) 不是格.

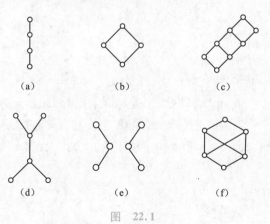

图 22.1

【例 22.1】 设 S 是集合, $\rho(S)$ 是 S 的幂集. 于是, $\langle \rho(S), \subseteq \rangle$ 是一个格, 称为 S 的子集格

(subset lattice). 这是因为对任意 $A,B\in\rho(S)$，$\sup\{A,B\}=A\cup B$，$\inf\{A,B\}=A\cap B$.

【例 22.2】 设 $\mathbf{Z}_+=\{1,2,3,\cdots\}$，"|"是 $\mathbf{Z}_+$ 上的整除关系. 于是，$\langle\mathbf{Z}_+,|\rangle$ 是一个格，称为整除格(integral lattice). 这是因为，对任意 $m,n\in\mathbf{Z}$，$\sup\{m,n\}=[m,n]$（最小公倍数），$\inf\{m,n\}=(m,n)$（最大公约数）.

【例 22.3】 设 G 是群，$S(G)$ 表示 G 的所有子群组成的集合. 于是 $\langle S(G),\subseteq\rangle$ 是一个格，称为 G 的子群格(subgroup lattice). 这是因为，对任意 $H,K\in S(G)$，$\sup\{H,K\}$ 是包含 $H\cup K$ 的最小群，即 G 中所有包含 $H\cup K$ 的子群的交集，而 $\inf\{H,K\}=H\cap K$.

我们知道，偏序集的任何子集仍是偏序集，但若 $\langle L,\leqslant\rangle$ 是格，$S\subseteq L$，则 $\langle S,\leqslant\rangle$ 不一定是格. 例如，在例 22.2 中，若取 $S=\{1,2,3\}$，则 $\langle S,|\rangle$ 不是格.

定义 22.1.2 设 $\langle L,\leqslant\rangle$ 是格，$S\subseteq L$. 如果 $\langle S,\leqslant\rangle$ 也是格，则 $\langle S,\leqslant\rangle$ 为 $\langle L,\leqslant\rangle$ 的子格 (sublattice).

【例 22.4】 设 n 是正整数，$S_n=\{k\mid k>0$ 且 $k\mid n\}$. 比如 $S_6=\{1,2,3,6\}$，$S_8=\{1,2,4,8\}$，$S_{24}=\{1,2,3,4,6,8,12,24\}$. 容易验证，$\langle S_n,|\rangle$ 是格，并且，$m\mid n$ 当且仅当 $S_m\subseteq S_n$. 因此，$\langle S_m,|\rangle$ 都是 $\langle S_n,|\rangle$ 的子格，其中，$m\mid n$. 当然，$\langle S_n,|\rangle$ 的子格还有其他形式. 比如，$\langle\{a\},|\rangle$ 也是 $\langle S_n,|\rangle$ 的子格，其中 $a\in S_n$.

下面从代数系统的角度来定义格.

定义 22.1.3 设 L 是一个集合，$\times,\oplus$ 是 L 上的两个二元封闭运算. 如果运算 $\times$ 和 $\oplus$ 对任意 $a,b,c\in L$，满足：

（1）交换律：$a\times b=b\times a$，$a\oplus b=b\oplus a$；

（2）结合律：$a\times(b\times c)=(a\times b)\times c$，$a\oplus(b\oplus c)=(a\oplus b)\oplus c$；

（3）吸收律：$a\times(a\oplus b)=a$；$a\oplus(a\times b)=a$.

则称代数系统 $\langle L,\times,\oplus\rangle$ 是一个格.

为方便，把格 $\langle L,\leqslant\rangle$ 称为偏序格(partially ordered lattice)，而把格 $\langle L,\times,\oplus\rangle$ 称为代数格 (algebraic lattice).

【例 22.5】 设 S 是集合. 于是，$\langle\rho(S),\cap,\cup\rangle$ 是一个代数格.

【例 22.6】 设 $\mathbf{Z}_+$ 是正整数集合. 定义 $m\times n=(m,n)$（最大公约数），$m\oplus n=[m,n]$（最小公倍数），$m,n\in\mathbf{Z}_+$，于是，$\langle\mathbf{Z}_+,\times,\oplus\rangle$ 是一个代数格.

代数格和偏序格两者是等价的.

定理 22.1.1 一个偏序格必是一个代数格，反之亦然.

证明 设 $\langle L,\leqslant\rangle$ 是一个偏序格，对任意 $a,b\in L$，令 $a\times b=\inf\{a,b\}$，$a\oplus b=\sup\{a,b\}$. 由于任意两个元素 a,b 的 $\inf\{a,b\}$ 和 $\sup\{a,b\}$ 是唯一存在的，所以如此定义的 $\times$ 和 $\oplus$ 是 L 上的两个二元封闭运算. 显然，运算 $\times$ 和 $\oplus$ 满足交换律和结合律. 下证它们满足吸收律.

因为 $a\times(a\oplus b)=\inf\{a,a\oplus b\}$，所以 $a\times(a\oplus b)\leqslant a$. 又因为 $a\leqslant a$ 且 $a\leqslant a\oplus b$，所以 a 是 a 与 $a\oplus b$ 的一个下界，自然 $a\leqslant a\times(a\oplus b)$，故 $a\times(a\oplus b)=a$.

同理可证 $a\oplus(a\times b)=a$.

总之，$\langle L,\times,\oplus\rangle$ 是一个代数格.

反之，设 $\langle L,\times,\oplus\rangle$ 是一个代数格. 今在 L 上定义二元关系 $\leqslant$ 如下：对任意 $a,b\in L$，

$$a\leqslant b\quad \text{当且仅当}\quad a\times b=a$$

下面先证 ≤ 是一个偏序关系.

(1) 对任意 $a \in L$, 因为 $a \times a = a \times (a \oplus (a \times a)) = a$, 所以 $a \leq a$. 故 ≤ 是自反的.

(2) 若 $a \leq b, b \leq a$, 则 $a \times b = a, b \times a = b$, 而 $a \times b = b \times a$, 所以 $a = b$. 故 ≤ 是反对称的.

(3) 若 $a \leq b, b \leq c$, 则 $a \times b = a, b \times c = b$, 从而

$$a \times c = (a \times b) \times c = a \times (b \times c) = a \times b = a$$

所以 $a \leq c$, 故 ≤ 是传递的.

以上说明 ≤ 是一个偏序关系.

再证对任意 $a, b \in L$, $\inf\{a, b\}$ 和 $\sup\{a, b\}$ 存在.

首先, $a \times b = a$ 当且仅当 $a \oplus b = b$. 事实上, 若 $a \times b = a$, 则 $a \oplus b = (a \times b) \oplus b = b$; 若 $a \oplus b = b$, 则 $a \times b = a \times (a \oplus b) = a$.

由吸收律知, $a \times (a \oplus b) = a, b \times (a \oplus b) = b$, 于是 $a \leq a \oplus b, b \leq a \oplus b$, 从而 $a \oplus b$ 是 a 和 b 的一个上界, 设 c 是 a 和 b 的任意一个上界, 即 $a \leq c, b \leq c$, 于是, $a \times c = a, b \times c = b$, 从而 $a \oplus c = c, b \oplus c = c$. 因此

$$(a \oplus b) \oplus c = (a \oplus b) \oplus (c \oplus c) = a \oplus (b \oplus c) \oplus c$$
$$= a \oplus (c \oplus b) \oplus c = c \oplus c = c \oplus (c \times (c \oplus c)) = c$$

这说明 $a \oplus b \leq c$, 故 $a \oplus b = \sup\{a, b\}$.

同理可证: $\inf\{a, b\} = a \times b$.

由定理可知, 互为等价的两个格 $\langle L, \leq \rangle$ 和 $\langle L, \times, \oplus \rangle$, 其运算 $\times$. $\oplus$ 可以分别是在偏序关系 ≤ 下两个运算对象的最大下界和最小上界.

我们也可以定义代数格的子格.

定义 22.1.4　设 $\langle L, \times, \oplus \rangle$ 是一个格, $S \subseteq L$. 如果 S 对运算 $\times$ 和 $\oplus$ 封闭, 则称 $\langle S, \times, \oplus \rangle$ 为 $\langle L, \times, \oplus \rangle$ 的一个子格.

图　22.2

应当注意, 偏序格之子格的定义与代数格之子格的定义两者的区别. 设 $\langle L, \leq \rangle$ 和 $\langle L, \times, \oplus \rangle$ 是等价的两个格, $S \subseteq L$. 可以证明, 若 $\langle S, \times, \oplus \rangle$ 是 $\langle L, \times, \oplus \rangle$ 的子格, 则 $\langle S, \leq \rangle$ 是 $\langle L, \leq \rangle$ 的子格; 但若 $\langle S, \leq \rangle$ 是 $\langle L, \leq \rangle$ 的子格, 则 $\langle S, \times, \oplus \rangle$ 不一定是 $\langle L, \times, \oplus \rangle$ 的子格. 设 $\langle L, \leq \rangle$ 是如图 22.2 所示的格, 其中 $L = \{a_1, a_2, a_3, a_4, a_5\}$. 取 $S = \{a_1, a_2, a_3, a_5\}$. 则 $\langle S, \leq \rangle$ 是 $\langle L, \leq \rangle$ 的子格, 但 $\langle S, \times, \oplus \rangle$ 却不是 $\langle L, \times, \oplus \rangle$ 的子格. 因为 $a_2 \times a3 = a_4 \notin S$.

§22.2　格 的 性 质

以下假定与格 $\langle L, \leq \rangle$ 等价的代数格为 $\langle L, \times, \oplus \rangle$, 其中

$$a \times b = \inf\{a, b\}, a \oplus b = \sup\{a, b\}, a, b \in L$$

定理 22.2.1　设 $\langle L, \leq \rangle$ 是格, $a, b \in L$. 于是 $a \leq b$ 当且仅当 $a \times b = a$ 当且仅当 $a \oplus b = b$.

证明　若 $a \leq b$, 则由 $a \leq a$ 知, a 是 $\{a, b\}$ 的下界. 因此 $a \leq a \times b$. 又由定义有 $a \times b \leq a$. 故 $a \times b = a$.

若 $a \times b = a$, 则由吸收律知, $a \oplus b = (a \times b) \oplus b = b$.

若 $a \oplus b = b$, 则由 $\oplus$ 的定义知, $a \leq b$.

定理 22.2.2　设 $\langle L,\leqslant\rangle$ 是一个格，$a,b,c\in L$. 于是，若 $b\leqslant c$，则

$$a\times b\leqslant a\times c$$

$$a\oplus b\leqslant a\oplus c$$

证明　因为 $b\leqslant c$，所以由定理 22.2.1 有

$$b\times c=b$$

于是

$$(a\times b)\times(a\times c)=a\times(b\times a)\times c=a\times(a\times b)\times c=(a\times a)\times(b\times c)=a\times b$$

再由定理 22.2.1 知，$a\times b\leqslant a\times c$.

同理可证 $a\oplus b\leqslant a\oplus c$.

定理 22.2.3　$\langle L,\leqslant\rangle$ 是一个格，$a,b,c\in L$. 于是，有以下分配不等式：

$$a\oplus(b\times c)\leqslant(a\oplus b)\times(a\oplus c)$$

$$(a\times b)\oplus(a\times c)\leqslant a\times(b\oplus c)$$

证明　因为 $a\leqslant a\oplus b,a\leqslant a\oplus c$，所以

$$a\leqslant(a\oplus b)\times(a\oplus c) \tag{22.1}$$

又因为 $b\times c\leqslant b\leqslant(a\oplus b),b\times c\leqslant c\leqslant(a\oplus c)$，所以

$$b\times c\leqslant(a\oplus b)\times(a\oplus c) \tag{22.2}$$

综合式 (22.1) 和式 (22.2) 有

$$a\oplus(b\times c)\leqslant(a\oplus b)\times(a\oplus c)$$

同理可证 $(a\times b)\oplus(a\times c)\leqslant a\times(b\oplus c)$

定理 22.2.4　设 $\langle L\leqslant\rangle$ 是一个格，$a,b,c\in L$. 于是，$a\leqslant b$ 当且仅当 $a\oplus(b\times c)\leqslant b\times(a\oplus c)$（模不等式）.

证明　若 $a\leqslant b$，则由定理 22.2.1 和定理 22.2.3 知

$$a\oplus(b\times c)\leqslant(a\oplus b)\times(a\oplus c)=b\times(a\oplus c)$$

故 $a\oplus(b\times c)\leqslant b\times(a\oplus c)$.

反之，若 $a\oplus(b\times c)\leqslant b\times(a\oplus c)$，则因为

$$a\leqslant a\oplus(b\times c)\leqslant b\times(a\oplus c)\leqslant b$$

所以有 $a\leqslant b$.

格作为代数系统，也有格之间的同态概念.

定义 22.2.1　设 $\langle L,\times,\oplus\rangle$ 和 $\langle S,\wedge,\vee\rangle$ 是两个格，f 是 L 到 S 的映射. 如果对任意 $a,b,\in L$，有

$$f(a\times b)=f(a)\wedge f(b)$$

$$f(a\oplus b)=f(a)\vee f(b)$$

则称 f 是 L 到 S 的格同态（lattice homomorphism）. 特别地，L 到 L 的格同态称为格的自同态；若 f 是双射，则称 f 是格同构（lattice isomorphism），并称 L 与 S 是同构的.

定理 22.2.5　设 $\langle L,\times,\oplus\rangle$ 和 $\langle S,\wedge,\vee\rangle$ 是两个格，它们分别对应偏序关系 $\leqslant_L$ 和 $\leqslant_S$，f 是 L 到 S 格同态. 于是，对任意 $a,b\in L$. 若 $a\leqslant_L b$，则 $f(a)\leqslant_S f(b)$. 称 f 是保序映射.

证明　因为 $a\leqslant_L b$，则 $a\times b=a$，从而 $f(a\times b)=f(a)$，于是

$$f(a)=f(a\times b)=f(a)\wedge f(b)$$

故
$$f(a) \leqslant_s f(b)$$

此定理说明,同态映射必是保序映射.但反之不然.例如,已知$\langle S_{12}, | \rangle$和$\langle S_{12}, \leqslant \rangle$是两个格,其中"$\leqslant$"是普通的小于等于关系.设它们分别对应代数格$\langle S_{12}, \times, \oplus \rangle$和$\langle S_{12}, \wedge, \vee \rangle$.于是,对任意$a, b \in S_{12}$,有
$$a \times b = (a, b), a \oplus b = [a, b]$$
$$a \wedge b = \min\{a, b\}, a \vee b = \max\{a, b\}$$

若定义恒等映射$g(a) = a, a \in S_{12}$,则g是$\langle S_{12}, | \rangle$到$\langle S_{12}, \leqslant \rangle$的保序映射,但不是同态映射.例如,$g(2 \oplus 3) = g(6) = 6$,而$g(2) \vee g(3) = 2 \vee 3 = 3$.

定理 22.2.6　设$\langle L, \times, \oplus \rangle$是一个格,$g$是$L$的自同态.于是,$g(L)$是$L$的代数子格.

证明　任取$a', b' \in g(L)$,则存在$a, b \in L$,使$g(a) = a', g(b) = b'$.于是
$$a' \times b' = g(a) \times g(b) = g(a \times b) \in g(L)$$
$$a' \oplus b' = g(a) \oplus g(b) = g(a \oplus b) \in g(L)$$

这说明,$g(L)$在运算$\times$和$\oplus$下是封闭的.故$\langle g(L), \times, \oplus \rangle$是$\langle L, \times, \oplus \rangle$的代数子格.

定理 22.2.7　设$\langle L, \times, \oplus \rangle$和$\langle S, \wedge, \vee \rangle$是两个格.若$g$是$L$到$S$的格同构,则$g^{-1}$是$S$到$L$的格同构.

证明　显然,g^{-1}是S到L的双射.任取$a', b' \in S$,,则有唯一的$a, b \in L$,使
$$g(a) = a', \quad g(b) = b'$$
于是$g^{-1}(a') = a, g^{-1}(b') = b$.从而
$$g^{-1}(a' \wedge b') = g^{-1}(g(a) \wedge g(b)) = g^{-1}(g(a \times b)) = a \times b = g^{-1}(a') \times g^{-1}(b')$$
同理可证
$$g^{-1}(a' \vee b') = g^{-1}(a') \oplus g^{-1}(b')$$

由定理 22.2.5 和定理 22.2.7,我们有:

定理 22.2.8　若g是格$\langle L, \times, \oplus \rangle$到格$\langle S, \wedge, \vee \rangle$的格同构,则对任意$a, b \in L, a \leqslant_L b$当且仅当$g(a) \leqslant_s g(b)$.

设$L = \{0, 1\}$,规定$0 \leqslant 0, 0 \leqslant 1, 1 \leqslant 1$.于是,$\langle L, \leqslant \rangle$是一个格.令
$$L^n = \{\langle a_1, a_2, \cdots, a_n \rangle \mid a_i \in L, i, = 1, 2, \cdots, n, n \geqslant 2\}$$
规定$\langle a_1, a_2, \cdots, a_n \rangle \leqslant_n \langle b_1, b_2, \cdots, b_n \rangle$当且仅当$a_i \leqslant b_i, i = 1, 2, \cdots, n$.不难证明,$\langle L^n, \leqslant_n \rangle$是一个格,称为$n$维格($n$-dimensional lattice).图 22.3 列出了格$\langle L, \leqslant \rangle$,$\langle L^2, \leqslant \rangle$和$\langle L^3, \leqslant \rangle$的 Hasse 图.

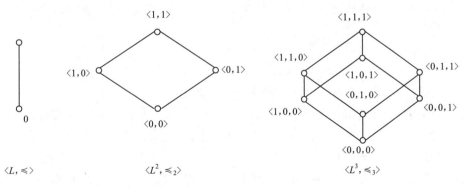

图　22.3

令 $\langle L^n, \times, \oplus \rangle$ 是与格 $\langle L^n, \leqslant \rangle$ 等价的代数格. 容易验证,对任意 $\langle a_1, a_2, \cdots, a_n \rangle, \langle b_1, b_2, \cdots, b_n \rangle \in L^n$,有

$$\langle a_1, a_2, \cdots, a_n \rangle \times \langle b_1, b_2, \cdots, b_n \rangle = \langle a_1 \wedge b_1, a_2 \wedge b_2, \cdots, a_n \wedge b_n \rangle$$

$$\langle a_1, a_2, \cdots, a_n \rangle \oplus \langle b_1, b_2, \cdots, b_n \rangle = \langle a_1 \vee b_1, a_2 \vee b_2, \cdots, a_n \vee b_n \rangle$$

其中, $a \wedge b = \inf\{a, b\}, a \vee b = \sup\{a, b\}$.

【例 22.7】 设 $S = \{x_1, x_2, \cdots, x_n\}$,于是,格 $\langle \rho(S), \subseteq \rangle$ 与格 $\langle L^n, \leqslant_n \rangle$ 同构.

证明 定义 $\rho(S)$ 到 L^n 的映射如下:任取 $A \in \rho(S), f(A) = \langle a_1, a_2, \cdots, a_n \rangle$,其中 $a_i = 1$ 当且仅当 $x_i \in A, i = 1, 2, \cdots, n$. 显然, f 是 $\rho(S)$ 到 L^n 的双射. 下证同态性.

任取 $A, B \in \rho(S)$,令

$$f(A) = \langle a_1, a_2, \cdots, a_n \rangle, f(B) = \langle b_1, b_2, \cdots, b_n \rangle, f(A \cap B) = \langle c_1, c_2, \cdots, c_n \rangle$$

于是,由 f 的定义有

$a_i = 1$ 当且仅当 $x_i \in A, i = 1, 2, \cdots, n$

$b_i = 1$ 当且仅当 $x_i \in B, i = 1, 2, \cdots, n$

$c_i = 1$ 当且仅当 $x_i \in A \cap B, i = 1, 2, \cdots, n$

从而 $c_i = 1$ 当且仅当 $x_i \in A, x_i \in B$ 当且仅当 $a_i = 1$ 且 $b_i = 1, i = 1, 2, \cdots, n$,因此 $c_i = a_i \wedge b_i, i = 1, 2, \cdots, n$. 故

$$\langle c_1, c_2, \cdots, c_n \rangle = \langle a_1 \wedge b_1, a_2 \wedge b_2, \cdots, a_n \wedge b_n \rangle = \langle a_1, a_2, \cdots, a_n \rangle \times \langle b_1, b_2, \cdots, b_n \rangle$$

这说明 $f(A \cap B) = f(A) \times f(B)$.

同理可证 $f(A \cup B) = f(A) \oplus f(B)$.

§22.3 几种特殊的格

由格的定义知,格中任意两个元素都有一个最小上界与最大下界. 我们可以将这一事实推广为:

命题 22.3.1 设 $\langle L, \leqslant \rangle$ 是一个格. 于是, L 的任何非空有限子集 S 都有一个最小上界和最大下界.

证明 对 S 中元素个数作归纳证明. 设 $|S| = n, n \geqslant 1, n = 1$ 时,结论显然成立.

假设当 S 中元素个数为 $n - 1$ 时,结论成立. 当 $|S| = n > 1$ 时,设 $S = \{a_1, a_2, \cdots, a_{n-1}, a_n\}$. 令 $S' = \{a_1, a_2, \cdots, a_{n-1}\}$. 由归纳假设, S' 有一个最小上界,设为 $a' \in L$. 于是, $\{a', a_n\}$ 也有最小上界,设为 a. 下证 a 就是 S 的最小上界.

因为 $a' \leqslant a, a_n \leqslant a$,而 a' 又是 S' 的上界,所以

$$a_1 \leqslant a', a_2 \leqslant a', \cdots, a_{n-1} \leqslant a'$$

于是, $a_1 \leqslant a, a_2 \leqslant a', \cdots, a_{n-1} \leqslant a, a_n \leqslant a$,从而 a 是 S 的上界.

任取 S 的一个上界 b,则有 $a_1 \leqslant b, a_2 \leqslant b, \cdots, a_{n-1} \leqslant b, a_n \leqslant b$. 于是 b 是 S' 的上界,故 $a' \leqslant b$. 又因为 $a_n \leqslant b$,所以 b 是 $\{a', a_n\}$ 的上界,故 $a \leqslant b$. 这说明 a 是 S 的最小上界.

同理可证 S 有一个最大下界.

需要注意的是,一个格的无限子集不一定有最小上界或最大下界. 例如,在格 $\langle Z_+, \leqslant \rangle$ 中,令所有正奇数组成的集合为 D_+,于是, $D_+ \subseteq Z_+$,而 D_+ 没有最小上界.

通常将子集 S 的最小上界记为 $\sup S$,最大下界记为 $\inf S$.

定义 22.3.1　设 $\langle L,\leqslant\rangle$ 是一个格. 如果 L 有最小元素(记为 0)和最大元素(记为 1),则称 L 为有界格(bounded lattice).

有时,将有界格 $\langle L,\leqslant\rangle$ 的等价代数记为 $\langle L,\times,\oplus,0,1\rangle$,其中,0,1 称为 L 的界.

【例 22.8】　设 R 为实数集,$L=\{x\in R\mid 0\leqslant x\leqslant 1\}$. 则 $\langle L,\leqslant\rangle$ 是一个有界格.

由命题 22.3.1 知,有限格必是有界格. 令 $L=\{a_1,a_2,\cdots,a_n\}$,则格 $\langle L,\leqslant\rangle$ 是一个有界格,并且
$$0=a_1\times a_2\times\cdots\times a_n$$
$$1=a_1\oplus a_2\oplus\cdots\oplus a_n$$

命题 22.3.2　若 $\langle L,\leqslant\rangle$ 是有界格,则对任意 $a\in L$,有
$$a\oplus 0=a,\quad a\times 1=a$$
$$a\oplus 1=1,\quad a\times 0=0$$

证明　因为对任意 $a\in L$,有 $0\leqslant a,a\leqslant 1$,所以,$a\oplus 0=a,a\oplus 1=1,a\times 1=a,a\times 0=0$.

定义 22.3.2　设 $\langle L,\leqslant\rangle$ 是有界格,$a,b\in L$,如果
$$a\times b=0,\quad a\oplus b=1$$
则称 a 和 b 互为余元素(complement element).

在有界格中,一个元素可能没有余元素,若有也可能不止一个. 例如,图 22.4 中的 Hasse 图所表示的有界格,就说明了以上可能性.

（a）a 和 b 都无余元素　　（b）a 和 b 互为余元素　　（c）a 的余元素是 b 和 c

图　22.4

命题 22.3.3　在有界格 $\langle L,\times,\oplus,0,1\rangle$ 中,0 是 1 的唯一余元素,1 是 0 的唯一余元素.

证明　由命题 22.3.2 知,
$$0\times 1=0,\quad 0\oplus 1=1$$
所以,0 与 1 互为余元素. 下证明唯一性.

设 $c\in L$ 是 1 的余元素,则
$$1\times c=0,\quad 1\oplus c=1$$
但因为 $c\leqslant 1$,所以 $1\times c=c$,因此,$c=0$.

同理可证,1 是 0 的唯一余元素.

定义 22.3.3　设 $\langle L,\leqslant\rangle$ 为有界格. 若 L 中每个元素至少有一个余元素,则称 $\langle L,\leqslant\rangle$ 为有余格.

【例 22.9】　设 $S=\{a_1,a_2,\cdots,a_n\}$,则 $\langle\rho(S),\subseteq\rangle$ 是有余格,其中 $\varnothing$ 和 S 是 $\langle\rho(S),\subseteq\rangle$ 的界,$A\in\rho(S)$ 的余元素为 $S-A$.

定义 22.3.4 设 $\langle L, \times, \oplus \rangle$ 是一个格. 如果对任意的 $a, b, c \in L$, 有

$$a \times (b \oplus c) = (a \times b) \oplus (a \times c) \qquad (22.3)$$

$$a \oplus (b \times c) = (a \oplus b) \times (a \oplus c) \qquad (22.4)$$

则称格 L 为分配格(distributive lattice).

注意:分配格定义中的两个等式是等价的,即由一个等式可推出另一个等式. 例如,假设式(22.4)成立. 我们有

$$(a \times b) \oplus (a \times c) = ((a \times b) \oplus a) \times ((a \times b) \oplus c) = a \times (c \oplus (a \times b))$$

$$= a \times ((c \oplus a) \times (c \oplus b)) = a \times (b \oplus c)$$

即式(22.3)成立. 同理,由式(22.3)可推出式(22.4).

并不是所有格都是分配格. 例如,图 22.5 中 Hasse 图所表示的两个格都不是分配格,这是因为

$$b \times (a \oplus c) = b \neq (b \times a) \oplus (b \times c) = c$$

$$u \times (v \oplus w) = u \neq (u \times v) \oplus (u \times w) = 0$$

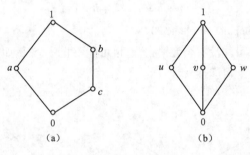

图 22.5

但有一类格是分配格.

命题 22.3.4 任意一个链都是分配格.

证明 设 $\langle L, \leqslant \rangle$ 是一个链,任取 $a, b, c \in L$,则可分以下两种情况讨论.

(1) $b \leqslant a$ 且 $c \leqslant a$,这时, $b \oplus c \leqslant a$,从而

$$a \times (b \oplus c) = b \oplus c$$

而 $a \times b = b, a \times c = c$,于是

$$(a \times b) \oplus (a \times c) = b \oplus c$$

故 $a \times (b \oplus c) = (a \times b) \oplus (a \times c)$

(2) $a \leqslant b$ 或 $a \leqslant c$,这时 $a \leqslant b \leqslant b \oplus c$ 或者 $a \leqslant c \leqslant b \oplus c$,从而总有 $a \leqslant b \oplus c$,于是, $a \times (b \oplus c) = a$.

而 $a \times b = a$ 或者 $a \times c = a$,因此,由吸收律知

$$(a \times b) \oplus (a \times c) = a \oplus (a \times c) = a$$

或者

$$(a \times b) \oplus (a \times c) = (a \times b) \oplus a = a$$

故

$$a \times (b \oplus c) = (a \times b) \oplus (a \times c)$$

不难验证, $\langle L^n, \leqslant_n \rangle$, $\langle \rho(S), \subseteq \rangle$, $\langle S_n, | \rangle$ 以及 $\langle \mathbf{Z}_+, | \rangle$ 等都是分配格,但它们都不是链.

定理 22.3.1(De Morgan 律) 设 $\langle L, \times, \oplus \rangle$ 是分配格, $a, b \in L$. 于是,若 a, b 有余元素 a', b',则

$$(a \times b)' = a' \oplus b'$$
$$(a \oplus b)' = a' \times b'$$

证明 因为

$$(a' \oplus b') \oplus (a \times b) = (a' \oplus b' \oplus a) \times (a' \oplus b' \oplus b) = (1 \oplus b') \times (a' \oplus 1) = 1 \times 1 = 1$$

而
$$(a' \oplus b') \times (a \times b) = (a' \times a \times b) \oplus (b' \times a \times b) = 0 \oplus 0 = 0$$

所以 $(a \times b)' = a' \oplus b'$. 同理可证 $(a \oplus b)' = a' \times b'$.

定义 22.3.5 设 $\langle L, \leqslant \rangle$ 是一个格. 对任意 $a, b, c \in L$, 如果由 $a \leqslant b$ 可推出 $a \oplus (b \times c) = b \times (a \oplus c)$, 则称 $\langle L, \leqslant \rangle$ 为模格 (modular lattice).

分配格必是模格, 事实上, 设 $\langle L, \times, \oplus \rangle$ 是分配格, 任取 $a, b, c \in L$, 若 $a \leqslant b$, 则

$$a \oplus (b \times c) = (a \oplus b) \times (a \oplus c) = b \times (a \oplus c).$$

但模格不一定是分配格. 例如, 对图 22.5 所示的两个格, 由模格的定义可验证图 22.5(a) 不是模格, 图 22.5(b) 是模格, 它们都不是分配格.

如何判断一个格是否为模格? 我们有:

定理 22.3.2 格 $\langle L, \leqslant \rangle$ 是模格的充分必要条件是, 对任意 $a, b, c \in L$, 若 $a \leqslant b, a \times c = b \times c$, $a \oplus c = b \oplus c$, 则 $a = b$.

证明 必要性. $a = a \oplus (a \times c) = a \oplus (b \times c) = b \times (a \oplus c) = b \times (b \oplus c) = b$

故 $a = b$.

充分性. 任取 $a, b, c \in L$, 设 $a \leqslant b$. 因为

$$(a \oplus (b \times c)) \oplus c = a \oplus ((b \times c) \oplus c) = a \oplus c \tag{22.5}$$

又因为 $a \leqslant b, a \leqslant a \oplus c$, 所以 $a \leqslant b \times (a \oplus c)$, 从而由定理 22.2.2, 有

$$a \oplus c \leqslant (b \times (a \oplus c)) \oplus c \leqslant (a \oplus c) \oplus c = a \oplus c$$

故有

$$(b \times (a \oplus c)) \oplus c = a \oplus c \tag{22.6}$$

由式 (22.5) 和式 (22.6) 有

$$(a \oplus (b \times c)) \oplus c = (b \times (a \oplus c)) \oplus c \tag{22.7}$$

另外

$$(b \times (a \oplus c)) \times c = b \times ((a \oplus c) \times c) = b \times c \tag{22.8}$$

而 $b \times c \leqslant a \oplus (b \times c)$, 所以由定理 22.2.4 有

$$b \times c = (b \times c) \times c \leqslant (a \oplus (b \times c)) \times c \leqslant (b \times (a \oplus c)) \times c$$
$$= b \times ((a \oplus c) \times c) = b \times c$$

从而有
$$(a \oplus (b \times c)) \times c = b \times c \tag{22.9}$$

由式 (22.8) 和式 (22.9) 有

$$(a \oplus (b \times c)) \times c = (b \times (a \oplus c)) \times c \tag{22.10}$$

又由格的分配不等式知, 当 $a \leqslant b$ 时,

$$a \oplus (b \times c) \leqslant (a \oplus b) \times (a \oplus c) = b \times (a \oplus c)$$

从而有

$$a \oplus (b \times c) \leqslant b \times (a \oplus c) \tag{22.11}$$

最后, 由式 (22.5)、式 (22.8)、式 (22.9) 及定理中的条件, 得

$$a \oplus (b \times c) = b \times (a \oplus c)$$

故$\langle L, \leqslant \rangle$是模格.

定理 22.3.3 设$\langle L, \times, \oplus \rangle$是分配格. 于是, 对任意$a, b, c \in L$, 如果$a \times c = b \times c, a \oplus c = b \oplus c$, 则有$a = b$.

证明 由假设有

$$a = a \times (a \oplus c) = a \times (b \oplus c) = (a \times b) \oplus (a \times c) = (a \times b) \oplus (b \times c)$$
$$= b \times (a \oplus c) = b \times (b \oplus c) = b$$

即$a = b$.

推论 22.3.1 设$\langle L, \times, \oplus \rangle$是有余分配格, 则对任意$a \in L$, a的余元素是唯一的.

证明 设a'和a''都是a的余元素, 于是

$$a \times a' = 0, \quad a \oplus a' = 1$$
$$a \times a'' = 0, \quad a \oplus a'' = 1$$

从而$a \times a' = a \times a'' = 0, a \oplus a' = a \oplus a''$, 由定理 22.3.3 知, $a' = a''$, 故a的余元素是唯一的.

§22.4 布 尔 代 数

布尔代数(Boolean algebra)是英国数学家 George Boole 于 1854 年提出的一种代数系统, 它是人们利用数学方法研究人类思维规律所得到的一个重要成果. 它作为设计数学电子计算机的数学工具, 在计算机科学等领域中有着重要的应用.

定义 22.4.1 有余分配格称为布尔代数.

由布尔代数的定义以及 22.3 节所得的一些结论, 可以将一个布尔代数记为$\langle B, \cdot, +, -, 0, 1 \rangle$, 其中, "$\cdot$"称为乘法运算, "$+$"称为加法运算, "$-$"称为余运算, $a \in B$的余元素记为$\bar{a}, 0, 1$是B的界, 有时, 也可将$a \cdot b$简记为ab.

下面根据布尔代数的定义, 分类给出布尔代数的一些重要性质.

设$\langle B, \cdot, +, -, 0, 1 \rangle$是一个布尔代数, 于是, 对任意$a, b, c \in B$, 有:

因为$\langle B, \cdot, + \rangle$是一个代数格, 所以有

(1)$a \cdot a = a, a + a = a$(等幂律).

(2)$a \cdot b = b \cdot a, a + b = b + a$(交换律).

(3)$(a \cdot b) \cdot c = a \cdot (b \cdot c), (a + b) + c = a + (b + c)$(结合律).

(4)$a \cdot (a + b) = a, a + (a \cdot b) = a$(吸收律).

因为$\langle B, \cdot, + \rangle$是分配格, 所以有

(5)$a \cdot (b + c) = (a \cdot b) + (a \cdot c), a + (b \cdot c) = (a + b) \cdot (a + c)$(分配律).

(6)$(a + b) \cdot (a + c) \cdot (b + c) = (a \cdot b) + (a \cdot c) + (b \cdot c)$.

(7)若$a \cdot b = a \cdot c, a + b = a + c$, 则$b = c$.

因为$\langle B, \cdot, +, -, 0, 1 \rangle$是有界格, 所以有

(8)$0 \leqslant a \leqslant 1$.

(9)$a \cdot 0 = 0, a + 1 = 1$.

(10)$a \cdot 1 = a, a + 0 = a$.

因为 $\langle B,\cdot,+,-,0,1 \rangle$ 是有余分配格,所以有.

(11) $a \cdot \bar{a} = 0, a + \bar{a} = 1$.

(12) $\bar{0} = 1, \bar{1} = 0$.

(13) $\overline{(a \cdot b)} = \bar{a} + \bar{b}, \overline{a+b} = \bar{a} \cdot \bar{b}$.

因为 $\langle B, \leqslant \rangle$ 是偏序格,所以有

(14) $a \cdot b = \inf\{a,b\}, a + b = \sup\{a,b\}$.

(15) $a \leqslant b$ 当且仅当 $a + b = b$ 当且仅当 $a \cdot b = a$.

(16) $a \leqslant b$ 当且仅当 $a \cdot \bar{b} = 0$ 当且仅当 $\bar{b} \leqslant \bar{a}$ 当且仅当 $\bar{a} + b = 1$.

另外,容易证明,一个具有上述性质的代数系统必是布尔代数.但上述性质不是互相独立的,即有些性质可以由其他性质推导出来.下面用相互独立的公理来重新定义布尔代数,这些公理是由 Huntington 于 1904 年提出的.

定理 22.4.1　设集合 B 至少含两个元素,"$\cdot$""$+$"是定义在 B 上的两个代数运算. 如果对任意 $a,b,c \in B$,满足下面公理:

$H_1: a \cdot b = b \cdot a, a + b = b + a$;

$H_2: a \cdot (b + c) = (a \cdot b) + (a \cdot c), a + (b \cdot c) = (a + b) \cdot (a + c)$;

$H_3: B$ 中有元素 0 和 1,使得对任意 $a \in B$,有 $a \cdot 1 = a, a + 0 = a$;

$H_4:$ 对任意 $a \in B$,有 $\bar{a} \in B$,使得 $a \cdot \bar{a} = 0, a + \bar{a} = 1$.

则 $\langle B,\cdot,+,-,0,1 \rangle$ 是一个布尔代数.

证明　由布尔代数的定义,只需证明 $\langle B,\cdot,+ \rangle$ 是格,且 0,1 分别是 B 的最小元和最大元. 由 H_4 知,B 是有余格,又由 H_2 知,B 是分配格,从而 B 是有余分配格,即布尔代数.

首先证明几个有用的公式.

(i)对任意 $a \in B, a + 1 = 1, a \cdot 0 = 0$.

$$
\begin{aligned}
a + 1 &= (a + 1) \cdot 1 & \text{(由 } H_3) \\
&= 1 \cdot (a + 1) & \text{(由 } H_1) \\
&= (a + \bar{a}) \cdot (a + 1) & \text{(由 } H_4) \\
&= a + (\bar{a} \cdot 1) & \text{(由 } H_2) \\
&= a + \bar{a} & \text{(由 } H_3) \\
&= 1 & \text{(由 } H_4)
\end{aligned}
$$

$$
\begin{aligned}
a \cdot 0 &= a \cdot 0 + 0 & \text{(由 } H_3) \\
&= a \cdot 0 + 0 \cdot 1 & \text{(由 } H_3) \\
&= 0 \cdot a + 0 \cdot 1 & \text{(由 } H_1) \\
&= 0 \cdot (a + 1) & \text{(由 } H_2) \\
&= 0 \cdot 1 & \text{(由上式)} \\
&= 0 & \text{(由 } H_3)
\end{aligned}
$$

(ii)若 $a + b = a + c, \bar{a} + b = \bar{a} + c$,则 $b = c$.

$$
\begin{aligned}
b &= b + 0 & \text{(由 } H_3) \\
&= b + (a \cdot \bar{a}) & \text{(由 } H_4)
\end{aligned}
$$

$$= (b + a) \cdot (b + \overline{a}) \qquad (由 H_2)$$

$$= (a + b) \cdot (\overline{a} + b) \qquad (由 H_1)$$

$$= (a + c) \cdot (\overline{a} + c) \qquad (由假设)$$

$$= (c + a) \cdot (c + \overline{a}) \qquad (由 H_1)$$

$$= c + (a \cdot \overline{a}) \qquad (由 H_2)$$

$$= c + 0 \qquad (由 H_4)$$

$$= c \qquad (由 H_3)$$

（iii）若 $a \cdot b = a \cdot c, \overline{a} \cdot b = \overline{a} \cdot c$，则 $b = c$.

$$b = b \cdot 1 \qquad (由 H_3)$$

$$= b \cdot (a + \overline{a}) \qquad (由 H_4)$$

$$= (b \cdot a) + (b \cdot \overline{a}) \qquad (由 H_2)$$

$$= (a \cdot b) + (\overline{a} \cdot b) \qquad (由 H_1)$$

$$= (a \cdot c) + (\overline{a} \cdot c) \qquad (由假设)$$

$$= (c \cdot a) + (c \cdot \overline{a}) \qquad (由 H_1)$$

$$= c \cdot (a + \overline{a}) \qquad (由 H_2)$$

$$= c \cdot 1 \qquad (由 H_4)$$

$$= c \qquad (由 H_3)$$

下证 $\langle B, \cdot, + \rangle$ 是格.

（1）由 H_1 知，$\langle B, \cdot, + \rangle$ 满足交换律.

（2）因为

$$a + (a \cdot b)$$

$$= (a \cdot 1) + (a \cdot b) \qquad (由 H_3)$$

$$= a \cdot (1 + b) \qquad (由 H_2)$$

$$= a \cdot (b + 1) \qquad (由 H_1)$$

$$= a \cdot 1 \qquad [由(i)]$$

$$= a \qquad (由 H_3)$$

$$a \cdot (a + b)$$

$$= (a + 0) \cdot (a + b) \qquad (由 H_3)$$

$$= a + (0 \cdot b) \qquad (由 H_2)$$

$$= a + (b \cdot 0) \qquad (由 H_1)$$

$$= a + 0 \qquad [由(i)]$$

$$= a \qquad (由 H_3)$$

所以 $\langle B, \cdot, + \rangle$ 满足吸收律.

（3）令 $R = a \cdot (b \cdot c), L = (a \cdot b) \cdot c$，于是

$$a + R = a + (a \cdot (b \cdot c)) = a \qquad (由吸收律)$$

$$a + L = a + ((a \cdot b) \cdot c) = (a + (a \cdot b)) \cdot (a + c) \qquad (由 H_2)$$

$$\qquad = a \cdot (a + c) \qquad (由吸收律)$$

$$\qquad = a \qquad (由吸收律)$$

因此 $a+R=a+L$,又因为

$$\bar{a}+R=\bar{a}+(a\cdot(b\cdot c))\qquad\qquad(由 H_2)$$

$$=(\bar{a}+a)\cdot(\bar{a}+(b\cdot c))$$

$$=1\cdot(\bar{a}+(b\cdot c))\qquad\qquad(由 H_1 及 H_4)$$

$$=\bar{a}+(b\cdot c)\qquad\qquad(由 H_1 及 H_3)$$

$$\bar{a}+L=\bar{a}+((a\cdot b)\cdot c)$$

$$=(\bar{a}+(a\cdot b))\cdot(\bar{a}+c)\qquad\qquad(由 H_2)$$

$$=((\bar{a}+a)\cdot(\bar{a}+b))\cdot(\bar{a}+c)\qquad\qquad(由 H_2)$$

$$=(1\cdot(\bar{a}+b))\cdot(\bar{a}+c)\qquad\qquad(由 H_1 及 H_4)$$

$$=(\bar{a}+b)\cdot(\bar{a}+c)\qquad\qquad(由 H_1 及 H_3)$$

$$=\bar{a}+(b\cdot c)\qquad\qquad(由 H_2)$$

所以 $\bar{a}+R=\bar{a}+L$. 故由(ii)知,$R=L$.

再令 $H=a+(b+c)$,$K=(a+b)+c$,于是

$$a\cdot H=a\cdot(a+(b+c))$$

$$=a\qquad\qquad(由吸收律)$$

$$a\cdot K=a\cdot((a+b)+c)$$

$$=a\cdot(a+b)+(a\cdot c)\qquad\qquad(由 H_2)$$

$$=a+(a\cdot c)\qquad\qquad(由吸收律)$$

$$=a\qquad\qquad(由吸收律)$$

因此 $a\cdot H=a\cdot K$. 又因为

$$\bar{a}\cdot H=\bar{a}\cdot(a+(b+c))$$

$$=\bar{a}\cdot a+\bar{a}\cdot(b+c)\qquad\qquad(由 H_2)$$

$$=0+\bar{a}(b+c)\qquad\qquad(由 H_4)$$

$$=\bar{a}\cdot(b+c)\qquad\qquad(由 H_1,H_3)$$

$$\bar{a}\cdot K=\bar{a}\cdot((a+b)+c)$$

$$=\bar{a}\cdot(a+b)+(\bar{a}\cdot c)\qquad\qquad(由 H_2)$$

$$=((\bar{a}\cdot a)+(\bar{a}\cdot b))+(\bar{a}\cdot c)\qquad\qquad(由 H_2)$$

$$=(0+(\bar{a}\cdot b))+(\bar{a}\cdot c)\qquad\qquad(由 H_4)$$

$$=(\bar{a}\cdot b)+(\bar{a}\cdot c)\qquad\qquad(由 H_1,H_3)$$

$$=\bar{a}\cdot(b+c)\qquad\qquad(由 H_2)$$

所以,$\bar{a}\cdot H=\bar{a}\cdot K$. 故由(iii)知,$H=K$.

总之,$\langle B,\cdot,+\rangle$ 满足结合律.

综上所述,$\langle B,\cdot,+\rangle$ 是格.

现在定义 B 上的偏序关系"$\leqslant$"如下:$a\leqslant b$ 当且仅当 $a\cdot b=a$,于是,由定理 22.1.1 知,$\langle B,\leqslant\rangle$ 是一个格,并且 $a\leqslant b$ 当且仅当 $a+b=b$.

最后,由 H_3 知,对任意 $a\in B$,有 $a\cdot 1=a$,$a+0=a$,故 $0\leqslant a\leqslant 1$,即 0 和 1 分别是 B 的最小元素和最大元素,因此,$\langle B,\cdot,+,-,0,1\rangle$ 是布尔代数.

可以证明,公理 $H_1 \sim H_4$ 是独立的,这里就不去证明它了,有兴趣的读者可参看 R. L. Goodstdein 所著的 *Boolean Algebra* 一书(有中译本,科学出版社出版).

【例 22.10】 设 $B=\{0,1\}$,B 上的运算"·"、" + "和" − "定义分别见表 22.1 ~ 表 22.3.

表 22.1				表 22.2				表 22.3	
·	0	1		+	0	1		x	$\bar{x}$
0	0	0		0	0	1		0	1
1	0	1		1	1	1		1	0

容易验证,$\langle B, \cdot, +, -, 0, 1 \rangle$ 是布尔代数.这是简单的一个布尔代数,常称为电路代数.

【例 22.11】 设 S 是一个非空集合,则 $\langle \rho(S), \cap, \cup, -, \varnothing, S \rangle$ 是一个布尔代数,其中,对 $A \in \rho(S)$,$\bar{A} = S - A$.称此代数为集合代数(set algebra).

【例 22.12】 设 P 是命题公式的集合,不难证明,$\langle P, \wedge, \vee, \Gamma, F, T \rangle$ 是一个布尔代数,称为命题代数(proposition algebra).

【例 22.13】 令 $B_n = \{\langle x_1, x_2, \cdots, x_n \rangle \mid x \in \{0,1\}, i = 1, 2, \cdots, n\}$.对任意 $a, b \in B_n$,设 $a = \langle a_1, a_2, \cdots, a_n \rangle$,$b = \langle b_1, b_2, \cdots, b_n \rangle$,定义 B_n 上的运算如下:

$$a \cdot b = \langle a_1 \cdot b_1, a_2 \cdot b_2, \cdots, a_n \cdot b_n \rangle$$

$$a + b = \langle a_1 + b_1, a_2 + b_2, \cdots, a_n + b_n \rangle$$

$$\bar{a} = \langle \bar{a}_1, \bar{a}_2, \cdots, \bar{a}_n \rangle$$

其中 $\bar{0} = 1$,$\bar{1} = 0$.不难证明,$\langle B, \cdot, +, -, 0_n, 1_n \rangle$ 是一个布尔代数,其中,

$$0_n = \langle 0, 0, \cdots, 0 \rangle \in B_n, 1_n = \langle 1, 1, \cdots, 1 \rangle \in B_n$$

此代数又称开关代数(switch algebra).

定义 22.4.2 设 $\langle B, \cdot, +, -, 0, 1 \rangle$ 是一个布尔代数,$S \subseteq B$.如果 S 包含元素 0 和 1,并且对运算 ·,+,– 是封闭的,则 $\langle S, \cdot, +, -, 0, 1 \rangle$ 称为 $\langle B, \cdot, +, -, 0, 1 \rangle$ 的子布尔代数.

定理 22.4.2 设 $\langle B, \cdot, +, -, 0, 1 \rangle$ 是一个布尔代数,S 是 B 的非空子集.如果 S 对运算 $\{\cdot, -\}$ 或 $\{+, -\}$ 是封闭的,则 S 是 B 的子布尔代数.

证明 设 S 对运算 $\{\cdot, -\}$ 封闭,由 $S \neq \varnothing$ 知,存在 $a \in S$.于是 $\bar{a} \in S$.从而 $a \cdot \bar{a} = 0 \in S$,且 $\bar{0} = 1 \in S$.又任取 $a, b \in S$,因为 $a + b = (\overline{\bar{a} \cdot \bar{b}})$,所以,$a + b \in S$,即 S 对 + 是封闭的,且包含 0 和 1.故由定义知,S 是 B 的子布尔代数.

同理可证,若 S 对 $\{+, -\}$ 是封闭的,则 S 是 B 的子布尔代数.

由子布尔代数的定义不难知道,子布尔代数本身构成一个布尔代数.

要注意的是,布尔代数 B 的子集 S 可以是布尔代数,但它可能不是 B 的子布尔代数,因为它对 B 中的运算可能不是封闭的.

【例 22.14】 考虑图 22.6 所示的格.不难验证它是一个布尔代数.令 $S_1 = \{a, \bar{a}, 0, 1\}$,$S_2 = \{a, \bar{b}, 0, 1\}$,$S_3 = \{a, b, 0, 1\}$,则 S_1 是子布尔代数.因为它对 $\{\cdot, \bar{}\}$ 封闭;S_2 不是子布尔代数,因为它对运算"$\bar{}$"不封闭;S_3 是布尔代数,但不是所给代数的子布尔代数,因为它对运算"$\bar{}$"不封闭.

作为代数系统,布尔代数之间也有同态概念.

图 22.6

定义 22.4.3 设 $\langle B, \cdot, +, -, 0, 1 \rangle$ 和 $\langle S, \wedge, \vee, \neg, \alpha, \beta \rangle$ 是两个布尔代数,f 是 B 到 S 的映射. 如果对任意 $a, b \in B$, 有

$$f(a \cdot b) = f(a) \wedge f(b)$$
$$f(a + b) = f(a) \vee f(b)$$
$$f(\overline{a}) = \neg f(a)$$
$$f(0) = \alpha$$
$$f(1) = \beta$$

则称 f 为 B 到 S 的一个布尔同态. 称 $f(B)$ 是布尔代数 B 的同态像.

如果 f 是双射, 则称 f 是布尔同构, 也称 B 与 S 同构.

显然, $f(B)$ 是 S 的子布尔代数.

定理 22.4.3 设 f 是布尔代数 $\langle B, \cdot, +, -, 0, 1 \rangle$ 到布尔代数 $\langle S, \wedge, \vee, \neg, \alpha, \beta \rangle$ 的一个映射, 如果对任意 $a, b \in B$, 都有

$$f(a \cdot b) = f(a) \wedge f(b) \tag{22.12}$$
$$f(\overline{a}) = \neg f(a) \tag{22.13}$$

则 f 是 B 到 S 的布尔同态.

证明 对任意 $a, b \in B$, 由假设有

$$f(a + b) = f(\overline{\overline{a + b}}) = \neg f(\overline{a + b}) = \neg f(\overline{a} \cdot \overline{b}) = \neg (f(\overline{a}) \wedge f(\overline{b}))$$
$$= \neg (\neg f(a) \wedge \neg f(b)) = f(a) \vee f(b)$$
$$f(0) = f(a \cdot \overline{a}) = f(a) \wedge f(\overline{a}) = f(a) \wedge \neg f(a) = \alpha$$
$$f(1) = f(a + \overline{a}) = f(a) \vee f(\overline{a}) = f(a) \vee \neg f(a) = \beta$$

故由定义知, f 是 B 到 S 的布尔同态.

定理 22.4.4 设 f 是布尔代数 $\langle B, \cdot, +, -, 0, 1 \rangle$ 到布尔代数 $\langle S, \wedge, \vee, \neg, \alpha, \beta \rangle$ 的一个映射. 如果对任意 $a, b \in B$, 都有

$$f(a \cdot b) = f(a) \wedge f(b)$$
$$f(a + b) = f(a) \vee f(b)$$

则 $\langle f(B), \wedge, \vee, \neg, f(0), f(1) \rangle$ 是一个布尔代数, 且 f 是 B 到 $f(B)$ 的布尔同态, 其中 $\neg$ 是关于 $f(0)$ 和 $f(1)$ 的余运算.

证明 显然, $f(B) \subseteq S$. 对任意 $a' \in f(B)$, 必有 $a \in B$, 使得 $f(a) = a'$. 因为

$$a' \wedge f(0) = f(a) \wedge f(0) = f(a \cdot 0) = f(0)$$

所以 $f(0) \leqslant a'$. 又因为

$$a' \vee f(1) = f(a) \vee f(1) = f(a + 1) = f(1)$$

所以 $a' \leqslant f(1)$. 于是, $f(0) \leqslant a' \leqslant f(1)$. 故 $f(0)$ 和 $f(1)$ 分别是 $f(B)$ 中的最小元素和最大元素.

又任取 $a \in B$, 有

$$f(a) \wedge f(\overline{a}) = f(a \cdot \overline{a}) = f(0)$$
$$f(a) \vee f(\overline{a}) = f(a + \overline{a}) = f(1)$$

于是 $f(\overline{a})$ 是 $f(a)$ 的余元素, 故

$$\neg f(a) = f(\overline{a})$$

以上说明, $f(B)$ 对运算 $\wedge, \vee$ 和 $\neg$ 是封闭的, 故 $f(B)$ 是 S 的子布尔代数. 又由定理 22.4.3 知, f 是 B 到 $f(B)$ 的布尔同态.

§22.5 有限布尔代数的结构

本节所提到的布尔代数,如不特别指出,都是指有限布尔代数.

前一节中构造了一些布尔代数.人们可能想象有很大的自由来构造一些不同的布尔代数,实际上并非如此.本节将证明,每个有限布尔代数的阶必为 2 的正整数次幂,并且维数相同的有限布尔代数必同构.

定义 22.5.1 设 $\langle B, \cdot, +, -, 0, 1 \rangle$ 是布尔代数.若存在 $e_1, e_2, \cdots, e_n \in B$,使得对任意 $a \in B$,都可唯一地表示为

$$a = \alpha_1 e_1 + \alpha_2 e_2 + \cdots + \alpha_n e_n$$

其中 $\alpha_i \in \{0, 1\}, i = 1, 2, \cdots, n$.则称 $e_1, e_2, \cdots, e_n$ 为布尔代数 B 的一组基底(basic),并称此布尔代数为 n 维的.

易知,$e_i \neq 0, i = 1, 2, \cdots, n$.

定义 22.5.2 设 $\langle B, \cdot, +, -, 0, 1 \rangle$ 是布尔代数.$a \in B$,且 $a \neq 0$.若对任意 $x \in B$,有 $a \cdot x = 0$ 或者 $a \cdot x = a$,则称 a 为布尔代数 B 的极小元素(或原子).

由定义易知,有限布尔代数的极小元素就是其 Hasse 图中与最小元素 0 连接的那些元素,并且,若 a 和 b 是两个不同的极小元素,则必有 $a \cdot b = 0$.

命题 22.5.1 设 B 是布尔代数,$a \in B, a \neq 0$.若 a 不是极小元素,则存在极小元素 b,满足 $b < a$.

证明 因为 a 不是极小元素,所以存在非零元素 $x_0 \in B$,使得 $a \cdot x_0 \neq 0$,且 $a \cdot x_0 \neq a$.

令 $a \cdot x_0 = a_1$,则显然 $a_1 < a$(即 $a_1 \leqslant a, a_1 \neq a$).

若 a_1 是极小元素,则命题得证,否则,有非零元素 $x_1 \in B$,使得 $a_1 \cdot x_1 \neq 0$,且 $a_1 \cdot x_1 \neq a_1$.

令 $a_1 \cdot x_1 = a_2$,则有 $a_2 < a_1 < a$.

重复上述过程,由于 B 有限,故最后总可找到极小元素 a_n,使得

$$a_n < a_{n-1} \cdots < a_2 < a_1 < a$$

定理 22.5.1 有限布尔代数的基底必是此代数的所有极小元素;反之,有限布尔代数所有极小元素必能做成此代数的基底.

证明 设 $e_1, e_2, \cdots, e_n$ 是有限布尔代数 $\langle B, \cdot, +, -, 0, 1 \rangle$ 的基底,先证 $e_i (i = 1, 2, \cdots, n)$ 是极小元素.

若 e_i 不是极小元素,则存在 $a \in B$,使得 $\alpha e_i \neq 0$ 且 $\alpha e_i \neq e_i$.

设 $a e_i = b$,则 $b < e_i$.令

$$b = \alpha_1 e_1 + \alpha_2 e_2 + \cdots + \alpha_n e_n, \quad \bar{b} e_i = c$$

由 $b < e_i$ 知 $b e_i = b$,从而,$b + c = b e_i + \bar{b} e_i = e_i$.令 $c = \beta_1 e_1 + \beta_2 e_2 + \cdots + \beta_n e_n$,于是有

$$e_i = b + c = (\alpha_1 + \beta_1) e_1 + (\alpha_2 + \beta_2) e_2 + \cdots + (\alpha_n + \beta_n) e_n$$

由基底的性质,有

$$\alpha_j + \beta_j = 0 \quad (j \neq i, j = 1, 2, \cdots, n)$$

$$\alpha_j + \beta_j = 1$$

也即 $\alpha_i = 1$ 或者 $\beta_i = 1, \alpha_j = \beta_j = 0, j \neq i, j = 1, 2, \cdots, n.$

若 $\alpha_i = 1$，则 $b = e_i$，矛盾；

若 $\beta_i = 1$，则 $c = e_i$，即 $\bar{b}e_i = e_i$，有

$$0 = (\overline{bb})e_i = b(\bar{b}e_i) = be_i = b$$

从而与 $b \neq 0$ 矛盾. 故 e_i 是极小元素，$i = 1, 2, \cdots, n.$

再证 $e_1, \cdots, e_n$ 是 B 的所有极小元素.

设 e^* 是 B 的极小元素，令 $e^* = \alpha_1 e_1 + \alpha_2 e_2 + \cdots + \alpha_n e_n.$

因 $e^* \neq 0$，故不妨设 $\alpha_i \neq 0$，于是

$$e^* e_i = e_i$$

由极小元素的性质知 $e^* = e_i$，即 B 的每个极小元素必是基底中的某一个元素.

另外，设 $e_1, e_2, \cdots, e_n$ 是有限布尔代数 $\langle B, \cdot, +, -, 0, 1 \rangle$ 中所有极元素. 先证 e_i 可由 $e_1, e_2, \cdots, e_n$ 唯一表示如下.

$$e_i = 0e_1 + \cdots + 1e_i + \cdots + 0e_n$$

$i = 1, 2, \cdots, n.$ 只需证唯一性. 若另有

$$e_i = \alpha_1 e_1 + \cdots + \alpha_n e_n$$

其中至少有一个 $\alpha_j \neq 0(j \neq i).$ 于是

$$0 = e_i e_j = \alpha_j e_j = e_j$$

此与 e_j 是极小元素矛盾.

最后证 B 中的任意非零元也可由 $e_1, e_2, \cdots, e_n$ 唯一表示. 设 $a \in B, a \neq e_i, i = 1, 2, \cdots, n.$ 由命题 22.5.1，可设

$$S = \{e_i | e_i < a\} = \{e_{i_1}, e_{i_2}, \cdots, e_{i_k}\}$$

其中，$1 \leqslant i_1 < \cdots < i_k \leqslant n.$ 令

$$e_{i_1} + e_{i_2} + \cdots + e_{i_k} = b \tag{22.14}$$

显然 $b \leqslant a.$ 下证 $b = a.$

若 $b < a$，则 $\bar{b}a \neq 0$（否则推出 $a \leqslant b$）. 于是由命题 22.5.1 知，必有极小元素 $e_j \leqslant \bar{b}a.$ 由 $\bar{b}a \leqslant a$ 得知 $e_j \leqslant a.$ 因此，$e_j \in S.$ 设 $e_j = e_{i_m}(1 \leqslant m \leqslant k)$，于是，由 $e_{i_m} = e_j \leqslant \bar{b}a$ 知，$(\bar{b}a)e_{i_m} = e_{i_m}.$ 而由式 (22.14) 知，$e_{i_m}b = e_{i_m}$，故 $(\bar{b}ae_{i_m})b = e_{i_m}$，即 $(\overline{bb})ae_{i_m} = e_{i_m}$，从而 $e_{i_m} = 0$，矛盾. 故 $b = a$，即

$$a = e_{i_1} + \cdots + e_{i_k}$$

下证唯一性. 设 $a = a_{j_1} + \cdots + e_{j_r}$，不妨设

$$e_{j_1} \neq e_{i_p} \quad (p = 1, 2, \cdots, k)$$

于是，$e_{j_1}a = e_{j_1}$，从而 $e_{j_1}(e_{i_1} + \cdots + e_{i_k}) = 0$，故

$$e_{j_1} = 0$$

矛盾. 所以 a 线性表示是唯一的.

推论 22.5.1 若 $e_1, e_2, \cdots, e_n$ 是有限布尔代数 $\langle B, \cdot, +, -, 0, 1 \rangle$ 的基底，则 $e_1 + \cdots + e_n = 1.$

证明 设 $1 = \alpha_1 e_1 + \cdots + \alpha_n e_n.$ 若 $\alpha_i = 0$，则

$$e_i = 1 \cdot e_i = (\alpha_1 e_1 + \cdots + \alpha_n e_n) \cdot e_i = \alpha_i e_i = 0$$

矛盾. 故 $\alpha_i = 1, i = 1, 2, \cdots, n.$ 即 $e_1 + \cdots + e_n = 1.$

推论 22.5.2　有限布尔代数的基底是唯一的.

证明　因为有限布尔代数的所有极小元素均由此代数唯一确定,故由定理 22.5.1 知,此推论成立.

定理 22.5.2　维数相同的有限布尔代数必同构.

证明　设布尔代数 $\langle B, \cdot, +, -, 0, 1\rangle$ 和 $\langle S, \wedge, \vee, \neg, \alpha, \beta\rangle$ 都是 n 维的,其基底分别为 $e_1, e_2, \cdots, e_n$ 和 $u_1, u_2, \cdots, u_n$. 作 B 到 S 映射 f 如下:

$$f(e_i) = u_i, \quad i = 1, 2, \cdots, n$$

对任意 $a \in B$, 设

$$a = \alpha_1 e_1 + \cdots + \alpha_n e_n, \quad \alpha_i \in \{0, 1\}, i = 1, 2, \cdots, n$$

令

$$f(a) = (f(\alpha_1) \wedge u_1) \vee \cdots \vee (f(\alpha_n) \wedge u_n)$$

其中

$$f(\alpha_i) = \begin{cases} \alpha, & \alpha_i = 0 \\ \beta, & \alpha_i = 1 \end{cases} \quad i = 1, 2, \cdots, n$$

由基底的性质容易验证, f 是 B 到 S 的双射,即 $f(B) = S$. 而且,因为 $0 = 0e_1 + \cdots + 0e_n, 1 = 1e_1 + \cdots + 1e_n$, 所以

$$f(0) = (f(0) \wedge u_1) \vee \cdots \vee (f(0) \wedge u_n) = (\alpha \wedge u_1) \vee \cdots \vee (\alpha \wedge u_n) = \alpha \vee \cdots \vee \alpha = \alpha$$

$$f(1) = (f(1) \wedge u_1) \vee \cdots \vee (f(1) \wedge u_n) = (\beta \wedge u_1) \vee \cdots \vee (\beta \wedge u_n) = u_1 \vee \cdots \vee u_n = \beta$$

又对任意 $a, b \in B$, 不妨设

$$a = \alpha_1 e_1 + \cdots + \alpha_n e_n$$

$$b = \beta_1 e_1 + \cdots + \beta_n e_n$$

由于 $\alpha_i, \beta_i \in \{0, 1\}$, 所以可直接验证

$$f(\alpha_i + \beta_i) = f(\alpha_i) \vee f(\beta_i), \quad i = 1, 2, \cdots, n$$

于是

$$\begin{aligned}
f(a + b) &= f((\alpha_1 + \beta_1)e_1 + \cdots + (\alpha_n + \beta_n)e_n) \\
&= (f(\alpha_1 + \beta_1) \wedge u_1) \vee \cdots \vee (f(\alpha_n + \beta_n) \wedge u_n) \\
&= ((f(\alpha_1) \vee f(\beta_1)) \wedge u_1) \vee \cdots \vee ((f(\alpha_n) \vee f(\beta_n)) \wedge u_n) \\
&= ((f(\alpha_1) \wedge u_1) \vee \cdots \vee (f(\alpha_n) \wedge u_n)) \vee ((f(\beta_1) \wedge u_1) \vee \cdots \vee (f(\beta_n) \wedge u_n)) \\
&= f(a) \vee f(b)
\end{aligned}$$

同理可证明: $f(ab) = f(a) \wedge f(b)$. 故由定理 22.4.4 知, B 与 S 同构.

定理 22.5.3　任意 n 维尔布代数 $\langle B, \cdot, +, -, 0, 1\rangle$ 与开关代数 $\langle B_n, \cdot, +, -, 0_n, 1_n\rangle$ 同构.

证明　因为 n 个元素 $\langle 1, 0, \cdots, 0\rangle, \langle 0, 1, \cdots, 0\rangle, \cdots, \langle 0, \cdots, 0, 1\rangle$ 是 B_n 的一组基底,所以, B_n 是 n 维的,故由定理 22.5.2 知, B 与 B_n 同构.

下面我们证明,任意有限布尔代数的元素个数必是 2 的正整数次幂.

定理 22.5.4（Stone 定理）　任意有限布尔代数 $\langle B, \cdot, +, -, 0, 1\rangle$ 与某个集合 S 的幂集合做成的集合代数 $\langle \rho(S), \cap, \cup, -, \varnothing, S\rangle$ 同构.

证明　设布尔代数 B 的基底数为 $e_1, e_2, \cdots, e_n$, 令集合 $S = \{e_1, e_2, \cdots, e_n\}$.

显然,布尔代数 $\langle \rho(S), \cap, \cup, -, \varnothing, S\rangle$ 的基底为 $\{e_1\}, \{e_2\}, \cdots, \{e_n\}$, 故 $\rho(S)$ 是 n 维的,由

定理 22.5.2 知,B 与 $\rho(S)$ 同构.

上面讨论的布尔代数,如电路代数、开关代数、集合代数等,其中的元素都是固定不变的.下面我们讨论由布尔代数中的某些元素所生成的布尔代数.它们在逻辑电路的设计和化简中有重要的应用.

定义 22.5.3　设 $\langle B, \cdot, +, -, 0, 1\rangle$ 是布尔代数,$b_1, b_2, \cdots, b_r \in B$.令 S 是 $b_1, b_2, \cdots, b_r$ 的所有多项式的集合,即

$$S = \{\sum X_{i_1} \cdots X_{i_n} \mid 1 \leqslant i_k \leqslant r, X_{i_k} \in \{b_{i_k}, \overline{b_{i_k}}\}, k = 1, 2, \cdots, n\}$$

容易验证,$\langle S, \cdot, +, -, 0, 1\rangle$ 满足 22.4 节中的公理 $H_1 \sim H_4$,因此,S 是一个布尔代数,称为由 $\{b_1, b_2, \cdots, b_r\}$ 生成的布尔代数.

事实上,关于 $b_1, b_2, \cdots, b_r$ 的多项式,即一些形式的式子 $b_1, b_2, \cdots, b_r$ 可理解为变量符号,可以在 B 上任意取值.注意到 $\sum$ 就是运算"$+$"的简写,而 $x_i x_j$ 就是 $x_i \cdot x_j$ 的简写,因此,对 S 中的元素而言,布尔代数的运算规律是成立的.

我们约定,S 中加运算用"$+$"号将两个多项式连接起来;乘运算用"$\cdot$"号连接,再按分配律展开;求余运算按 De Morgan 律进行.

【例 22.15】　在图 22.6 所示的布尔代数中,由 $\{a\}$ 生成的布尔代数为 $\{a, \overline{a}, 0, 1\}$;而由 $\{a, b\}$ 生成的布尔代数为此布尔代数本身.

定义 22.5.4　设 $X_1, X_2, \cdots, X_n$ 是一组文字,文字串 $X_1^{a_1}, X_2^{a_2}, \cdots, X_n^{a_n}$ 称为关于 $X_1, X_2, \cdots, X_n$ 的一个极小项(minimal item),其中 $a_i \in \{0, 1\}, i = 1, 2, \cdots, n$.

【例 22.16】　设 $b_1, b_2, \cdots, b_n$ 是布尔代数 $\langle B, \cdot, +, -, 0, 1\rangle$ 中的一组元素.规定

$$b_i^0 = \overline{b_i}, b_i^1 = b_i, i = 1, 2, \cdots, n.$$

且规定 $b_1^{\alpha_1} b_2^{\alpha_2} \cdots b_n^{\alpha_n} = \alpha_i \in \{0, 1\}, i = 1, 2, \cdots, n$.

于是,关于 $b_1, b_2, \cdots, b_n$ 的每一个极小项 $b_1^{\alpha_1} \cdots b_n^{\alpha_n}$,都恰有一个由布尔代数 B 中的 $0, 1$ 组成的 n 元值组,使得代入该极小项后,其结果等于 1.易知,这个 n 元值组就是 $(\alpha_1, \alpha_2, \cdots, \alpha_n)$,我们将 $\alpha_1, \alpha_2, \cdots, \alpha_n$ 看作 n 位二进制数,令为 p,并记该极小项为 m_p.

定义 22.5.5　设 $A_1, A_2, \cdots, A_n$ 是布尔代数 $\langle B, \cdot, +, -, 0, 1\rangle$ 中的一组元素,如果关于它们的所有极小项都不为 0,则称这组元素是互相独立的.

【例 22.17】　设集合 $A = \{a, b, c, d\}$,在 A 上的幂集合 $\rho(A)$ 做成的布尔代数 B 中,取 $S_1 = \{a, b\}$,$S_2 = \{a, c\}$,则 $\overline{S_1} = \{c, d\}$,$\overline{S_2} = \{b, d\}$.关于 S_1, S_2 共有四个极小项,即 $S_1 S_2 = \{a\}$,$\overline{S_1} S_2 = \{c\}$,$S_1 \overline{S_2} = \{b\}$,$\overline{S_1} \overline{S_2} = \{d\}$.从而关于 S_1, S_2 的所有极小项均不为 0(这里即 $\varnothing$).因此,B 中的 $\{a, b\}$ 和 $\{a, c\}$ 是互相独立的元素.注意到这四个极小项正好是布尔代数 B 的基底,于是关于 S_1, S_2 的所有多项式也就对应着 B 的所有元素.故可以说,由 $S_1 = \{a, b\}$ 和 $S_2 = \{a, c\}$ 所生成的布尔代数就是布尔代数 B.

定义 22.5.6　设 $b_1, b_2, \cdots, b_n$ 是布尔代数 B 中的一组元素,如果关于 $b_1, b_2, \cdots, b_n$ 的一个多项式中的每一个乘积项,都是关于 $b_1, b_2, \cdots, b_n$ 的极小项,则称此多项式为一个关于 $b_1, b_2, \cdots, b_n$ 的多项范式.

定理 22.5.5　设 B 是布尔代数,$A_1, A_2, \cdots, A_n$ 是其中的一组互相独立的元素,$\langle A, \cdot, +, -, 0, 1\rangle$ 是由 $\{A_1, A_2, \cdots, A_n\}$ 生成的布尔代数.于是,A 中任意非零元素 a 都可唯一表示成一个关于 $A_1, A_2, \cdots, A_n$ 的多项范式.

证明 显然，关于 $A_1, A_2, \cdots, A_n$ 的任意两个不同的极小项 $m_i, m_j, i \neq j$，必有 $m_i m_j = 0$.

由定义知，A 中的任意元素 a 都可以表示成一个关于 $A_1, A_2, \cdots, A_n$ 的多项式. 对于该多项式中任意一个不是极小项的 P，不妨设 P 中缺少 $A_{i_1}, A_{i_2}, \cdots, A_{i_k}$，用 P 乘以 $(A_{i_1} + \overline{A_{i1}}), \cdots, (A_{i_k} + \overline{A_{i_k}})$，然后用分配律展开即得极小项. 重复上述过程，总可使 a 表示成一个关于 $A_1, A_2, \cdots, A_n$ 的多项范式.

唯一性. 设 a 可表示成两个不同的关于 $A_1, A_2, \cdots, A_n$ 的多项范式，即

$$a = m_{i_1} + m_{i_2} + \cdots + m_{i_k} \quad (0 \leq i_1 < i_2 < \cdots < i_k \leq 2^n - 1)$$

$$a = m_{j_1} + m_{j_2} + \cdots + m_{j_h} \quad (0 \leq j_1 < j_2 < \cdots < j_h \leq 2^n - 1)$$

不妨设 $m_r \in \{m_{i_1}, m_{i_2}, \cdots, m_{i_k}\}$，但 $m_r \notin \{m_{j_1}, m_{j_2}, \cdots, m_{j_k}\}$，于是

$$m_r = (m_{i_1} + m_{i_2} + \cdots + m_{i_k}) \cdot m_r = a \cdot m_r$$

$$= (m_{j_1} + m_{j_2} + \cdots + m_{j_k}) \cdot m_r = 0$$

此与 $A_1, A_2, \cdots, A_n$ 互相独立矛盾. 故 a 表成的多项范式是唯一的.

定理 22.5.6 设 B 是布尔代数，A 是由互相独立元素 $\{A_1, A_2, \cdots, A_n\}$ 生成的布尔代数. 于是，关于 $A_1, A_2, \cdots, A_n$ 的 2^n 个极小项 $m_0, m_1, \cdots, m_{2^n-1}$ 是布尔代数 A 的基底.

证明 任取极小项 m_j，由假设 $m_j \neq 0$. 对任意 $a \in A$，由定理 22.5.5，可设 $a = m_{i_1} + m_{i_2} + \cdots + m_{i_k}$，如果 $j \in \{i_1, i_2, \cdots, i_k\}$，则 $a \cdot m_j = m_j$，否则 $a \cdot m_j = 0$，因此 m_j 是极小元素. 又由定理 22.5.5 知，A 的任意元素可唯一地表示为关于 $A_1, A_2, \cdots, A_n$ 的多项范式，而这样的多项范式共有 2^n 个，因此，A 共有 2^n 个元素，故由 Stone 定理知，A 是 2^n 维的. 从而，由定理 22.5.1 知，极小项 $m_0, m_1, \cdots, m_{2^n-1}$ 是 A 的基底.

定理 22.5.7 设 $\langle B, \cdot, +, -, 0, 1 \rangle$ 是有限布尔代数，则布尔代数 B 必能由 B 中的某些元素生成.

证明 任取 $\{b_1, b_2, \cdots, b_n\} \subseteq B$，设由它们生成的布尔代数为 $\langle S, \cdot, +, -, 0, 1 \rangle$.

若 $S = B$，则定理得证.

若 $S \subset B$，则必有 $b_{n+1} \in B - S$. 设 $S^{(1)}$ 是由 $\{b_1, b_2, \cdots, b_n, b_{n+1}\}$ 生成的布尔代数.

若 $S^{(1)} = B$，则定理得证.

若 $S^{(1)} \subset B$，则必有 $b_{n+2} \in B - S^{(1)}$. 设 $S^{(2)}$ 是由 $\{b_1, b_2, \cdots, b_n, b_{n+1}, b_{n+2}\}$ 生成的布尔代数.

重复上述过程，由于 B 有限，所以必有 N 存在，使得由 $\{b_1, b_2, \cdots, b_n, b_{n+1}, \cdots, b_N\}$ 生成的布尔代数 $S^{(N)} = B$.

§22.6 格与布尔代数在计算机科学与技术中的应用

22.6.1 开关电路函数

在开关电路中，电路要么处于接通状态，要么处于断开状态，这两种状态分别用 1 和 0 来表示，因此，可用电路代数来描述.

我们用图 22.7(a) 的符号表示开关 A，当指定开关 A 为接通时，A 的值为 1；开关 A 断开时，A 的值为 0 是. 我们用 A' 表示与开关 A 的状态完全相反的开关，用 $A \wedge B$ 表示图 22.7(b) 所示的两

个开关 A 与 B 的串联,用 $A \vee B$ 表示图 22.7(c)所示两个开关的并联,它们可用表 22.4 来描述,显然 $(\{0,1\}, \wedge, \vee, ', 0, 1)$ 是电路代数.

（a）　　　　　　（b）　　　　　　（c）　　　　　　（d）

图　22.7

表　22.4

开关 A	开关 B	A'	$A \wedge B$	$A \vee B$
0(断开)	0(断开)	1(接通)	0(断开)	0(断开)
0(断开)	1(接通)		0(断开)	1(接通)
1(接通)	0(断开)	0(断开)	0(断开)	1(接通)
1(接通)	1(接通)		1(接通)	1(接通)

将由若干开关的串联与并联构成的电路称为开关电路(switching circuit). 开关电路也可以看成是一个开关,把电路接通(即电流能通过)记为1,把电路断开(即电流不通过)记为0. 例如 $(A \vee (B \wedge A')) \wedge B'$ 表示图 22.7(d)所示的电路.

一个具有 n 个独立开关组成的开关电路,也称 n 个变元的开关电路,也可用图 22.8(a)来直观表示,这里每个开关可以为接通或断开,它的组合为 2^n 种.

每一个开关电路定义一个 n 个变元 $A_1, A_2, \cdots, A_n$ 的映射 $f: \{0,1\}^n \to \{0,1\}$,这个映射称为开关函数(switching function). 显然,每个开关函数都是电路函数,可写成一个布尔表达式. 含有 n 个开关的函数共有 2^n 个.

两个开关函数是等价的,当且仅当它们对应的开关电路是相同的. 例如,图 22.8(b)中的开关电路对应的开关函数 $f: \{0,1\}^3 \to \{0,1\}$ 为 $f(A_1, A_2, A_3) = (A_1 \vee A_2') \wedge (A_3 \vee A_1')$.

（a）　　　　　　　　　　　　　　（b）

图　22.8

为判断两个开关函数是否等价,可以把它们化为主析(合)取范式来比较.

【例 22.18】　把图 22.9(a)所示的开关电路对应的开关函数化为主析取范式.

解　图 22.9(a)所示的开关电路对应的开关函数为

$$f(A_1, A_2) = (A_1 \vee A_2') \wedge A_1 \wedge A_2$$
$$= (A_1 \wedge A_1 \wedge A_2) \vee (A_2' \wedge A_1 \wedge A_2)$$
$$= (A_1 \wedge A_2) \vee 0$$
$$= A_1 \wedge A_2$$

$f(A_1, A_2)$ 的主析取范式对应的开关电路如图 22.9(b)所示,即图 22.9(a)和图 22.9(b)表示的开关电路是等价的.

图　22.9

下面利用上面的知识设计一个简单的开关电路.

【例 22.19】 设计一个包含三个开关的开关电路,使得当且仅当有两个或两个以上的开关接通时,信号灯亮.

解 设 A,B,C 表示三个开关,根据问题的条件,所求的开关电路的开关函数 $f(A,B,C)$ 见表22.5.

表　22.5

A	B	C	$f(A,B,C)$
0	0	0	0
0	0	1	0
0	1	0	0
0	1	1	1
1	0	0	0
1	0	1	1
1	1	0	1
1	1	1	1

$f(A,B,C)$ 的主析取范式为

$$f(A,B,C) = (A \wedge B \wedge C) \vee (A \wedge B \wedge C') \vee (A \wedge B' \wedge C) \vee (A' \wedge B \wedge C)$$

据此可画出开关电路,作为练习. 如果可利用本章的知识将其化简为最简多项式,会发现相应的电路变得简单得多.

22.6.2 逻辑门

前面我们把开关作为两种状态的器件来讨论. 它是一个输入和一个输出的器件,对于多输入的情况可以用逻辑门来实现,逻辑门可以用来作与、或、非等逻辑运算. 如图 22.10 所示,用变元 A,B,C 表示逻辑门的输入,而用布尔函数 $y=f(A,B,C)$ 的值表示逻辑门的输出.

图　22.10

通过对逻辑电路所对应的布尔式进行化简(利用上一节的方法),能够分析电路的功能,并简化电路,既可以降低成本又可以提高可靠性.

22.6.3　全加器的逻辑设计

全加器是一个能够完成一位(二进制)数相加的部件,我们先来看一下两个二进制数的加法运算是怎样进行的.两数相加,先从低位开始,把对应位上的数相加,还可能有由较低位来的进位数.因此,除第一位外,每一位上参加运算的是三个数,所以全加器应有三个输入端,分别对应着被加数、加数和较低位来的进位数,得到本位的和数以及向较高位的进位数,因此,全加器有两个输出端,一个对应着本位和数,另一个对应着向较高位的进位数,全加器的逻辑框图如图22.11 所示.

J_2　H

A:被加数
B:加数
H:本位和数
J_1:低位向本位的进位数
J_2:本位向最高位的进位数

A　B　J_1

图　22.11

显然,本位和数 H、本位向较高位进位数 J_2 都是被加数 A、加数 B 和由较低位来的进位数 J_1 的函数,见表22.6.

表　22.6

被加数 A	加数 B	低位向本位的进位数 J_1	本位和数 H	本位向高位的进位数 J_2
0	0	0	0	0
0	0	1	1	0
0	1	0	1	0
0	1	1	0	1
1	0	0	1	0
1	0	1	0	1
1	1	0	0	1
1	1	1	1	1

由此可得到 H 和 J_2 的逻辑表示式的主析取范式为

$$H = (A' \wedge B' \wedge J_1) \vee (A' \wedge B \wedge J_1') \vee (A \wedge B' \wedge J_1') \vee (A \wedge B \wedge J_1)$$
$$J_2 = (A' \wedge B \wedge J_1) \vee (A \wedge B' \wedge J_1) \vee (A \wedge B \wedge J_1') \vee (A \wedge B \wedge J_1)$$

化简后得

$$H = (((A' \wedge B) \vee (A \wedge B')) \wedge J_1') \vee (((A' \vee B) \wedge (A \vee B')) \wedge J_1)$$
$$= (H_1 \wedge J_1') \vee (H_1' \wedge J_1)$$

其中

$$H_1 = (A' \wedge B) \vee (A \wedge B')$$

而

$$J_2 = (A \wedge B) \vee (H_1 \wedge J_1)$$

为了用与门和非门电路构成全加器,将上式改写为

$$H_1 = ((A' \wedge B)' \wedge (A \wedge B')')'$$
$$H = ((H_1 \wedge J_1')' \wedge (H_1' \wedge J_1)')'$$
$$J_2 = ((A \wedge B)' \wedge (H_1 \wedge J_1)')'$$

据此可画出实现 H_1, H, J_2 的开关电路,作为练习留给读者.实现 H 的开关电路和实现 H_1 的开关电路具有相同的结构,只是输入的变量不同.

把实现 H_1, H, J_2 的开关电路连接在一起,就构成了一个完整的一位全加器电路.

如果是两个多位数相加,就要把多个全加器连接起来,构成加法器.图22.12是5位加法器的框图.

图 22.12

习 题

1. 判定图22.13所示的偏序集哪些是格,哪些不是格.为什么?

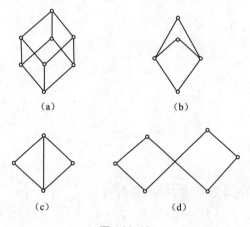

图 22.13

2. 求 $\langle S_6, \mid \rangle$ 的所有子格.

3. 设 $\langle L, \times, \oplus \rangle$ 是一个代数格 $a, b \in L$,令
$$S = \{x \in L \mid a \leqslant x \leqslant b\}$$
其中 $\leqslant$ 是与 $\langle L, \times, \oplus \rangle$ 等价的偏序格 $\langle L, \leqslant \rangle$ 中的偏序关系. 求证: $\langle S, \times, \oplus \rangle$ 是 $\langle L, \times, \oplus \rangle$ 的子格.

4. 设 $\langle L, \times, \oplus \rangle$ 是一个代数格,求证:对任意 $a \in L, a \oplus a = a$ 且 $a \times a = a$.

5. 设 $\langle L, \leqslant \rangle$ 是格,求证:若 $a, b, c \in L, a \leqslant b \leqslant c$,则
$$a \oplus b = b \times c$$
$$(a \times b) \oplus (b \times c) = (a \oplus b) \times (b \oplus c)$$

6. 设 $\langle L, \leqslant \rangle$ 是有限格. 求证: L 中必有最大元和最小元.

7. 令 S 为所有正偶数集合, N 为所有正整数集合. 证明: $\langle N, \mid \rangle$ 与 $\langle S, \mid \rangle$ 同构.

8. 设 $\langle L, \times, \oplus \rangle$ 是一个有限格, g 是 L 到 L 的满射. 求证:若对任意 $a, b \in L$,有
$$g(a \times b) = g(a) \times g(b)$$

则必有 $e \in L$,使得 $g(e) = e$.

9. 证明:4 个元素的格 $\langle L, \times, \oplus \rangle$,或者同构于 $\langle N_4, \leqslant \rangle$ 或者同构于 $\langle S_6, | \rangle$.其中,$N_4 = \{0, 1, 2, 3\}$,$\leqslant$ 是普通小于等于关系.

10. 求证:在格 $\langle L, \times, \oplus \rangle$ 中,若 $a \times (b \oplus c) = (a \times b) \oplus (a \times c)$,则

$$a \oplus (b \times c) = (a \oplus b) \times (a \oplus c)$$

11. 证明:在有余分配格 $\langle L, \times, \oplus \rangle$ 中,对任意 $a, b \in L$,有

$$a \leqslant b \quad 当且仅当 \quad a \times b' = 0$$

$$b' \leqslant a' \quad 当且仅当 \quad a' \oplus b = 1$$

$$a \leqslant b \quad 当且仅当 \quad b' \leqslant a'$$

12. 求格 $\langle S_{30}, | \rangle$ 中每个元素的余元素.

13. 求证:在有一个以上元素的格中,不存在以自身为余元素的元素.

14. 试判定格 $\langle S_{30}, | \rangle$ 和 $\langle S_{45}, | \rangle$ 中哪个是有余格.

15. 格 $\langle S_{30}, | \rangle$ 和 $\langle S_{45}, | \rangle$ 是分配格吗?

16. 设 $\langle L, \times, \oplus \rangle$ 是格.求证:L 是分配格当且仅当,对任意 $a, b, c \in L$,

$$(a \oplus b) \times c \leqslant a \oplus (b \times c)$$

17. 设 $\langle B, \cdot, +, -, 0, 1 \rangle$ 是布尔代数.证明以下等式:

(1) $a + (\bar{a} \cdot b) = a + b; a, b, c \in B$

(2) $a \cdot (\bar{a} + b) = a \cdot b$;

(3) $(a \cdot b) + (a \cdot \bar{b}) = a$;

(4) $(a + b) \cdot (a + \bar{b}) = a$;

(5) $(a \cdot b \cdot c) + (a \cdot b) = a \cdot b$.

18. 设 $\langle B, \cdot, +, -, 0, 1 \rangle$ 是布尔代数.求证:对任意 $a, b, c \in B$,有

(1) $a = b$ 当且仅当 $(a \cdot \bar{b}) + (\bar{a} \cdot b) = 0$;

(2) $a = 0$ 当且仅当 $(a \cdot \bar{b}) + (\bar{a} \cdot b) = b$;

(3) 若 $a \leqslant b$,则 $a + b \cdot c = b \cdot (a + c)$;

(4) $(a + \bar{b}) \cdot (b + \bar{c}) \cdot (c + \bar{a}) = (\bar{a} + b) \cdot (\bar{b} + c) \cdot (\bar{c} + a)$;

(5) $(a + b) \cdot (\bar{a} + c) = (a \cdot c) + (\bar{a} \cdot b) = (a \cdot c) + (\bar{a} \cdot b) + (b \cdot c)$.

19. 设 $\langle B, \cdot, +, -, 0, 1 \rangle$ 和 $\langle S, \wedge, \vee, \neg, \alpha, \beta \rangle$ 是两个布尔代数,f 是 B 到 S 的映射.求证:若对任意 $a, b \in B$,$f(a + b) = f(a) \vee f(b)$,$f(\bar{a}) = \neg f(a)$,则 f 是 B 到 S 的布尔同态.

20. 设 $S = \{a, b, c\}$,$\langle \rho(S), \cap, \cup, -, \varnothing, S \rangle$ 是集合代数,$\langle B, \cdot, +, -, 0, 1 \rangle$ 是电路代数,定义 $\rho(S)$ 到 B 的映射如下:

$$g(A) = \begin{cases} 1, & b \in A \\ 0, & b \notin A \end{cases}$$

试证:g 是 $\rho(S)$ 到 B 的布尔同态.

21. 设 $\langle B, \cdot, +, -, 0, 1 \rangle$ 和 $\langle S, \wedge, \vee, T, \alpha, \beta \rangle$ 是两个布尔代数,g 是 $\langle B, \cdot, +\rangle$ 到 $\langle S, \wedge, \vee \rangle$ 的格同态.并且 $g(0) = a, g(1) = \beta$.证明:g 是 B 到 S 的布尔同态.

22. 设 $\langle B, \cdot, +, -, 0, 1 \rangle$ 是布尔代数.定义 B 上两种代数运算如下:

$$a \oplus b = (a \cdot \overline{b}) + (\overline{a} \cdot b)$$
$$a \times b = a \cdot b$$

称 $\langle B, X, \oplus \rangle$ 为布尔环. 试证: 在布尔环中, 有如下性质.

(1) $a \oplus a = 0$;

(2) $a \oplus 0 = a$;

(3) $a \oplus 1 = \overline{a}$;

(4) $a \times (b \oplus c) = (a \times b) \oplus (a \times c)$;

(5) $a \oplus b = \overline{a} \oplus \overline{b}$;

(6) $a = b$ 当且仅当 $a \oplus b = 0$;

(7) $\overline{a \oplus b} = \overline{a} \oplus b = a \oplus \overline{b}$;

(8) 若 $a \times b = 0$, 则 $a \oplus b = a + b$;

(9) 若 $a \oplus c = b \oplus c$, 则 $a = b$.

23. 设 $\langle B, \cdot, +, -, 0, 1 \rangle$ 是布尔代数. $a, b_1, b_2, \cdots, b_n$ 是 B 的极小元素. 求证: $a \leqslant b_1 + b_2 + \cdots + b_n$ 当且仅当 a 等于某个 $b_i (1 \leqslant i \leqslant n)$. 其中 $x \leqslant y$ 当且仅当 $x \cdot y = x$.

24. 设 $\langle B, \cdot, +, -, 0, 1 \rangle$ 是布尔代数, $b_1, b_2, \cdots, b_n$ 是 B 的全部极小元素. 求证: 对任意 $a \in B$, $a = 0$ 当且仅当对每个 i, 都有 $a \cdot b_i = 0$, $i = 1, 2, \cdots, n$.

25. 不利用定理, 证明: 不存在三个元素的布尔代数.

26. 设 $A = \{a_1, a_2, a_3, a_4\}$, $S_1 = \{a_1, a_2\}$, $S_2 = \{a_3, a_4\}$, $B = \{\varnothing, S_1, S_2, A\}$. 求证: $\langle B, \cap, \cup, -, \varnothing, A \rangle$ 是布尔代数. B 的极小元素是什么? 试画出 B 的 Hasse 图, 找出与 B 同构的集合代数.

第4篇
线性规划与博弈论

　　运筹学是一门综合交叉学科,主要研究经济、管理与军事活动中能用数量来表达的有关运用、筹划与决策等方面的问题.它根据问题的要求,通过数学的分析与运算,作出综合性的、合理的安排,以便较经济、较有效地使用人力物力.数学规划是运筹学最重要的分支,它包括线性规划(linear programming)、非线性规划、整数规划、多目标规划等内容,主要研究各种类型的函数在自变量满足一定的条件下的极值问题.博弈论(game theory)也是运筹学的一个重要分支.在人们的社会和经济等生活中,博弈无处不在.博弈就是一种有策略、有规则的对抗游戏.因此,学习博弈论知识,对我们会有很大的帮助和益处,可以让我们的工作、生活更加有效率,从而更好地实现自己的目标.

　　本篇包含第23、24章,主要论述线性规划与博弈论。

第 23 章

线 性 规 划

本章将论述线性规划的相关知识,包括其数学模型、图解法、单纯形法原理及计算步骤,以及线性规划的对偶问题.

§23.1 线性规划问题及其数学模型

23.1.1 问题的提出

在生产实践和日常生活中,经常会遇到一类规划问题:如何合理地利用有限的人力、物力、财力等资源,得到最优的经济效益. 当所建立的模型都是线性代数方程时,这就是一个线性规划问题. 这样的例子很多,我们现举例说明.

【例 23.1】 某汽车公司计划生产 I、II 两种型号配件. 已知各制造一件时分别占用的资源 A、资源 B、资源 C 的数量及每天可用于这两种配件的总量、各售出一件时的获利情况见表 23.1. 问该公司应制造两种配件各多少件,以使获取的利润为最大.

表 23.1

项 目	I	II	每天资源限量
资源 A/个	1	2	8
资源 B/个	4	0	16
资源 C/个	0	4	12
利润/元	2	3	

解 设用变量 x_1 和 x_2 分别表示该公司制造配件 I 和配件 II 的数量. 此时该汽车公司可获取的利润为 $(2x_1 + 3x_2)$ 元,令 $z = (2x_1 + 3x_2)$,因问题要求获取的利润为最大,即 $\max z$,它是变量 x_1, x_2 的函数,称为目标函数. x_1, x_2 受到资源 A、B 和 C 的限制,称为约束条件. 由此数学模型可表达如下

目标函数 $\qquad\qquad\qquad\qquad \max z = 2x_1 + 3x_2$

约束条件

$$\text{s. t.} \begin{cases} x_1 + 2x_2 \leqslant 8 & (23.1a) \\ 4x_1 \leqslant 16 & (23.1b) \\ x_2 \leqslant 12 & (23.1c) \\ x_1, x_2 \geqslant 0 & (23.1d) \end{cases}$$

上述数学模型中式(23.1a)、(23.1b)和(23.1c)分别表示配件Ⅰ、Ⅱ的制造件数受资源 A、B 和 C 的限制;由于配件Ⅰ、Ⅱ制造数量不可能为负值,所以式(23.1d)称为变量的非负约束.符号 s. t. (subject to 的缩写)表示"约束于".

【例 23.2】　某单位租借 A、B 两种工具来安装甲、乙、丙三种物件,这两种工具每天的安装能力见表 23.2.工程任务要求安装 250 件甲物件、300 件乙物件和 700 件丙物件;又知工具 A 每天租借费为 25 元,工具 B 每天租借费为 35 元,试决定租借 A、B 工具各多少天能使总租借费最少.

表　23.2

物件	工具 A/天	工具 B/天
物件甲/件	5	6
物件乙/件	8	6
物件丙/件	10	20

解　设用变量 x_1 和 x_2 分别表示租借工具 A 和 B 的天数,为满足需求,则有如下数学模型.

目标函数
$$\min z = 25x_1 + 35x_2$$

约束条件
$$\text{s. t.} \begin{cases} 5x_1 + 6x_2 \geqslant 250 \\ 8x_1 + 6x_2 \geqslant 300 \\ 10x_1 + 20x_2 \geqslant 700 \\ x_1, x_2 \geqslant 0 \end{cases}$$

23.1.2　线性规划问题的数学模型

例 23.1 和例 23.2 是典型的线性规划问题,线性规划问题的数学模型的建立由三个要素组成:

(1)决策变量:是问题中要确定的未知量,由决策者决定和控制,决策变量选取得当,不仅会使线性规划的数学模型建得容易,而且易于求解.

(2)目标函数:是决策变量的线性函数,按优化目标确定是求 max 还是 min.

(3)约束条件:指决策变量取值时受到的各种资源条件的限制,通常表达为含决策变量函数的等式或不等式.

根据实际情况添加非负约束.

很多实际问题往往不符合上述条件.例如,每件产品售价 3 元,但成批购买就可得到折扣优惠.又如,购一张从上海到纽约机票设为 6 000 元.从哈尔滨到上海机票为 700 元,两者合计 6 700元.但如果购同一航空公司的联程机票,国内部分就可以优惠甚至免费.因此对一些不符合线性条件的情况,在基本合理条件下,为处理问题方便,可看作近似满足线性条件.

假定线性规划问题中变量用 $x_j(j=1,2,\cdots,n)$ 表示,在目标函数中 x_j 的系数为 c_j,x_j 的取值受 m 项资源的限制,用 $b_i(i=1,2,\cdots,m)$ 表示第 i 种资源的拥有量,用 a_{ij} 表示变量 x_j 取值为 1 个单位时所消耗或含有的第 i 中资源的数量,则一般线性规划问题的数学模型可表示为

$$\max\ (\text{或 min})z = c_1x_1 + c_2x_2 + \cdots + c_2x_n$$

$$\text{s. t.}\begin{cases} a_{11}x_1 + a_{12}x_2 + \cdots + a_{1n}x_n \leqslant (\text{或} = , \geqslant)b_1 \\ a_{21}x_1 + a_{22}x_2 + \cdots + a_{2n}x_n \leqslant (\text{或} = , \geqslant)b_2 \\ \cdots\cdots \\ a_{m1}x_1 + a_{m2}x_2 + \cdots + a_{mn}x_n \leqslant (\text{或} - , \geqslant)b_m \\ x_1, x_2, \cdots, x_n \geqslant 0 \end{cases} \tag{23.2}$$

其简缩形式为

$$\max\ (\text{或 min})z = \sum_{j=1}^{n} c_jx_j$$

$$\text{s. t.}\begin{cases} \sum_{j=1}^{n} a_{ij}x_j \leqslant (\text{或} - , \geqslant)\ b_i \quad (i = 1,2,\cdots,m) \\ x_j \geqslant 0 \qquad\qquad\qquad (j = 1,2,\cdots,n) \end{cases}$$

用向量形式可表示为

$$\max\ (\text{或 min})z = \boldsymbol{CX}$$

$$\text{s. t.}\begin{cases} \sum_{j=1}^{n} \boldsymbol{P}_j\boldsymbol{x}_j \leqslant (\text{或} = , \geqslant)\boldsymbol{b} \\ \boldsymbol{x} \geqslant \boldsymbol{0} \end{cases} \tag{23.3}$$

用矩阵和向量形式来表示可写为

$$\max\ (\text{或 min})z = \boldsymbol{Cx}$$

$$\text{s. t.}\begin{cases} \boldsymbol{Ax} \leqslant (\text{或} = , \cdots)\boldsymbol{b} \\ \boldsymbol{x} \geqslant \boldsymbol{0} \end{cases}$$

$$\boldsymbol{A} = \begin{pmatrix} a_{11} & a_{12} & \cdots & a_{1x} \\ a_{21} & a_{22} & \cdots & a_{2x} \\ \vdots & \vdots & & \vdots \\ a_{m1} & a_{m2} & \cdots & a_{mx} \end{pmatrix}$$

$\boldsymbol{A}$ 称为约束条件的系数矩阵.

23.1.3　线性规划问题的标准形式

线性规划问题的数学模型可以有多种表达式. 目标函数有求最大化的, 有求最小化的, 约束条件有不等式或等式, 为了便于讨论, 制定统一的算法, 称为线性规划问题的标准形式. 规定线性规划问题的标准形式如下:

$$\max\ z = \sum_{j=1}^{n} c_jx_j$$

$$\text{s. t.}\begin{cases} \sum_{j=1}^{n} a_{ij}x_j = b_i \quad (i = 1,2,\cdots,m) \\ x_j \geqslant 0 \qquad\qquad (j = 1,2,\cdots,n) \end{cases}$$

标准形式的线性规划模型中, 本书内容规定目标函数为求极大值, 约束条件全为等式. 约束条件右端常数项 b_i 全为非负值, 变量 x_i 的取值全为非负值. 对不符合标准形式（或称非标准形式）

的线性规划问题,都可以变换为标准形式.具体步骤如下:

(1)目标函数为求最小化,即 $\min z = \sum\limits_{j=1}^{n} c_j x_j$,令 $z' = -z$,即化为 $\max z' = -\sum\limits_{j=1}^{n} c_j x_j$.

(2)约束条件的右端项 $b_i < 0$ 时,将等式或不等式两端同乘(-1),将等式右端项转换为大于零.

(3)约束条件为不等式.当约束条件为"$\leqslant$"时,如 $x_1 + x_2 \leqslant 24$,可令 $x_3 = 24 - x_1 - x_2$,得 $x_1 + x_2 + x_3 = 24$,显然 $x_3 \geqslant 0$,x_3 称为松弛变量.当约束条件为"$\geqslant$"时,如有 $6x_1 + 2x_2 \geqslant 8$.可令 $x_4 = 6x_1 + 2x_2 - 8$,得 $6x_1 + 2x_2 - x_4 = 8$,$x_4 \geqslant 0$,x_4 一般称为剩余变量,但也有称松弛变量的.

(4)取值无约束的变量.如果变量 x 代表某产品当年计划数与上一年计划数之差,显然 x 的取值可能是正也可能为负,这时可令 $x = x' - x''$,其中 $x' \geqslant 0$,$x'' \geqslant 0$,将其代入线性规划模型即可.

(5)对 $x \leqslant 0$ 的情况,令 $x' = -x$,显然 $x' \geqslant 0$.

【例 23.3】　将下述数学模型化为标准形式:

$$\min z = -x_1 + 4x_2 + 6x_3$$

$$\text{s. t.} \begin{cases} -3x_1 + x_2 + x_3 \leqslant 23 \\ -5x_1 + x_2 + 2x_3 \geqslant 16 \\ 4x_1 - 2x_2 - 3x_3 = -8 \\ x_1 \leqslant 0, x_2 \geqslant 0, x_3 \text{取值无约束} \end{cases}$$

解　令 $z' = -z$,$x_1' = -x_1$,$x_3 = x_3' - x_3''$.其中 $x_3' \geqslant 0$,$x_3'' \geqslant 0$.并按上述规则转化成标准形式为

$$\max z' = x_1' - 4x_2 - 6x_3' + 6x_3'' + 0x_4 + 0x_5$$

$$\text{s. t.} \begin{cases} 3x_1' + x_2 + x_3' - x_3'' + x_4 = 23 \\ 5x_1' + x_2 + 2x_3' - 2x_3'' - x_5 = 16 \\ 4x_1' + 2x_2 + 3x_3' - 3x_3'' = 8 \\ x_1', x_2, x_3', x_3'', x_4, x_5 \geqslant 0 \end{cases}$$

其中 x_4,x_5 松弛变量或剩余变量在实际问题中分别表示未被充分利用的资源和超出的资源数,均未转化为价值和利润,所以引进模型后在目标函数中的系数均为 0.

§23.2　图　解　法

为了给线性规划问题的基本理论提供较直观的几何说明,先介绍模型中只含两个变量的线性规划问题在平面上的作图求解方法.我们把满足线性规划问题约束条件的解称为问题的可行解,若线性规划问题含有多个可行解,称所有可行解的集合为可行域,可行域中使目标函数值达到最优的可行解称为最优解.若不存在可行解,则称该问题无解.

23.2.1　图解法的步骤

下面以例 23.1 的数学模型求解来说明图解法的步骤.

解　以变量 x_1,x_2 为坐标轴画出直角平面坐标系,并适当选取单位坐标长度.由变量的非负约束条件知,满足该约束条件的解(对应坐标系中的一个点)均在第 1 象限内,找出可行域,如图 23.1 所示,图中凸多边形 $OQ_1Q_2Q_3Q_4$ 所包含的区域

图　23.1

（用阴影部分表示）是例23.1线性规划问题的可行域.

z是需优化的目标函数,令$z = c$,$z = 2x_1 + 3x_2$是一族平行直线,用虚线表示,位于同一虚线上的点具有相同的目标函数值,当c值增大时,直线沿其法线方向移动,当移动到图中$Q_2(4,2)$点时,z值在可行域上最大化,如图23.2所示.

图 23.2

本例中目标函数直线与凸多边形的切点是Q_2,即$(x_1, x_2) = (4,2)$.将其代入目标函数得$z = 14$,即该公司每天生产4件配件Ⅰ、2件配件Ⅱ,能获利最大.

因此,图解法的步骤可概括为:在平面上建立直角坐标系;图示约束条件,找出可行域或判别是否存在可行域;图示目标函数和寻找最优解.

例23.1用图解法得到的最优解是唯一的.但对线性规划问题的求解还可能出现下列情况:

(1)无穷多最优解.如将例23.1中的目标函数改变为$\max z = 2x_1 + 4x_2$,则表示目标函数的直线族恰好与约束条件(23.1a)平行.当目标函数向优化方向移动时,与可行域不是在一个点上,而是在$Q_1 Q_2$线段上相切,如图23.3所示.这时点Q_1,Q_2及Q_1与点Q_2之间的所有点都使目标函数z达到最大值,即有无穷多最优解,或多重最优解.

图 23.3

(2)无界解.若例23.1中只包含约束条件(23.1b)和(23.1d),这时可行域可伸展到无穷,即变量x_1的取值也可无限增大,由此目标函数值也可增大至无穷.这种情况下问题的最优解无界.

(3)无解,或无可行解.例如下述线性规划模型:

$$\max z = 2x_1 + x_2$$

$$\text{s.t.} \begin{cases} x_1 + x_2 \leqslant 2 \\ 2x_1 + x_2 \geqslant 6 \\ x_1, x_2 \geqslant 0 \end{cases}$$

用图解法求解时看出不存在满足所有约束的公共区域(可行域),说明问题无解.其原因是模型的约束条件之间存在矛盾.

23.2.2　图解法的启示

图解法的解题思路是,先找出凸集的任一顶点,计算在顶点处的目标函数值.比较周围相邻顶点的目标函数值是否比这个值大,如果为否,则该顶点就是最优解的点或最优解的点之一,否则转到比这个点的目标函数值更大的另一顶点,重复上述过程,一直到找出使目标函数值达到最大的顶点为止.图解法虽只能用来求解具有两个变量的线性规划问题,但它的解题思路对下面要讲的求解一般线性规划问题的单纯形法有很大启发.

在单纯形法原理一节中,将建立起凸集顶点的代数概念特征,通过代数计算实现线性规划的解题思路.

§23.3 单纯形法原理

23.3.1 线性规划问题的基、基解和基可行解

给出线性规划问题的标准形式

$$\max z = \sum_{j=1}^{n} c_j x_j \tag{23.4}$$

$$\text{s. t.} \begin{cases} \sum_{j=1}^{n} a_{ij}x_j = b_i (i = 1,2,\cdots,m) & (23.5) \\ x_j \geqslant 0 (j = 1,2,\cdots,m) & (23.6) \end{cases}$$

满足上述约束条件(23.5)和(23.6)的解 $\boldsymbol{x} = (x_1,x_2,\cdots,x_n)^\mathrm{T}$,称为线性规划问题的可行解. 全部可行解的集合称为可行域. 使目标函数(23.4)达到最大值的可行解称为最优解. 设 $\boldsymbol{A}$ 为约束方程组(23.5)的 $m \times n$ 阶系数矩阵(设 $n > m$),其秩为 m,$\boldsymbol{B}$ 是矩阵 $\boldsymbol{A}$ 中的一个 $m \times n$ 阶的满秩子矩阵,称 $\boldsymbol{B}$ 是线性规划问题的一个基. 不失一般性,设

$$\boldsymbol{B} = \begin{pmatrix} a_{11} & \cdots & a_{1m} \\ \vdots & & \vdots \\ a_{m1} & \cdots & a_{mm} \end{pmatrix} = (\boldsymbol{p}_1,\boldsymbol{p}_2,\cdots,\boldsymbol{p}_m)$$

$\boldsymbol{B}$ 中的每一个列向量 $\boldsymbol{p}_j(j=1,2,\cdots,m)$ 称为基向量,与基向量 $\boldsymbol{p}_j$ 对应的变量 x_j 称为基变量. 线性规划中除基变量以外的变量称为非基变量. 在约束方程组(23.5)中,令所有非基变量 $x_{m+1} = x_{m+2} = \cdots = x_n = 0$,又因为有 $|\boldsymbol{B}| \neq 0.$,根据克莱姆规则(Cramer rule),由 m 个约束方程可解出 m 个基变量的唯一解 $\boldsymbol{x}_B = (x_1,x_2,\cdots,x_m)^\mathrm{T}$. 将这个解加上非基变量取 0 的值有 $\boldsymbol{x} = (x_1,x_2,\cdots,x_m,0,\cdots,0)^\mathrm{T}$,称 $\boldsymbol{x}$ 为线性规划问题的**基解**. 显然在基解中变量取非零值的个数不大于方程数 m,故基解的总数不超过 C_n^m 个. 满足变量非负约束条件(23.6)的基解称为**基可行解**. 对应于基可行解的基称为**可行基**.

【**例 23.4**】 求下述线性规划问题的全部基解,基可行解及最优解.

$$\max z = 2x_1 + 3x_2 + x_3$$

$$\text{s. t.} \begin{cases} x_1 + x_3 = 5 \\ x_1 + 2x_2 + x_4 = 10 \\ x_2 + x_5 = 4 \\ x_1,x_2,x_3,x_4,x_5 \geqslant 0 \end{cases}$$

解 该线性规划问题的全部基解为 $\boldsymbol{x}_1 = (0,0,5,10,4)$,$\boldsymbol{x}_2 = (0,4,5,2,0)$,$\boldsymbol{x}_3 = (5,0,0,5,4)$,$\boldsymbol{x}_4 = (0,5,5,0,-1)$,$\boldsymbol{x}_5 = (10,0,-5,0,4)$,$\boldsymbol{x}_6 = (5,2.5,0,0,1.5)$,$\boldsymbol{x}_7 = (5,4,0,-3,0)$,$\boldsymbol{x}_8 = (2,4,3,0,0)$,其中 $\boldsymbol{x}_1,\boldsymbol{x}_2,\boldsymbol{x}_3,\boldsymbol{x}_6,\boldsymbol{x}_8$ 为**基可行解**,$\boldsymbol{x}_8$ 为最优解,最优值 $z = 19$.

23.3.2 凸集与顶点

1. 凸集

如果集合 C 中任意两个点 $\boldsymbol{x}_1,\boldsymbol{x}_2$,其连线上的所有点也是集合 C 中的点,称 C 为凸集. 用数学

解析式可表示为：对任何 $\boldsymbol{x}_1 \in C, \boldsymbol{x}_2 \in C$，有 $a\boldsymbol{x}_1 + (1-a)\boldsymbol{x}_2 \in C(0 < a < 1)$，则称 C 为凸集。在图 23.4中(a)、(b)是凸集，(c)不是凸集。

图 23.4

2. 顶点

对任何 $\boldsymbol{x}_1 \in C, \boldsymbol{x}_2 \in C$，不存在 $\boldsymbol{x} = a\boldsymbol{x}_1 + (1-a)\boldsymbol{x}_2 (0 < a < 1)$，则称 $\boldsymbol{x}$ 是凸集 C 的顶点。

23.3.3 相关定理

定理 23.3.1 若线性规划问题存在可行解，则问题的可行域是凸集。

证明 若满足线性规划约束条件 $\sum_{j=1}^{n} \boldsymbol{p}_j x_j = \boldsymbol{b}$ 的所有点组成的几何图形 C 是凸集，根据凸集定义，C 内任意两点 $\boldsymbol{x}_1, \boldsymbol{x}_2$ 连线上的点也必然在 C 内，下面给予证明。设 $\boldsymbol{x}_1 = (x_{11}, x_{12}, \cdots, x_{1n})^{\mathrm{T}}$，$\boldsymbol{x}_2 = (x_{21}, x_{22}, \cdots, x_{2n})^{\mathrm{T}}$ 为 C 内任意两点，即 $\boldsymbol{x}_1 \in C, \boldsymbol{x}_2 \in C$，将 $\boldsymbol{x}_1, \boldsymbol{x}_2$ 代入约束条件有

$$\sum_{j=1}^{n} \boldsymbol{p}_j x_{1j} = \boldsymbol{b}, \qquad \sum_{j=1}^{n} \boldsymbol{p}_j x_{2j} = \boldsymbol{b} \tag{23.7}$$

$\boldsymbol{x}_1, \boldsymbol{x}_2$ 连线上任意一点可以表示为

$$\boldsymbol{x} = a\boldsymbol{x}_1 + (1-a)\boldsymbol{x}_2 \quad (0 < a < 1) \tag{23.8}$$

将式(23.7)代入式(23.8)得

$$\begin{aligned}
\sum_{j=1}^{n} \boldsymbol{p}_j x_j &= \sum_{j=1}^{n} \boldsymbol{p}_j [a x_{1j} + (1-a)x_{2j}] \\
&= \sum_{j=1}^{n} \boldsymbol{p}_j a x_{1j} + \sum_{j=1}^{n} \boldsymbol{p}_j x_{2j} - \sum_{j=1}^{n} \boldsymbol{p}_j a x_{2j} \\
&= a\boldsymbol{b} + \boldsymbol{b} - a\boldsymbol{b} = \boldsymbol{b}
\end{aligned}$$

所以 $\boldsymbol{x} = a\boldsymbol{x}_1 + (1-a)\boldsymbol{x}_2 \in C$。由于集合中任意两点连线上的点均在集合内，所以 C 为凸集。

引理 线性规划问题的可行解 $\boldsymbol{x} = (x_1, x_2, \cdots, x_n)$ 为基可行解的充要条件是 $\boldsymbol{x}$ 的正分量所对应的系数列向量是线性独立的。

定理 23.3.2 线性规划问题的基可行解 $\boldsymbol{x}$ 对应线性规划问题可行域(凸集)的顶点。

证明 本定理需要证明：$\boldsymbol{x}$ 是可行域顶点 $\Leftrightarrow \boldsymbol{x}$ 是基可行解。

下面采用的是反证法，即证明：$\boldsymbol{x}$ 不是可行域的顶点 $\Leftrightarrow \boldsymbol{x}$ 不是基可行解。下面分两步来证明。

(1) $\boldsymbol{x}$ 不是基可行解 $\Rightarrow \boldsymbol{x}$ 不是可行域的顶点。

不失一般性，假设 $\boldsymbol{x}$ 的前 m 个分量为正，故有

$$\sum_{j=1}^{m} \boldsymbol{p}_j x_j = \boldsymbol{b} \tag{23.9}$$

由引理知 $\boldsymbol{p}_1, \boldsymbol{p}_2, \cdots, \boldsymbol{p}_m$ 线性相关，即存在一组不全为零的数 $\delta_i (i = 1, 2, \cdots, m)$，使得有

$$\delta_1 \boldsymbol{p}_1 + \delta_2 \boldsymbol{p}_2 + \cdots + \delta_m \boldsymbol{p}_m = \boldsymbol{0} \tag{23.10}$$

式(23.10)乘上一个不为零的数 μ 得

$$\mu_1 p_1 + \mu \delta_2 p_2 + \cdots + \mu \delta_m p_m = \mathbf{0} \tag{23.11}$$

式(23.11) + 式(23.9)得$(x_1 + \mu \delta_1) p_1 + (x_2 + \mu \delta_2) p_2 + \cdots + (x_m + \mu \delta_m) p_m = \mathbf{b}$

式(23.9) − 式(23.11)得$(x_1 - \mu \delta_1) p_1 + (x_2 - \mu \delta_2) p_2 + \cdots + (x_m - \mu \delta_m) p_m = \mathbf{b}$

令

$$\mathbf{x}_1 = \left[(x_1 + \mu \delta_1), (x_2 + \mu \delta_2), \cdots, (x_m + \mu \delta_m), 0, \cdots, 0 \right]$$

$$\mathbf{x}_2 = \left[(x_1 - \mu \delta_1), (x_2 - \mu \delta_2), \cdots, (x_m - \mu \delta_m), 0, \cdots, 0 \right]$$

又 μ 可以这样来选取,使得对所有 $i = 1, 2, \cdots, m$ 有

$$x_i \pm \mu \delta_i \geq 0$$

由此 $\mathbf{x}_1 \in C, \mathbf{x}_2 \in C$,又 $\mathbf{x} = \frac{1}{2} \mathbf{x}_1 + \frac{1}{2} \mathbf{x}_2$,即 $\mathbf{x}$ 不是可行域的顶点.

(2)$\mathbf{x}$ 不是可行域的顶点$\Rightarrow \mathbf{x}$ 不是基可行解.

不失一般性,设 $\mathbf{x} = (x_1, x_2, \cdots, x_r, 0, \cdots, 0)$ 不是可行域的顶点,因而可以找到可行域内另外两个不同点 $\mathbf{y}$ 和 $\mathbf{z}$,有 $\mathbf{x} = a\mathbf{y} + (1-a)\mathbf{z}\ (0 < a < 1)$,或可写为

$$x_j = ay_j + (1-a)z_j \quad (0 < a < 1; j = 1, 2, \cdots, n)$$

因 $a > 0, 1-a > 0$,故当 $x_j = 0$ 时,必有 $y_j = z_j = 0$.

因有

$$\sum_{j=1}^{n} p_j x_j = \sum_{j=1}^{r} p_j x_j = \mathbf{b}$$

故有

$$\sum_{j=1}^{n} p_j y_j = \sum_{j=1}^{r} p_j y_j = \mathbf{b} \tag{23.12}$$

$$\sum_{j=1}^{n} p_j z_j = \sum_{j=1}^{r} p_j z_j = \mathbf{b} \tag{23.13}$$

式(23.12)和式(23.13)得
$$\sum_{j=1}^{r} (y_j - z_j) p_j = \mathbf{0}$$

因 $(y_j - z_j)$ 不全为零,故 $p_1, p_2, \cdots, p_r$ 线性相关,即 $\mathbf{x}$ 不是基可行解.

定理 23.3.3　若线性规划问题有最优解,一定存在一个基可行解是最优解.

证明　设 $\mathbf{x}_0 = (x_1^0, x_2^0, \cdots, x_n^0)$ 是线性规划的一个最优解,$\mathbf{Z} = C\mathbf{x}_0 = \sum_{j=1}^{n} c_j x_j^0$ 是目标函数的最大值.若 $\mathbf{x}_0$ 不是基可行解,由定理23.3.2知 $\mathbf{x}_0$ 不是顶点,一定能在可行域内找到通过 $\mathbf{x}_0$ 的直线上的另外两个点$(\mathbf{x}_0 + \mu\delta) \geq 0$ 和$(\mathbf{x}_0 - \mu\delta) \geq 0$.将这两个点代入目标函数有

$$C(\mathbf{x}_0 + \mu\delta) = C\mathbf{x}_0 + C\mu\delta$$

$$C(\mathbf{x}_0 - \mu\delta) = C\mathbf{x}_0 - C\mu\delta$$

因 $C\mathbf{x}_0$ 为目标函数的最大值,故有

$$C\mathbf{x}_0 \geq C\mathbf{x}_0 + C\mu\delta$$

$$C\mathbf{x}_0 \geq C\mathbf{x}_0 - C\mu\delta$$

由此 $C\mu\delta = 0$,即有 $C(\mathbf{x}_0 + \mu\delta) = C\mathbf{x}_0 = C(\mathbf{x}_0 - \mu\delta)$.如果$(\mathbf{x}_0 + \mu\delta)$ 或$(\mathbf{x}_0 - \mu\delta)$ 仍不是基可行解,按上面的方法继续做下去,最后一定可以找到一个基可行解,其目标函数值等于 $C\mathbf{x}_0$,问题得证.

23.3.4　单纯形法原理

由定理 23.3.3 可知,如果线性规划问题存在最优解,一定有一个基可行解是最优解. 因此单纯形法迭代的基本思路是:先找出一个基可行解,判断其是否为最优解,如为否,则转换到相邻的基可行解,并使目标函数值不断增大,一直找到最优解为止.

1. 确定初始基可行解

假设线性规划问题的标准形式为

$$\max z = \sum_{j=1}^{n} c_j x_j$$

$$\text{s. t.} \begin{cases} \sum_{j=1}^{n} \boldsymbol{p}_j x_j = \boldsymbol{b} & (23.14) \\ x_j \geqslant 0 (j = 1, 2, \cdots, n) & (23.15) \end{cases}$$

在约束条件(23.14)的变量的系数矩阵中总会存在一个单位矩阵

$$(\boldsymbol{p}_1, \boldsymbol{p}_2, \cdots, \boldsymbol{p}_m) = \begin{pmatrix} 1 & 0 & \cdots & 0 \\ 0 & 1 & \cdots & 0 \\ \vdots & \vdots & & \vdots \\ 0 & 0 & \cdots & 1 \end{pmatrix} \tag{23.16}$$

当线性规划的约束条件均为 ≤ 时,其松弛变量 $x_{s1}, x_{s2}, \cdots, x_{sm}$ 的系数矩阵即为单位矩阵.

对约束条件为 ≥ 或 = 的情况,为便于找到初始基可行解,可以构造人工基,人为产生一个单位矩阵. 式(23.16)中 $\boldsymbol{p}_1, \boldsymbol{p}_2, \cdots, \boldsymbol{p}_m$ 称为基向量,同其对应的变量 $x_1, x_2, \cdots, x_m$ 称为基变量,模型中的其他变量 $x_{m+1}, x_{m+2}, \cdots, x_n$ 称为非基变量. 在式(23.14)中令所有非基变量等于零,即可找到一个解

$$\boldsymbol{x} = (x_1, x_2, \cdots, x_m, x_{m+1}, \cdots, x_n)^{\mathrm{T}} = (b_1, b_2, \cdots, b_m, 0, \cdots, 0)^{\mathrm{T}}$$

因有 $\boldsymbol{b} \geqslant 0$,故 $\boldsymbol{x}$ 满足约束(23.15),是一个基可行解.

2. 从一个基可行解转换为相邻的基可行解

定义:两个基可行解称为相邻的,如果它们之间变换且仅变换一个基变量.

设初始基可行解中的前 m 个为基变量,即 $\boldsymbol{x}_0 = (x_1^0, x_2^0, \cdots, x_m^0, 0, \cdots, 0)^{\mathrm{T}}$,代入约束条件(23.14)有

$$\sum_{i=1}^{m} \boldsymbol{p}_i x_i^0 = \boldsymbol{b} \tag{23.17}$$

其系数矩阵的增广矩阵为

$$
\begin{array}{ccccccccccc}
\boldsymbol{p}_1 & \boldsymbol{p}_2 & \cdots & \boldsymbol{p}_m & \boldsymbol{p}_{m+1} & \cdots & \boldsymbol{p}_j & \cdots & \boldsymbol{p}_n & \boldsymbol{b}
\end{array}
$$
$$
\left(\begin{array}{cccccccccc|c}
1 & 0 & \cdots & 0 & a_{1,\,m+1} & \cdots & a_{1j} & \cdots & a_{1n} & b_1 \\
0 & 1 & \cdots & 0 & a_{2,\,m+1} & \cdots & a_{2j} & \cdots & a_{2n} & b_2 \\
\vdots & \vdots & & \vdots & \vdots & & \vdots & & \vdots & \vdots \\
0 & 0 & \cdots & 1 & a_{m,\,m+1} & \cdots & a_{mj} & \cdots & a_{mn} & b_m
\end{array}\right)
$$

因 $\boldsymbol{p}_1, \boldsymbol{p}_2, \cdots, \boldsymbol{p}_m$ 是一个基,其他向量 $\boldsymbol{p}_j$ 可表示为

$$\boldsymbol{p}_j = \sum_{i=1}^{m} a_{ij} \boldsymbol{p}_i$$

或

$$p_j - \sum_{i=1}^{m} a_{ij} p_i = 0 \tag{23.18}$$

将式(23.18)乘上一个正的数 $\theta > 0$ 得

$$\theta \left(p_j - \sum_{i=1}^{m} a_{ij} p_i \right) = 0 \tag{23.19}$$

式(23.17) + 式(23.19)得

$$\sum_{i=1}^{m} (x_i^0 - \theta a_{ij}) p_i + \theta p_j = b \tag{23.20}$$

由式(23.20)找到满足约束方程组 $\sum_{j=1}^{n} p_j x_j = b$ 的另一个点 x_1,有

$$x_1 = (x_1^0 - \theta a_{1j}, \cdots, x_m^0 - \theta a_{mj}, 0, \cdots, \theta, \cdots, 0)^{\mathrm{T}}$$

其中 θ 是 x_1 的第 j 个坐标的值. 要使 x_1 是一个基可行解,因规定 $\theta > 0$,故应对所有 $i = 1, 2, \cdots, m$,存在

$$x_i^0 - \theta a_{ij} \geqslant 0 \tag{23.21}$$

令这 m 个不等式中至少有一个等号成立. 因为当 $a_{ij} \leqslant 0$ 时,式(23.21)显然成立,故可令

$$\theta = \min_{i} \left\{ \frac{x_i^0}{a_{ij}} \,\middle|\, a_{ij} > 0 \right\} = \frac{x_l^0}{a_{lj}} \tag{23.22}$$

有 $x_i^0 - \theta a_{ij} \begin{cases} = 0, & (i = l) \\ \geqslant 0, & (i \neq l) \end{cases}$,故 x_1 是一个可行解. 又因与变量 $x_1^1, x_2^1, \cdots, x_{l-1}^1, x_{l+1}^1, \cdots, x_m^1, x_j$ 对应的向量,经重新排列后加上 b 列有如下形式矩阵(不含 b 列)和增广矩阵(含 b 列)

$$\begin{array}{ccccccccc}
p_1 & p_2 & \cdots & p_{l-1} & p_j & p_{l+1} & \cdots & p_m & b
\end{array}$$

$$\left(\begin{array}{cccccccc|c}
1 & 0 & \cdots & 0 & a_{1j} & 0 & \cdots & 0 & b_1 \\
0 & 1 & \cdots & 0 & a_{2j} & 0 & \cdots & 0 & b_2 \\
\vdots & \vdots & & \vdots & \vdots & \vdots & & \vdots & \vdots \\
0 & 0 & \cdots & 1 & a_{l-1,j} & 0 & \cdots & 0 & b_{l-1} \\
0 & 0 & \cdots & 0 & a_{lj} & 0 & \cdots & 0 & b_l \\
0 & 0 & \cdots & 0 & a_{l+1,j} & 1 & \cdots & 0 & b_{l+1} \\
\vdots & \vdots & & \vdots & \vdots & \vdots & & \vdots & \vdots \\
0 & 0 & \cdots & 0 & a_{mj} & 0 & \cdots & 1 & b_m
\end{array}\right)$$

因 $a_{lj} > 0$,故由上述矩阵行列式不为零,$p_1, p_2, \cdots, p_{l-1}, p_j, p_{l+1}, \cdots, p_m$ 是一个基.

在上述增广矩阵中进行初等行变换,将第 l 行乘上 $(1/a_{lj})$,再分别乘以 $(-a_{ij})(i = 1, 2, \cdots, l-1, l+1, \cdots, m)$ 加到各行上去,则增广矩阵左半部变成为单位矩阵. 又因 $b_l/a_{lj} = \theta$,故 $b = (b_1 - \theta a_{1j}, \cdots, b_{l-1} - \theta a_{l-1,j}, \theta, b_{l+1} - \theta a_{l+1,j}, \cdots, b_m - \theta a_{mj})^{\mathrm{T}}$,因此 x_1 是同 x_0 相邻的基可行解,且由基向量组成的矩阵仍为单位矩阵.

3. 最优性检验和解的判别

将基可行解 x_0 和 x_1 分别代入目标函数得

$$z^{(0)} = \sum_{i=1}^{m} c_i x_i^0$$

$$z^{(1)} = \sum_{i=1}^{m} c_i(x_i^0 - \theta a_{ij}) + \theta c_j$$

$$= \sum_{i=1}^{m} c_i x_i^0 + \theta(c_j - \sum_{i=1}^{m} c_i a_{ij})$$

$$= z^{(0)} + \theta(c_j - \sum_{i=1}^{m} c_i a_{ij}) \tag{23.23}$$

式(23.23)中因 $\theta > 0$ 为给定,所以只要有 $(c_j - \sum_{i=1}^{m} c_i a_{ij}) > 0$,就有 $z^{(1)} > z^{(0)}$. $(c_j - \sum_{i=1}^{m} c_i a_{ij})$ 通常简写为 $(c_j - z_j)$ 或 σ_j,它是检验线性规划问题解最优性的标志. 由此可以得出用单纯形法求解线性规划问题时,判别标志如下:

(1)当所有的 $\sigma_j \leqslant 0$ 时,表明现有顶点(基可行解)的目标函数值比起相邻各顶点(基可行解)的目标函数值都大,可以判定现有顶点对应的基可行解即为最优解.

(2)当所有的 $\sigma_j \leqslant 0$,又对某个非基变量 x_j 有 $c_j - z_j = 0$,且按式(23.22)可以找到 $\theta > 0$,这表明可以找到另一顶点(基可行解)目标函数值也达到最大,该线性规划问题有无穷多最优解. 反之,当所有非基变量的 $\sigma_j < 0$ 时,线性规划问题具有唯一最优解.

(3)如果存在某个 $\sigma_j > 0$,又 $a_{ij} \leqslant 0$,由式(23.21)看出对任意的 $\theta > 0$,均有 $x_i^0 - \theta a_{ij} \geqslant 0$,因而 θ 的取值可无限增大不受限制,表明线性规划有无界解.

§23.4　单纯形法计算步骤

通过上节分析,对非标准形的线性规划问题首先要化成标准形,然后单纯形法求解线性规划问题的计算步骤可按如下步骤进行.

第1步:求初始基可行解,列出初始单纯形表.

由于总可以设法使约束方程的系数矩阵中包含一个单位矩阵 $(p_1, p_2, \cdots, p_m)$,以此作为基求出问题的一个初始基可行解.

为检验一个基可行解是否最优,需要将其目标函数值与相邻基可行解的目标函数值进行比较. 为了书写规范和便于计算,对单纯形法的计算设计了一种专门表格,称为单纯形表(见表23.3). 迭代计算中每找出一个新的基可行解时,就重画一张单纯形表. 含初始基可行解的单纯形表称初始单纯形表;含最优解的单纯形表称最终单纯形表.

表 23.3

C_B	基	b	c_1	$\cdots$	c_m	$\cdots$	c_j	$\cdots$	c_n
			x_1	$\cdots$	x_m	$\cdots$	x_j	$\cdots$	x_n
c_1	x_1	b_1	1	$\cdots$	0	$\cdots$	a_{1j}	$\cdots$	a_{1n}
c_2	x_2	b_2	0	$\cdots$	0	$\cdots$	a_{2j}	$\cdots$	a_{2n}
$\vdots$	$\vdots$	$\vdots$	$\vdots$		$\vdots$		$\vdots$		$\vdots$
c_m	x_m	b_m	0	$\cdots$	1	$\cdots$	a_{mj}	$\cdots$	a_{mn}
	$c_j - z_j$		0	$\cdots$	0	$\cdots$	$c_j - \sum_{i=1}^{m} c_i a_{ij}$	$\cdots$	$c_n - \sum_{i=1}^{m} c_i a_{in}$

单纯形表结构为:表的第 2 ~ 3 列列出基可行解中的基变量及其取值.接下来列出问题中所有变量,基变量下面列是单位矩阵,非基变量 x_j 下面数字是该变量系数向量 $\boldsymbol{p}_j$ 表为基向量线性组合时的系数.因 $\boldsymbol{p}_1,\boldsymbol{p}_2,\cdots,\boldsymbol{p}_m$ 是单位向量,故有

$$\boldsymbol{p}_j = a_{1j}\boldsymbol{p}_1 + a_{2j}\boldsymbol{p}_2 + \cdots + a_{mj}\boldsymbol{p}_m$$

表 23.3 最上端的一行数是各变量在目标函数中的系数值,最左端一列数是与各基变量对应的目标函数中的系数值 C_B.

对 x_j 只要将它下面这一列数字与 C_B 中同行的数字分别相乘,再用它上端的 c_j 值减去上述乘积之和有

$$\sigma_j = c_j - (c_1 a_{1j} + c_2 a_{2j} + \cdots + c_m a_{mj}) = c_j - \sum_{i=1}^{m} c_i a_{ij} \tag{23.24}$$

对 $j = 1,2,\cdots,n$,将分别按式(23.24)求得的检验数 σ_j,或写为 $(c_j - z_j)$ 记入表的最下面一行.

第 2 步:最优性检验.

如表中所有检验数 $c_j - z_j \leqslant 0$,表中的基可行解即为最优解,计算结束.当表中存在 $c_j - z_j > 0$ 时,如有 $P_j \leqslant 0$,则问题为无界解,计算结束;否则转下一步.

第 3 步:从一个基可行解转换到相邻的目标函数值更大的基可行解,列出新的单纯形表.

(1)确定换入基的变量.只要有检验数 $\sigma_j > 0$,对应的变量 x_j 就可作为换入基的变量,当有一个以上检验数大于零时,一般从中找出最大一个 σ_k.

$$\sigma_k = \max_j \{\sigma_j \mid \sigma_j > 0\}$$

其对应的变量 x_k 作为换入基的变量(简称换入变量).

(2)确定换出基的变量.根据上一节中确定 θ 的规则,对 P_k 列由式(23.22)计算得到

$$\theta = \min_i \left\{ \frac{b_i}{a_{ik}} \;\middle|\; a_{ik} > 0 \right\} = \frac{b_l}{a_{lk}}$$

确定 x_l 是换出基的变量(简称换出变量).元素 a_{lk} 决定了从一个基可行解到相邻基可行解的转移去向,取名主元素.

(3)用换入变量 x_k 替换基变量中的换出变量 x_l,得到一个新的基 $(\boldsymbol{p}_1,\boldsymbol{p}_2,\cdots,\boldsymbol{p}_{l-1},\boldsymbol{p}_k,\boldsymbol{p}_{l+1},\cdots,\boldsymbol{p}_m)$.对应这个基可以找出一个新的基可行解,并相应地可以画出一个新的单纯形表(见表 23.4).

在这个新的表中的基仍应是单位矩阵,即 P_k 应变换成单位向量.为此在表 23.3 中进行行的初等变换,并将运算结果填入表 23.4 相应格中.

①将主元素所在 l 行数字除以主元素 a_{lk},即有

$$b_l' = b_l / a_{lk}$$

$$a_{lj}' = a_{lj} / a_{lk}$$

②将表 23.4 中计算得到的第 l 行数字乘上 $(-a_{ik})$ 加到表 23.3 的第 i 行数字上,记入表 23.4 的相应行.即有

$$b_i' = b_i - \frac{b_l}{a_{lk}} \cdot a_{ik} \quad (i \neq l)$$

$$a_{ij}' = a_{ij} - \frac{a_{lj}}{a_{lk}} \cdot a_{ik} \quad (i \neq l)$$

表 23.4

C_B	基	b	x_1	$\cdots$	x_l	$\cdots$	x_m	$\cdots$	x_j	$\cdots$	x_k	$\cdots$
	$c_j\rightarrow$		c_1	$\cdots$	c_l	$\cdots$	c_m	$\cdots$	c_j	$\cdots$	c_k	$\cdots$
c_1	x_1	$b_1-b_1\cdot\dfrac{a_{1k}}{a_{lk}}$	1	$\cdots$	$-\dfrac{a_{1k}}{a_{lk}}$	$\cdots$	0	$\cdots$	$a_{1j}-a_{1k}\cdot\dfrac{a_{lj}}{a_{lk}}$	$\cdots$	0	$\cdots$
$\vdots$	$\vdots$	$\vdots$	$\vdots$		$\vdots$		$\vdots$		$\vdots$		$\vdots$	
c_k	x_k	$\dfrac{b_l}{a_{lk}}$	0	$\cdots$	$\dfrac{1}{a_{lk}}$	$\cdots$	0	$\cdots$	$\dfrac{a_{lj}}{a_{lk}}$	$\cdots$	1	$\cdots$
$\vdots$	$\vdots$	$\vdots$	$\vdots$		$\vdots$		$\vdots$		$\vdots$		$\vdots$	
c_m	x_m	$b_m-b_1\cdot\dfrac{a_{mk}}{a_{lk}}$	0	$\cdots$	$-\dfrac{a_{mk}}{a_{lk}}$	$\cdots$	1	$\cdots$	$a_{mj}-a_{mk}\cdot\dfrac{a_{lj}}{a_{lk}}$	$\cdots$	0	$\cdots$
		c_j-z_j	0	$\cdots$	$-\dfrac{c_k-z_k}{a_{lk}}$	$\cdots$	0	$\cdots$	$(c_j-z_j)-\dfrac{a_{lj}}{a_{lk}}(c_k-z_k)$	$\cdots$	0	$\cdots$

③表 23.4 中各变量的检验数求法见式(23.24). 其中

$$(c_l-z_l)'=c_l-\frac{1}{a_{lk}}\Big(-\sum_{i=1}^{l-1}c_i a_{ik}+c_k-\sum_{i=l+1}^{m}c_i a_{ik}\Big)$$

$$=-\frac{c_k}{a_{lk}}+\frac{1}{a_{lk}}\sum_{i=1}^{m}c_i a_{ik}$$

$$=-\frac{1}{a_{lk}}(c_k-z_k)\quad(j=l)$$

$$(c_j-z_j)'=c_j-\Big(\sum_{i=1}^{l-1}c_i a_{ij}+\sum_{i=l+1}^{m}c_i a_{ij}\Big)-\frac{a_{lj}}{a_{lk}}\Big(-\sum_{i=1}^{l-1}c_i a_{ik}+c_k-\sum_{i=l+1}^{m}c_i a_{ik}\Big)$$

$$=\Big(c_j-\sum_{i=1}^{m}c_i a_{ij}\Big)-\frac{a_{lj}}{a_{lk}}\Big(c_k-\sum_{i=1}^{m}c_i a_{ik}\Big)$$

$$=(c_j-z_j)-\frac{a_{lj}}{a_{lk}}(c_k-z_k)\quad(j\neq l)$$

第 4 步：重复第 2、3 步，一直到计算结束为止.

【例 23.5】 用单纯形法求解线性规划问题

$$\max z=2x_1+3x_2$$

$$\text{s.t.}\begin{cases}x_1+2x_2\leqslant8\\4x_1\leqslant16\\x_2\leqslant12\\x_1,x_2\geqslant0\end{cases}$$

解 先将上述问题化成标准形式有

$$\max z=2x_1+3x_2+0x_3+0x_4+0x_5$$

$$\text{s.t.}\begin{cases}x_1+2x_2+x_3=8\\4x_1+x_4=16\\4x_2+x_5=12\\x_1,x_2,x_3,x_4,x_5\geqslant0\end{cases}$$

其约束条件系数矩阵的增广矩阵为

$$\begin{array}{cccccc} \boldsymbol{p}_1 & \boldsymbol{p}_2 & \boldsymbol{p}_3 & \boldsymbol{p}_4 & \boldsymbol{p}_5 & \boldsymbol{b} \end{array}$$

$$\begin{pmatrix} 1 & 2 & 1 & 0 & 0 & 8 \\ 4 & 0 & 0 & 1 & 0 & 16 \\ 0 & 4 & 0 & 0 & 1 & 12 \end{pmatrix}$$

$\boldsymbol{p}_3, \boldsymbol{p}_4, \boldsymbol{p}_5$ 构成一个基,对应变量 x_3, x_4, x_5 是基变量. 令非基变量 x_1, x_2 等于零,找到一个初始基可行解 $\boldsymbol{X} = (0,0,8,6,12)^{\mathrm{T}}$,以此列出初始单纯形表,见表 23.5.

表 23.5

	$c_j \rightarrow$		2	3	0	0	0
C_B	基	b	x_1	x_2	x_3	x_4	x_5
0	x_3	8	1	2	1	0	0
0	x_4	16	4	0	0	1	0
0	x_5	12	0	[4]	0	0	1
	$c_j - z_j$		2	3	0	0	0

因表中有大于零的检验数,故表中基可行解不是最优解,因 $\sigma_1 < \sigma_2$,故确定 x_2 为换入变量. 将 b 列除以 P_2 的同行数字得

$$\theta = \min \left\{ \frac{8}{2}, \infty, \frac{12}{4} \right\} = 3$$

以 4 为主元素,加上方括号[ ],主元素所在行基变量 x_5 为换出变量. 用换入变量 x_2 替换出变量 x_5,得到一个新的基 $\boldsymbol{p}_3, \boldsymbol{p}_4, \boldsymbol{p}_2$,按上述单纯形法计算步骤第 3 步的(1) ~ (3),可以找到新的基可行解,并列出新的单纯形表,见表 23.6.

表 23.6

	$c_j \rightarrow$		2	3	0	0	0
C_B	基	b	x_1	x_2	x_3	x_4	x_5
0	x_3	2	[1]	0	1	0	-1/2
0	x_4	16	4	0	0	1	0
3	x_2	3	0	1	0	0	1/4
	$c_j - z_j$		2	0	0	0	-3/4

由于表 23.6 中还存在大于零的检验数 σ_1,重复上述步骤得表 23.7,继续上述步骤得表 23.8.

表 23.7

	$c_j \rightarrow$		2	3	0	0	0
C_B	基	b	x_1	x_2	x_3	x_4	x_5
2	x_1	2	1	0	1	0	-1/2
0	x_4	8	0	0	-4	1	[2]
3	x_2	3	0	1	0	0	1/4
	$c_j - z_j$		0	0	-2	0	1/4

表 23.8

C_B	基	b	x_1	x_2	x_3	x_4	x_5
	$c_j \rightarrow$		2	3	0	0	0
2	x_1	4	1	0	0	1/4	0
0	x_5	4	0	0	-2	1/2	1
3	x_2	2	0	1	1/2	-1/8	0
	$c_j - z_j$		0	0	-3/2	-1/8	0

由表中所有检验数均小于等于 0，故基可行解 $X = (4,2,0,0,4)^T$，对应的最优值 $z = 2 \times 4 + 3 \times 2 = 14$.

§23.5   线性规划的对偶问题

1. 对偶问题的提出

对偶问题是线性规划问题从另一个角度进行的研究，如企业怎样充分利用现有人力物力完成更多任务和怎样用最少人力物力去完成给定的任务，是互为对偶的问题. 对偶理论是从数量关系上研究这一对问题的性质、关系及应用的理论和方法. 每一个线性规划问题都存在一个与其对偶的问题，在求出一个问题解的时候，也同时给出了另一问题的解.

例 23.1 中利用该公司资源生产两种配件时，其线性规划问题表示为

$$(\text{LP1}) \max z = 2x_1 + 3x_2$$

$$\text{s. t.} \begin{cases} x_1 + 2x_2 \leq 8 \\ 4x_1 \leq 16 \\ x_2 \leq 12 \\ x_1, x_2 \geq 0 \end{cases}$$

现在提出一个新问题，如果汽车制造公司不再打算生产这些配件，有某个公司想把该公司的资源收买生产这些配件，它至少应付出多大代价，才能使汽车公司愿意放弃生产活动，出让自己的资源？ 显然汽车公司愿出让自己资源的条件是，出让代价应不低于用同等数量资源由自己组织生产活动时获取的盈利. 设分别用 y_1, y_2 和 y_3 代表单位资源（个）A、B 和 C 的出让代价. 因该汽车公司用 1 个资源 A 和 4 个资源 B 可生产一件配件 Ⅰ，盈利 2 元；用 2 个资源 A 和 4 个资源 C 可生产一件配件 Ⅱ，盈利 3 元. 由此 y_1, y_2, y_3 的取值应满足

$$y_1 + 4y_2 \geq 2$$

$$2y_1 + 4y_3 \geq 3$$

又购买公司希望用最小代价把该公司的全部资源收买过来，故有

$$\min z = 8y_1 + 16y_2 + 12y_3$$

故有如下线性规划问题

$$\min w = 8y_1 + 16y_2 + 12y_3$$

$$\text{s. t.} \begin{cases} y_1 + 4y_2 \geq 2 \\ 2y_1 + 4y_3 \geq 3 \\ y_1, y_2, y_3 \geq 0 \end{cases}$$

称此线性规划问题是 LP1 的对偶问题.

2.对偶问题的一般形式

线性规划原问题的一般形式为

$$\max z = c_1 x_1 + c_2 x_2 + \cdots + c_2 x_n$$

$$\text{s. t.} \begin{cases} a_{11} x_1 + a_{12} x_2 + \cdots + a_{1n} x_n \leqslant b_1 \\ a_{21} x_1 + a_{22} x_2 + \cdots + a_{2n} x_n \leqslant b_2 \\ \cdots\cdots \\ a_{m1} x_1 + a_{m2} x_2 + \cdots + a_{mr} x_n \leqslant b_m \\ x_1, x_2, \cdots, x_n \geqslant 0 \end{cases}$$

用 $y_i (i = 1, 2, \cdots, m)$ 代表第 i 种资源的估价,则其对偶问题的一般形式为

$$\min w = b_1 y_1 + b_2 y_2 + \cdots + b_m y_m$$

$$\text{s. t.} \begin{cases} a_{11} y_1 + a_{21} y_2 + \cdots + a_{m1} y_n \geqslant c_1 \\ a_{12} y_1 + a_{22} y_2 + \cdots + a_{mn} y_n \geqslant c_2 \\ \cdots\cdots \\ a_{1n} y_1 + a_{2n} y_2 + \cdots + a_{mn} y_n \geqslant c_n \\ y_1, y_2, \cdots, y_m \geqslant 0 \end{cases}$$

用矩阵形式表示,线性规划问题的原问题和对偶问题可分别表示为

$$\max z = \boldsymbol{c}^{\mathrm{T}} \boldsymbol{x}$$

$$\text{s. t.} \begin{cases} \boldsymbol{A}\boldsymbol{x} \leqslant \boldsymbol{b} \\ \boldsymbol{x} \geqslant 0 \end{cases}$$

$$\min z = \boldsymbol{Y}^{\mathrm{T}} \boldsymbol{b}$$

$$\text{s. t.} \begin{cases} \boldsymbol{A}^{\mathrm{T}} \boldsymbol{y} \geqslant \boldsymbol{c}^{\mathrm{T}} \\ \boldsymbol{y} \geqslant 0 \end{cases}$$

其中 $\boldsymbol{y}$ 是列向量,$\boldsymbol{y} = (y_1, y_2, \cdots, y_m)^{\mathrm{T}}$.

显然,对偶问题的对偶即原问题.

习　题

1.将下述线性规划问题化成标准形式.

(1) $\min z = 6x_1 + 2x_2 + 3x_3$

$$\text{s. t.} \begin{cases} -2x_1 + x_2 + x_3 \leqslant 9 \\ -3x_1 + x_2 + 2x_3 \geqslant 4 \\ 4x_1 - 2x_2 - 3x_3 = -6 \\ x_1 \leqslant 0, x_2 \geqslant 0, x_3 \text{无约束} \end{cases}$$

(2) $\min z = 5x_1 + x_2 + x_3$

$$\text{s. t.} \begin{cases} 3x_1 + x_2 - x_3 \leqslant 7 \\ x_1 - 2x_2 + 4x_3 \geqslant 6 \\ x_2 + 3x_3 = -10 \\ x_1 \leqslant 0, x_2 \geqslant 0, x_3 \text{无约束} \end{cases}$$

2. 用图解法求解线性规划问题.

$$\min z = 5x_1 - 3x_2$$

$$\text{s. t.} \begin{cases} 2x_1 - 4x_2 \leqslant 5 \\ -2x_1 + 2x_2 \leqslant 2 \\ x_1 + x_2 \leqslant 5 \\ x_1, x_2 \geqslant 0 \end{cases}$$

3. 求出下列线性规划问题的任意一个基及基解,并分析线性规划问题的基解个数与什么相关.

$$\min z = 2x_1 + 3x_2 - x_3$$

$$\text{s. t.} \begin{cases} 2x_1 + 2x_4 - x_5 = 8 \\ x_2 + x_4 + x_5 = 1 \\ x_3 + x_4 - x_5 = 6 \\ x_1, x_2, x_3, x_4, x_5 \geqslant 0 \end{cases}$$

4. 一家企业制造 A, B, C 三种产品,需三种资源 D, E, F,表 23.9 列出了三种产品每单位数量对每种资源的需要量,问如何安排生产,可使利润最大.试建立其数学模型,并用单纯形法求其最优解及最大利润.

表 23.9

资源	产品			资源限量
	A	B	C	
D	1	1	1	100
E	10	4	5	600
F	2	2	6	300
单位利润	10	6	4	

5. 设某生产计划问题是一个在有限资源的条件下,求使利润最大的生产计划安排问题,其数学模型为

$$\max z = 4x_1 + 3x_2$$

$$\text{s. t.} \begin{cases} 2x_1 + 3x_2 \leqslant 24 \quad （材料约束） \\ 3x_1 + 2x_2 \leqslant 26 \quad （工时约束） \\ x_1, x_2 \geqslant 0 \end{cases}$$

求其对偶问题的数学模型.

第 24 章

博 弈 论

本章将论述博弈论的相关知识,包括博弈问题,以及矩阵博弈的基本理论、解法和均衡.

§24.1 博 弈 问 题

24.1.1 博弈行为和博弈论

在日常生活中经常可以看到一些具有对抗或竞争性质的现象,如下棋、打牌、体育比赛等. 在战争中的双方,都力图选取对自己最有利的策略,千方百计去战胜对手;在政治方面,国际间的谈判,各种政治力量间的较量,各国际集团间的角逐等都无不具有对抗性质;在经济活动中,各企业之间的竞争等. 这种具有竞争或对抗性质的行为称为博弈行为.

博弈论(game theory)又称竞赛论或对策论,是研究具有对抗或竞争性质现象的数学理论和方法,它是现代数学的一个分支. 博弈论发展的历史并不长,但由于它所研究的现象与政治、经济、军事活动乃至一般的日常生活等有着密切联系,并且处理问题的方法具有明显特色,所以日益引起广泛的重视. 特别是从 20 世纪 50 年代纳什(Nash)建立了非合作博弈的"纳什均衡"理论后,标志着博弈论发展的一个新时期的开始. 正是由于在博弈论研究和将博弈论应用于经济学研究方面的突出贡献,纳什于 1994 年获得了诺贝尔经济学奖.

博弈论的典型例子举不胜举.

【例 24.1】 (田忌赛马)战国时期,齐王有一次提出要与田忌赛马,双方约定:从各自的上、中、下三个等级的马中各选一匹参赛;每匹马均只能参赛一次;每一次比赛双方各出一匹马,负者要付给胜者千金. 已经知道,在同等级的马中,田忌的马不如齐王的马,而如果田忌的马比齐王的马高一等级,则田忌的马可取胜. 当时,田忌手下的一个谋士给他出了个主意:每次比赛时先让齐王牵出他要参赛的马,然后来用下马对齐王的上马,用中马对齐王的下马,用上马对齐王的中马. 比赛结果,田忌二胜一负,夺得千金. 由此看来,两个人各采取什么样的出马次序对胜负是至关重要的.

【例 24.2】 (销售竞争问题)假定企业 Ⅰ、Ⅱ 均能向市场出售某一产品,不妨假定它们可于时间区间 $[0,1]$ 内任一时点出售. 设企业 Ⅰ 在时刻 x 出售,企业 Ⅱ 在时刻 y 出售,则企业 Ⅰ 的收益(赢得)函数为

$$H(x,y)=\begin{cases} c(y-x), & x<y \\ \dfrac{1}{2}c(1-x), & x=y \\ c(1-x), & x>y \end{cases}$$

问这两个企业各选择什么时机出售对自己最有利.

在这个例子中,企业Ⅰ、Ⅱ可选择的策略均有无穷多个.

【例24.3】 (拍卖问题)最常见的一种拍卖形式是:先由拍卖商把拍卖品描述一番,然后提出第一个报价.接下来由众多竞购者报价,每一次报价都要比前一次高,最后谁出的价最高,拍卖品即归谁拍得.假设有 n 个买主给出的报价分别为 $p_1,p_2,\cdots,p_n$,且不妨设 $p_n > p_{n-1} > \cdots > p_1$,则买主 n 只要报价略高于 p_{n-1},就能买到拍卖品,即拍卖品实际上是在次高价格上卖出的.现在的问题是,各买主之间可能知道他人的估价,也可能不知道他人的估价,每人应如何报价对自己能以较低的价格得到拍卖品最为有利? 最后的结果又会怎样?

【例24.4】 (囚徒困境)设有两个人因涉嫌某一大案被警官拘留,警官分别对两人进行审讯.根据法律,如果两个人都承认此案是他们干的,则每人各判刑 7 年;如果两人都不承认,则由于证据不足,两人各判刑 1 年;如果只有一人承认,则承认者予以宽大释放,而不承认者将判刑 9年.因此,对两个囚犯来说,面临一个在"承认"和"不承认"这两个策略间进行选择的难题.

24.1.2 博弈现象的三要素

为对博弈问题进行数学上的分析,需要建立博弈问题的数学模型,称为博弈模型.根据所研究问题的不同性质,可以建立不同的博弈模型.但不论博弈模型在形式上有可能不同,但一般都包括以下三个基本要素.

1. 局中人(players)

一个博弈中有权决定自己行动方案的博弈参加者称为局中人,通常用 I 表示局中人的集合.如果有 n 个局中人,则 $I=\{1,2,\cdots,n\}$.一般要求一个博弈中至少要有两个局中人.如在"齐王赛马"的例子中,局中人是齐王和田忌.

2. 策略集(strategies)

博弈中,可供局中人选择的一个实际可行的完整的行动方案称为一个策略.参加博弈的每一局中人 $i,i\in I$ 都有自己的策略集 S_i.一般地,每一局中人的策略集中至少应包括两个策略.

在"齐王赛马"的例子中,如果用(上,中,下)表示以上马、中马、下马依次参赛,就是一个完整的行动方案,即为一个策略.可见,局中人齐王和田忌各自都有 6 个策略:(上,中,下)、(上,下,中)、(中,上,下)、(中,下,上)、(下,中,上)、(下,上,中).

3. 赢得函数(支付函数)(payoff function)

一个博弈中,每一局中人所出策略形成的策略组称为一个局势,即若 s_i 是第 i 个局中人的一个策略,则 n 个局中人的策略形成的策略组 $s=(s_1,s_2,\cdots,s_n)$ 就是一个局势.若记 S 为全部局势的集合,则当一个局势 s 出现后,应该为每个局中人 i 规定一个赢得值(或所失值)$H_i(s)$.显然,$H_i(s)$ 是定义在 S 上的函数,称为局中人 i 的赢得函数.在"齐王赛马"中,局中人集合为 $I=\{1,2\}$,齐王和田忌的策略集可分别用 $S_1=\{\boldsymbol{\alpha}_1,\boldsymbol{\alpha}_2,\boldsymbol{\alpha}_3,\boldsymbol{\alpha}_4,\boldsymbol{\alpha}_5,\boldsymbol{\alpha}_6\}$ 和 $S_2=\{\boldsymbol{\beta}_1,\boldsymbol{\beta}_2,\boldsymbol{\beta}_3,\boldsymbol{\beta}_4,\boldsymbol{\beta}_5,\boldsymbol{\beta}_6\}$ 表示.这样,齐王的任一策略 $\boldsymbol{\alpha}_i$ 和田忌的任一策略 $\boldsymbol{\beta}_j$ 就构成了一个局势 s_{ij}.如果 $\boldsymbol{\alpha}_1=(上,中,下)$,$\boldsymbol{\beta}_1=(上,中,下)$,则在局势 s_{11} 下齐王的赢得值为 $H_1(s_{11})=3$,田忌的赢得值为 $H_2(s_{11})=-3$,等等.

因此,给定博弈模型前必须先确定局中人、策略集和赢得函数这三要素.

24.1.3 博弈的分类

例 24.1 ~ 例 24.4 都是博弈问题.为了便于对不同的博弈问题进行研究,博弈论中将问题根据不同方式进行了分类.通常的分类方式有:

（1）根据局中人的个数，分为二人博弈和多人博弈；

（2）根据各局中人的赢得函数的代数和是否为零，分为零和博弈与非零和博弈；

（3）根据各局中人间是否允许合作，分为合作博弈和非合作博弈；

（4）根据局中人的策略集中的策略个数，分为有限博弈和无限博弈.

此外，还有许多其他的分类方式. 例如，根据策略的选择是否与时间有关，可分为静态博弈和动态博弈；根据博弈模型的数学特征，可分为矩阵博弈、连续博弈、微分博弈、阵地博弈、凸博弈、随机博弈等.

在上述博弈模型中，二人有限零和博弈（finite two-person zerosum game）占有重要地位，又称为矩阵博弈，它是目前为止在理论研究和求解方法方面都比较完善的一个博弈分支. 矩阵博弈可以说是一类最简单的博弈模型，其研究思想和方法十分具有代表性，体现了博弈论的一般思想和方法，且矩阵博弈的基本结果也是研究其他博弈模型的基础. 因此，本章主要介绍矩阵博弈的理论和方法.

§24.2　矩阵博弈的基本理论

24.2.1　矩阵博弈的纯策略

根据上节博弈的分类我们知道，矩阵博弈即为二人有限零和博弈. “二人”是指参加博弈的局中人有两个；“有限”是指每个局中人的策略集均为有限集；“零和”是指在任一局势下，两个局中人的赢得之和总等于零，即一个局中人的所得值恰好等于另一局中人的所失值，双方的利益是完全对抗的. “齐王赛马”就是一个矩阵博弈的例子，齐王和田忌各有 6 个策略，一局博弈后，齐王的所得必为田忌的所失.

一般用 I 和 II 分别表示两个局中人，并设局中人 I 有 m 个纯策略（pure strategies）$\boldsymbol{\alpha}_1, \boldsymbol{\alpha}_2, \cdots, \boldsymbol{\alpha}_m$，局中人 II 有 n 个纯策略 $\boldsymbol{\beta}_1, \boldsymbol{\beta}_2, \cdots, \boldsymbol{\beta}_n$；则局中人 I 和 II 的策略集分别为 $S_1 = \{\boldsymbol{\alpha}_1, \boldsymbol{\alpha}_2, \cdots, \boldsymbol{\alpha}_m\}$ 和 $S_2 = \{\boldsymbol{\beta}_1, \boldsymbol{\beta}_2, \cdots, \boldsymbol{\beta}_n\}$.

当局中人 I 选定纯策略 $\boldsymbol{\alpha}_i$ 和局中人 II 选定纯策略 $\boldsymbol{\beta}_j$ 后，就形成了一个纯局势 $(\boldsymbol{\alpha}_i, \boldsymbol{\beta}_j)$，这样的纯局势共有 $m \times n$ 个. 对任一纯局势 $(\boldsymbol{\alpha}_i, \boldsymbol{\beta}_j)$，记局中人 I 的赢得值为 α_{ij}，称

$$
\boldsymbol{A} = \begin{array}{c} \\ \boldsymbol{\alpha}_1 \\ \boldsymbol{\alpha}_2 \\ \vdots \\ \boldsymbol{\alpha}_m \end{array} \begin{array}{cccc} \boldsymbol{\beta}_1 & \boldsymbol{\beta}_2 & \cdots & \boldsymbol{\beta}_n \\ \begin{pmatrix} \alpha_{11} & \alpha_{12} & \cdots & \alpha_{1n} \\ \alpha_{21} & \alpha_{22} & \cdots & \alpha_{2n} \\ \vdots & \vdots & & \vdots \\ \alpha_{m1} & \alpha_{m2} & \cdots & \alpha_{mn} \end{pmatrix} \end{array}
$$

为局中人 I 的赢得矩阵. 由于博弈为零和的，故局中人 II 的赢得矩阵就是 $-\boldsymbol{A}$.

当局中人 I，II 的策略集 S_1, S_2 及局中人 I 的赢得矩阵 $\boldsymbol{A}$ 确定后，一个矩阵博弈也就确定了，记为 $G = \{S_1, S_2; \boldsymbol{A}\}$. 在“齐王赛马”的例子中，齐王的赢得矩阵为

$$
\boldsymbol{A} = \begin{pmatrix} 3 & 1 & 1 & 1 & 1 & -1 \\ 1 & 3 & 1 & 1 & -1 & 1 \\ 1 & -1 & 3 & 1 & 1 & 1 \\ -1 & 1 & 1 & 3 & 1 & 1 \\ 1 & 1 & -1 & 1 & 3 & 1 \\ 1 & 1 & 1 & -1 & 1 & 3 \end{pmatrix}
$$

当矩阵博弈模型给定后,各局中人面临的问题便是:如何选择对自己最有利的纯策略以取得最大的赢得(或最少所失).下面用一个例子来分析各局中人应如何选择最有利策略.

【例24.5】 设有一矩阵博弈 $G = \{S_1, S_2; A\}$,其中

$$A = \begin{pmatrix} -6 & 1 & -8 \\ 3 & 2 & 4 \\ 11 & -1 & -20 \\ -3 & 0 & 6 \end{pmatrix}$$

由 A 可看出,局中人 I 的最大赢得是 11,要想得到这个赢得,他就得选择纯策略 α_3.由于假定局中人 II 也是理智的竞争者,他考虑到局中人 I 打算出 α_3 的心理,便准备以 β_3 对付之,使局中人 I 不但得不到 11,反而失掉 20.局中人 I 当然也会猜到局中人 II 的这种心理,故转而出 α_4 来对付,使局中人 II 得不到 20,反而失掉 6,……,所以,如果双方都不想冒险,都不存在侥幸心理,而是考虑到对方必然会设法使自己所得最少这一点,就应该从各自可能出现的最不利的情形中选择一个最有利的情形作为决策的依据,这就是所谓"理智行为".

在例24.5中,局中人 I 在各纯策略下可能得到的最少赢得分别为 $-8, 2, -20, -3$,其中最好的结果是 2.因此,无论局中人 II 选择什么样的纯策略,局中人 I 只要以 α_2 参加博弈,就能保证他的收入不会少于 2,而出其他任何纯策略,都有可能使局中人 I 的收入少于 2,甚至输给对方.同理,对局中人 II 来说,各纯策略可能带来的最不利的结果是 $11, 2, 6$,其中最好的也是 2,即局中人 II 只要选择纯策略 β_2,无论对方采取什么纯策略,他的所失值都不会超过 2,而选择任何其他的纯策略都有可能使自己的所失超过 2.因此,局中人 I 和 II 的"理智行为"分别是选择纯策略 α_2 和 β_2,这时,局中人 I 的赢得值和局中人 II 的所失值的绝对值相等,局中人 I 得到了其预期的最少赢得 2,而局中人 II 也不会给局中人 I 带来比 2 更多的所得,相互的竞争使博弈出现了一个平衡局势 (α_2, β_2),这个局势就是双方均可接受的,且对双方来说都是一个最稳妥的结果.因此,α_2 和 β_2 应分别是局中人 I 和 II 的最优纯策略.

对一般矩阵博弈,关于最优纯策略,有如下定义.

定义24.2.1 设 $G = \{S_1, S_2; A\}$ 为一矩阵博弈,其中 $S_1 = \{\alpha_1, \alpha_2, \cdots, \alpha_m\}$,$S_2 = \{\beta_1, \beta_2, \cdots, \beta_n\}$,$A = (\alpha_{ij})_{m \times n}$.若

$$\max_i \min_j \alpha_{ij} = \min_j \max_i \alpha_{ij} \tag{24.1}$$

成立,记其值为 V_G,则称 V_G 为博弈的值,称使式(24.1)成立的纯局势 $(\alpha_i \cdot, \beta_j \cdot)$ 为 G 在纯策略意义下的解(或平衡局势),称 $\alpha_i \cdot$ 和 $\beta_j \cdot$ 分别为局中人 I 和 II 的最优纯策略.

从上例还可看出,矩阵 A 中平衡局势 (α_2, β_2) 对应的元素 α_{22} 既是其所在行的最小元素,又是其所在列的最大元素,即有

$$\alpha_{i2} \leqslant \alpha_{22} \leqslant \alpha_{2j}, \quad i = 1, 2, 3, 4; j = 1, 2, 3$$

将这一事实推广到一般矩阵博弈,可得如下定理.

定理24.2.1 矩阵博弈 $G = \{S_1, S_2; A\}$ 在纯策略意义下有解的充要条件是:存在纯局势 $(\alpha_i \cdot, \beta_j \cdot)$,使得对任意 i 和 j,有

$$\alpha_{ij} \cdot \leqslant \alpha_{i \cdot j \cdot} \leqslant \alpha_{i \cdot j} \tag{24.2}$$

证明略.

对任意矩阵 A,称使式(24.2)成立的元素 $\alpha_{i \cdot j \cdot}$ 为矩阵 A 的鞍点.在矩阵博弈中,矩阵 A 的鞍

点也称博弈的鞍点. 定理 24.2.1 中式(24.2)的博弈意义是:一个平衡局势($\boldsymbol{\alpha}_i^*$,$\boldsymbol{\beta}_j^*$)应具有这样的性质:当局中人 I 选择了纯策略 $\boldsymbol{\alpha}_i^*$ 后,局中人 II 为了使其所失最少,只能选择纯策略 $\boldsymbol{\beta}_j^*$,否则就可能失得更多;反之,当局中人 II 选择了纯策略 β_j. 后,局中人 I 为了得到最大的赢得也只能选择纯策略 $\boldsymbol{\alpha}_i$.,否则就会赢得更少,双方的竞争在局势($\boldsymbol{\alpha}_i^*$,$\boldsymbol{\beta}_j^*$)下达到一个平衡状态.

【例 24.6】　设有矩阵博弈 $G = \{S_1, S_2; \boldsymbol{A}\}$,其中

$$A = \begin{pmatrix} 6 & 5 & 6 & 5 \\ 1 & 4 & 2 & -2 \\ 10 & 5 & 7 & 5 \\ 0 & 2 & 6 & 2 \end{pmatrix}$$

直接在 $\boldsymbol{A}$ 提供的赢得表上计算,有

$$\max_i \min_j \alpha_{ij} = \min_j \max_i \alpha_{ij} = \alpha_{i^* j^*} = 5, \quad i^* = 1,3; j^* = 2,4$$

故($\boldsymbol{\alpha}_1$,$\boldsymbol{\beta}_2$),($\boldsymbol{\alpha}_1$,$\boldsymbol{\beta}_4$),($\boldsymbol{\alpha}_3$,$\boldsymbol{\beta}_2$),($\boldsymbol{\alpha}_3$,$\boldsymbol{\beta}_4$)都是博弈的解,且 $V_G = 5$.

一般博弈的解可以是不唯一的. 当解不唯一时,解之间的关系具有下面两条性质:

性质 1　(无差别性)若($\boldsymbol{\alpha}_{i_1}$,$\boldsymbol{\beta}_{j_1}$)和($\boldsymbol{\alpha}_{i_2}$,$\boldsymbol{\beta}_{j_2}$)是博弈 G 的两个解,则 $\alpha_{i_1 j_1} = \alpha_{i_2 j_2}$.

性质 2　(可交换性)若($\boldsymbol{\alpha}_{i_1}$,$\boldsymbol{\beta}_{j_1}$)和($\boldsymbol{\alpha}_{i_2}$,$\boldsymbol{\beta}_{j_2}$)是博弈 G 的两个解,则($\boldsymbol{\alpha}_{i_1}$,$\boldsymbol{\beta}_{j_2}$)和($\boldsymbol{\alpha}_{i_2}$,$\boldsymbol{\beta}_{j_1}$)也是博弈 G 的解.

24.2.2　矩阵博弈的混合策略

在例 24.5 和例 24.6 中,矩阵博弈在纯策略意义下有解,且 $V_G = \max_i \min_j \alpha_{ij} = \min_j \max_i \alpha_{ij}$. 然而,实际中出现的更多情形是 $\max_i \min_j \alpha_{ij} \neq \min_j \max_i \alpha_{ij}$,此时,根据定义 24.2.1,博弈不存在纯策略意义下的解. 例如,对赢得矩阵为

$$A = \begin{pmatrix} 5 & 8 \\ 7 & 6 \end{pmatrix}$$

的博弈来说

$$v_1 = \max_i \min_j \alpha_{ij} = 6, \quad i^* = 2$$
$$v_2 = \min_j \max_i \alpha_{ij} = 7, \quad j^* = 1$$
$$v_2 = 7 > 6 = v_1$$

很显然,对两个局中人来说,不存在一个双方都可以接受的平衡局势,即不存在纯策略意义下的解. 在这种情况下,如果然局中人 I 制定这样一种策略:分别以概率 $x_1, x_2, \cdots, x_m$ 选取纯策略 $\boldsymbol{\alpha}_1, \boldsymbol{\alpha}_2, \cdots, \boldsymbol{\alpha}_m$,称这种策略为一个混合策略. 同样,局中人 II 也可以制定这样一种混合策略:分别以概率 $y_1, y_2, \cdots, y_m$ 选取纯策略 $\boldsymbol{\beta}_1, \boldsymbol{\beta}_2, \cdots, \boldsymbol{\beta}_m$. 下面,给出矩阵博弈混合策略及其在混合策略意义下解的定义.

定义 24.2.2　设 $G = \{S_1, S_2; \boldsymbol{A}\}$ 为一矩阵博弈,其中 $S_1 = \{\boldsymbol{\alpha}_1, \boldsymbol{\alpha}_2, \cdots, \boldsymbol{\alpha}_m\}$,$S_2 = \{\boldsymbol{\beta}_1, \boldsymbol{\beta}_2, \cdots, \boldsymbol{\beta}_n\}$,$\boldsymbol{A} = (\alpha_{ij})_{m \times n}$.

$$S_1^* = \{ x \mid x \in \mathbf{R}^m, 0 \le x_i \le 1, i, \cdots, m; \sum_1^m x_i = 1 \}$$

$$S_2^* = \{ x \mid y \in \mathbf{R}^n, 0 \le x_i \le 1, i, \cdots, n; \sum_1^n x_i = 1 \}$$

则分别称 S_1^* 和 S_2^* 为局中人 I 和 II 的混合策略集(或策略集);对 $\boldsymbol{x} \in S_1^*$ 和 $\boldsymbol{y} \in S_2^*$,称 $\boldsymbol{x}$ 和 $\boldsymbol{y}$ 为混

合策略（或策略），$(\pmb{x},\pmb{y})$ 为混合局势（或局势）. 局中人 I 的赢得函数记成

$$E(\pmb{x},\pmb{y}) = \pmb{x}^{\mathrm{T}}A\pmb{y} = \sum_i \sum_j \alpha_{ij}x_iy_j \tag{24.3}$$

称 $G^* = \{S_1^*, S_2^*; \pmb{E}\}$ 为博弈 G 的混合扩充.

一个混合策略 $\pmb{x} = (x_1, x_2, \cdots, x_m)^{\mathrm{T}}$ 可理解为：如果进行多局博弈 G，局中人 I 分别选取纯策略 $\pmb{\alpha}_1, \pmb{\alpha}_2, \cdots, \pmb{\alpha}_m$ 的频率；若只进行一次博弈，则反映了局中人 I 对各纯策略的偏爱程度.

下面讨论矩阵博弈在混合策略意义下的解的概念. 设两个局中人仍如前所述那样进行理智的博弈，则当局中人 I 选择混合策略 $\pmb{x}$ 时，他的预期所得（最不利的情形）是 $\min\limits_{\pmb{y} \in S_2^*} E(\pmb{x},\pmb{y})$，因此，局中人 I 应选取 $\pmb{x} \in S_1^*$，使得

$$v_1 = \max_{\pmb{x} \in S_1^*} \min_{\pmb{y} \in S_2^*} E(\pmb{x},\pmb{y}) \tag{24.4}$$

同理，局中人 II 可保证的所失的期望值至多是

$$v_2 = \min_{\pmb{y} \in S_2^*} \max_{\pmb{x} \in S_1^*} E(\pmb{x},\pmb{y}) \tag{24.5}$$

显然，有 $v_1 \leqslant v_2$.

定义 24.2.3 设 $G^* = \{S_1^*, S_2^*; \pmb{E}\}$ 是矩阵博弈 $G = \{S_1, S_2; A\}$ 的混合扩充. 如果

$$\max_{\pmb{x} \in S_1^*} \min_{\pmb{y} \in S_2^*} E(\pmb{x},\pmb{y}) = \min_{\pmb{y} \in S_2^*} \max_{\pmb{x} \in S_1^*} E(\pmb{x},\pmb{y}) \tag{24.6}$$

记其值为 V_G，则称 V_G 为博弈 G 的值，称使式（24.6）成立的混合局势 $(\pmb{x}^*, \pmb{y}^*)$ 为 G 在混合策略意义下的解（或平衡局势），称 $\pmb{x}^*$ 和 $\pmb{y}^*$ 分别为局中人 I 和 II 的最优混合策略.

约定，以下对矩阵博弈 $G = \{S_1, S_2; A\}$ 及其混合扩充 $G^* = \{S_1^*, S_2^*; \pmb{E}\}$ 一般不加以区别，都用 $G = \{S_1, S_2; A\}$ 来表示. 当 G 在纯策略意义下的解不存在时，自然认为讨论的是在混合策略意义下的解.

以下给出矩阵博弈 G 在混合策略意义下解存在的鞍点型充要条件.

定理 24.2.2 矩阵博弈 G 在混合策略意义下有解的充要条件是：存在 $\pmb{x}^* \in S_1^*$ 和 $\pmb{y}^* \in S_2^*$，使得对任意 $\pmb{x} \in S_1^*$ 和 $\pmb{y} \in S_2^*$，有

$$E(\pmb{x},\pmb{y}^*) \leqslant E(\pmb{x}^*,\pmb{y}^*) \leqslant E(\pmb{x}^*,\pmb{y}) \tag{24.7}$$

【例 24.7】 考虑矩阵博弈 $G = \{S_1, S_2; A\}$，其中

$$A = \begin{pmatrix} 9 & 7 \\ 2 & 8 \end{pmatrix}$$

显然，G 在纯策略意义下无解，故设 $\pmb{x} = (x_1, x_2)$ 和 $\pmb{y} = (y_1, y_2)$ 分别为局中人 I 和 II 的混合策略，则

$$S_1^* = \{(x_1, x_2) \mid x_1, x_2 \geqslant 0, x_1 + x_2 = 1\}$$
$$S_2^* = \{(y_1, y_2) \mid y_1, y_2 \geqslant 0, y_1 + y_2 = 1\}$$

局中人 I 的赢得的期望是

$$E(\pmb{x},\pmb{y}) = \pmb{x}^{\mathrm{T}}A\pmb{y} = \sum_i \sum_j \alpha_{ij}x_iy_j = 8x_1y_1 - x_1 - 6y_1 + 8 = \left(y_1 - \frac{1}{8}\right)(8x_1 - 6) + \frac{29}{4}$$

取 $\pmb{x}^* = \left(\dfrac{3}{4}, \dfrac{1}{4}\right)$，$\pmb{y}^* = \left(\dfrac{1}{8}, \dfrac{7}{8}\right)$，则 $E(\pmb{x}^*,\pmb{y}^*) = \dfrac{29}{4}$，$E(\pmb{x}^*,\pmb{y}) = E(\pmb{x},\pmb{y}^*) = \dfrac{29}{4}$，即有

$$E(\pmb{x},\pmb{y}^*) \leqslant E(\pmb{x}^*,\pmb{y}^*) \leqslant E(\pmb{x}^*,\pmb{y})$$

故 $\pmb{x}^* = \left(\dfrac{3}{4}, \dfrac{1}{4}\right)$，$\pmb{y}^* = \left(\dfrac{1}{8}, \dfrac{7}{8}\right)$ 分别为局中人 I 和 II 的最优策略，博弈的值（局中人 I 的赢得的期望值）为 $V_G = \dfrac{29}{4}$.

24.2.3 矩阵博弈的基本定理

接下来将讨论矩阵博弈解的存在性及其性质,给出矩阵博弈在混合策略意义下解的存在性的构造性证明,同时给出求解矩阵博弈的基本方法——线性规划方法.

以下记

$$E(i,\boldsymbol{y}) = \sum_j \alpha_{ij}y_j \tag{24.8}$$

$$E(\boldsymbol{x},j) = \sum_i \alpha_{ij}x_i \tag{24.9}$$

则 $E(i,\boldsymbol{y})$ 为局中人 I 取纯策略 $\boldsymbol{\alpha}_i$ 时的赢得值,$E(\boldsymbol{x},j)$ 为局中人 II 取纯策略 $\boldsymbol{\beta}_j$ 时的赢得值. 由式(24.8)和式(24.9),有

$$E(\boldsymbol{x},\boldsymbol{y}) = \sum_i \sum_j \alpha_{ij}x_iy_j = \sum_i \left(\sum_j \alpha_{ij}y_j \right)x_i = \sum_i E(i,\boldsymbol{y})x_i \tag{24.10}$$

和

$$E(\boldsymbol{x},\boldsymbol{y}) = \sum_i \sum_j \alpha_{ij}x_iy_j = \sum_j \left(\sum_i \alpha_{ij}x_i \right)y_j = \sum_j E(\boldsymbol{x},j)y_j \tag{24.11}$$

根据上面记号,可给出定理 24.2.2 的另一等价形式:

定理 24.2.3 设 $\boldsymbol{x}^* \in S_1^*, \boldsymbol{y}^* \in S_2^*$,则 $(\boldsymbol{x}^*,\boldsymbol{y}^*)$ 为博弈 G 的解的充要条件是:对任意 $i=1,2,\cdots,m$ 和 $j=1,2,\cdots,n$,有

$$E(i,\boldsymbol{y}^*) \leqslant E(\boldsymbol{x}^*,\boldsymbol{y}^*) \leqslant E(\boldsymbol{x}^*,j) \tag{24.12}$$

证明 设 $(\boldsymbol{x}^*,\boldsymbol{y}^*)$ 是博弈 G 的解,则由定理 24.2.2,式(24.7)成立. 由于纯策略是混合策略的特例,故式(24.12)成立. 反之,设式(24.12)成立,由

$$E(\boldsymbol{x},\boldsymbol{y}^*) = \sum_i E(i,\boldsymbol{y}^*)x_i \leqslant E(\boldsymbol{x}^*,\boldsymbol{y}^*) \sum_i x_i = E(\boldsymbol{x}^*,\boldsymbol{y}^*)$$

$$E(\boldsymbol{x}^*,\boldsymbol{y}) = \sum_j E(\boldsymbol{x}^*,j)y_j \geqslant E(\boldsymbol{x}^*,\boldsymbol{y}^*) \sum_j y_j = E(\boldsymbol{x}^*,\boldsymbol{y}^*)$$

即得式(24.7).

定理 24.2.3 说明,当验证 $(\boldsymbol{x}^*,\boldsymbol{y}^*)$ 是否为博弈 G 的解时,只需对由式(24.12)给出的有限 $(m \times n)$ 个不等式进行验证,使对解的验证大为简化. 定理 24.2.3 的一个等价形式是定理 24.2.4.

定理 24.2.4 设 $\boldsymbol{x}^* \in S_1^*, \boldsymbol{y}^* \in S_2^*$,则 $(\boldsymbol{x}^*,\boldsymbol{y}^*)$ 为 G 的解的充要条件是:存在数 v,使得 $\boldsymbol{x}^*$ 和 $\boldsymbol{y}^*$ 分别是式(24.13)和式(24.14)的解,且 $v = V_G$。

$$\begin{cases} \sum_i \alpha_{ij}x_i \geqslant v & (j=1,2,\cdots,n) \\ \sum_i x_i = 1 \\ x_i \geqslant 0 & (i=1,2,\cdots,m) \end{cases} \tag{24.13}$$

$$\begin{cases} \sum_j \alpha_{ij}y_j \leqslant v & (i=1,2,\cdots,m) \\ \sum_j y_j = 1 \\ y_j \geqslant 0 & (j=1,2,\cdots,n) \end{cases} \tag{24.14}$$

证明略.

下面给出矩阵博弈的基本定理.

定理 24.2.5　对任一矩阵博弈 $G = \{S_1, S_2; A\}$，一定存在混合策略意义下的解.

证明　由定理 24.2.3，只要证明存在 $x^* \in S_1^*, y^* \in S_2^*$，使得式(24.12)成立. 为此,考虑如下两个线性规划问题:

$$(\text{P}) \begin{cases} \max w \\ \sum_i \alpha_{ij} x_i \geqslant w & (j = 1, 2, \cdots, n) \\ \sum_i x_i = 1 \\ x_i \geqslant 0 & (i = 1, 2, \cdots, m) \end{cases}$$

和

$$(\text{D}) \begin{cases} \min v \\ \sum_i \alpha_{ij} y_j \leqslant v & (i = 1, 2, \cdots, m) \\ \sum_i y_i = 1 \\ y_i \geqslant 0 & (j = 1, 2, \cdots, n) \end{cases}$$

容易验证,问题(P)和(D)是互为对偶的线性规划,而且

$$x = (1, 0, \cdots, 0)^{\text{T}} \in E^m, \quad w = \min_j \alpha_{1j}$$

是问题(P)的一个可行解;

$$y = (1, 0, \cdots, 0)^{\text{T}} \in E^m \quad v = \max_i \alpha_{i1}$$

是问题(D)的一个可行解. 由线性规划对偶定理可知,问题(P)和(D)分别存在最优解 (x^*, w^*) 和 (x^*, v^*),且 $w^* = v^*$. 即存在 $x^* \in S_1^*, y^* \in S_2^*$ 和数 v^*,使得对任意 $i = 1, 2, \cdots, m$ 和 $j = 1, 2, \cdots, n$,有

$$\sum_j \alpha_{ij} y_j^* \leqslant v^* \leqslant \sum_i \alpha_{ij} x_i^* \tag{24.15}$$

或

$$E(i, y^*) \leqslant v^* \leqslant E(x^*, j) \tag{24.16}$$

又由

$$E(x^*, y^*) = \sum_i E(i, y^*) x_i^* \leqslant v^* \sum_i x_i^* = v^*$$

$$E(x^*, y^*) = \sum_i E(x^*, j) y_j^* \geqslant v^* \sum_i y_j^* = v^*$$

得到 $v^* = E(x^*, y^*)$,故由式(24.16)知式(24.12)成立,证毕.

定理 24.2.5 的证明是构造性的,不仅证明了矩阵博弈解的存在性,同时给出了利用线性规划方法求解矩阵博弈的思路.

下面的定理讨论了矩阵博弈及其解的若干性质,它们在矩阵博弈的求解时将起重要作用.

定理 24.2.6　设 (x^*, y^*) 是矩阵博弈 G 的解, $v = V_G$,则

(1)若 $x_i^* > 0$,则 $\sum_j \alpha_{ij} y_j^* = v$

(2)若 $y_j^* > 0$,则 $\sum_i \alpha_{ij} x_i^* = v$

(3)若 $\sum_j \alpha_{ij} y_j^* < v$,则 $x_i^* = 0$

(4)若 $\sum_i \alpha_{ij} x_i^* > v$,则 $y_j^* = 0$

证明　由

$$v = \max_{x \in S_1^*} E(\boldsymbol{x}, \boldsymbol{y}^*)$$

有
$$v - \sum_j \alpha_{ij} y_j^* = \max_{x \in s_1^*} E(\boldsymbol{x}, \boldsymbol{y}^*) - E(i, \boldsymbol{y}^*) \geq 0$$

又因为
$$\sum_i x_i^* \left(v - \sum_j \alpha_{ij} y_j^* \right) = v - \sum_i \sum_j \alpha_{ij} x_i^* y_j^* = 0$$

所以,当 $x_i^* > 0.$ 时,必有 $\sum_j \alpha_{ij} y_j^* = v$;当 $\sum_j \alpha_{ij} y_j^* < v$ 时,必有 $x_i^* = 0$,(1),(3)得证.

同理可证(2),(4),证毕.

以下,记 $T(G)$ 为矩阵博弈 G 的解集,有以下定理是关于矩阵博弈解性质的主要结果.

定理 24.2.7 设有两个矩阵博弈 $G_1 = \{S_1, S_2; A_1\}$, $G_2 = \{S_1, S_2; A_2\}$,其中 $A_1 = (\alpha_{ij})$, $A_2 = (\alpha_{ij} + L)$,L 为一任意常数,则(1) $V_{G_2} = V_{G_1} + L$;(2) $T(G_1) = T(G_2)$.

定理 24.2.8 设有两个矩阵博弈 $G_1 = \{S_1, S_2; A\}$, $G_2 = \{S_1, S_2; aA\}$,其中 $a > 0$,为一任意常数,则(1) $V_{G_2} = \alpha V_{G_1}$;(2) $T(G_1) = T(G_2)$.

定理 24.2.9 设 $G_1 = \{S_1, S_2; A\}$ 为一矩阵博弈,且 $A = -A^{\mathrm{T}}$ 为斜对称矩阵(亦称这种博弈为对称博弈),则(1) $V_{G_2} = \alpha V_{G_1}$;(2) $T_1(G) = T_2(G)$.其中,$T_1(G)$ 和 $T_2(G)$ 分别为局中人 I 和 II 的最优策略集.

§24.3 矩阵博弈的解法

本节介绍矩阵博弈问题的三种方法:图解法、方程组法和线性规划法.

24.3.1 图解法

矩阵博弈的图解法为赢得矩阵为 $2 \times n$ 或 $m \times 2$ 阶的博弈问题提供了一个简单直观的解法,通过这种方法可以使我们从几何上理解博弈论的思想.

给定矩阵博弈表,见表 24.1,并假设该矩阵博弈不存在鞍点,因为局中人 I 只有 2 个策略 $\boldsymbol{\alpha}_1$, $\boldsymbol{\alpha}_2$,当局中人 II 采用纯策略 $\boldsymbol{\beta}_1, \boldsymbol{\beta}_2, \cdots, \boldsymbol{\beta}_n$ 时,局中人 I 的期望所得见表 24.2.

表 24.1

局中人 I		局中人 II			
		y_1	y_2	$\cdots$	y_n
局中人 I	x_1	α_{11}	α_{12}	$\cdots$	α_{1n}
	$x_2 = 1 - x_1$	α_{21}	α_{22}	$\cdots$	α_{2n}

表 24.2

局中人 II 纯策略	局中人 I 期望所得
$\boldsymbol{\beta}_1$	$V_1(\boldsymbol{x}, \boldsymbol{\beta}_1) = \alpha_{11} x_1 + \alpha_{21} x_2 = (\alpha_{11} - \alpha_{21}) x_1 + \alpha_{21}$
$\boldsymbol{\beta}_2$	$V_1(\boldsymbol{x}, \boldsymbol{\beta}_2) = \alpha_{12} x_1 + \alpha_{22} x_2 = (\alpha_{12} - \alpha_{22}) x_1 + \alpha_{22}$
$\vdots$	$\vdots$
$\boldsymbol{\beta}_n$	$V_1(\boldsymbol{x}, \boldsymbol{\beta}_n) = \alpha_{1n} x_1 + \alpha_{2n} x_2 = (\alpha_{1n} - \alpha_{2n}) x_1 + \alpha_{2n}$

从表 24.2 可以看出,局中人 I 期望所得与 x_1 成线性关系,按照坏中求好的准则,局中人 I 应该从最小的期望所得中选择最大的一个,对应的 x_1 值即为局中人 I 的最优混合策略,这一过程可以通过图解的方式来完成.

【例 24.8】 用图解法求解矩阵博弈 $G = \{S_1, S_2; \boldsymbol{A}\}$,其中

$$\boldsymbol{A} = \begin{pmatrix} 2 & 3 & 11 \\ 7 & 5 & 2 \end{pmatrix}$$

解 设局中人 I 的混合策略为 $(x, 1-x)^{\mathrm{T}}, x \in [0,1]$. 局中人 I 的期望所得见表 24.3.

表 24.3

局中人 II 纯策略	局中人 I 期望所得
$\boldsymbol{\beta}_1$	$V_1(\boldsymbol{x}, \boldsymbol{\beta}_1) = \alpha_{11}x_1 + \alpha_{21}x_2 = -5x_1 + 7$
$\boldsymbol{\beta}_2$	$V_1(\boldsymbol{x}, \boldsymbol{\beta}_2) = \alpha_{12}x_1 + \alpha_{22}x_2 = -2x_1 + 5$
$\boldsymbol{\beta}_3$	$V_1(\boldsymbol{x}, \boldsymbol{\beta}_3) = \alpha_{1n}x_1 + \alpha_{2n}x_2 = 9x_1 + 2$

过数轴上坐标为 0 和 1 的两点分别作两条垂线 I-I 和 II-II. 垂线上的纵坐标分别表示局中人 I 采取纯策略 $\boldsymbol{\alpha}_1$ 和 $\boldsymbol{\alpha}_2$ 时,局中人 II 采取各纯策略时的赢得值(见图 24.1). 当局中人 I 选择每一策略 $(x, 1-x)^{\mathrm{T}}$ 后,他的最少可能的收入为由 $\boldsymbol{\beta}_1, \boldsymbol{\beta}_2$ 和 $\boldsymbol{\beta}_3$ 所确定的三条直线在 x 处的纵坐标中的

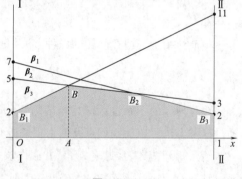

最小者决定. 所以,对局中人 I 来说,他的最优选择是确定 x,使三个纵坐标中的最小者尽可能大,从图上来看,就是使得 $x = OA$,这时,B 点的纵坐标即为博弈的值. 为求 x 和博弈的值 V_G,可联立过 B 点的两条由 $\boldsymbol{\beta}_2$ 和 $\boldsymbol{\beta}_3$ 确定的直线的方程 $V_1(x, \boldsymbol{\beta}_2) = V_1(x, \boldsymbol{\beta}_3)$, 即 $-2x_1 + 5 = 9x_1 + 2$,解得 $x = 3/11$, $V_G = 49/11$. 所以,局中人 I 的最优策略为 $\boldsymbol{x}^* = (3/11, 8/11)^{\mathrm{T}}$.

图 24.1

从图上还可看出,局中人 II 的最优混合策略只由 $\boldsymbol{\beta}_2$ 和 $\boldsymbol{\beta}_3$ 组成. 事实上,若设 $\boldsymbol{y}^* = (y_1^*, y_2^*, y_3^*)^{\mathrm{T}}$ 为局中人 II 的最优混合策略,则由 $E(\boldsymbol{x}^*, 1) = 2 \times 3/11 + 7 \times 8/11 = 62/11 > 49/11 = V_1$

根据定理 24.2.6,必有 $\boldsymbol{y}^* = 0$,又因 $x_1^* = 3/11 > 0$, $x_2^* = 8/11 > 0$,再根据定理 24.2.6,可由

$$\begin{cases} 3y_2 + 11y_3 = \dfrac{49}{11} \\ 5y_2 + 2y_3 = \dfrac{49}{11} \\ y_2 + y_3 = 1 \end{cases}$$

求得 $y_2^* = 9/11$, $y_3^* = 2/11$. 所以,局中人 II 的最优混合策略为 $\boldsymbol{y}^* = (0, 9/11, 2/11)^{\mathrm{T}}$.

24.3.2 方程组法

由定理 24.2.4 可知,求矩阵博弈解 $(\boldsymbol{x}^*, \boldsymbol{y}^*)$ 的问题等价于求解不等式组(24.13)和(24.14);又由定理 24.2.5 和定理 24.2.6 可知,如果最优策略中的 x^* 和 y^* 均不为零,则可将上述两不等式组

的求解问题转化为下面的两个方程组的求解问题.

$$
\begin{cases}
\sum_i \alpha_{ij} x_i = v & (j = 1, 2, \cdots, n) \\
\sum_i x_i = 1
\end{cases}
\tag{24.17}
$$

$$
\begin{cases}
\sum_j \alpha_{ij} y_j = v & (i = 1, 2, \cdots, m) \\
\sum_j y_j = 1
\end{cases}
\tag{24.18}
$$

　　如果式(24.17)和(24.18)存在非负解 $\boldsymbol{x}^*$ 和 $\boldsymbol{y}^*$(其中元素非负),便求得了博弈的一个解. 如果这两个方程组不存在非负解,则可视具体情况,将式(24.17)和式(24.18)中的某些等式改成不等式,继续试求解,直至求得博弈的解. 这种方法由于事先假定 $\boldsymbol{x}^*$ 和 $\boldsymbol{y}^*$ 均不为零,故当最优策略的某些分量实际为零时,式(24.17)和式(24.18)可能无解,因此,这种方法在实际应用中有一定的局限性. 但对于 2×2 的矩阵,当局中人 I 的赢得矩阵

$$
\boldsymbol{A} = \begin{pmatrix} \alpha_{11} & \alpha_{12} \\ \alpha_{21} & \alpha_{22} \end{pmatrix}
$$

不存在鞍点时,容易证明:各局中人的最优混合策略中的 $\boldsymbol{x}^*$,$\boldsymbol{y}^*$ 的元素均大于零. 于是,由定理24.2.6,方程组

$$
\begin{cases}
\alpha_{11} x_1 + \alpha_{21} x_2 = v \\
\alpha_{12} x_1 + \alpha_{22} x_2 = v \\
x_1 + x_2 = 1
\end{cases}
$$

和

$$
\begin{cases}
\alpha_{11} y_1 + \alpha_{12} y_2 = v \\
\alpha_{21} y_1 + \alpha_{22} y_2 = v \\
y_1 + y_2 = 1
\end{cases}
$$

一定有严格的非负解(也就是两个局中人的最优策略):

$$
x_1^* = \frac{\alpha_{22} - \alpha_{21}}{(\alpha_{11} + \alpha_{22}) - (\alpha_{12} + \alpha_{21})}
$$

$$
x_2^* = \frac{\alpha_{11} - a_{12}}{(\alpha_{11} + \alpha_{22}) - (\alpha_{12} + \alpha_{21})}
$$

$$
y_1^* = \frac{\alpha_{22} - \alpha_{12}}{(\alpha_{11} + \alpha_{22}) - (\alpha_{12} + \alpha_{21})}
$$

$$
y_2^* = \frac{\alpha_{11} - \alpha_{21}}{(\alpha_{11} + \alpha_{22}) - (\alpha_{12} + \alpha_{21})}
$$

$$
v^* = \frac{\alpha_{11} \alpha_{22} - \alpha_{12} \alpha_{21}}{(\alpha_{11} + \alpha_{22}) - (\alpha_{12} + \alpha_{21})} = V_G
$$

【例 24.9】　用线性方程组法求解矩阵博弈 $G = \{S_1, S_2; \boldsymbol{A}\}$,其中赢得矩阵 $\boldsymbol{A}$ 为

$$
\begin{pmatrix} 7 & 2 & 9 \\ 2 & 9 & 0 \\ 9 & 0 & 11 \end{pmatrix}
$$

解 求方程组

$$\begin{cases} 7x_1 + 2x_2 + 9x_3 = v \\ 2x_1 + 9x_2 = v \\ 9x_1 + 11x_3 = v \\ x_1 + x_2 + x_3 = 1 \end{cases} \quad 和 \quad \begin{cases} 7y_1 + 2y_2 + 9y_3 = v \\ 2y_1 + 9y_2 = v \\ 9y_1 + 11y_3 = v \\ y_1 + y_2 + y_3 = 1 \end{cases}$$

求得

$$\boldsymbol{x}^* = \left(\frac{1}{4}, \frac{1}{2}, \frac{1}{4} \right)^{\mathrm{T}}$$

$$\boldsymbol{y}^* = \left(\frac{1}{4}, \frac{1}{2}, \frac{1}{4} \right)^{\mathrm{T}}$$

24.3.3 线性规划法

本节给出线性规划法求解矩阵博弈,用这种方法可以求解任一矩阵博弈.由定理 24.2.5 可知,求解矩阵博弈可等价地转化为求解互为对偶的线性规划问题(P)和(D).故在问题(P)中,令(由定理 24.2.7,不妨设 $w > 0$)

$$x_i' = \frac{x_i}{w} \quad (i = 1, 2, \cdots, m) \tag{24.19}$$

则问题(P)的约束条件变为

$$\begin{cases} \sum_i \alpha_{ij} x_i' \geqslant 1 & (j = 1, 2, \cdots, n) \\ \sum_i x_i' = \frac{1}{w} \\ x_i' \geqslant 0 & (i = 1, 2, \cdots, m) \end{cases}$$

故问题(P)等价于线性规划问题(P′)

$$(\mathrm{P}') \begin{cases} \min \sum_i x_i' \\ \sum_i \alpha_{ij} x_i' \geqslant 1 & (j = 1, 2, \cdots, n) \\ x_i' \geqslant 0 & (i = 1, 2, \cdots, m) \end{cases}$$

同理,令

$$y_j' = \frac{y_j}{v} \quad (j = 1, 2, \cdots, n) \tag{24.20}$$

可知问题(D)等价于线性规划问题(D′)

$$(\mathrm{D}') \begin{cases} \max \sum_j y_j' \\ \sum_j \alpha_{ij} y_j' \leqslant 1 & (i = 1, 2, \cdots, m) \\ y_j' \geqslant 0 & (j = 1, 2, \cdots, n) \end{cases}$$

显然,问题(P′)和(D′)是互为对偶的线性规划,可利用单纯形法求解,求解后,再由变换式(24.19)和式(24.20),即可得到原博弈问题的解和博弈的值.

【例 24.10】 用线性规划法求解例 24.9.

解 该问题可化成两个互为对偶的线性规划问题:

$$(\text{P})\begin{cases} \min\ (x_1 + x_2 + x_3) \\ 7x_1 + 2x_2 + 9x_3 \geqslant 1 \\ 2x_1 + 9x_2 \geqslant 1 \\ 9x_1 + 11x_3 \geqslant 1 \\ x_1, x_2, x_3 \geqslant 0 \end{cases}$$

$$(\text{D})\begin{cases} \max\ (y_1 + y_2 + y_3) \\ 7y_1 + 2y_2 + 9y_3 \leqslant 1 \\ 2y_1 + 9y_2 \leqslant 1 \\ 9y_1 + 11y_3 \leqslant 1 \\ y_1, y_2, y_3 \geqslant 0 \end{cases}$$

上述线性规划的解为

$$\boldsymbol{x} = \left(\frac{1}{20}, \frac{1}{10}, \frac{1}{20}\right)^{\mathrm{T}}, \quad w = \frac{1}{5}$$

$$\boldsymbol{y} = \left(\frac{1}{20}, \frac{1}{10}, \frac{1}{20}\right)^{\mathrm{T}}, \quad v = \frac{1}{5}$$

故博弈问题的解为

$$V_G = \frac{1}{w} = \frac{1}{v} = 5$$

$$\boldsymbol{x}^* = V_G \boldsymbol{x} = 5\left(\frac{1}{20}, \frac{1}{10}, \frac{1}{20}\right)^{\mathrm{T}} = \left(\frac{1}{4}, \frac{1}{2}, \frac{1}{4}\right)^{\mathrm{T}}$$

$$\boldsymbol{y}^* = V_G \boldsymbol{y} = 5\left(\frac{1}{20}, \frac{1}{10}, \frac{1}{20}\right)^{\mathrm{T}} = \left(\frac{1}{4}, \frac{1}{2}, \frac{1}{4}\right)^{\mathrm{T}}$$

§24.4　矩阵博弈均衡

矩阵博弈属于二人有限零和非合作博弈,在实际问题中,会经常出现多人博弈的问题,且每个局中人的赢得函数之和也不一定为零.一般多人非合作博弈模型可描述为

(1)局中人集合:$I = \{1, 2, \cdots, n\}$;

(2)每个局中人的策略集:$S_1, S_2, \cdots, S_n$(均为有限集);

(3)局势:$s_1, s_2, \cdots, s_n \in S_1 \times S_2 \times \cdots \times S_n$;

(4)每个局中人 i 的赢得函数记为 $H_i(s)$,一般说来,$\sum\limits_{i=1}^{n} H_i(s) \neq 0$.一个非合作 n 人博弈一般用符号 $G = \{I, \{S_i\}, \{S_i\}\}$ 表示.

为讨论非合作 n 人博弈的平衡局势,引入记号

$$s \parallel s_i^0 = (s_1, s_2, \cdots s_{i-1}, s_i^0, s_{i+1} \cdots, s_n) \tag{24.21}$$

它的含义是:在局势 $s = (s_1, s_2, \cdots, s_n)$ 中,局中人 i 将自己的策略由 s_i 换成 s_i^0,其他局中人的策略不变而得到的一个新局势.如果存在一个局势 s,使得对任意 $s_i^0 \in S_i$,有

$$H_i(s) \geq H_i(s \parallel s_i^0)$$

则称局势 s 对局中人 i 有利，也就是说，若局势 s 对局中人 i 有利，则不论局中人 i 将自己的策略如何置换，都不会得到比在局势 s 下赢得更多. 显然，在非合作的条件下，每个局中人都力图选择对自己最有利的局势.

定义 24.4.1   如果局势 s 对所有的局中人都有利，即对任意 $i \in I, s_i^0 \in S_i$，有

$$H_i(s) \geq H_i(s \parallel s_i^0) \tag{24.22}$$

则称 s 为非合作博弈 G 的一个平衡局势（或平衡点）.

当 G 为二人零和博弈时，上述定义等价为：(α_i^*, β_i^*) 为平衡局势的充要条件是对任意 i, j，有

$$\alpha_{ij^*} \leq \alpha_{i^*j^*} \leq \alpha_{i^*j} \tag{24.23}$$

此与前面关于矩阵博弈平衡局势的定义是一致的.

由矩阵博弈的结果可知，非合作 n 人博弈在纯策略意义下的平衡局势不一定存在. 因此，需要考虑局中人的混合策略. 对每个局中人的策略集 S_i，令 S_i^* 为定义在 S_i 上的混合策略集（即 S_i 上所有概率分布的集合），x_i 表示局中人 i 的一个混合策略，$x = (x^1, x^2, \cdots, x^n)$ 为一个混合局势，

$$x \parallel z^i = (x^1, x^2, \cdots, x^{i-1}, z^i, x^{i+1}, \cdots, x^n)$$

表示局中人 i 在局势 x，将自己的策略由 x^i 置换成 z^i 而得到的一个新的混合局势. 以下，记 $E_i(x)$ 为局中人 i 在混合局势 x 下的赢得的期望值，则有以下关于非合作 n 人博弈的解的定义.

定义 24.4.2   若对任意 $i \in I, z^i \in S_i^*$ 有

$$E_i(x \parallel z^i) \leq E_i(x)$$

则称 x 为非合作 n 人博弈 G 的一个平衡局势（或平衡点）.

对非合作 n 人博弈，已经得到了一个非常重要的结论——定理 24.4.1.

定理 24.4.1（Nash 定理）   非合作 n 人博弈在混合策略意义下的平衡局势一定存在.

具体到二人有限非零和博弈（亦称为双矩阵博弈），Nash 定理的结论可表述为：一定存在 $\boldsymbol{x}^* \in S_1^*, \boldsymbol{y}^* \in S_2^*$，使得

$$\boldsymbol{x}^{*\mathrm{T}}\boldsymbol{A}\boldsymbol{y}^* \geq \boldsymbol{x}^{\mathrm{T}}\boldsymbol{A}\boldsymbol{y}^*, \quad \boldsymbol{x} \in S_1^* \tag{24.24}$$

$$\boldsymbol{x}^{*\mathrm{T}}\boldsymbol{B}\boldsymbol{y}^* \geq \boldsymbol{x}^{*\mathrm{T}}\boldsymbol{B}\boldsymbol{y}, \quad \boldsymbol{x} \in S_2^* \tag{24.25}$$

和矩阵博弈所不同的是，双矩阵博弈以及一般非合作 n 人博弈平衡点的计算问题还远没有解决. 但对 2×2 阶双矩阵博弈，可得到如下结果：设双矩阵博弈中两局中人的赢得矩阵分别为

$$\boldsymbol{A} = \begin{pmatrix} a_{11} & a_{12} \\ a_{21} & a_{22} \end{pmatrix}, \quad \boldsymbol{B} = \begin{pmatrix} b_{11} & b_{12} \\ b_{21} & b_{22} \end{pmatrix}$$

分别记局中人 Ⅰ 和 Ⅱ 的混合策略为 $(x, 1-x)$ 和 $(y, 1-y)$，由式（24.24）和式（24.25），局势 (x, y) 是博弈平衡点的充要条件是

$$E_1(x, y) \geq E_1(1, y) \tag{24.26}$$

$$E_1(x, y) \geq E_1(0, y) \tag{24.27}$$

$$E_2(x, y) \geq E_2(x, 1) \tag{24.28}$$

$$E_2(x, y) \geq E_2(x, 0) \tag{24.29}$$

由式（24.26）和式（24.27），有

$$Q(1-x)y - q(1-x) \leq 0 \tag{24.30}$$

$$Qxy - qx \geq 0 \tag{24.31}$$

其中，$Q = a_{11} + a_{22} - a_{21} - a_{12}, q = a_{22} - a_{12}$，对式(24.30)和式(24.31)求解，得到

当 $Q = 0, q = 0$ 时，$0 \leqslant x \leqslant 1, 0 \leqslant y \leqslant 1$；

当 $Q = 0, q > 0$ 时，$x = 0, 0 \leqslant y \leqslant 1$；

当 $Q = 0, q < 0$ 时，$x = 1, 0 \leqslant y \leqslant 1$；

当 $Q \neq 0$ 时，记 $\dfrac{q}{Q} = \alpha$，有

$$\begin{array}{ll} x = 0, & y \leqslant \alpha \\ 0 < x < 1, & y = \alpha \\ x = 1, & y \geqslant \alpha \end{array}$$

类似地，由式(24.28)和式(24.29)，有

$$Rx(1 - y) - r(1 - y) \leqslant 0 \tag{24.32}$$

$$Rxy - xy \geqslant 0 \tag{24.33}$$

其中，$R = b_{11} + b_{22} - b_{21} - b_{12}, r = b_{22} - b_{12}$，对式(24.32)和式(24.33)求解，得到

当 $R = 0, r = 0$ 时，$0 \leqslant x \leqslant 1, 0 \leqslant y \leqslant 1$；

当 $R = 0, r > 0$ 时，$0 \leqslant x \leqslant 1, y = 0$；

当 $R = 0, r < 0$ 时，$0 \leqslant x \leqslant 1, y = 1$；

当 $R \neq 0$ 时，记 $\dfrac{r}{R} = \beta$，有

$$\begin{array}{ll} x \leqslant \beta, & y = 0 \\ x = \beta, & 0 < y < 1 \\ x \geqslant \beta, & y = 1 \end{array}$$

【例 24.11】 一对好友打算周末活动看球赛，其中一好友(局中人 A)喜欢看足球，另一好友(局中人 B)喜欢看篮球. 但是他们认为更重要的是采取统一行动，一同外出而不是各行其是. 这个博弈的规则是：双方都必须分别作出选择，且不许在事先协商，策略 1 表示主张看足球，策略 2 表示主张看篮球，则双方在周末活动中得到的享受可以用下列赢得矩阵来表示：

$$\mathbf{A} = \begin{pmatrix} 2 & -1 \\ -1 & 1 \end{pmatrix}, \quad \mathbf{B} = \begin{pmatrix} 1 & -1 \\ -1 & 2 \end{pmatrix}$$

由上面关于 2×2 阶双矩阵博弈解的讨论，可知

$$Q = 5 > 0, q = 2, \alpha = \frac{q}{Q} = \frac{2}{5}; \quad R = 5 > 0, r = 3, \beta = \frac{r}{R} = \frac{3}{5}$$

将这些结果代入双矩阵博弈解的公式，得到

$$\begin{aligned} & x = 0, y \leqslant \frac{2}{5} \\ & 0 < x < 1, y = \frac{2}{5} \\ & x = 1, y \geqslant \frac{2}{5} \end{aligned} \tag{24.34}$$

$$\begin{aligned} & x \leqslant \frac{3}{5}, y = 0, \\ & x = \frac{3}{5}, 0 < y < 1, \end{aligned} \tag{24.35}$$

$$x \geqslant \frac{3}{5}, y = 1$$

解不等式组(24.34)和(24.35)，得到博弈的三个平衡点：

$$(x, y) = (0, 0), \left(\frac{3}{5}, \frac{2}{5}\right), (1, 1)$$

由 $E_1(x, y) \geqslant 5xy - 2(x + y) + 1$ 和 $E_2(x, y) \geqslant 5xy - 3(x + y) + 2$ 可得

$$E_1\left(\frac{3}{5}, \frac{2}{5}\right) = E_2\left(\frac{3}{5}, \frac{2}{5}\right) = \frac{1}{5}; E_1(0, 0) = 1, E_1(1, 1) = 2; E_2(0, 0) = 2, E_2(1, 1) = 1$$

不难发现，在平衡点$(0,0)$和$(1,1)$处，两个局中人的期望收益都比在平衡点$\left(\frac{3}{5}, \frac{2}{5}\right)$的期望收益更好。但由于这是一个非合作博弈，不允许在选择策略前进行协商，所以两个局中人没有办法保证一定能达到平衡局势$(0,0)$或$(1,1)$。因而，尽管这个博弈有三个平衡点，但哪一个平衡点作为博弈的解都是难以令人信服的。在合作博弈中，平衡点不必是唯一的，不同平衡点给予同一局中人的赢得可以是不同的。因此，关于这类博弈还不存在令人满意的"最优策略"以及博弈值的概念。纳什定理只是保证了纳什均衡的存在性，但均衡点的存在与合理定义非合作博弈的解还有较大距离。

习　题

1. 甲、乙两人在互不知道的情况下，同时伸出1，2或3根指头。用k表示两人伸出的指头总和。当k为偶数，甲加k分乙减k分，若k为奇数，乙减k分甲加k分。试列出甲的赢得矩阵。

2. 已知A, B两博弈时对A的赢得矩阵如下，求双方各自的最优策略及对策值。

(1) $\begin{pmatrix} 2 & 1 & 4 \\ 2 & 0 & 3 \\ -1 & -2 & 0 \end{pmatrix}$;　　　　　(2) $\begin{pmatrix} 9 & -6 & -3 \\ 5 & 6 & 4 \\ 7 & 4 & 3 \end{pmatrix}$.

3. 用图解法求下列矩阵博弈，其中赢得矩阵A为$A = \begin{pmatrix} 1 & 3 & 5 \\ 4 & 2 & 1 \end{pmatrix}$.

4. 用线性方程组法求解矩阵博弈$G = \{S_1, S_2; A\}$，其中A为

$$A = \begin{pmatrix} 3 & 4 & 0 & 3 & 0 \\ 5 & 0 & 2 & 5 & 9 \\ 7 & 3 & 9 & 5 & 9 \\ 4 & 6 & 8 & 7 & 6 \\ 6 & 0 & 8 & 8 & 3 \end{pmatrix}$$

参考文献

[1] 王湘浩,管纪文,刘叙华.离散数学[M].北京:高等教育出版社,1983.

[2] BONDY J A,MURTY U S R. Graph theory with applications[M]. London:The Macmillan Press Ltd. ,1976.

[3] 耿素云,屈婉玲,张立昂.离散数学[M].北京:清华大学出版社,1992.

[4] 陈子岐,朱必文,刘峙山.图论[M].北京:高等教育出版社,1990.

[5] 李蔚萱.图论[M].长沙:湖南科学技术出版社,1980.

[6] 左孝凌,李为鉴,刘永才.离散数学[M].上海:上海科学技术文献出版社,1982.

[7] 王兵山,王长英,周贤林,等.离散数学[M].长沙:国防科技大学出版社,1985.

[8] 熊全淹.初等整数论[M].武汉:湖北教育出版社,1984.

[9] 李复中.初等数论选讲[M].长春:东北师范大学出版社,1984.

[10] 刘叙华.数理逻辑基础[M].长春:吉林大学出版社,1991.

[11] 孙吉贵,杨凤杰,欧阳丹彤,等.离散数学[M].北京:高等教育出版社,2002.

[12] 约翰逊鲍夫.离散数学(第8版)[M].张文博,张丽静,徐尔,译.北京:电子工业出版社,2020.

[13] 胡运权,郭耀煌.运筹学教程[M].5版.北京:清华大学出版社,2018.

[14] 徐裕生,张海英,熊义杰.运筹学[M].北京:北京大学出版社,2006.

[15] 宁宣熙.运筹学实用教程[M].北京:科学出版社,2013.

[16] 谈之奕,林凌.组合优化与博弈论[M].杭州:浙江大学出版社,2015.